北京理工大学"双一流"建设精品出版工程

A Course in Numerical Simulations of Gaseous Detonations

气相爆轰数值模拟教程

李 健 宁建国 ◎ 编著

北京理工大学出版社
BEIJING INSTITUTE OF TECHNOLOGY PRESS

内 容 简 介

本书属于北京理工大学"十四五"规划教材系列。本书主要介绍气相爆轰数值模拟的基本理论和模型、有限差分法、有限体积法、并行计算、网格生成计算以及应用。全书共分三部分:气相爆轰动力学理论和方程;数值计算方法与技术;气相爆轰数值模拟实践。第一部分包括 3 章,主要介绍爆轰波基本理论、控制方程的性质和化学反应动力学模型;第二部分包括 6 章,主要介绍数值计算格式、并行计算和网格生成的内容;第三部分包括 4 章,主要介绍气相爆轰的编程和实践。本书强调基础,突出应用,关注最新进展。通过学习的本书,读者能够对气相爆轰的数值模拟有系统和深入的理解,掌握扎实的理论基础,具备较强的解决实际问题的能力。

本书可作为力学、机械、航空航天、热能等专业及相关专业的研究生教学用书,以及高年级本科生的教材,也可作为从事相关数值模拟研究的科研人员和工程技术人员的参考书。

图书在版编目(CIP)数据

气相爆轰数值模拟教程 / 李健,宁建国编著 . -- 北京:北京理工大学出版社,2023.4

ISBN 978 - 7 - 5763 - 2309 - 2

Ⅰ. ①气… Ⅱ. ①李…②宁… Ⅲ. ①气相-爆震-气体动力学-数值模拟-教材 Ⅳ. ①O381

中国国家版本馆 CIP 数据核字(2023)第 071227 号

责任编辑:王玲玲   文案编辑:王玲玲
责任校对:刘亚男   责任印制:李志强

出版发行 / 北京理工大学出版社有限责任公司
社　　址 / 北京市丰台区四合庄路 6 号
邮　　编 / 100070
电　　话 / (010) 68944439 (学术售后服务热线)
网　　址 / http://www.bitpress.com.cn

版 印 次 / 2023 年 4 月第 1 版第 1 次印刷
印　　刷 / 保定市中画美凯印刷有限公司
开　　本 / 787mm×1092mm　1/16
印　　张 / 20.75
彩　　插 / 3
字　　数 / 487 千字
定　　价 / 78.00 元

前　言

气相爆轰波是物理化学的强耦合过程，并受到边界条件的强烈影响。气相爆轰波的研究涉及诸多复杂的非线性动力学问题，如激波动力学、化学反应动力学、横波不稳定性和特征尺度效应等，吸引了国内外越来越多研究者的关注和参与。气相爆轰波的研究在工业安全、武器设计和航空航天工程等领域具有重要的理论意义和应用价值。

气相爆轰波的数值模拟可以提供有关流场的更详细的信息，而这些信息通常无法从实验测量中直接获得；同时，数值模拟作为一种虚拟的数值实验，可以再现真实爆轰实验中无法实现的过程，有助于对物理本质的理解。当前的数值技术和现代计算机的能力可以直接求解使用简化唯象模型的多维、时变的反应流守恒方程组。但是，直接数值模拟也有其自身的局限性，即在稳定性极限附近，扰动的增长和衰减速率非常慢，要达到稳态，可能会花费很长的时间。另外，需要非常好的时间和空间分辨率才能分辨的问题，比如爆轰波的多尺度湍流结构，仍然是直接数值模拟的巨大挑战。

本书出版前经历了多年教学实践的检验，从学生的反映来看，教学效果良好，基本上达到了作者的设想。本书可作为力学、机械、航空航天、热能等专业及相关专业的研究生教学用书，以及高年级本科生学习气相爆轰数值模拟的教材，也可作为从事数值模拟的科研人员和工程技术人员的参考书。

在作者授课和写作本书过程中，曾得到各方面的学者同仁的支持和帮助，作者在此表示衷心感谢！作者希望本书的出版能够有助于促进气相爆轰数值模拟的理论研究、流动数值仿真和工程应用的发展。限于水平，不妥之处望读者不吝指正。

编著者

目 录
CONTENTS

第二部分　数值计算方法与技术

第三部分　气相爆轰数值模拟实践

第一部分　气相爆轰动力学理论和方程

第 1 章

气相爆轰波的基础理论

　　爆轰波是超声速的燃烧波，跨越其波阵面热力学状态急剧变化。爆轰波也可以认为是一道在很短的时间内将反应物转化成产物并释放能量的反应激波。爆轰波相对于波前状态是超声速的，因此，在其波阵面到达前，未反应介质不受影响，这与火焰波的传播机制不同。爆轰波同时也是一道压缩波，因此，其波阵面后的粒子速度方向与爆轰波一致，这也与属性为稀疏波的火焰不同。质量守恒要求爆轰波后紧跟一道稀疏波，称为泰勒稀疏波。因此，自维持爆轰波后的泰勒稀疏波会削弱质点运动速度，以匹配波后的边界条件。未反应介质的点火由爆轰波前导激波的绝热压缩实现。诱导区在前导激波之后，通常发生反应物的解离和自由基的生成，虽然这一过程是吸热的，但是其热力学状态变化通常很小；在诱导区之后为反应区，自由基发生聚合反应，伴随着热量的释放和温度的升高，以及压力和密度的下降。因此，爆轰波通常被认为是一个紧密耦合的激波 - 火焰复合结构。反应区内压力的快速下降，以及在其后膨胀波中的进一步压降，提供了爆轰波向前传播的推力。因此，自维持爆轰波经典的传播机制是由前导激波诱导点火，反应区放热，后方的产物膨胀产生向前的推力，这与某些爆轰推进系统的工作机制类似。低速燃烧波在未反应介质中的传播机理是通过热和质量的扩散效应实现的。反应阵面的温度和自由基浓度梯度过大，导致热量和自由基从反应区扩散到波前介质中，从而影响点火过程。因此，与作为压缩波的爆轰波不同，燃烧波本质上是一种扩散波，而且是亚声速的，它的传播速度与扩散速率和反应速率的平方根成正比关系。即使燃烧波波阵面是湍流态的，依然可以在一维框架下通过定义湍流扩散系数来描述扩散过程，从而得到一个确定的传播速度。燃烧波本质上是不稳定的，并且存在许多不稳定机制，这使得其波阵面更混乱，表现出更多的湍流形态，进而通过加快反应速率而加速。当边界条件允许时，燃烧波会转变为爆轰波（DDT）。在完成向爆轰波的转变之前，湍流燃烧波可以突破声速，进而达到较高的传播速度。通常所谓的爆燃波，即指 DDT 过程中加速中的燃烧波。当爆轰波在非常粗糙的壁管中传播时，其传播速度可以低于正常的 C - J 速度。这些低速爆轰被称为"准爆轰"，爆燃波和准爆轰的速度谱存在重叠。这些波的复杂湍流结构相似，表明它们的传播机制也可能是相似的。因此，很难对它们作出明确的区分。

1.1　爆轰波的结构

　　爆轰波可以简单地描述为：它是一道强压缩波，波后物质的热力学属性发生剧烈变化，并伴随着能量的释放（主要表现为热量的释放和温度的升高）。Chapman[1] 和 Jouguet[2] 根据 Rankine[3] 和 Hugoniot[4,5] 的激波理论提出了一个定性地描述爆轰波结构的理论，即 Chapman -

Jouguet（C-J）理论。该理论把爆轰波描述成没有厚度的强间断，经过这个间断，化学反应和能量释放过程瞬间完成，并达到热力学平衡状态。基于这个假设，给定爆速或者反应热，求解稳态守恒方程可以确定爆轰波波后的产物组成和热力学状态。但是对于给定的爆速，C-J理论存在两个可能的解，即强解和弱解，分别对应强爆轰波和弱爆轰波。强爆轰波相对于波后是亚声速，弱爆轰波相对于波后是超声速，但是相对于波前状态，两者均为超声速。C-J理论存在一个最小爆速解，即C-J解。对于自维持爆轰波来说，C-J解是唯一的稳定解，对应的爆轰波为C-J爆轰波。

C-J理论没有考虑爆轰波的内部结构，因此它不能解释爆轰波的传播机理。在20世纪40年代，Zel'dovich[7]、von Neumann[8]和Döring[9]分别提出了描述爆轰波内部结构的理论，后人合称为ZND理论（模型）。如图1.1所示，根据ZND模型，爆轰波由前导激波和随后的化学反应区组成。通过前导激波的绝热压缩，反应物温度、压力和密度升高，分子活化，解离，这个过程称为诱导阶段。在这个阶段，温度、压力和密度等热力学参数维持不变。诱导阶段结束后，化学反应过程开始，热量开始释放，伴随着压力和密度的减小以及温度的升高。化学反应阶段是一个高温气体的向后膨胀过程，直接提供了爆轰波向前传播的动力。因此，ZND模型提供了一个爆轰波的传播机理，即前导激波绝热压缩引发化学反应，反应产物膨胀做功提供向前传播的动力。

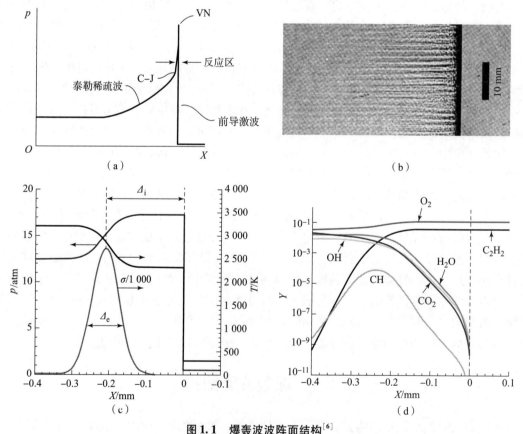

图1.1　爆轰波波阵面结构[6]

（a）典型的稳态ZND爆轰波结构；（b）气相爆轰波波阵面的纹影图；
（c）ZND爆轰波结构的诱导和反应区；（d）爆轰波内部化学反应组分变化

ZND 模型能够描述爆轰波的一维稳态或者层流结构，并能够比较准确地预测稳态 C – J 爆轰波的传播速度。但是，由于真实的爆轰波结构是三维的和非稳态的，ZND 模型无法适用。根据实验观察，自维持爆轰波不稳定且具有复杂的三维胞格结构。这种胞格结构由入射波、马赫杆和横波组成，称为三波结构，交点为三波点，类似于激波中的马赫反射结构，如图 1.2 所示。马赫杆是过驱的，其压力高于稳态 ZND 模型的 von Neumann 压力，速度超过 C – J 爆速，因此，其诱导区和反应区的宽度均小于稳态 ZND 爆轰波的诱导区和反应区的宽度。入射波是欠驱的，其流场特性与马赫杆正好相反。横波通常是无反应的激波，但是对于很不稳定的气体来说，横波本身也可能演化为横向爆轰波[11]。爆轰波的波阵面是扭曲的和不均匀的，分布着弱的入射波和强的马赫杆。横波扫过爆轰波的波阵面，并与其他的横波碰撞。在这种碰撞过程中，三波点的运动可以在烟膜上留下鱼鳞状的轨迹线，称为胞格结构。胞格的尺寸是多维非稳态爆轰波的一个重要的特征长度，爆轰波的临界管径、临界起爆能量和爆轰极限等爆轰动力学参数均依赖于这个基本的特征长度。在一个胞格的周期内，马赫杆会逐渐衰减成入射波，直到下一个胞格周期的开始。因此，沿着胞格的纵向中心线，压力是逐渐减小的，直到接近下一个周期才会重新升高[12,13]。爆轰波波阵面的这种胞格结构是由其本质的不稳定性造成的。这种不稳定性可以追溯到化学反应和气体动力学的非线性耦合过程。通常这种非线性耦合过程是不稳定的。爆轰波的三波结构和相应的胞格模式可以从图 1.2 ~ 图 1.4 中看出。

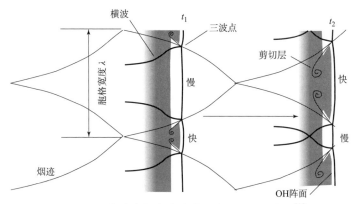

图 1.2　二维稳定爆轰波波阵面胞格结构示意图[6]

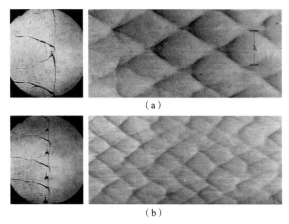

（a）

（b）

图 1.3　稳定爆轰波的纹影和胞格图[6]

（a）$2H_2 + O_2 + 17Ar$；（b）$2H_2 + O_2 + 12Ar$

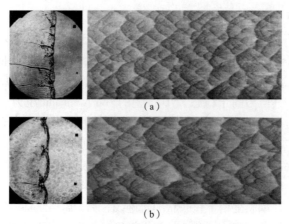

图1.4 不稳定爆轰波的纹影和胞格图[6]

（a）$H_2 + N_2O + 1.33N_2$；（b）$C_3H_8 + 5O_2 + 9N_2$

爆轰波的波阵面结构 – 数值模拟如图 1.5 所示。

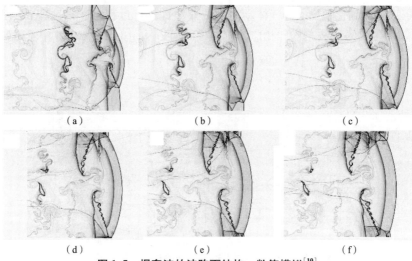

图1.5 爆轰波的波阵面结构 – 数值模拟[10]

在三维矩形管道中，存在有两个特征尺寸 x 和 y（z 为传播方向）。最低的波阵面结构模态在 x 和 y 方向上分别对应一个横波，如图 1.6 所示。如果将某一个特征尺寸做得足够小，例如，沿 y 方向的管道高度过小的话，就会抑制这一方向上横波的模式。结果是仅在沿较长 x 方向上存在单个横波，类似于圆形管中的单头螺旋模式。在方形和三角形管中，Bone 等人[14]首次指出单头旋转模式为爆轰传播的极限。这可能是由于管道各个特征尺寸没有太大差异，并且横截面近似为一个圆。因此，爆轰传播必须与最低的横

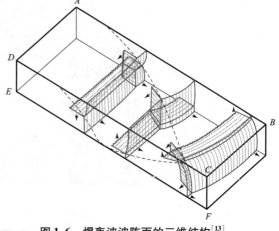

图1.6 爆轰波波阵面的三维结构[13]

向振动模式耦合，以维持其自身的极限，横截面的最大特征尺寸（即周长）提供了最低的特征频率。在远离爆轰极限的情况下，相对于管道尺寸，胞格尺寸（横波间隔）较小，因此，在 x 和 y 方向将呈现较高的横向模态（多头爆轰）。初始压力较大的情况下，可以看到在 x 和 y 方向上的两个横向振动模态是相当稳定的，并且横向波交叉给出矩形单元（或者菱形）的相当规则的模式[15]。如果初始压力减小，横波更强，并且它们的非线性相互作用，导致了更多不规则单元的模式。如图 1.7 所示，在较高的频率下，横波更弱，并且更接近于弱声波，因此，基于线性声学理论，横波模态可以相互叠加。如果将通道的高度 h 与单元尺寸 λ 的比值做得足够小，则可以抑制 y 方向上的横波，并且仅在 x 方向上获得横波的二维爆轰。Voitsekhovskii 等[16]认为，在 $\lambda/h = 6 \sim 10$ 的情况下可以抑制 y 方向上的横波模态。

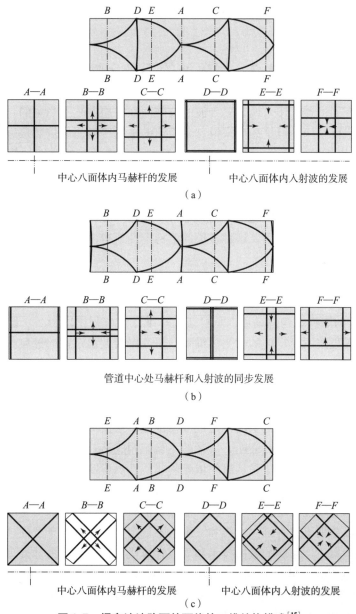

图 1.7　爆轰波波阵面的可能的三维结构模式[15]

自 20 世纪 80 年代以来，研究人员开始对爆轰波波阵面的结构进行多维数值模拟。早期的二维模拟表明，ZND 爆轰波受到密度空间分布不均匀或波阵面震荡后局部爆炸的扰动，其平面波阵面会失稳并发展出胞格结构。数值模拟结果能够展示瞬态入射波、马赫杆和横向反射波的非稳态结构及其演化过程。尽管当前的数值模拟能力基本上可以再现真实实验中所揭示的胞格爆轰波的定性特征，但仍难以解释计算产生的大量数据信息。而且由于缺乏足够的网格分辨率，多维湍流爆轰结构的数值模拟仍然难以实现，这也制约了对更多流场细节的定量分析。到目前为止，尽管人们为研究气相爆轰波的动态行为付出了巨大的努力，但仍无法建立完整的、能够描述导致胞格结构的化学和流体动力学相互耦合的定量模型和理论。原因在于，爆轰现象非常复杂，涉及燃烧和激波理论的方方面面。我们对不稳定爆轰波阵面的起源和特性，例如不稳定性的作用和反应区结构内详细的瞬态化学动力学过程，仍然缺乏足够的认识。

1.2　爆轰波的不稳定性

对于几乎所有的可燃气体来说，爆轰波的波阵面在本质上是不稳定的，并且表现出一种不断变化的三维胞格结构。但是总体来说，爆轰波的平均传播速度依然接近于一维稳态爆轰波的 C - J 爆速。爆轰波的不稳定性可以归因于流动和化学反应的非线性耦合。如果这种耦合过程对扰动不敏感，并且在扰动过后能够自我恢复到原来的状态，则说明爆轰波是稳定的；如果这种耦合过程对扰动是敏感的，扰动的振幅随时间变化而增长，则说明爆轰波是不稳定的。理论研究证明，根据不稳定的程度，不同振幅（或频率）的不稳定模式可以同时存在，并进行非线性的相互作用。这种多模的不稳定性使得多维非稳态爆轰波的多波结构更加复杂。

一维自维持 ZND 爆轰波的传播可以是不稳定的，当然，这在真实的实验中无法观察到，但是可以通过数值模拟复现。无论活化能大小（活化能控制着爆轰波的温度灵敏度和稳定性），ZND 爆轰波的层流结构总是可以从稳态的一维守恒方程中求得。一维稳态守恒方程的使用排除了描述爆轰波不稳定性的时变多维解。研究爆轰波稳定性的经典方法是在解上施加小的多维扰动，观察扰动的振幅是否增大。小扰动假设允许扰动方程进行线性化和积分，从而确定不稳定模态。与大多数流体力学稳定性分析一样，其弥散关系相当复杂，无法用解析方法表示，这就模糊了稳定性机理的物理基础。气体爆轰波的胞格结构可以认为是化学 - 气体动力学不稳定性的产物，理论上的稳定性分析也显示层流 ZND 结构存在一种固有的特性，即对扰动不稳定。这些理论研究表明，大量的不稳定模式造就了整体的爆轰波胞格结构。

另一种研究不稳定性的方法是从时间依赖的非线性反应欧拉方程开始，然后在给定的初始条件下对其进行数值积分。当在很大时间尺度下渐近地获得稳态的 ZND 解时，就可以发现其稳定性模式。与线性稳定性分析不同，直接数值模拟的优点是保留了问题的完全非线性解。此外，还可以分别研究一维、二维和三维的不稳定性，这有助于全面、深入地去解释数值结果，理解物理本质。目前的数值技术和现代计算机可以相对容易地处理多维、时变的反应欧拉方程的数值积分。早在 1966 年，学者就开始采用 Fickett 和 Wood 的特征方法对爆炸波的一维不稳定结构进行了数值研究。此后，学者对一维爆轰波的不稳定结构进行了更深入的研究[15,18]。这些研究的结果表明，在一维结构中，对小扰动的不稳定性表现为波阵面的纵向脉动结构（图1.8），波阵面的压力变化如图1.9所示。因此，一维爆轰波非线性震荡行为的研究有助于解释自持胞格爆轰的结构特性和不稳定机制。值得注意的是，如图1.10所示，一维爆轰波纵向的周期性脉动震荡现象类似于高超声速钝体进入可燃预混气体时，其

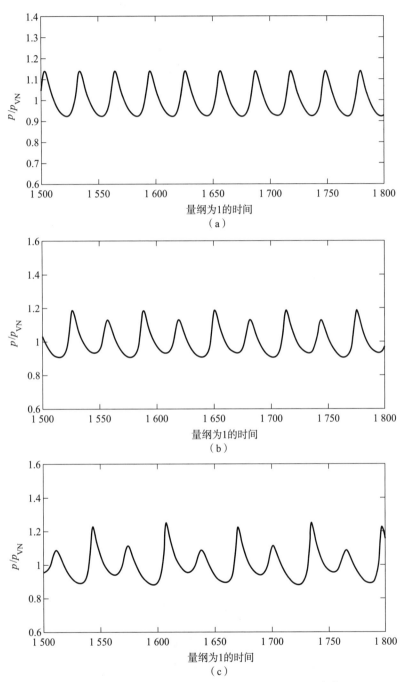

图 1.8　一维爆轰波波阵面的脉动结构 – 数值模拟[17]
（a）$k_R = 1.126$；（b）$k_R = 1.157$；（c）$k_R = 1.189$

表面的弓形激波的不稳定震荡。在一维的情况下，如果爆轰波是稳定的，其峰值压力应该不随时间发生变化，即保持为 CJ 爆轰波的 von Neumann 压力。如果超过不稳定极限，爆轰波的不稳定性会导致一种在传播方向上的脉动震荡特性，即压力峰值随时间变化有规律地在 von Neumann 压力附近上下脉动[11-13]。这种脉动可以是单模的，也可以是多模的，取决于不稳定性的程度，这通常可以通过量纲为 1 的活化能 $E_a/(RT)$ 进行量化。对于稳定或者弱不稳定的爆轰波（低活化能）来说，这种脉动通常使得峰值压力在 $(0.8 \sim 1.6)p_{VN}$ 之间震荡，也可以说爆轰波波阵面在过驱和欠驱之间震荡，但是爆轰波并没有熄爆。对于强不稳定的爆轰波（高活化能）来说，这种脉动更加剧烈，上行压力可以超过 2 倍的 von Neumann 压力，而下行压力会降至 von Neumann 压力的一半，这意味着爆轰波已经接近熄爆。但是下一个周期，欠驱动的爆轰波会加速并重新起爆。可以说强不稳定爆轰波波阵面在熄爆和重新起爆之间震荡。这与稳定爆轰波或者弱不稳定爆轰波有着明显的区别。这种不同的特性也决定着它们会有不同的传播机理。需要指出的是，如果继续提高活化能，即继续提高爆轰不稳定性，爆轰波在下行震荡的过程中，可能因无法重新起爆而导致熄爆。在多维的情况下，自发下行震荡导致的熄爆很难发生，原因在于这需要爆轰波在多个方向上同时熄爆，而这往往难以实现。这也意味着这种由于自身脉动引起的"自我熄灭"只是一维情况下的特例。值得注意的是，根据 Lee[13] 的分析，如果数值计算是基于一步阿伦尼乌斯反应率，"自我熄灭"这种情况永远不会发生。这是因为，化学反应模型本身只是一步阿伦尼乌斯反应率，如果控制方程本身没有扩散损失，在足够长的时间下，爆轰波最终会重新起爆。

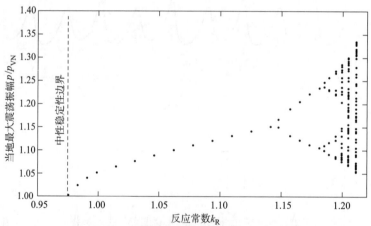

图 1.9　一维脉动爆轰波的模态分析[17]

图 1.10　超声速钝体前弓形激波不稳定性[13]

一维爆轰波的稳定性分析同样可以扩展到多维爆轰波的稳定性分析中。一维脉动爆轰波只有纵向的震荡不稳定性，在二维或者三维的情况下，横向的震荡会叠加在纵向的震荡上，因此，横向的激波（横波）会出现并连接波阵面形成所谓的三波结构（图 1.11）。波阵面上的三波结构会相互碰撞，并在烟膜上留下鱼鳞状的胞格结构。爆轰波的不稳定性也会反映到这些多维的不稳定三波结构上。对于弱不稳定的自维持的爆轰波来说，横波很弱，有时可以接近为声波（高过驱爆轰波）。波阵面上入射爆轰波和马赫杆的分布比较均匀，两者虽有强弱之分，但是均为爆轰波。波阵面在一个胞格的范围内先是过驱的马赫杆，然后衰减为欠驱的入射爆轰波。这个过程中，压力速度也随之衰减。对强不稳定爆轰波来说，这种压力和速度的变化范围更大，入射爆轰波甚至会衰减至局部的熄爆。实验中经常可以看到爆轰波局部熄爆，然后在周围三波结构的碰撞作用下重新起爆。这个过程与一维脉动爆轰波有类似的地方。因此，弱不稳定爆轰波的胞格结构比较规则，胞格的尺寸散布不大，也说明不稳定的模式单一。但是，随着不稳定程度的增大，胞格结构越来越不规则，甚至会在胞格里出现更小的次级胞格，表现出一种多模态的不稳定性。在这种情况下，胞格的尺寸会在一定的范围内变化，并不存在一个不变的特征常量。

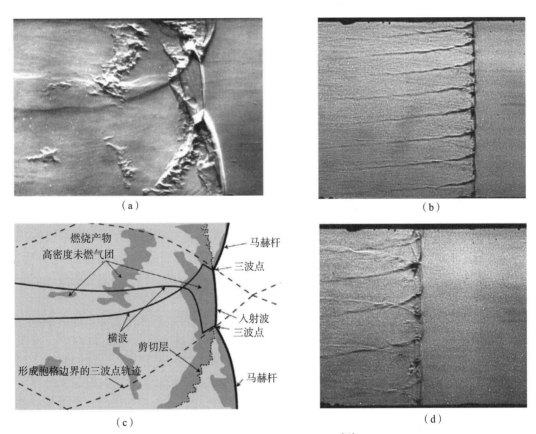

（a）

（b）

（c）

（d）

图 1.11　爆轰波的波阵面结构[18]

1.3　爆轰波的传播机理

爆轰波的传播机理指的是物理化学过程在特定的初边界条件下如何影响爆轰波的起爆、传播和熄爆。根据经典的 ZND 理论，爆轰波包括前导激波和紧随其后的诱导区及反应区。在诱导区，分子活化，热解离，但是没有进行反应，是一个轻微程度的吸热过程。紧随诱导区的是化学反应区，在这个区域，已经解离的自由基发生聚合反应，生成新的分子（产物），并释放热量，因此，这同时是一个放热区。跨越前导激波，压力、密度、温度急剧升高，而在整个诱导区，这些物理量几乎保持不变。进入反应区后，由于放热反应的进行，温度继续升高，而压力和密度却开始下降，直到反应结束（C－J 面或者声速面）。离开 C－J 面以后，产物的流场情况取决于边界条件。对于静止固壁边界来说，从 C－J 面开始出现一个泰勒稀疏波区，压力、密度、温度等物理量缓慢下降，并符合等熵关系，因此，这个区域是等熵的。如果波后存在一个以 C－J 速度运动的活塞，则不存在这样一个泰勒稀疏波区，压力、密度和温度等物理量在 C－J 面后保持不变，称为 C－J 压力、C－J 密度和 C－J 温度。反应区的膨胀效应和泰勒区的稀疏效应提供了爆轰波向前传播的"驱动力"[13]。这种机制类似于爆轰发动机的工作原理。因此，对于层流 ZND 爆轰波来说，它的传播机理是前导激波压缩起爆。但是这种层流的 ZND 爆轰波在现实中是不存在的，爆轰波不是层流的，而是存在不稳定的多维湍流结构（胞格结构）。由于胞格结构（三波结构）的存在，爆轰波的波阵面是扭曲的，存在弱的诱导激波和强的马赫杆均匀的相间分布（弱不稳定爆轰波）或者无规律的散乱分布（强不稳定爆轰波）。

对于弱不稳定的爆轰波来说，在一个胞格的周期内，初始时前导激波为马赫杆且足够强（过驱），因此可以诱导起爆气体；在胞格的后半部分，前导激波衰减成弱的、欠驱的诱导激波，它不再能够压缩起爆气体，但是由于相邻一对横波（强的激波）的存在，仍然可以通过横向激波的绝热压缩并起爆气体。因此，从这方面来说，多维弱不稳定胞格爆轰波的传播机理类似于上述层流 ZND 爆轰波的传播机理，只是这种绝热压缩起爆模式不再是在一个方向上（纵向），而是在多个方向上共同实现的。对于强不稳定爆轰波来说，情况有所不同。强不稳定爆轰波波阵面的压力和传播速度波动更大，三波结构的分布和强弱没有规律性，有的部分很强，有的部分很弱，甚至已经熄爆，并强烈地受到湍流结构的影响[19]。在弱不稳定爆轰波的传播过程中，即使波阵面是多维的和不稳定的，传播机理总是遵循着先进行激波压缩诱导，然后开始放热反应的顺序。但是在强不稳定爆轰波中，上述这种先后顺序被打乱，由于波阵面的极不稳定和湍流结构的存在，有些气体经过某段很弱的前导激波的压缩后并没有立即起爆，随后进入了很热的正在反应的自由基或者产物的包围中，形成热点[20]。然后在热点中，经过预压缩的未反应气体会逐渐燃烧掉或者形成局部的起爆。局部爆炸会形成压力波并影响本就极不稳定的爆轰波波阵面，更增加了其波阵面的复杂性。因此，强不稳定爆轰的传播机理与弱不稳定爆轰波的传播机理有着本质的不同。这种不同会影响它们对于外界影响的响应，强不稳定的爆轰波具有更强的"环境适应能力"，在受到强稀疏效应时，相对于弱不稳定爆轰波，更容易"生存"下来。这种现象常见于爆轰波在粗糙管道中以及扩张管道中的传播过程。结论是，除弱不稳定的气相爆轰波之外，经典的冲击点火和热爆炸机理通常不能描述不稳定爆轰波高度复杂反应区中的物理和化学过程。在高度不稳定的爆轰反应区中，湍流效应在点火和燃烧机理中都将起重要作用。

1.4　爆轰波的数值模拟

爆轰波，特别是气相爆轰波的数值模拟与计算流体力学息息相关，可以认为是计算流体力学的一个分支。与一般意义上的流体相比，反应流体是含能的，能够通过发生化学反应释放能量，进而可以显著地影响流场状态。

1.4.1　计算流体力学方法发展

计算流体力学的雏形始于 20 世纪初英国数学家 Richardson 对于天气预报的数值研究，但是他构造的中心差分格式是无条件不稳定的，无法进行应用。1928 年，Courant、Friedrichs 和 Lewy[21] 专门研究了差分格式的稳定性问题，形成了著名的 CFL 稳定性条件。计算流体动力学（CFD）真正的诞生是在第二次世界大战期间，当时洛斯阿拉莫斯国家实验室的科学家急需计算原子弹爆炸后冲击波和流动的数值方法。数学家 von Neumann 提出了在数值格式中添加人工黏性的方法，奠定了激波捕捉方法的基石，他同时提出了分析有限差分格式稳定性的傅里叶方法，基于这些贡献，von Neumann 被认为是 CFD 之父。此后，CFD 在学术界和工程界赢得了广泛的认可，成为与理论和实验并驾齐驱的一种研究手段。CFD 创建了一个虚拟世界，无论规模大小，用户都可以在其中进行虚拟的流动实验，包括微机电系统（MEMS）的微通道流动、飞机附近的空气流动、火焰在管道中的传播、核反应堆的熔化芯的不稳定性、地球上的海洋和大气层运动，以及旋涡星系的气态盘。虚拟实验可以实现现实中昂贵、困难、危险，甚至不可能的实验。在大多数情况下，可以将流体视为一个连续介质，其守恒定律以偏微分方程（或者以积分方程）的形式存在。在 CFD 中，这些模型方程在网格上进行离散，从而产生了有限差分、有限体积或有限元近似方法。

尽管 CFD 可以在实验的流动参数和时空尺度之外进行应用，但是其计算的可靠性只能在实验和/或理论结果存在的条件下才能进行评估。标准做法是至少对分辨率不断提高的网格序列进行计算的"收敛性测试"，比较精确解与模型方程的逼近程度。尽管如此，建模的误差仍然存在。另外，用于比较的实验在设置条件和测量方面也有其自身的不确定性。由于流动模拟的快速发展，对于测量和预测 CFD 可靠性的方法的需求也不断增长。因此，数值方法的验证和确认（V&V）以及不确定性量化（UQ）也是当前 CFD 里热门的研究领域。

- 20 世纪 50—80 年代

在整个 20 世纪 50 年代，CFD 的研究主要由位于美国洛斯阿拉莫斯和利弗莫尔的国家实验室主导，主要用于武器的相关研究。此外，纽约大学数学系的 Courant、Friedrichs 和 Lax 在美国原子能委员会（AEC）的资助下也在进行相关的 CFD 研究工作。在苏联，数学家 Godunov 提出了一种可压缩流的计算方法[22]，启发了现代多数的有限体积法和间断 Galerkin 有限元方法。美国的国家实验室开发了大型计算机代码，能够处理气体、液体或固体等多介质的变形问题。这些代码主要用于爆炸与冲击动力学问题，在航空航天工程中几乎没有得到应用，这是因为当时航空航天工程主要处理低速稳态流动。

早期的可压缩流程序中的核心算法仅有一阶精度，这意味着当对网格进行细化时，数值解中的误差随网格尺寸的一阶幂而衰减。20 世纪 60 年代，科学家对二阶精度方法进行了广泛的探索，二阶精度方法可以实现更高的精度。随着计算机快速的商业化，大学对 CFD 的贡献日益增大。这个时代最著名的是 1960 年 Lax 和 Wendroff 提出的二阶精度的 Lax – Wendroff 方法[23,24]，以及 1969 年由航空工程师 MacCormack 提出的 Lax – Wendroff 方法的变体[25]。但是，这类方法并没有得到广泛的应用，因为在间断附近产生的数值振荡可以使温度、密度和物质浓度变为负值，这使得此类方法不适用于计算存在强激波的超声速流。

20 世纪 70 年代初期，随着高分辨率方法的出现，数值计算取得了突破，并催生了现代 CFD 的诞生。这些高分辨率格式在光滑区至少是二阶精度的，而由于使用了限制器，它们可以有效地捕捉激波间断，即在间断处耗散小而且单调、有效地控制了数值震荡。高分辨率方法的一个大类是 Boris 提出的通量校正输运（FCT）方法[26]，以及 van Leer 提出的 MUSCL 类方法[27]。这两种方案都包括一个限制器，该限制器减少了高阶项，从而避免了数值振荡的发生。FCT 方法实际上是一种预测 – 校正方法，校正步可创建更高阶的精度；其通量受到限制，以免产生新的极值，从而保证单调性。MUSCL 类方法是 Godunov 型方法的发展，这意味着离散的流体单元在其界面处的发展是基于黎曼问题的解。在 MUSCL 类方法中，数值振荡被视为离散初始值的非单调插值的结果。因此，补救措施是限制插值中二阶和更高阶导数的值。到 20 世纪 70 年代末，这两种技术已经非常成熟。但是由于种种原因，FCT 方法通常只用于非稳态反应流动的计算[28]，而 MUSCL 类方法则广泛应用于航空航天工程。

- 20 世纪 80 年代

将 Godunov 型高分辨率方法引入航空航天界的功劳归于美国科学和工程学计算机应用研究所（ICASE）。建立 ICASE 的目的是让 Langley 的工程师与美国和外国科学家进行学术交流。在 ICASE 的访问者及他们的贡献中，数学家 Brandt[29] 引入了多重网格松弛法来求解全势方程；数学家 Gottlieb 提出了谱方法；天体物理学家 van Leer 提出了 Godunov 型方法，并与经典松弛方法相匹配，引领了 CFL2D/CFL3D 代码[30] 的发展；数学家 Harten[31] 提出了总变差减小（TVD）的概念；Roe[32,33] 提出了真正的多维欧拉方法，现在称为残差分布格式；数学家 Osher 与 Harten 一起提出了本质无振荡的插值算法（ENO）[34]。此外，在航空领域，Jameson[35] 开发了使用高阶人工黏性来提高格式稳定性的一套有效的欧拉和 Navier – Stokes 代码，并使用了 Runge – Kutta 方法进行时间积分，直到流动趋于稳态，并通过多重网格松弛来加速计算的收敛。

1985 年，出现了基于高分辨率方法的第一批求解 Navier – Stokes 方程的程序。这一时期格式的收敛加速比以往任何时候都变得重要，同时，科学家们也广泛探索了隐式和显式方法。随着矢量计算成为常态，隐式和显式策略的相对效率受到它们允许的矢量化程度的限制。10 年后，同样的情况随着并行计算技术的发展而再次出现。在 20 世纪 80 年代后期，网格自适应技术，特别是适用于欧拉计算的树状自适应笛卡尔网格成为研究的热点。同时，用于航空问题的完全非结构化的网格，首先是三角形网格，然后是四面体网格，被发展出来。Jameson[36] 最早在四面体网格上为简化飞机模型计算了 3 – D 无黏流动解。到 1990 年，除了在高超声速流动领域，大多数使用高分辨率格式的科研人员都对他们的程序在各种流动问题中的表现感到满意。到 1988 年，科研人员发现，如果马赫数升至 5 以上，那么像 CFL2D 这样非常成功的有限体积程序会在完全平滑的网格上围绕钝体产生稳定流的奇异解。此时，弓形激波会出现不对称的，类似于"粉刺"状的非物理结构。

- 20 世纪 90 年代

尽管有上述问题，CFD 研究还是从发展基本的欧拉/Navier – Stokes 离散化格式转向建立自适应和非结构化网格以及为此类网格发展特定格式的阶段，这使得多尺度流的计算成为可能。此外，为处理更为复杂的流动物理问题，例如多介质流动方面，研究工作也在不断增加。后来，随着 level set 方法[37]的发展，多介质流动变得更容易进行数值模拟，其中流体界面被定义为符号距离函数的零水平面，而符号距离函数由流动方程控制。此外，对于欧拉和 Navier－Stokes 求解器的加速收敛仍然是研究重点。这一时期出现了局部预处理和多重网格松弛技术。

在 ENO 的基础上，90 年代研究者又提出了加权本质无振荡（WENO）格式。WENO 格式利用各个备选模板的凸组合进行插值/重构，每个模板权重的选取依赖于该模板上数值解的局部光滑程度。这使得在同样的可选模板情况下，在光滑区域，WENO 具有比 ENO 更高的精度；而在间断附近，却保持有 ENO 的性质。Liu、Osher 和 Chan[38]首先构造了一维空间上的三阶有限体积 WENO 格式，然后，Jiang 和 Shu[39]在多维空间上构造了三阶和五阶的有限差分 WENO 格式，并提出了光滑因子和非线性权重构造的基本框架。之后，WENO 格式得到了爆炸性的发展，相关的研究和应用空前繁荣。

● 21 世纪

在 21 世纪的前 10 年中，由于大规模并行计算的广泛使用，CFD 变得比以往更强大。新的应用程序种类繁多，需要在几何形状日益复杂的情况下处理复杂的物理问题。考虑到这种日趋复杂的计算趋势，网格优化、设计优化和不确定性量化仍然是重要的研究课题。为了有效地处理物理复杂性，学者建议直接使用界面流通量构造数值格式，例如 Harten、Lax 和 van Leer 的近似黎曼求解器，称为 HLL 格式[40]。该格式直接近似数值通量，而不是像 Roe 格式和 Osher 格式那样给出黎曼问题解的详细波系结构。HLL 格式假设黎曼问题的解由两道激波组成，并且通过估算可以给出这两道波各自的传播速度，通过积分原双曲型守恒方程就可以求出数值通量。该格式比 Roe 格式计算效率高，但是由于采用了两激波近似，格式对接触间断的分辨率下降。针对这一问题，Toro 等[41]提出了改进的 HLL 格式，称为 HLLC 格式，其近似黎曼解的结构由三个波组成，估算这三个波的波速，然后应用守恒方程的积分形式给出通量的近似表示，HLLC 格式提高了对接触间断的分辨率。

此外，为了处理几何复杂性，也可以借鉴有限元方法（FEM）解决流动问题。此类中主要的方法是间断 Galerkin（DG）方法[42,43]，可以很好地捕捉激波间断。但是，如何将 DG 方法与不会降低其潜在高精度的多维限制器进行匹配仍然是研究的重点。

1.4.2　气相爆轰波的数值模拟

气相爆轰波的数值模拟与计算流体力学的联系非常密切，从某种意义上可以认为前者继承自后者，但是两者又有所不同。计算流体力学传统上主要侧重于无反应流动的数值模拟方法和技术，而气相爆轰波的数值模拟不可避免地要处理瞬态的化学反应动力学。气相爆轰波的数值模拟与计算化学的联系也非常密切。当然，传统上计算化学主要关注零维空间的时变问题（通常以非线性常微分方程组的形式存在），而气相爆轰波的数值模拟通常要处理空间非均匀场内的化学反应流动问题。因此，气相爆轰波的数值模拟可以认为是计算流体力学和计算化学的交叉。需要注意的是，气相爆轰波的数值模拟与计算爆炸力学也有所区别，从学科的角度讲，计算爆炸力学主要处理含能材料爆炸之后的冲击波传播以及冲击波与介质的相互作用问题（弹性、塑性变形、断裂和破坏等），较少涉及含能材料的相变和反应过程[44]。

由于气相爆轰波的强度较弱，它的数值模拟一般只涉及传播问题，包括起爆、熄爆和在边界上的反射问题[10]。

气相爆轰波的数值模拟可以提供有关流场的详细信息，而这些信息通常无法从实验测量中直接获得；同时，数值模拟作为一种虚拟的数值实验，可以实现真实实验中不存在的物理过程，有助于对物理本质的理解。比如，自维持的一维 ZND 爆轰在实验中无法观察到，因为真实爆轰波本质上是三维的。但是，可以从稳态的一维守恒方程中获得 ZND 爆轰波的层流结构，而这种结构不能直接体现出活化能的影响，而且使用稳态的一维守恒方程排除了描述爆轰波不稳定性的任何时变解。一般来说，活化能控制着爆轰波对温度的敏感性以及波阵面的稳定性。研究稳态解稳定性的经典方法是在解上施加较小的扰动，并查看扰动的幅度是否增大[17]。小扰动的假设使被扰动的方程线性化并可以进行积分，从而确定不稳定性的模式。与大多数流体动力学稳定性分析一样，其色散关系相当复杂，无法进行解析表示，这也掩盖了爆轰不稳定性机理的物理基础。一种替代方法是从非稳态非线性反应欧拉方程开始，然后在给定的初始条件下对其进行直接数值模拟。当在长时间内渐近获得稳定的自维持解时，则可以观察爆轰波的不稳定性。与线性稳定性分析不同，直接数值模拟的优点是可以保留问题的完全非线性解。而且可以分别研究一维、二维和三维的不稳定性，这有助于数值结果的解释和物理本质的理解。

当前的数值技术和现代计算机的能力可以直接求解使用简化唯象模型的多维、时变的反应流守恒方程组。但是，直接数值模拟也有其自身的局限性，即在稳定性极限附近，扰动的增长和衰减速率非常慢，达到稳态可能会花费很长时间。另外，对时间和空间分辨率要求很高的问题，比如爆轰波的多尺度湍流结构，仍然是直接数值模拟的难题[6,13,28]。爆轰波本质上是三维的，不管是时间上的还是空间上的，都是多尺度的，因此模拟爆轰波的所有相关的精细结构非常困难。在实验中，爆轰波可以传播 $1 \sim 10$ m，而反应区的空间尺度在 $10^{-6} \sim 10^{-5}$ m 的量级上。另外，由于扩散效应，温度、速度、质量分数的梯度会以更小的尺度出现[45]。这种跨尺度的变化范围使爆轰波的直接数值模拟需要大量计算资源。另一个问题是，为大分子燃料（如烃）建立基元化学反应模型通常需要近 10^3 个反应和近 10^2 个组分，这带来了更严重的计算时间和存储问题。激波多维反应流的模拟也产生了许多数值格式上的挑战，涉及计算效率、精度、激波捕捉格式和湍流模型[6]。当前最复杂的爆轰波模拟通常使用考虑基元反应机理且无输运的多维反应欧拉（无黏性）方程，或者具有一步法化学反应模型（两组分）和输运特性的多维 Navier – Stokes 方程，或者考虑详细化学反应机理和输运性质的一维 Navier – Stokes 方程。所有这些模拟通常需要使用并行计算和自适应网格技术（AMR）解决多尺度数值模拟的效率问题[46]。Powers 和 Paolucci[47]强调，对于反应欧拉方程，为了使仿真结果在数学上正确无误，必须分辨最小的长度尺度，并给出了用于确定爆轰模拟中需要分辨的最小化学长度尺度的计算方法。他们的建议是，对常见的符合化学计量比的氢 – 空气爆轰模型进行一维稳态分析，最佳长度尺度大约比诱导区宽度小三个数量级。在这种情况下，以前很多使用详细化学反应机理的数值模拟结果就需要进行重新实现了。

1.4.3 化学反应动力学模型

气相爆轰数值模拟中使用的化学反应动力学模型主要有两种：基元反应机理和简化的全局反应机理。基元反应机理是真实化学组分之间多个瞬态基元反应的组合，是化学反应流的最基本、最精确的描述方法。相比之下，全局反应机理仅包括少量整体上的反应步骤，涵盖主要的反应路径或特征，可以从基元反应机理简化得出，也可以从实验测量获得。基元反应机理包括了很多组分和反应进程，可以描述非常精细的化学反应过程。但是基元反应系统的刚性从根本上限制了基元反应机理在爆轰波大规模数值模拟中的应用。简化复杂基元反应系统的方法一般有两种：第一种是清除多余的组分和反应，从而形成主干基元反应，包括各种类型的灵敏度分析（SA）方法[48,49]、计算奇异摄动（CSP）方法[50,51]、有向关系图（DRG）方法[52,53]，以及最佳消除方法[54]。第二种是通过进行时间尺度分析和对快速组分进行强制化学平衡，进一步简化、压缩主干基元反应。经典的准稳态（QSS）逼近[55,56]用于剔除较少且反应过程中几乎是稳定的组分。CSP 方法[50,51,57]和固有低维流形（ILDM）方法[58]引入数学方法来系统性地识别和处理 QSS 组分。通过这些技术，可以将复杂的基元反应机理简化到中等规模，同时能够在较窄温度范围内保持化学计算的精确性。当前，进行多维爆轰模拟时，使用详细的化学反应机理需要消耗大量的机时。因此，详细的化学模型不适用于大规模的多维模拟，也不适合尝试使用近似方法（例如活化能渐近分析）进行理论分析。

　　全局反应机理一般包括两种方法：一种是仍然使用基元反应系统，但是仅包含必需的组分和反应；另一种是更加理想化的唯象模型，该模型使用虚假的物质组分，模仿了实际化学反应过程的某些特征。从严格意义上讲，通过消除 QSS 组分而简化的基元反应机理[55]属于全局反应机理的第一类，因为它们的反应步骤仍然是一系列基元反应的组合。例如，基于乙炔的 7 步反应机制，Varatharajan 等[55,59]提出了两步全局反应机理用于乙炔 – 氧气混合物的爆轰计算。Sichel 等[60]提出了两步全局反应机理用于氢氧气体爆轰的计算。具有真实组分的全局反应机理[61,62]在燃烧计算方面具有很强的工程背景，可以参考 Anderson 等人的综述论文[63]。理想化的全局唯象反应机理（如 A + B→C）通常用于大规模爆轰波的数值模拟研究中，主要是用于描述爆轰波的宏观特征。与基元反应中的组分相比，我们将虚假的反应组分（A，B，C）称为全局组分。这一类反应模型中最经典的例子是一步不可逆反应模型（如 A→B），该模型仅考虑两个全局组分（A – 反应物、B – 产物），并遵循阿伦尼乌斯反应律将一个组分转化为另一个组分[64-67]。这种单步机制不能描述真实燃烧化学的一些重要特征（例如链反应）。一步法的一个改进是在放热反应之前设置中性诱导步[68,69]，从而分别模拟诱导阶段和放热阶段。Korobeinikov 等人[70]最先尝试对单步模型进行改进，考虑化学反应中反应诱导区的影响，提出了经验性的两步反应模型，在反应中加入了诱导过程。Oran 等人[71-72]改进了 Korobeinikov 模型，理论推导了反应的诱导时间和最大能量释放的计算公式，扩展了模型的适用范围。他们使用改进模型研究了爆轰波波阵面后的未反应气团，但是该模型不能用来计算火焰的特征、层流到湍流火焰的转变或燃烧到爆轰的转变过程。Lefebvre 等人[73]进一步改进了两步反应模型，给出了定压比热、定容比热以及摩尔质量等化学热力学参数随温度变化的经验多项式。Sichel 等人[60]的两步机理也采用了类似的技术。另一种众所周知的模型是三步反应模型[74-76]，它考虑了链的起始、分支和终止过程。为了更好地描述爆轰极限，Liang 等[77]提出了一种四步机制，后来又提出了一种五步机理[78]来研究自由基竞争的效果。这些简单模型可以用于定性分析爆轰波的稳定性，但是无法提供理解大型燃料分子爆轰不稳定机制的真实细节。对爆轰进行直接数值模拟，第一类全局反应机理是最有用的，因为它们保留了比第二类全局反应模型更多的物理特性。而第二类全局机理（理想化的唯象模型）更有灵活性，可以容易地改变反应参数，可以对爆轰波的特性进行系统性的参数研究。

然而，在化学反应动力学模型的处理和应用中，精确度和计算效率之间的权衡仍然是一个难题。如 Lu 和 Law[79]所述，对于小型烃类燃料，退化的主干化学反应机理总体上仍包含数十种以上组分。考虑到反应系统的刚性问题，使用它们进行大规模数值模拟仍然是一个艰巨的挑战。尽管可以通过去除 QSS 组分进一步简化该机理，但是最终的组分数量似乎至少需要 10 种，在普通计算机上进行模拟仍然很耗时。另外，将机制简化到可接受的规模时，化学反应描述的准确性又大大降低，适用范围也会缩小。QSS 方法获得的反应机理通常在较低的温度范围内适用，在火焰模拟中效果较好，在爆轰计算中效果较差。尽管全局反应机理对于某些应用是可接受的，但其结果与基元反应机理计算的结果依然存在很明显的差异。在对化学模型进行建模时，必须考虑一定范围内的爆轰波传播速度，以便进行更准确的不稳定爆轰模拟。Schultz 和 Shepherd[80]使用多种混合物（氢气、乙烯和丙烷）最详细的反应机理，进行了等容爆炸和稳态 ZND 计算。他们将计算得到的诱导时间与实验的诱导时间进行了比较，发现在平均的意义上，在 1 200 K 以上的激波后温度下，数值/实验误差约为 25%。这表明，在设计简化模型时，必须小心应对。

尽管已经有大量工作致力于简化详细的基元化学反应和扩展理想的全局反应机理，但是如何建立两者之间的联系依然很困难，除了简单地将基元反应机理整体上的活化能应用于全局反应机理[81-82]。Zhu 等[83]通过详细化学反应机理获得全局反应机理的热化学路径以及全局组分的等效热力学特性，提出了一种 4 组分 4 反应机理。对于爆轰波，目前为止数值模拟尚无法定量地反映复杂的化学过程对爆轰现象的各种影响，例如点火[79,81-82]、熄爆[83,84]、不稳定性[69,75,85,86]、波阵面的结构[77,78,87]，因此，我们始终渴望更精确并且相对简单的反应模型，但这似乎是一种矛盾心理。此外，气相爆轰中气体动力学与化学反应之间的耦合，本质上是通过改变介质的热力学特性和状态实现的，这提供了构造全局反应机理的一种直接而合理的方法，即基于详细化学反应机理获得热力学特性，通过等效获得全局反应模型的参数和简化的反应组分的热力学性质。这种方法也有利于建立真实化学反应过程和基于简单模型的经典爆轰理论之间的联系，加深对爆轰物理本质的理解[88]。

参 考 文 献

[1] Chapman D L. On the rate of explosion in gases [J]. Philosophical Magazine, 1899, 47 (2): 90 - 104.

[2] Jouguet E. On the propagation of chemical reactions in gases [J]. Journal de Mathématiques Pures et Appliquées, 1905, 1 (2): 347 - 425.

[3] Rankine W J. On the thermodynamic theory of waves of finite longitudinal disturbance [J]. Classic Papers in Shock Compression Science, 1870 (160): 133 - 147.

[4] Hugoniot H. Sur la propagation du mouvement dans les corps et sp'ecialement dans les gaz parfaits (premi'ere partie) [J]. Journal de l'Ecole Polytechnique, 1887 (57): 93 - 97.

[5] Hugoniot H. Sur la propagation du mouvement dans les corps et sp'ecialement dans les gaz parfaits (deuxi'eme partie) [J]. Journal de l'Ecole Polytechnique, 1889 (58): 121 - 125.

［6］ Shepherd J E. Detonation in gases ［J］. Proceedings of the Combustion Institute, 2009, 32 (1): 83 −98.

［7］ Zel'dovich Y B. On the theory of the propagation of detonations on gaseous system ［J］. Journal of Experimental and Theoretical Physics, 1940 (10): 542 −568.

［8］ John von Neumann. John von Neumann Collected Works: Vol. 1: Logic, Theory of Sets and Quantum Mechanics ［M］. Pergamon, 1961.

［9］ Döring W. Ber den Detonationsvorgang in Gasen ［J］. Annalen der Physik (in German), 1943 (435): 421 −436.

［10］ 李健. 气相爆轰波的反射和衍射现象研究 ［D］. 北京: 北京理工大学, 2013.

［11］ Soloukhin R I. Multiheaded structure of gaseous detonation ［J］. Combustion and Flame, 196, 10 (1): 51 −58.

［12］ Fay J A. Two Dimensional Gaseous Detonations: Velocity Deficit ［J］. Physics of Fluids, 1959, 2 (3): 283 −289.

［13］ Lee J H S. The Detonation Phenomenon ［M］. Cambridge University Press, 2008.

［14］ Bone W A, Fraser R P, Wheeler W H. A Photographic Investigation of Flame Movements in Gaseous Explosions. Part Ⅶ. The Phenomenon of Spin in Detonation ［J］. Philosophical Transactions of the Royal Society A: Mathematical Physical and Engineering Sciences, 1935, 235 (746): 29 −68.

［15］ Hanana M, Lefebvre M. Pressure profiles in detonation cells with rectangular and diagonal structures ［J］. Shock Waves, 2001, 11 (2): 77 −88.

［16］ Voitsekhovskii B V, Mitrofanov V V, Topchiyan M E. Structure of the detonation front in gases ［J］. Combustion Explosion and Shock Waves, 1969, 5 (3): 267 −273.

［17］ Ng H D, Radulescu M I, Higgins A J, et al. Numerical investigation of the instability for one dimensional Chapman Jouguet detonations with chain branching kinetics ［J］. Combustion Theory and Modelling, 2005, 9 (3): 385 −401.

［18］ Lee J H S, Radulescu M I. On the hydrodynamic thickness of cellular detonations ［J］. Combustion, Explosion and Shock Waves, 2005, 41 (6): 745 −765.

［19］ Pintgen F, Eckett C A, Austin J M, et al. Direct observations of reaction zone str ucture in propagating detonations ［J］. Combustion and Flame, 2003, 133 (3): 211 −229.

［20］ Lee J H S. The propagation mechanism of cellular detonation ［J］. Shock Waves, 2005: 19 − 30.

［21］ Courant R, Friedrichs K, Lewy H. Über die partiellen Differenzengleichungen der mathematischen Physik ［J］. Mathematische Annalen (in German), 1928, 100 (1): 32 −74.

［22］ Godunov S K. A difference method for the numerical calculation of discontinuous solutions of hydrodynamic equations ［J］. Matematicheskiĭ Sbornik, 1959 (47): 271 −306.

［23］ Lax P D. Hyperbolic systems of conservation laws Ⅱ ［J］. Communications Pure and Applied Mathematics, 1957 (10): 537 −566.

［24］ Lax P D, Wendroff B. Systems of conservation laws ［J］. Communications Pure and Applied Mathematics, 1960 (13): 217 −237.

[25] MacCormack R W. The effect of viscosity in hypervelocity impact cratering [J]. AIAA Paper, 2012, 40 (5): 757 – 763.

[26] Boris J P, Book D L. Flux corrected transport Ⅰ, SHASTA, a fluid transport algorithm that works [J]. Journal of Computational Physics, 1973 (11): 25 – 40.

[27] van Leer B. Towards the ultimate conservation difference scheme Ⅴ: a second – order sequel to Godunov's method [J]. Journal of Computational Physics, 1979 (32): 101 – 136

[28] Oran E, Boris J P. Numerical Simulation of Reactive Flow [M]. Cambridge University Press, 2001.

[29] Brandt A, Livne O E. Multigrid Techniques: 1984 Guide with Applications to Fluid Dynamics, Revised Edition [M]. Society for Industrial and Applied Mathematics, 2011.

[30] Rumsey C L, Biedron R T, Thomas J L. CFL3D: its history and some recent applications [R]. Technical Report TM 112861, NASA, 1997.

[31] Harten A. High Resolution Schemes for Hyperbolic Conservation Laws [J]. Journal of Computational Physics, 1983 (49): 357 – 393.

[32] Roe P L. Characteristics based schemes for the Euler equations [J]. Annual Review of Fluid Mechanics, 1986 (18): 337 – 365.

[33] Roe P L. Discrete models for the numerical analysis of time – dependent multidimensiopnal gas dynamics [J]. Journal of Computational Physics, 1997, 63 (2): 458 – 476.

[34] Harten A, Engquist B, Osher S, et al. Uniformly High Order Accuracy Essentially Non – oscillatory Schemes Ⅲ [J]. Journal of Computational Physics, 1987 (71): 231 – 303.

[35] Jameson A, Schmidt W, Turkel E. Numerical solutions of the Euler equations by finite volume methods using Runge – Kutta time – stepping schemes [J]. AIAA Paper, 1981: 1259.

[36] Jameson A, Baker T J, Weatherill N P. Calculation of inviscid transonic flow over a complete aircraft [J]. AIAA, 1986 (86): 103.

[37] Osher S, Sethian J A. Fronts propagating with curvature – dependent speed: algorithms based on Hamilton – Jacobi formulations [J]. Journal of Computational Physics, 1988, 79 (1): 12 – 49.

[38] Liu X D, Osher S, Chan T. Weighted essentially nonoscillatory schemes [J]. Journal of Computational Physics, 1994 (115): 200 – 212.

[39] Jiang G S, Shu C W. Efficient Implementation of Weighted ENO Schemes [J]. Journal of Computational Physics, 1996 (126): 202 – 228.

[40] Harten A L, Peter D, Van L B. On Upstream Differencing and Godunov – Type Schemes for Hyperbolic Conservation Laws [J]. SIAM Review, 1983, 25 (1): 35 – 61.

[41] Toro E F, Spruce M, Speares W. Restoration of the contact surface in the HLL – Riemann solver [J]. Shock Waves, 1994 (4): 25 – 34.

[42] Cockburn B, Shu C W. Nonlinearly stable compact schemes for shock calculations [J]. SIAM Journal on Numerical Analysis, 1994, 31 (3): 607 – 627.

[43] Cockburn B, Shu C W. The local discontinuous Galerkin method for time – dependent

convection – diffusion systems ［J］. SIAM Journal on Numerical Analysis, 1998 （35）: 2440 – 2463.

［44］ 宁建国, 马天宝. 计算爆炸力学基础 ［M］. 北京: 国防工业出版社, 2015.

［45］ Ziegler J L. Simulations of Compressible, Diffusive, Reactive Flows with Detailed Chemistry Using a High – Order Hybrid WENO – CD Scheme ［R］. California Institute of Technology, Pasadena, California, 2011.

［46］ Deiterding R. A parallel adaptive method for simulating shock – induced combustion with detailed chemical kinetics in complex domains ［J］. Computers & Structures, 2009 （87）: 769 – 783.

［47］ Powers J M, Paolucci S. Accurate spatial resolution estimates for reactive supersonic flow with detailed chemistry ［J］. AIAA Journal, 2005, 43 （5）: 1088 – 1099.

［48］ Turanyi T. Sensitivity analysis of complex kinetic systems: tools and applications ［J］. Journal of Mathematical Chemistry, 1990 （5）: 203 – 248.

［49］ Turanyi T. Applications of sensitivity analysis to combustion chemistry ［J］. Reliability Engineering System Safety, 1997 （57）: 41 – 48.

［50］ Massias A, Diamantis D, Mastorakos E, et al. An algorithm for the construction of global reduced mechanisms with CSP data ［J］. Combustion and Flame, 1999 （117）: 685 – 708.

［51］ Lu T F, Ju Y G, Law C K. Complex CSP for chemistry reduction and analysis ［J］. Combustion and Flame, 2001 （126）: 1445 – 1455.

［52］ Lu T F, Law C K. A directed relation graph method for mechanism reduction ［J］. Proceedings of the Combustion Institute, 2005 （30）: 1333 – 1341.

［53］ Pepiot – Desjardins P, Pitsch H. An efficient error – propagation – based reduction method for large chemical kinetic mechanisms ［J］. Combustion and Flame, 2008 （154）: 67 – 81.

［54］ Bhattacharjee B, Schwer D A. Optimally – reduced kinetic models: reaction elimination in large – scale kinetic mechanisms ［J］. Combustion and Flame, 2003 （135）: 191 – 208.

［55］ Varatharajan B, Williams F A. Chemical – kinetic descriptions of high – temperature ignition and detonation of acetylene – oxygen – diluent systems ［J］. Combustion and Flame, 2001 （125）: 624 – 645.

［56］ Turanyi A, Tomlin A, Pilling M. On the error of the quasisteady – state approximation ［J］. The Journal of Physical Chemistry, 1993 （97）: 163 – 172.

［57］ Lam S H, Goussis D A. The CSP method for simplifying kinetics ［J］. International Journal of Chemical Kinetics, 1994 （26）: 461 – 468.

［58］ Maas U, Pope S. B. Simplifying chemical – kinetics intrinsic low – dimensional manifolds in composition space ［J］. Combustion and Flame, 1992 （88）: 239 – 264.

［59］ Varatharajan B, Petrova M, Williams F A, et al. Two – step chemical – kinetic descriptions for hydrocarbon – oxygen – diluent ignition and detonation applications ［J］. Proceedings of the Combustion Institutem, 2005 （30）: 1869 – 1877.

［60］ Sichel M, Tonello N A, Oran E S, et al. A two – step kinetics model for numerical simulation of explosions and detonations in $H_2 – O_2$ mixtures ［J］. Proceedings of the Royal

Society, 2002 (458): 49 – 82.

[61] Westbrook C K, Dryer F L. Chemical kinetic modeling of hydrocarbon combustion [J]. Progress in Energy and Combust Science, 1984 (10): 51 – 57.

[62] Jones W P, Lindstedt R P. Global reaction schemes for hydrocarbon combustion [J]. Combustion and Flame, 1988 (73): 233 – 249.

[63] Andersen J, Rasmussen C L, Giselsson T, et al. Global combustion mechanisms for use in CFD modeling under oxy – fuel conditions [J]. Energy Fuels, 2009 (23): 1379 – 1389.

[64] Fickett W, Jacobson J D, Schott G L. Calculated pulsating one – dimensional detonations with induction – zone kinetics [J]. AIAA Journal, 1972 (10): 514 – 516.

[65] He L T, Lee J H S. The dynamical limit of one – dimensional detonations [J]. Physics of Fluids, 1995 (7): 1151 – 1158.

[66] Short M, Wang D Y. On the dynamics of pulsating detonations [J]. Combustion Theory and Modelling, 2001 (5): 343 – 352.

[67] Daimon Y, Matsuo A. Detailed features of one – dimensional. Detonations [J]. Physics of Fluids, 2003 (15): 112 – 122.

[68] Clavin P, He L T. Stability and nonlinear dynamics of one – dimensional overdriven detonations in gases [J]. Journal of Fluid Mechanics, 2006 (306): 353 – 378.

[69] Short M, Sharpe J. Pulsating instability of detonations with a two – step chain – branching reaction model: theory and numerics [J]. Combustion Theory and Modelling, 2003 (7): 401 – 416.

[70] Korobeinikov V P, Levin V A, Markov V V, et al. Propagation of blast waves in a combustible gas [J]. Astronaut Acta, 1972 (17): 529 – 537.

[71] Oran E S, Boris J P, Young T, et al. Numerical simulations of detonations in hydrogen – air and methane – air mixtures [J]. In Symposium on Combustion, 1981, 18 (1): 1641 – 1649.

[72] Oran E S, Young T R, Boris J P, et al. A study of detonation structure: The formation of unreacted gas pockets [J]. In Symposium on Combustion, 1982, 19 (1): 573 – 582.

[73] Lefebvre M H, Oran E S, Kailasanath K. Computations of detonation structure: The influence of model input parameters [R]. Naval Research Lab. Report, 1992.

[74] Dold J W, Kapila A K. Comparison between shock initiations of detonation using thermally – sensitive and chain – branching chemical models [J]. Combustion and Flame, 1991 (85): 185 – 194.

[75] Short M, Quirk J J. On the nonlinear stability and detonability limit of a detonation wave for a model threestep chain – branching reaction [J]. Journal of Fluid Mechanics, 1997 (339): 89 – 119.

[76] Ng H D, Lee J H S. Direct initiation of detonation with a multistep reaction scheme [J]. Journal of Fluid Mechanics, 2003 (476): 179 – 211.

[77] Liang Z, Bauwens L. Cell structure and stability of detonations with a pressure dependent chain branching reaction rate model [J]. Combustion Theory and Modelling, 2005 (9): 93 –

112.

[78] Liang Z, Browne S, Deiterding R, et al. Detonation front structure and the competition for radicals [J]. Proceedings of the Combustion Institute, 2007 (31): 2445 – 2453.

[79] Lu T F, Law C K. Towards accommondating realistic fuel chemistry in large – scale computations [J]. Progress in Energy And Combust Science, 2008 (35): 192 – 215.

[80] Schultz E, Shepherd J E. Detonation analysis using detailed reaction mechanisms [C]. In 22nd International Symposium on Shock Waves, Imperial College, London, UK, July 18 – 23, 1999.

[81] Khokhlov A M, Oran E S. Numercial simulation of detonation initiation in a flame brush: the role of hot spots [J]. Combustion and Flame, 1999 (119): 400 – 416.

[82] Radulescu M I, Sharpe G J, Law C K, et al. The hydrodynamic structure of unstable cellular detonations [J]. Journal of Fluid Mechanics, 2007 (580): 31 – 81.

[83] Zhu Y, Yang J, Sun M. A thermochemically derived global reaction mechanism for detonation application [J]. Shock Waves, 2012 (22): 363 – 379.

[84] Radulescu M I, Lee J H S. The failure mechanism of gaseous detonations: experiments in porous wall tubes [J]. Combustion and Flame, 2002 (131): 29 – 46.

[85] Ng H D, Radulescu M I, Higgins A J, et al. Numerical investigation of the instability for one – dimensional Chapman – Jouguet detonations with chain – branching kinetics [J]. Combustion Theory and Modelling, 2005 (9): 385 – 401.

[86] Sharpe J, Falle Saeg. One – dimensional nonlinear stability of pathological detonations [J]. Journal of Fluid Mechanics, 2000 (414): 339 – 366.

[87] Pintgen F, Eckett C A, Austin J M, et al. Direct observations of reaction zone structure in propagating detonations [J]. Combustion and Flame, 2003 (133): 211 – 229.

[88] Fickett W, Davis W C. Detonation [M]. New York: Dover Publications, 1979.

第 2 章
反应流守恒方程组

本章介绍多组分气体介质反应流体的守恒方程组,并重点介绍与无反应流体控制方程的区别。两者之间的区别主要体现在以下三个方面:①反应气体是包含多种组分的非等温混合物,即各个组分的温度是不同的。与经典的空气动力学相比,反应气体的比热受气体组成和温度的影响,其热力学性质更为复杂。②组分之间会发生化学反应,而且化学反应的速率需要进行特别的计算。③因为反应气体是多组分的,各种输运系数(热扩散、组分扩散、黏性等)需要特别计算。本章介绍的均为守恒型的控制方程,爆轰波数值模拟多采用守恒型方程来研究流动特性,因为利用守恒型方程易于构造守恒型差分格式,并且可以减少误差的积累,易于满足物理上的守恒关系,并且得到正确的激波速度。

2.1　多组分气体热力学关系

多组分气体是指一种以上燃料气、氧化剂和燃烧产物组成的混合物。多组分气体的每一种组分都有各自的热力学状态分量,混合物总的或者平均的热力学状态由各组分的分量组合而成。多组分气体的热力学状态主要包括压力 p、密度 ρ、温度 T 及质量分数 Y_k、摩尔分数 X_k 或摩尔浓度 $[X_k]$($\mathrm{mol/m^3}$)。因此,要确定多组分气体的热力学状态,必须从下面数组的每一列中选择一个变量[1]:

$$\begin{pmatrix} p & T_k & Y_k \\ \rho & & X_k \\ & & [X_k] \end{pmatrix}$$

这些变量是一般问题的自然变量,在实际应用中,通常需要选择各种变量的组合。例如,在压力固定的情况下,压力是一种自然选择,密度是固定体积的自然变量。此外,密度是涉及流体力学许多问题的自然变量,因为它直接由连续性方程确定。温度始终被视为一个自然变量,因为热力学性质和化学速率常数都直接取决于温度。质量分数和摩尔分数是描述气体混合物组成的变量。摩尔浓度有时也是一个方便使用的变量,因为化学反应的速率直接取决于反应物和产物的摩尔浓度。

2.1.1　状态方程

理想气体为假想的气体,其假设为:气体分子本身不占有体积;气体分子持续以直线运动,并且与容器器壁间发生弹性碰撞,因而对器壁施加压强;气体分子间无作用力,既不吸引也不排斥气体;分子的平均能量与开尔文温度成正比。理想气体适用理想气体状态方程

$pV = nRT$。理想的多组分气体方程允许为每个组分指定温度 T_k。然而，在所有组分温度 T_k 都相等的情况下，公式会简化到更常见的热力学关系。一般的气体状态方程由下式给出：

$$p = \sum_{k=1}^{K} [X_k] \widetilde{R} T \tag{2.1.1}$$

式中，通用气体常数 $\widetilde{R}$ =8.314 J/(mol·K)；K 为气体混合物总的组分数。平均质量密度定义为：

$$\rho = \sum_{k=1}^{K} [X_k] W_k \tag{2.1.2}$$

则状态方程也可以写为：

$$p = \rho \frac{\widetilde{R}}{W} T = \rho R T \tag{2.1.3}$$

式中，通用气体常数 R 的单位 J/(kg·K)，平均相对分子质量 W 可以定义为：

$$W = \frac{1}{\sum_{k=1}^{K} Y_k / W_k} = \sum_{k=1}^{K} X_k W_k = \frac{\sum_{k=1}^{K} [X_k] W_k}{\sum_{k=1}^{K} [X_k]} \tag{2.1.4}$$

将气体混合物种类组成表示为质量分数、摩尔分数或摩尔浓度通常是方便实用的。下面列出描述混合物组成方式之间的转换公式：

$$X_k = \frac{Y_k}{W_k \sum_{j=1}^{K} Y_j / W_j} = \frac{Y_k W}{W_k} T, \qquad X_k = \frac{[X_k]}{\sum_{j=1}^{K} [X_j]}$$

$$[X_k] = \frac{P(Y_k/W_k)}{R \sum_{j=1}^{K} Y_j T_j / W_j} = \rho \frac{Y_k}{W_k}, \qquad [X_k] = X_k \frac{P}{R \sum_{k=1}^{K} X_k W_k} = X_k \frac{\rho}{W}$$

$$Y_k = \frac{X_k W_k}{\sum_{j=1}^{K} X_j W_j} = \frac{X_k W_k}{W}, \qquad Y_k = \frac{[X_k] W_k}{\sum_{j=1}^{K} [X_j] W_j}$$

2.1.2　标准状态热力学性质

完全气体在物理学中指的是一种假想的气体，比理想气体更加简单，仅考虑分子的热运动，而忽略分子间的内聚力与分子体积。因此，可以将理想气体方程式直接用在完全气体上，不需要考虑范德华力的影响。有些文献中，会将完全气体等同于理想气体。不过也有比较细的分类，例如将完全气体区分为热完全气体（Thermally perfect gas）与量热完全气体（Calorically perfect gas）[2]。其中，热完全气体是指满足克拉珀龙状态方程的气体，并且其内能、焓和比热容均为温度的函数；而量热完全气体则是指比热容和比热比均为常数的热完全气体。

假定多组分气体为热完全气体（Thermally perfect gas），则热力学性质只是温度的函数。恒定压力下摩尔热容量的多项式拟合给出：

$$\frac{C_{pk}^o}{R} = \sum_{i=1}^{N} a_{ik} T_k^{(i-1)} \tag{2.1.5}$$

式中，N 为多项式的项数；上标 o 表示一个大气压下的标准热力学状态。然而，对于理想的气体，比热与压力无关，标准状态值可以认为是实际值。其他热力学性质可由摩尔比热的积分给出。首先，组分 k 的标准态摩尔焓 h_k^o 以及总焓 h^o 由下式给出：

$$h_k^o = \int_{T_0}^{T_k} C_{pk}^o \mathrm{d}T + \Delta h_{fk}^o$$

$$h^o = \sum_k^K Y_k h_k^o \tag{2.1.6}$$

式中，Δh_{fk}^o 为 $T_0 = 298.15\ \mathrm{K}$ 时组分 k 的标准生成焓。组分 k 的标准态摩尔熵 s_k^o 以及总熵 s^o 由下式给出：

$$s_k^o = \int_{T_0}^{T_k} \frac{C_{pk}^o}{T} \mathrm{d}T + \Delta s_{fk}^o$$

$$s^o = \sum_k^K Y_k s_k^o \tag{2.1.7}$$

式中，Δs_{fk}^o 为 $T_0 = 298.15\ \mathrm{K}$ 时组分 k 的标准生成熵。将 C_{pk}^o/R 代入方程 h_k^o 和 s_k^o 中，可得：

$$\frac{h_k^o}{RT_k} = \sum_{i=1}^N \frac{a_{ik}T_k^{i-1}}{i} + \frac{a_{N+1,k}}{T_k}$$

$$\frac{s_k^o}{R} = a_{1k}\ln T_k + \sum_{i=2}^N \frac{a_{ik}T_k^{i-1}}{i-1} + a_{N+2,k} \tag{2.1.8}$$

上述方程是针对任意阶多项式的拟合，但是常用的热力学数据库（Chemkin，NASA）通常只需要 7 个系数，即：

$$\frac{C_{pk}^o}{R} = a_{1k} + a_{2k}T_k + a_{3k}T_k^2 + a_{4k}T_k^3 + a_{5k}T_k^4$$

$$\frac{h_k^o}{RT_k} = a_{1k} + \frac{a_{2k}}{2}T_k + \frac{a_{3k}}{3}T_k^2 + \frac{a_{4k}}{4}T_k^3 + \frac{a_{5k}}{5}T_k^4 + \frac{a_{6k}}{T_k} \tag{2.1.9}$$

$$\frac{s_k^o}{R} = a_{1k}\ln T_k + a_{2k}T_k + \frac{a_{3k}}{2}T_k^2 + \frac{a_{4k}}{3}T_k^3 + \frac{a_{5k}}{4}T_k^4 + a_{7k}$$

其他热力学性质，如等容比热 C_{Vk}^o、内能 e_k^o、标准吉布斯自由能 g_k^o、标准亥姆霍兹自由能 A_k^o，很容易以 C_p^o、h^o 和 s^o 的形式给出：

$$C_{Vk}^o = C_{pk}^o - R$$

$$e_k^o = h_k^o - RT_k$$

$$g_k^o = h_k^o - T_k s_k^o \tag{2.1.10}$$

$$A_k^o = e_k^o - T_k s_k^o$$

对于理想气体，标准状态的比热、焓和内能也是以实际值为准，所以可以放弃这些上标 o。通常，热力学状态以单位质量（每千克）给定，也可以单位物质的量（每摩尔）给定，两者之间通过分子质量 W_k 进行转化。

2.1.3　无反应量热完全气体热力学参数

若气体无反应，则 $\Delta h_{fk}^o = 0$。进一步地，如果假设定压比热 C_p 不随温度变化，为一常数，则 $h - C_p T$，这样的气体称为量热完全气体（Calorically perfect gas）。利用状态方程：

$p = \rho RT$，$C_p - C_V = R$ 和 $\gamma = C_p/C_V$，可得：

$$C_V = \frac{1}{\gamma - 1}R$$

$$C_p = \frac{\gamma}{\gamma - 1}R$$

$$h = C_p T = \frac{\gamma}{\gamma - 1}\frac{p}{\rho}$$

$$e = C_V T = \frac{1}{\gamma - 1}\frac{p}{\rho} \tag{2.1.11}$$

上式也可以写成总能和总焓的形式，即：

$$p = (\gamma - 1)\rho e = (\gamma - 1)\left(\rho e_T - \frac{1}{2}\rho u^2\right)$$

$$p = \frac{\gamma - 1}{\gamma}\rho h = \frac{\gamma - 1}{\gamma}\left(\rho h_T - \frac{1}{2}\rho u^2\right) \tag{2.1.12}$$

总能和总焓显式地表示为：

$$e_T = e + \frac{1}{2}u^2 = \frac{1}{\gamma - 1}\frac{p}{\rho} + \frac{1}{2}u^2$$

$$h_T = h + \frac{1}{2}u^2 = \frac{\gamma}{\gamma - 1}\frac{p}{\rho} + \frac{1}{2}u^2 \tag{2.1.13}$$

声波是小扰动波，可以认为是等熵过程，声速方程可以写为：

$$a^2 = \left(\frac{\partial p}{\partial \rho}\right)\Big|_s \tag{2.1.14}$$

理想气体的等熵关系 $p/\rho^{\gamma} = $ 常数，可得：

$$a^2 = \gamma\frac{p}{\rho} = \gamma RT \tag{2.1.15}$$

利用声速公式，总能和总焓可以表示为声速的形式，即：

$$e_T = \frac{1}{2}u^2 + \frac{1}{\gamma(\gamma - 1)}a^2$$

$$h_T = \frac{1}{2}u^2 + \frac{1}{\gamma - 1}a^2 \tag{2.1.16}$$

两式相减可得总能和总焓之间的关系：

$$e_T - h_T = -\frac{p}{\rho}, e - h = -\frac{p}{\rho} \tag{2.1.17}$$

或者

$$h_T = e_T + \frac{p}{\rho}, h = e + \frac{p}{\rho} \tag{2.1.18}$$

　　需要特别说明的是，在很多文献中，两种形式的能量和焓并没有很好地区分，至少是从形式上来看，存在将 e_T、h_T 写成 e、h 的情况，所以要特别注意。同时，在很多文献中，也有使用大写的 E、H 的情况。一般来说，大写和小写形式之间的区别只是单位质量的能量和单位体积的能量之间的区别。当然，其他形式的用法也存在，建议读者尽量亲自推导一下，根据上下文和量纲去区分能量和焓不同的表达形式。

2.1.4 多组分气体分子输运定律

气体的输运现象又称为迁移现象。一个孤立系统，经过足够长的时间，最后总要达到平衡态。在趋向于平衡态的过程中，动量高的分子与动量低的分子之间混合时，产生与黏性有关的分子运动，传递动量，气体各部分间的宏观相对运动将消失；能量高的分子与能量低的分子之间混合时，产生与热传导有关的分子运动，传递能量，气体各部分间的温度梯度将消失；系统中的分子由于分子数密度的差异，产生了分子扩散及其质量的传递，气体各部分间的密度梯度也将消失。这些过程统称为气体的输运过程，涉及黏性、热传导和扩散效应。

广义输运定律通式可以写为：

$$J_i = \sum L_{ik} F_k$$

式中，J_i 表示某一种通量；F_k 表示广义力，通常为某一物理量的梯度；L_{ik} 表示广义输运系数。$i = k$ 时，L_{ik} 表示主导输运系数，如黏性系数、导温系数、扩散系数、导电系数等；$i \neq k$ 时，L_{ik} 表示交叉输运系数，如热扩散系数、浓差导热系数、温差导电系数等。大多数情况下，对常见的反应气体系统，交叉输运现象可以不予考虑。

1. 牛顿黏性定律（动量输运）

黏性流体层流时，各层流动的速度不同。相邻两层之间存在着摩擦力，称为内摩擦力（或称为黏滞力），其大小与该处的速度梯度有关，即：

$$\tau = -\mu \frac{\partial u}{\partial y} = -\nu \frac{\partial (\rho u)}{\partial y}$$

式中，μ 是流体的动力黏度系数，单位：Pa·s；$\nu = \mu/\rho$，是运动黏度系数，单位：m^2/s，表征动量输运能力。

混合气体总的黏性系数 μ 可以写为下面的形式（Wilke 公式）[3]：

$$\mu = \sum_{k=1}^{N} \left(\frac{X_k \mu_k}{\left(\sum_{j=1}^{N} X_j \phi_{kj} \right)} \right) \text{ 或者 } \mu = \sum_{k=1}^{N} \left(\frac{Y_k \mu_k}{W_k \left(\sum_{j=1}^{N} \frac{X_j \phi_{kj}}{W_j} \right)} \right)$$

式中，μ_k 是组分 k 的动力黏性系数；N 为总的组分数。ϕ_{kj} 可以写为：

$$\phi_{kj} = \frac{1}{\sqrt{8}} \left(\frac{1}{\sqrt{1 + \frac{W_k}{W_j}}} \right) \left(1 + \sqrt{\frac{\mu_k}{\mu_j}} \sqrt[4]{\frac{W_j}{W_k}} \right)^2$$

2. 傅里叶导热定律（热量输运）

热能从高温向低温部分转移的过程，是一个分子向另一个分子传递振动能的结果。傅里叶定律的微分形式表明了热通量密度正比于热导率乘以负的温度梯度。热通量密度是单位时间内流过单位面积的热量，即：

$$q = -\lambda \frac{\partial T}{\partial x} = -D^T \frac{\partial (\rho c_p T)}{\partial x}$$

式中，热传导系数 λ 通常情况下为常数，实际情况下，λ 的值会随温度而变化。然而，在很大的温度范围内，λ 的变化都可忽略不计。在各向异性介质中，热传导系数显著地随方向变化，这时 λ 是一个二阶张量。在非均匀介质中，λ 与空间位置有关。D^T 为热扩散（thermal diffusivity）系数，表征热量交换能力。

与混合气体总的黏性系数 μ 的定义一样，总的热传导系数 λ 可以写为下面的形式：

$$\lambda = \frac{1}{2}\left(\sum_{k=1}^{N} X_k \lambda_k + \frac{1}{\sum_{j=1}^{k} \dfrac{X_k}{\lambda_k}} \right) \quad \text{或者} \quad \lambda = \frac{1}{2}\left(W \sum_{k=1}^{N} \frac{Y_k \lambda_k}{W_k} + \frac{1}{W \sum_{k=1}^{N} \dfrac{Y_k}{W_k \lambda_k}} \right)$$

式中，λ_k 是组分 k 的热传导系数。

3. Fick 定律（质量输运）

假设流体从高浓度区向低浓度区的扩散通量大小与浓度（或者密度等）梯度（空间导数）成正比，通过这个假设，Fick 第一定律把扩散通量与浓度联系起来。对二元气体（两种组分的气体），一般只考虑浓度梯度引起的扩散[3-5]，速度可以写为：

$$V_1 = -\mathcal{D}_{12} \frac{\partial X_1}{\partial x}$$

式中，V_1 为第一种组分的扩散速度；$\mathcal{D}_{12}$ 为组分 1 与 2 之间的二元分子扩散系数。对于多元气体，不宜采用二元气体和二元扩散系数 $\mathcal{D}_{12}$ 来做简化。多元气体中组分的扩散一般有四种不同的形式，即浓度梯度引起的常规扩散、温度梯度引起的热扩散、压力梯度引起的压力扩散，以及组分中不平等的单位质量的体积力引起的强制扩散，根据具体情况可以忽略部分扩散效应。多元气体中组分 k 的扩散速度可以写为[3]：

$$V_k = \frac{1}{X_k W} \sum_{\substack{j=1 \\ j \neq k}}^{N} W_j D_{kj} d_k - \frac{D_k^T}{\rho Y_k} \frac{1}{T} \nabla T$$

式中，D_{kj} 为多元气体组分 k 相对于组分 j 的常规多元扩散系数；D_k^T 为组分 k 的热扩散系数；d_k 为浓度梯度和压力梯度引起的广义力，形式为：

$$d_k = \nabla X_k + (X_k - Y_k) \frac{1}{p} \nabla p$$

处理多组分气体混合物扩散问题时，D_{kj} 的计算非常复杂，可以将上述扩散速度公式简化成二元气体 Fick 扩散定律的形式，即

$$V_k = -\frac{1}{X_k} D_k d_k - \frac{D_k^T}{\rho Y_k} \frac{1}{T} \nabla T$$

式中，D_k 是多组合气体中第 k 个组分平均化的有效扩散系数，定义为：

$$D_k = \frac{1 - Y_k}{\sum_{j=1, j\neq k}^{N} X_j / \mathcal{D}_{jk}}$$

式中，$\mathcal{D}_{jk}$ 是组分 j 和组合 k 两者之间的二元扩数导数。注意，在应用过程中，上述黏度系数、扩散系数、热扩散系数和热传导系数均可以通过 CHEMKIN 程序库获得，具体细节见第 3.3 节。

2.2　多组分反应流控制方程组

2.2.1　笛卡尔坐标系下的形式

1. 质量和组分质量守恒

因为燃烧过程并不产生（消耗）质量，因此与无反应流相比，反应流的总质量也是守

恒的，即：

$$\frac{\partial \rho}{\partial t} + \frac{\partial \rho u_i}{\partial x_i} = 0 \tag{2.2.1}$$

组分 k 的质量守恒方程可以写为：

$$\frac{\partial \rho Y_k}{\partial t} + \frac{\partial}{\partial x_i}(\rho Y_k(u_i + V_{ki})) = \dot{\omega}_k, (k = 1, 2, \cdots, N) \tag{2.2.2}$$

式中，V_{ki} 为组分 k 的扩散速度 $\boldsymbol{V}_k$ 在 x_i 方向上的分量；$\dot{\omega}_k$ 是组分 k 的生成速率；N 为总的组分数量。由于总的组分守恒，可得：

$$\sum_{k=1}^{N} Y_k V_{ki} = 0, \sum_{k=1}^{N} \dot{\omega}_k = 0$$

V_{ki} 的具体形式复杂，大多数的数值计算通常采用简化的形式。Hirschfelderh 和 Curtiss 采用如下的一阶近似形式[5]：

$$V_{ki}X_k = -D_k \frac{\partial X_k}{\partial x_i}, V_{ki}Y_k = -D_k \frac{\partial Y_k}{\partial x_i}$$

$$D_k = \frac{1 - Y_k}{\sum\limits_{j=1, j \neq k}^{K} X_j / \mathcal{D}_{jk}} \tag{2.2.3}$$

采用 Hirschfelderh 和 Curtiss 简化，组分守恒方程可以改写为：

$$\underbrace{\frac{\partial \rho Y_k}{\partial t}}_{\text{当地导数}} + \underbrace{\frac{\partial \rho u_i Y_k}{\partial x_i}}_{\text{对流}} = \underbrace{\frac{\partial}{\partial x_i}\left(\rho D_k \frac{\partial Y_k}{\partial x_i}\right)}_{\text{扩散}} + \underbrace{\dot{\omega}_k}_{\text{化学反应}} \tag{2.2.4}$$

需要特别说明的是，采用 Hirschfelderh 和 Curtiss 简化会导致总质量的不守恒。但是由于精确求解 V_{ki} 的困难，多数计算仍然采用 Hirschfelderh 和 Curtiss 简化公式。基于此假设，扩散系数 D_k 可以与热扩散系数 $D^T = \lambda/(\rho c_p)$ 产生联系，其中 λ 为热传导系数。因此，组分扩散系数 D_k 可以表示为：

$$D_k = D^T / Le_k \tag{2.2.5}$$

式中，Le_k 为刘易斯数。普朗特数 Pr 表示动量，用速度 v 表示热传导之比，可以写为：

$$Pr = \frac{v}{n\mu} = \frac{\mu c_p}{\lambda/(\rho C_p)} \tag{2.2.6}$$

施密特数 Sc 表示动量与组分 k 的扩散数 D_k 之比，可以写为：

$$Sc_k = \frac{\nu}{D_k} = Pr \cdot Le_k \tag{2.2.7}$$

2. 动量守恒

反应流和无反应流体的动量守恒方程形式一致，即

$$\frac{\partial \rho u_j}{\partial t} + \frac{\partial \rho u_i u_j}{\partial x_i} = -\frac{\partial p \delta_{ij}}{\partial x_i} + \frac{\partial \tau_{ij}}{\partial x_i} + \rho \sum_{k=1}^{N} Y_k b_{k,j} \tag{2.2.8}$$

式中，$-p\delta_{ij}$、τ_{ij} 和 $b_{k,j}$ 分别为正应力（静水压）、偏应力（牛顿黏性力）和作用在组分 Y_k 上的体积力。一般情况下，体积力可以忽略。虽然动量守恒方程中不显式地出现反应项，但是流动状态会被化学反应改变，即动力黏度由于温度的巨大变化（反应放热）而大大改变，密度也随之发生变化。因此，相对于无反应流体，反应流体当地雷诺数发生了很大的变化，

即使动量守恒方程形式保持一致，但是流动状态也已经截然不同。考虑广义牛顿黏性定律，应力张量可以写为：

$$\sigma_{ij} = \tau_{ij} - p\delta_{ij} = -\frac{2}{3}\mu\frac{\partial u_k}{\partial x_k}\delta_{ij} + \mu\left(\frac{\partial u_i}{\partial x_j} + \frac{\partial u_j}{\partial x_i}\right) - p\delta_{ij} \tag{2.2.9}$$

应力偏量的分量可以表示为：

$$\tau_{11} = \frac{2}{3}\mu\left(2\frac{\partial u}{\partial x} - \frac{\partial v}{\partial y} - \frac{\partial w}{\partial z}\right)$$

$$\tau_{22} = \frac{2}{3}\mu\left(\frac{\partial u}{\partial x} - 2\frac{\partial v}{\partial y} - \frac{\partial w}{\partial z}\right)$$

$$\tau_{33} = \frac{2}{3}\mu\left(\frac{\partial u}{\partial y} - \frac{\partial v}{\partial y} - 2\frac{\partial w}{\partial z}\right)$$

$$\tau_{12} = \tau_{21} = \mu\left(\frac{\partial u}{\partial y} + \frac{\partial v}{\partial x}\right)$$

$$\tau_{23} = \tau_{32} = \mu\left(\frac{\partial v}{\partial z} + \frac{\partial w}{\partial y}\right)$$

$$\tau_{31} = \tau_{31} = \mu\left(\frac{\partial w}{\partial x} + \frac{\partial u}{\partial z}\right)$$

3. 能量守恒

能量守恒的一般形式可以写为：

$$\frac{\partial \rho e_T}{\partial t} + \frac{\partial \rho u_j e_T}{\partial x_i} = -\frac{\partial q_i}{\partial x_i} + \frac{\partial u_j \sigma_{ij}}{\partial x_i} + \dot{Q} + \rho\sum_{k=1}^{N}Y_k b_{k,i}(u_i + V_{ki}) \tag{2.2.10}$$

式中，$\dot{Q}$ 不是化学反应的放热，而是表示系统外传入的能量，如电火花或者激光，若不存在，则可以忽略该项。最后一项是体积力做功引起的能量变化，一般情况下可以忽略。q_i 为能量通量，可以表示为：

$$q_i = -\lambda\frac{\partial T}{\partial x_i} + \rho\sum_{k=1}^{N}h_k Y_k V_{ki} \tag{2.2.11}$$

右边第一项为傅里叶热传导定律，λ 为热传导系数；第二项为组分扩散产生的热量变化。采用 Hirschfelderh 和 Curtiss 简化，上式可以改写为：

$$q_i = -\lambda\frac{\partial T}{\partial x_i} - \rho\sum_{k=1}^{N}h_k D_k\frac{\partial Y_k}{\partial x_i} \tag{2.2.12}$$

4. 状态方程

需要给出状态方程才能对上述方程进行求解：

$$e_T = h_T - \frac{p}{\rho} = h - \frac{p}{\rho} + \frac{1}{2}u_i u_i \tag{2.2.13}$$

多组分气体的温度无法直接获得，需要迭代求解下面关于温度的隐函数：

$$e_T = \sum_{k=1}^{N}Y_k h_k(T) - \sum_{k=1}^{N}Y_k\frac{\tilde{R}}{W_k}T + \frac{1}{2}u_i u_i \tag{2.2.14}$$

5. 反应 Navier – Stokes 方程组

非稳态、非线性爆轰动力学可以由多组分反应 N – S 方程进行描述。忽略外界能量输入和体积力，多组分反应 N – S 方程可以写为如下形式：

$$
\begin{cases}
\dfrac{\partial \rho}{\partial t} + \dfrac{\partial \rho u_i}{\partial x_i} = 0 \\[2mm]
\dfrac{\partial \rho Y_k}{\partial t} + \dfrac{\partial \rho u_i Y_k}{\partial x_i} = \dfrac{\partial}{\partial x_i}\left(\rho D_k \dfrac{\partial Y_k}{\partial x_i}\right) + \dot{\omega}_k \\[2mm]
\dfrac{\partial \rho u_i}{\partial t} + \dfrac{\partial \rho u_j u_i}{\partial x_j} = -\dfrac{\partial p}{\partial x_i} + \dfrac{\partial \tau_{ij}}{\partial x_j} \\[2mm]
\dfrac{\partial \rho e_T}{\partial t} + \dfrac{\partial \rho u_i e_T}{\partial x_i} = \dfrac{\partial}{\partial x_i}\left(\lambda \dfrac{\partial T}{\partial x_i} + \rho \sum_{k=1}^{N}\left(h_k D_k \dfrac{\partial Y_k}{\partial x_i}\right)\right) + \dfrac{\partial u_j \sigma_{ij}}{\partial x_i}
\end{cases}
$$

或者把压力项 p 提出来加到对流项中：

$$
\begin{cases}
\dfrac{\partial \rho}{\partial t} + \dfrac{\partial \rho u_i}{\partial x_i} = 0 \\[2mm]
\dfrac{\partial \rho Y_k}{\partial t} + \dfrac{\partial \rho u_i Y_k}{\partial x_i} = \dfrac{\partial}{\partial x_i}\left(\rho D_k \dfrac{\partial Y_k}{\partial x_i}\right) + \dot{\omega}_k \\[2mm]
\dfrac{\partial \rho u_i}{\partial t} + \dfrac{\partial(\rho u_j u_i + \rho \delta_{ij})}{\partial x_j} = \dfrac{\partial \tau_{ij}}{\partial x_j} \\[2mm]
\dfrac{\partial \rho e_T}{\partial t} + \dfrac{\partial u_i(\rho e_T + p)}{\partial x_i} = \dfrac{\partial}{\partial x_i}\left(\lambda \dfrac{\partial T}{\partial x_i} + \rho \sum_{k=1}^{N}\left(h_k D_k \dfrac{\partial Y_k}{\partial x_i}\right)\right) + \dfrac{\partial u_j \tau_{ij}}{\partial x_i}
\end{cases}
$$

上述方程也可以写成通量的形式：

$$
\frac{\partial \boldsymbol{U}}{\partial t} + \frac{\partial \boldsymbol{F}}{\partial x} + \frac{\partial \boldsymbol{G}}{\partial y} + \frac{\partial \boldsymbol{H}}{\partial z} = \frac{\partial \boldsymbol{F}_v}{\partial x} + \frac{\partial \boldsymbol{G}_v}{\partial y} + \frac{\partial \boldsymbol{H}_v}{\partial z} + \boldsymbol{S}
$$

式中，守恒项 $\boldsymbol{U}$ 为：

$$
\boldsymbol{U} = \left[\rho, \rho Y_1, \cdots, \rho Y_{N-1}, \rho u, \rho v, \rho w, \rho e_T\right]
$$

对流项为：

$$
\boldsymbol{F} = \left[\rho u, \rho u Y_1, \cdots, \rho u Y_{N-1}, \rho u^2 + p, \rho uv, \rho uw, u(\rho e_T + p)\right]
$$
$$
\boldsymbol{G} = \left[\rho v, \rho v Y_1, \cdots, \rho v Y_{N-1}, \rho uv, \rho v^2 + p, \rho vw, v(\rho e_T + p)\right]
$$
$$
\boldsymbol{H} = \left[\rho w, \rho w Y_1, \cdots, \rho w Y_{N-1}, \rho uw, \rho vw, \rho w^2 + p, w(\rho e_T + p)\right]
$$

扩散项为：

$$
\boldsymbol{F}_v = \left[0, \rho D_1 \frac{\partial Y_1}{\partial x}, \cdots, \rho D_{N-1}\frac{\partial Y_{N-1}}{\partial x}, \sigma_{11}, \sigma_{21}, \sigma_{31}, u\sigma_{11} + v\sigma_{12} + w\sigma_{13} + \lambda \frac{\partial T}{\partial x} + \rho \sum_{k=1}^{N} h_k D_k \frac{\partial Y_k}{\partial x}\right]
$$
$$
\boldsymbol{G}_v = \left[0, \rho D_1 \frac{\partial Y_1}{\partial y}, \cdots, \rho D_{N-1}\frac{\partial Y_{N-1}}{\partial y}, \sigma_{12}, \sigma_{22}, \sigma_{32}, u\sigma_{21} + v\sigma_{22} + w\sigma_{23} + \lambda \frac{\partial T}{\partial y} + \rho \sum_{k=1}^{N} h_k D_k \frac{\partial Y_k}{\partial y}\right]
$$
$$
\boldsymbol{H}_v = \left[0, \rho D_1 \frac{\partial Y_1}{\partial z}, \cdots, \rho D_{N-1}\frac{\partial Y_{N-1}}{\partial z}, \sigma_{13}, \sigma_{23}, \sigma_{33}, u\sigma_{31} + v\sigma_{32} + w\sigma_{33} + \lambda \frac{\partial T}{\partial y} + \rho \sum_{k=1}^{N} h_k D_k \frac{\partial Y_k}{\partial z}\right]
$$

反应源项为：

$$
\boldsymbol{S} = \left[0, \dot{\omega}_1, \cdots, \dot{\omega}_{N-1}, 0, 0, 0, 0\right]
$$

6. 反应欧拉方程组

忽略输运效应，多组分反应 N－S 方程退化为较为简单的多组分反应欧拉方程组：

$$\begin{cases} \dfrac{\partial \rho}{\partial t} + \dfrac{\partial (\rho u_i)}{\partial x_i} = 0 \\[3mm] \dfrac{\partial \rho Y_k}{\partial t} + \dfrac{\partial (\rho u_i Y_k)}{\partial x_i} = \dot{\omega}_k \\[3mm] \dfrac{\partial \rho u_i}{\partial t} + \dfrac{\partial (\rho u_j u_i + p \delta_{ij})}{\partial x_j} = 0 \\[3mm] \dfrac{\partial \rho e_T}{\partial t} + \dfrac{\partial u_i (\rho e_T + p)}{\partial x_i} = 0 \end{cases}$$

注:

①对于无反应的多组分气体流动,只需要去掉组分守恒方程中的生成速率项即可。

②对于无反应的单质气体流动,只需要把组分守恒方程去掉即可。

③对于量热完全气体,比热容为常数,状态方程可以简化,温度无须迭代求解。

2.2.2　曲线坐标系下的形式

曲线坐标系 (ξ,η,ζ,τ) 与笛卡尔直角坐标系 (x,y,z,t) 的变换关系为[6-10],

$$\begin{cases} \xi = \xi(x,y,z,t) \\ \eta = \eta(x,y,z,t) \\ \zeta = \zeta(x,y,z,t) \\ \tau = t \end{cases}$$

定义雅可比行列式 $\boldsymbol{J}$:

$$\boldsymbol{J} = \left| \frac{\partial(\xi,\eta,\zeta)}{\partial(x,y,z)} \right| = \left| \frac{\partial(x,y,z)}{\partial(\xi,\eta,\zeta)} \right|^{-1}$$

雅可比矩阵 $\boldsymbol{J}$ 满足下面的关系式:

$$\frac{\partial(x,y,z)}{\partial(\xi,\eta,\zeta)} \cdot \frac{\partial(\xi,\eta,\zeta)}{\partial(x,y,z)} = \begin{bmatrix} x_\xi & x_\eta & x_\zeta \\ y_\xi & y_\eta & y_\zeta \\ z_\xi & z_\eta & z_\zeta \end{bmatrix} \begin{bmatrix} \xi_x & \xi_y & \xi_z \\ \eta_x & \eta_y & \eta_z \\ \zeta_x & \zeta_y & \zeta_z \end{bmatrix} = \boldsymbol{I}$$

利用联系求导法则:

$$\frac{\partial}{\partial x} = \xi_x \frac{\partial}{\partial \xi} + \eta_x \frac{\partial}{\partial \eta} + \zeta_x \frac{\partial}{\partial \zeta}$$

$$\frac{\partial}{\partial y} = \xi_y \frac{\partial}{\partial \xi} + \eta_y \frac{\partial}{\partial \eta} + \zeta_y \frac{\partial}{\partial \zeta}$$

$$\frac{\partial}{\partial z} = \xi_z \frac{\partial}{\partial \xi} + \eta_z \frac{\partial}{\partial \eta} + \zeta_z \frac{\partial}{\partial \zeta}$$

求解可得:

$$\xi_x = J(y_\eta z_\zeta - z_\eta y_\zeta), \xi_y = J(z_\eta x_\zeta - x_\eta z_\zeta), \xi_z = J(x_\eta y_\zeta - y_\eta x_\zeta)$$

$$\eta_x = J(y_\zeta z_\xi - z_\zeta y_\xi), \eta_y = J(z_\zeta x_\xi - x_\zeta z_\xi), \eta_z = J(x_\zeta y_\xi - y_\zeta x_\xi)$$

$$\zeta_x = J(y_\xi z_\eta - z_\xi y_\eta), \zeta_y = J(z_\xi x_\eta - x_\xi z_\eta), \zeta_z = J(x_\xi y_\eta - y_\xi x_\eta)$$

$$J = \frac{1}{x_\xi(y_\eta z_\zeta - y_\zeta z_\eta) - x_\eta(y_\xi z_\zeta - y_\zeta z_\xi) - x_\zeta(y_\xi z_\eta - y_\eta z_\xi)}$$

曲线坐标系下的多组分反应 N – S 方程可以写为如下的形式：

$$\frac{\partial \tilde{U}}{\partial \tau} + \frac{\partial \tilde{F}}{\partial \xi} + \frac{\partial \tilde{G}}{\partial \eta} + \frac{\partial \tilde{H}}{\partial \zeta} = \frac{\partial \tilde{F}_v}{\partial \xi} + \frac{\partial \tilde{G}_v}{\partial \eta} + \frac{\partial \tilde{H}_v}{\partial \zeta} + \tilde{S} \qquad (2.2.15)$$

式中：

$$\tilde{U} = \frac{U}{J}, \tilde{S} = \frac{S}{J}$$

$$\tilde{F} = \frac{1}{J}(\xi_x F + \xi_y G + \xi_z H), \tilde{G} = \frac{1}{J}(\eta_x F + \eta_y G + \eta_z H), \tilde{H} = \frac{1}{J}(\zeta_x F + \zeta_y G + \zeta_z H)$$

$$\tilde{F}_v = \frac{1}{J}(\xi_x F_v + \xi_y G_v + \xi_z H_v), \tilde{G}_v = \frac{1}{J}(\eta_x F_v + \eta_y G_v + \eta_z H_v), \tilde{H}_v = \frac{1}{J}(\zeta_x F_v + \zeta_y G_v + \zeta_z H_v)$$

式中，J 决定坐标系从直角坐标系 (x, y, z) 到曲线坐标系 (ξ, η, ζ) 的变换矩阵；$\eta_x, \eta_y, \eta_z, \xi_x,$ $\xi_y, \xi_z, \zeta_x, \zeta_y, \zeta_z$ 为坐标系变换参数；其他参数与笛卡尔直角坐标系下的一致。

2.2.3 方程组无量纲化

在流体力学中，方程的无量纲化是将方程转换为量纲为 1 的形式。这种技术可以减少自由参数的数量，简化当前问题的分析难度。某些无量纲化的参数的大小可以表示方程中某些项对所研究流动的重要程度，比如雷诺数反映了黏性的大小。针对特定的流动，无量纲化会提供一种忽略方程某些项的可能性。此外，面对相似的物理过程，如果变化只是系统的基本维度，那么使用无量纲化的方程会非常方便。

方程的无量纲化是指，对于某种类型的流动，选择适当的空间尺度进行方程的量纲化 1。由于生成的方程需要量纲为 1，因此，必须找到方程和流动特性的参数（和常数）的合适组合。这种组合的结果是减少了要分析的参数的数量，并且结果可以缩放变量的形式给出。

流体动力学方程的无量纲化在数值计算中非常重要。如果不进行无量纲化，那么对于大的压力和小的时间步长，方程可能会受到病态的影响。当用真实的物理参数模拟流动，并使用很细的网格来显示收敛时，时间步长会变得很小，以至于舍入误差会污染计算结果，无量纲化可以解决这个问题。

1. 无反应 Navier – Stokes 方程

对于无反应的 Navier – Stokes 方程，可以选择未反应介质适当的特征时间尺度 L_∞ / a_∞ 和特征空间尺度 L_∞ 作为参考值进行无量纲化[11,12]，即：

$$x^* = \frac{x}{L_\infty}, t^* = \frac{t}{\frac{L_\infty}{a_\infty}}$$

式中，a_∞ 为当地声速。应当指出，无量纲化参考值的选取不是唯一的。

基于此，其他物理量可以无量纲化，为：

$$u^* = \frac{u}{a_\infty}, \rho^* = \frac{\rho}{\rho_\infty}, p^* = \frac{p}{\rho_\infty a_\infty^2}, T^* = \frac{T}{\frac{a_\infty^2}{C_{p\infty}}}, R^* = \frac{R}{C_{p\infty}}$$

由于总能 E 与压力 p 的量纲相同，因此，总能 E 可以使用与压力 p 相同的无量纲化的形式，即：

$$E^* = \frac{E}{\rho_\infty a_\infty^2}$$

理想气体状态方程的无量纲化可以写为：

$$p = \rho RT \rightarrow \rho_\infty a_\infty^2 p^* = (\rho_\infty \rho^*)(C_{p\infty} R^*)\left(\frac{a_\infty^2}{C_{p\infty}} T^*\right) \rightarrow p^* = \rho^* R^* T^*$$

无量纲化的黏度和导热率为：

$$\mu^*(T^*) = \frac{\mu(T)}{\rho_\infty a_\infty L_\infty}, k^*(T^*) = \frac{k(T)}{\rho_\infty a_\infty L_\infty C_{p\infty}}$$

将无量纲化的物理量代入原来的 Navier – Stokes 方程，可以得到无量纲化的 Navier – Stokes 方程，即：

$$\frac{\partial \rho^*}{\partial t} + \nabla \cdot (\rho^* \boldsymbol{u}^*) = 0$$

$$\frac{\partial \rho^* \boldsymbol{u}^*}{\partial t} + \nabla \cdot (\rho^* \boldsymbol{u}^* \boldsymbol{u}^*) + \nabla p^* = \nabla \cdot \boldsymbol{\tau}^*$$

$$\frac{\partial E^*}{\partial t} + \nabla \cdot ((E^* + p^*)\boldsymbol{u}^*) = \nabla \cdot (\boldsymbol{\tau}^* \cdot \boldsymbol{u}^*) - \nabla \cdot \boldsymbol{q}^*$$

式中，$E^* = \rho^* e^* + \frac{1}{2}\rho^*(\boldsymbol{u}^* \cdot \boldsymbol{u}^*)$，经过验证，可以发现无量纲化前后这两个方程的形式一致。但是黏性应力张量和热流矢量无量纲化后的形式不同，即：

$$\boldsymbol{\tau}^* = \mu^*\left(-\frac{2}{3}(\nabla \cdot \boldsymbol{u}^*)\boldsymbol{I} + \nabla \boldsymbol{u}^* + (\nabla \boldsymbol{u}^*)^{\mathrm{T}}\right)$$

$$\boldsymbol{q}^* = -\lambda^* \nabla T^*$$

若使用下面的无量纲化的形式：

$$u^* = \frac{u}{u_\infty}, \mu^* = \frac{\mu}{\mu_\infty}, \lambda^* = \frac{\lambda}{\lambda_\infty}$$

则理想气体无量纲化的状态方程可以写为：

$$p^* = \rho^*(R^* T_\infty / u_\infty^2) T^*$$

黏性应力张量和热流矢量无量纲化的形式为：

$$\boldsymbol{\tau}^* = \frac{\mu_\infty}{\rho_\infty a_\infty L_\infty}\mu^*\left(-\frac{2}{3}(\nabla \cdot \boldsymbol{u}^*)\boldsymbol{I} + \nabla \boldsymbol{u}^* + (\nabla \boldsymbol{u}^*)^{\mathrm{T}}\right)$$

$$\boldsymbol{q}^* = -\frac{\gamma R^* T_\infty \mu_\infty}{\rho_\infty u_\infty^3 L_\infty (\gamma - 1) Pr}\mu^* \nabla T^*$$

定义雷诺数：$Re = \dfrac{\rho_\infty u_\infty L_\infty}{\mu_\infty}$ 以及 $C_p^* = \dfrac{\gamma}{\gamma - 1}\dfrac{p^*}{\rho^* T^*}$，则上述方程写为：

$$\boldsymbol{\tau}^* = \frac{\mu^*}{Re}\left(-\frac{2}{3}(\nabla \cdot \boldsymbol{u}^*)\boldsymbol{I} + \nabla \boldsymbol{u}^* + (\nabla \boldsymbol{u}^*)^{\mathrm{T}}\right)$$

$$q^* = -\frac{C_p^* \mu^*}{RePr}\nabla T^*$$

该形式的方程包含雷诺数和普朗特数，便于特定问题的分析。

2. 反应 Navier – Stokes 方程

对于 N 种组分的热理想气体混合物，归一化的密度和各组分的分密度可以表示为 $\rho_\infty =$

$\sum_{k=1}^{N} \rho_{k\infty}$，$\rho_k^* = \dfrac{\rho_k}{\rho_\infty}$。无量纲化的热力学方程可以写为：

$$C_{pk}^*(T^*) = \frac{C_{pk}(T)}{C_{p\infty}}, h_k^*(T^*) = \frac{h(T)}{a_\infty^2}, R^*(T^*) = \frac{R(T)}{C_{p\infty}}$$

无量纲化的质量扩散率：

$$D_i^*(T^*) = \frac{D_i(T)}{a_\infty L_\infty}$$

无量纲化的阿伦尼乌斯参数为：

$$E_k^* = \frac{E_k}{a_\infty^2}, A_k^* = \frac{A_k}{\dfrac{a_\infty}{L_\infty}}$$

需要注意的是，多组分气体反应流 N-S 方程的无量纲化的过程非常复杂，而化学反应流经常用到的 CHEMKIN 程序包是带量纲进行运算的，同时，考虑到现代计算力学高精度数值方法发展和计算机计算精度的大幅度提升，所以也可以直接使用带量纲的 N-S 方程进行数值计算。

2.3　微分方程组的分类

一般来说，某一类数值格式只适用于特定形式的微分方程，因此，了解方程的数学性质对正确构造或者选择合适的数值格式具有重要意义。

2.3.1　一般形式的二阶偏微分方程

流体力学中的多数控制方程以至多二阶偏微分方程的形式存在。下面以二维二阶偏微分方程为例，其一般形式为：

$$a\phi_{xx} + b\phi_{xy} + c\phi_{yy} + d\phi_x + e\phi_y + f\phi + g(x,y) = 0$$

式中，系数 a、b、c、d、e、f 为常数，或者是自变量、因变量的连续可微函数。若系数 a、b、c、d、e、f 均为常数，则方程为常系数线性偏微分方程；若系数 a、b、c、d、e、f 均为自变量 x、y、z 的函数，则方程为变系数线性偏微分方程；若系数 a、b、c、d、e、f 还是因变量 $\phi(x,y,z)$ 的函数，则方程为拟线性偏微分方程。

对于求解域内任一点 (x_0, y_0)，若满足：

①$b^2 - 4ac < 0$，则偏微分方程为椭圆型方程，并且过这一点不存在实特征线；椭圆型方程通常为平衡问题或者稳态问题（即与时间无关），影响域是无限的，即一点有扰动，影响域内所有点都可以感受到，一般称之为边值问题（需要给定边界条件）。椭圆型方程的解在求解域内是光滑的，因此，对定解条件的光滑性要求不高。典型的椭圆型方程为拉普拉斯方程 $u_{xx} + u_{yy} = 0$。

②$b^2 - 4ac = 0$，则偏微分方程为抛物型方程，并且过这一点有且只有一条实特征线；抛物型方程是时间推进问题，物理量随着时间推进，又称为初值问题，解的影响域与当前瞬时解及边界条件有关。抛物型方程的解在求解域内也是光滑的，因此，对定解条件的光滑性要求也不高。典型的抛物型方程为热传导方程 $u_t - ku_{xx} = 0$。

③ $b^2 - 4ac > 0$，则偏微分方程为双曲型方程，并且过这一点存在两条实特征线；双曲型方程也是时间推进问题，依赖区域在两条特征线之间。双曲型方程的解在求解域内可能存在间断（一阶导数不连续），如激波，因此，对定解条件的光滑性要求很高，所以在数值上求解双曲型方程很困难。典型的双曲型方程为波方程 $u_{yy} - u_{xx} = 0$，一般自变量 y 表示为时间 t，该方程也可以表示为 $(u_y + u_x)(u_y - u_x) = 0$，即 $u_y + u_x = 0$ 或者 $u_y - u_x = 0$。注意：如果 a、b、c 本身依赖于 x, y，则根据 $x - y$ 空间中的位置，方程可以是不同的类型。在这种情况下，这些方程是混合型的。

例如，椭圆型方程：

$$\frac{\partial^2 u}{\partial x^2} + \frac{\partial^2 u}{\partial y^2} = 0, A = 1, B = 0, C = 1, B^2 - 4AC = -4 < 0$$

抛物型方程：

$$\frac{\partial u}{\partial t} - c^2 \frac{\partial^2 u}{\partial x^2} = 0, A = -c^2, B = 0, C = 0, B^2 - 4AC = 0$$

双曲型方程：

$$\frac{\partial u}{\partial t} + c \frac{\partial u}{\partial x} = 0 (c > 0)$$

对上式进行混合求导可得：

$$c \frac{\partial^2 u}{\partial t \partial x} + c^2 \frac{\partial^2 u}{\partial x^2} = 0, \frac{\partial^2 u}{\partial t^2} + c \frac{\partial^2 u}{\partial t \partial x} = 0$$

两式相减可得：

$$\frac{\partial^2 u}{\partial t^2} - c^2 \frac{\partial^2 u}{\partial x^2} = 0$$

$$A = 1, B = 0, C = -c^2$$

$$B^2 - 4AC = 4c^2 > 0$$

2.3.2 一阶拟线性偏微分方程组

考虑一阶拟线性矢量偏微分方程组：

$$\boldsymbol{U}_t + \boldsymbol{A}\boldsymbol{U}_x + \boldsymbol{B}\boldsymbol{U}_y + \boldsymbol{C}\boldsymbol{U}_z = 0$$

式中，$\boldsymbol{U}(x, y, z, t)$ 是 n 阶矢量；$\boldsymbol{A}$、$\boldsymbol{B}$、$\boldsymbol{C}$ 为 n 阶张量。该偏微分方程系统一个有趣的性质是可能存在非常简单的平面波解，即：

$$\boldsymbol{U} = f(\boldsymbol{x} \cdot \boldsymbol{n} - \lambda_n t)\boldsymbol{U}_0 = f(x n_x + y n_y + z n_z - \lambda_n t)\boldsymbol{U}_0$$

式中，f 为标量函数；$\boldsymbol{n}$ 为平面波的法向量；λ_n 为平面波在 $\boldsymbol{n}$ 方向上的波速；$\boldsymbol{U}_0$ 为常矢量，表示初始条件。在一维的情况下，该解退化为：

$$\boldsymbol{U} = f(x - \lambda t)\boldsymbol{U}_0$$

式中，λ 的正负性决定波的传播方向。在 $x - t$ 坐标平面内，波可以由曲率为 $dx/dt = \lambda$ 的特征线表征，沿着特征线标量 f 保持不变，称为黎曼不变量。

为了使方程组存在平面波解，将平面波解代入偏微分方程：

$$(\boldsymbol{A}n_x + \boldsymbol{B}n_y + \boldsymbol{C}n_z - \lambda_n \boldsymbol{I})\boldsymbol{U}_0 = 0$$

令 $\boldsymbol{D} = \boldsymbol{A}n_x + \boldsymbol{B}n_y + \boldsymbol{C}n_z$，则上述方程变为：

$$(\boldsymbol{D} - \lambda_n \boldsymbol{I})\boldsymbol{U}_0 = 0$$

这意味着，平面波的波速 λ_n 对应于偏微分系统的特征值，$\boldsymbol{U}_0$ 为特征向量，该偏微分系统存在 n 个平面波解。如果所有的特征值都是实数，并且对应的特征向量均为线性无关的，则系统存在 n 个独立的特征线（面）和 n 个黎曼不变量。理论上通过求解 n 个黎曼不变量组成的方程组，平面上任意一点上的物理量可以完全求解。这时偏微分方程组在时间上是双曲型的。更进一步，如果所有的特征值均不相同，则称之为严格的双曲型方程组，特征向量自动为线性无关的。如果特征值均为复数，则偏微分方程组为椭圆型的。如果同时存在实和虚的特征值，则偏微分方程组为抛物型[13-15]。总结来说：

①当 n 个特征值均为复数时，方程为纯椭圆型方程。

②当 n 个特征值均为互不相等的实数时，方程为纯双曲型方程。

③当 n 个特征值均为实数，且全为重根时，方程为纯抛物型方程。

④当 n 个特征值部分为复数，部分为实数时，方程为双曲-椭圆型方程。

⑤当 n 个特征值均为实数，且存在部分重根时，方程为双曲-抛物型方程。

平面波解的一个重要物理意义是：平面上任意一点的解只依赖于平面波到达该点之前所经过区域的解，称为依赖区域。在一维情况下，一个典型 2 阶的双曲型偏微分方程组存在一条左行特征线和一条右行特征线。因此，任意一点的依赖区域为通过该点的左行和右行特征线所围的区域，如图 2.1 所示。对于双曲型的一维标量偏微分方程，由于只存在一条特征线，则该点的依赖区域退化为过该点之前的特征线本身，即图 2.1（a）中的 PA 或者 PB。同理，该点的解也只能在影响两条特征线之间的区域，称之为影响区域。因为双曲型偏微分方程的依赖区域是有限的，因此，在给定初始条件下可以完全求解（计算区域无限），称之为初值问题。如果计算区域有限，则特征线可能无法直接溯源至初始条件，而是交于边界，如图 2.1（a）中过 P' 点的左行特征线，这时需要给定边界条件，这类问题称之为初边值问题。

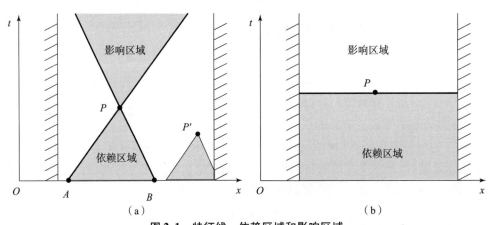

图 2.1　特征线，依赖区域和影响区域

(a) 双曲方程；(b) 抛物方程

另外，椭圆型方程系统不存在上述平面波解，通常以稳态问题的形式出现，即 $\boldsymbol{U}_t = 0$。因为不存在任何特征线，则　点的依赖区域为计算区域内的所有点。因此，椭圆方程的求解需要给定边界上所有点的值，这类问题称之为边值问题。抛物方程的求解需要同时满足初值和边值条件，任一点的依赖区域既包括之前时刻，也同时包括这一时刻计算域内所有点上的值，如图 2.1（b）所示。这也是一类初边值问题。

如果系数矩阵 A、B、C 均可以以某种方式转化为对称矩阵，则该方程必然是双曲型方程系统。进一步地，如果 A、B、C 还可以实现对角化，则该双曲型方程系统可以解耦成多个独立的标量方程，这更有利于方程的求解。

2.3.3　欧拉方程

对于一维非定常欧拉方程：

$$\frac{\partial U}{\partial t} + A(U)\frac{\partial U}{\partial x} = 0$$

式中，U 为 3 阶向量；A 为 3×3 阶矩阵，称为雅可比矩阵；$A(U)$ 的特征值为：

$$\lambda_1 = u + c, \lambda_2 = u, \lambda_3 = u - c$$

因为这 3 个解均为实根，则方程为双曲型方程。

对于二维定常欧拉方程：

$$A\frac{\partial U}{\partial x} + B\frac{\partial U}{\partial y} = 0 \xrightarrow{C = A^{-1}B} \frac{\partial U}{\partial x} + C\frac{\partial U}{\partial y} = 0$$

$$C = \begin{pmatrix} \dfrac{v}{u} & \dfrac{-\rho v}{u^2 - a^2} & \dfrac{-\rho u}{u^2 - a^2} & \dfrac{v}{u(u^2 - a^2)} \\ 0 & \dfrac{uv}{u^2 - a^2} & \dfrac{-a^2}{u^2 - a^2} & \dfrac{-v}{\rho(u^2 - a^2)} \\ 0 & 0 & \dfrac{v}{u} & \dfrac{1}{\rho u} \\ 0 & \dfrac{-\rho v a^2}{u^2 - a^2} & \dfrac{-\gamma \rho u}{u^2 - a^2} & \dfrac{uv}{u^2 - a^2} \end{pmatrix}$$

特征值为：

$$\lambda_{1,2} = \frac{v}{u}, \lambda_{3,4} = \frac{uv \pm a\sqrt{u^2 + v^2 - a^2}}{u^2 - a^2}$$

$u^2 + v^2 - a^2 > 0 \rightarrow Ma > 1$，存在四个实根，该方程为双曲型方程。

$u^2 + v^2 - a^2 < 0 \rightarrow ma < 1$，存在一对实根和一对复根，该方程为双曲 - 椭圆方程。

2.3.4　N - S 方程

由于 N - S 方程既有对流项，又有扩散项，因此，方程形式上是双曲 - 抛物型方程。实际上，当方程以对流为主时，方程是双曲型的；当扩散起支配作用时，方程是抛物型的；这取决于雷诺数的大小。数值求解 N - S 的标准做法是将对流项看作双曲型，将扩散项看作椭圆型，将时间推进作为抛物型来处理。因此，N - S 方程存在以下结论：

①严格地对 N - S 方程进行分类是不可能的。

②但是方程的某些特性使得该方程更接近双曲型、抛物型或者椭圆型。

③时间和空间的离散格式对双曲型方程、一阶双曲型方程和二阶双曲型方程是不同的。

2.4 微分方程组的特征分解

2.4.1 特征分解的一般形式

一维一阶非线性守恒方程可以写为：

$$\frac{\partial \boldsymbol{u}}{\partial t} + \frac{\partial \boldsymbol{f}(\boldsymbol{u})}{\partial x} = 0$$

式中，$\boldsymbol{u}$ 为守恒变量；$\boldsymbol{f}$ 为通量。两者都是 m 阶列向量，即：

$$\boldsymbol{u} = [u_1, \quad u_2, \quad \cdots, \quad u_m]^{\mathrm{T}}, \boldsymbol{f} = [f_1, \quad f_2, \quad \cdots, \quad f_m]^{\mathrm{T}}$$

通量函数 $\boldsymbol{f}$ 为守恒量 $\boldsymbol{u}$ 的充分光滑函数，是对守恒变量的输运，守恒变量为零时，通量也为零。上述守恒方程可以写成拟线性的形式：

$$\frac{\partial \boldsymbol{u}}{\partial t} + \boldsymbol{A} \frac{\partial \boldsymbol{u}}{\partial x} = 0$$

式中，$\boldsymbol{A}$ 为 $m \times m$ 阶矩阵，称为雅可比矩阵，形式为：

$$\boldsymbol{A} = \frac{\partial \boldsymbol{f}(\boldsymbol{u})}{\partial \boldsymbol{u}} = \begin{bmatrix} \dfrac{\partial f_1}{\partial u_1} & \dfrac{\partial f_1}{\partial u_2} & \cdots & \dfrac{\partial f_1}{\partial u_m} \\ \dfrac{\partial f_2}{\partial u_1} & \dfrac{\partial f_2}{\partial u_2} & \cdots & \dfrac{\partial f_2}{\partial u_m} \\ \vdots & \vdots & \ddots & \vdots \\ \dfrac{\partial f_m}{\partial u_1} & \dfrac{\partial f_m}{\partial u_1} & \cdots & \dfrac{\partial f_m}{\partial u_m} \end{bmatrix}$$

$\boldsymbol{I}$ 为单位矩阵，若雅可比矩阵的行列式：

$$|\boldsymbol{A} - \lambda \boldsymbol{I}| = 0$$

有 m 个特征值 $\lambda^{(k)}, k = 1, 2, \cdots, m$，若均为实数，则守恒方程为双曲型方程，雅可比矩阵 $\boldsymbol{A}$ 可以对角化（特征分解）：

$$\boldsymbol{A} = \boldsymbol{R} \boldsymbol{\Lambda} \boldsymbol{L}$$

或者

$$\boldsymbol{\Lambda} = \boldsymbol{L} \boldsymbol{A} \boldsymbol{R}$$

式中，特征矩阵：

$$\boldsymbol{\Lambda} = \begin{bmatrix} \lambda^{(1)} & 0 & \cdots & 0 \\ 0 & \lambda^{(2)} & \cdots & 0 \\ \vdots & \vdots & \ddots & \vdots \\ 0 & 0 & \cdots & \lambda^{(m)} \end{bmatrix}$$

左特征矩阵 $\boldsymbol{L}$ 由 m 个左特征向量 $\boldsymbol{l}$（行向量）构成：

$$\boldsymbol{L} = \begin{bmatrix} \boldsymbol{l}_1 \\ \boldsymbol{l}_2 \\ \vdots \\ \boldsymbol{l}_m \end{bmatrix} = \begin{bmatrix} l_{11} & l_{12} & \cdots & l_{1m} \\ l_{21} & l_{22} & \cdots & l_{2m} \\ \vdots & \vdots & \ddots & \vdots \\ l_{m1} & l_{m2} & \cdots & l_{mm} \end{bmatrix}$$

右特征矩阵 $\boldsymbol{R}$ 由 m 个右特征向量 $\boldsymbol{r}$（列向量）构成：

$$\boldsymbol{R} = \begin{bmatrix} \boldsymbol{r}_1 & \boldsymbol{r}_2 & \cdots & \boldsymbol{r}_m \end{bmatrix} = \begin{bmatrix} r_{11} & r_{12} & \cdots & r_{1m} \\ r_{21} & r_{22} & \cdots & r_{2m} \\ \vdots & \vdots & \ddots & \vdots \\ r_{m1} & r_{m2} & \cdots & r_{mm} \end{bmatrix}$$

左特征向量 $\boldsymbol{l}$（行向量）满足方程：

$$\boldsymbol{l}_k \boldsymbol{A} = \boldsymbol{\lambda}^{(k)} \boldsymbol{l}_k$$

或者

$$\boldsymbol{L} \boldsymbol{A} = \boldsymbol{\Lambda} \boldsymbol{L}$$

右特征向量 $\boldsymbol{r}$（列向量）满足方程：

$$\boldsymbol{A} \boldsymbol{r}_k = \boldsymbol{\lambda}^{(k)} \boldsymbol{r}_k$$

或者

$$\boldsymbol{A} \boldsymbol{R} = \boldsymbol{\Lambda} \boldsymbol{R}$$

上述方程可以得到：

$$\boldsymbol{A} = \boldsymbol{L} \boldsymbol{\Lambda} \boldsymbol{L}^{-1}$$
$$\boldsymbol{A} = \boldsymbol{R}^{-1} \boldsymbol{\Lambda} \boldsymbol{R}$$
$$\boldsymbol{R} = \boldsymbol{L}^{-1}$$

2.4.2　标量和矢量守恒方程

1. 标量守恒方程

考虑简单的标量守恒方程（线性对流方程）：

$$\frac{\partial u}{\partial t} + a \frac{\partial u}{\partial x} = 0, a = \text{const}$$
$$u(x,0) = u_0(x), -\infty < x < +\infty$$

解为 $u(x,t) = u_0(x - at)$。波以恒定的速度 a 传播，方向取决于 a 的正负性。$x - at = \text{const}$ 称为波头，a 为波速，初始条件 $u_0(x)$ 为波形。

相似的，对于一维波方程：

$$\frac{\partial^2 u}{\partial t^2} - a^2 \frac{\partial^2 u}{\partial x^2} = 0, a = \text{const} > 0$$

解可以写为 $u(x) = u_1(x - at) + u_2(x + at)$。波形 u_1 和 u_2 取决于初始条件和边界条件。解可以认为是左行波 $x - at = \text{const}$ 和右行波 $x + at = \text{const}$ 的叠加。

在上述线性对流方程和一维波方程中，波以恒定速度 a 传播。如果 a 不为常数，则解可以写为 $u(x) = u_0(x - a(u,x,t)t)$，该解依然可以保留初始波形的信息，但是随着时间的推移，由于波速 a 的变化，波形发生变化，扭曲变形。

对于线性或者拟线性的标量方程，做下面的变化：

$$\frac{\partial u}{\partial t} + a \frac{\partial u}{\partial x} = 0 \xrightarrow{\frac{\mathrm{d}x}{\mathrm{d}t} = a} \frac{\partial u}{\partial t} + \frac{\partial u}{\partial x} \frac{\mathrm{d}x}{\mathrm{d}t} = \frac{\mathrm{d}u}{\mathrm{d}t} = 0 \rightarrow u = \text{const}$$

$\frac{\mathrm{d}x}{\mathrm{d}t} = a$ 称为特征线，a 为常数时，特征线为直线；a 不为常数时，特征线为曲线。沿着特征线，u 保持不变。

2. 矢量守恒方程

考虑一阶矢量偏微分方程：

$$\frac{\partial \boldsymbol{u}}{\partial t} + A\frac{\partial \boldsymbol{u}}{\partial x} = 0, \boldsymbol{u} = \boldsymbol{u}(x,t)$$

若雅可比矩阵 A 为常矩阵，则方程为线性方程；如果 $A = A(\boldsymbol{u},x,t)$，则方程为拟线性方程；如果 A 可以对角化，则该方程必为双曲型方程。对雅可比矩阵 A 做对角化，即

$$\frac{\partial \boldsymbol{u}}{\partial t} + R\Lambda L\frac{\partial \boldsymbol{u}}{\partial x} = 0$$

式中，Λ 为对角矩阵，对角线上的分量为雅可比矩阵 A 的特征值；R 为右特征矩阵；L 为左特征矩阵。若 A 为常矩阵，令 $\boldsymbol{v} = L\boldsymbol{u}$，则

$$\frac{\partial \boldsymbol{v}}{\partial t} + \Lambda\frac{\partial \boldsymbol{v}}{\partial x} = 0$$

其分量方程为：

$$\frac{\partial v_i}{\partial t} + \lambda_i\frac{\partial v_i}{\partial x} = 0$$

通过特征分解，矢量偏微分方程可以分解成若干个相互独立的标量对流方程。考虑特征线，则：

$$\frac{dv_i}{dt} = 0, \frac{dx}{dt} = \lambda_i$$

如果上述方程组中 $\boldsymbol{u}$ 有 N 个分量，则 $x-t$ 平面上任意一点均有 N 条特征线通过。$x-t$ 平面内一个确定点只受到之前时刻各点物理量的影响，而且也只能影响之后时刻各点的物理量。但是由于波或者扰动以有限的速度传播，则 $x-t$ 平面内一个确定点只能受到之前时刻部分点的影响，称为依赖区域；而且也只能影响之后时刻部分的点，称为影响区域。依赖区域和影响区域处于左行最大波速特征线和右行最大波速特征线之间。

2.4.3 欧拉方程的特征分解

1. 原函数形式的欧拉方程

原函数形式的欧拉方程可以写成下面的形式[16]：

$$\frac{\partial \boldsymbol{u}}{\partial t} + A\frac{\partial \boldsymbol{u}}{\partial x} = 0$$

式中，矢量 $\boldsymbol{u}$ 的分量均为原函数（密度 ρ、速度 u 和压力 p），即：

$$\boldsymbol{u} = \begin{bmatrix} \rho \\ u \\ p \end{bmatrix}, A = \begin{bmatrix} u & \rho & 0 \\ 0 & u & 1/\rho \\ 0 & \rho a^2 & u \end{bmatrix}$$

做特征分解 $\Lambda = RAL$：

$$R = \begin{bmatrix} 1 & \dfrac{\rho}{2a} & -\dfrac{\rho}{2a} \\ 0 & \dfrac{1}{2} & \dfrac{1}{2} \\ 0 & \dfrac{\rho}{2a} & -\dfrac{\rho}{2a} \end{bmatrix}, L = \begin{bmatrix} 1 & 0 & -\dfrac{1}{a^2} \\ 0 & 1 & \dfrac{1}{\rho a} \\ 0 & 1 & -\dfrac{1}{\rho a} \end{bmatrix}, \Lambda = \begin{bmatrix} u & 0 & 0 \\ 0 & u+a & 0 \\ 0 & 0 & u-a \end{bmatrix}$$

新的守恒变量：

$$\boldsymbol{v} = \boldsymbol{Lu} = \begin{bmatrix} \rho - \dfrac{p}{a^2} \\[2mm] u + \dfrac{p}{\rho a} \\[2mm] u - \dfrac{p}{\rho a} \end{bmatrix}$$

非守恒型欧拉方程可以解耦成线性矢量方程：

$$\frac{\partial \boldsymbol{v}}{\partial t} + \boldsymbol{\Lambda} \frac{\partial \boldsymbol{v}}{\partial x} = 0$$

其分量方程为：

$$\frac{\partial v_i}{\partial t} + \lambda_i \frac{\partial v_i}{\partial x} = 0$$

写成特征线的形式：

$$\begin{cases} \dfrac{\mathrm{d}x}{\mathrm{d}t} = u, & \mathrm{d}v_1 = \mathrm{d}\rho - \dfrac{\mathrm{d}p}{a^2} = 0 & \rightarrow & \rho + \displaystyle\int \dfrac{\mathrm{d}p}{a^2} = \mathrm{const} \\[3mm] \dfrac{\mathrm{d}x}{\mathrm{d}t} = u + a, & \mathrm{d}v_2 = \mathrm{d}u + \dfrac{\mathrm{d}p}{\rho a} = 0 & \rightarrow & u + \displaystyle\int \dfrac{\mathrm{d}p}{\rho a} = \mathrm{const} \\[3mm] \dfrac{\mathrm{d}x}{\mathrm{d}t} = u - a, & \mathrm{d}v_3 = \mathrm{d}u - \dfrac{\mathrm{d}p}{\rho a} = 0 & \rightarrow & u - \displaystyle\int \dfrac{\mathrm{d}p}{\rho a} = \mathrm{const} \end{cases}$$

利用熵方程：

$$\begin{cases} \mathrm{d}s = c_v \dfrac{\mathrm{d}p}{\mathrm{d}\rho} - c_p \dfrac{\mathrm{d}\rho}{\mathrm{d}\rho} = -\dfrac{c_p}{\rho}\left(\mathrm{d}\rho - \dfrac{c_v}{c_p} \dfrac{\rho}{p} \mathrm{d}p \right) \\[3mm] \gamma = \dfrac{c_p}{c_v} & \rightarrow \mathrm{d}s = -\dfrac{c_p}{\rho}\left(\mathrm{d}\rho - \dfrac{\mathrm{d}p}{a^2} \right) = 0 \\[3mm] a^2 = \gamma \dfrac{p}{\rho} \end{cases}$$

这意味着等熵关系，即：

$$\frac{Ds}{Dt} = \frac{\partial s}{\partial t} + u \frac{\partial s}{\partial x} = 0$$

2. 守恒型欧拉方程

考虑守恒型的欧拉方程：

$$\frac{\partial \boldsymbol{u}}{\partial t} + \boldsymbol{A} \frac{\partial \boldsymbol{u}}{\partial x} = 0$$

式中，守恒变量：

$$\boldsymbol{u} = \begin{bmatrix} \rho \\ u \\ \rho e_T \end{bmatrix}, \boldsymbol{A} = \begin{bmatrix} 0 & 1 & 0 \\[2mm] \dfrac{\gamma - 3}{2}u^2 & (3 - \gamma)u & \gamma - 1 \\[2mm] -\gamma u e_T + (\gamma - 1)u^3 & \gamma e_T - \dfrac{3}{2}(\gamma - 1)u^2 & \gamma u \end{bmatrix}$$

做特征分解 $\boldsymbol{\Lambda} = \boldsymbol{LAR}$：

$$L = \frac{\gamma - 1}{\rho a}\begin{bmatrix} \dfrac{\rho}{a}\left(-\dfrac{u^2}{2} + \dfrac{a^2}{\gamma - 1}\right) & \dfrac{\rho}{a}u & -\dfrac{\rho}{a} \\[3mm] \dfrac{u^2}{2} - \dfrac{au}{\gamma - 1} & -u + \dfrac{a}{\gamma - 1} & 1 \\[3mm] -\dfrac{u^2}{2} - \dfrac{au}{\gamma - 1} & u + \dfrac{a}{\gamma - 1} & -1 \end{bmatrix}$$

$$R = \begin{bmatrix} 1 & \dfrac{\rho}{2a} & -\dfrac{\rho}{2a} \\[3mm] u & \dfrac{\rho}{2a}(u + a) & -\dfrac{\rho}{2a}(u - a) \\[3mm] \dfrac{u^2}{2} & \dfrac{\rho}{2a}\left(\dfrac{u^2}{2} + \dfrac{a^2}{\gamma - 1} + au\right) & -\dfrac{\rho}{2a}\left(\dfrac{u^2}{2} + \dfrac{a^2}{\gamma - 1} - au\right) \end{bmatrix}$$

$$= \begin{bmatrix} 1 & \dfrac{\rho}{2a} & -\dfrac{\rho}{2a} \\[3mm] u & \dfrac{\rho}{2a}(u + a) & -\dfrac{\rho}{2a}(u - a) \\[3mm] \dfrac{u^2}{2} & \dfrac{\rho}{2a}(h + au) & -\dfrac{\rho}{2a}(h - au) \end{bmatrix}$$

$$\Lambda = \begin{bmatrix} u & 0 & 0 \\ 0 & u + a & 0 \\ 0 & 0 & u - a \end{bmatrix}$$

可以看出，由初始变量形式和守恒变量形式的欧拉方程推导出的特征变量相同。欧拉方程的三条特征线以及依赖区域和影响区域如图 2.2 所示。

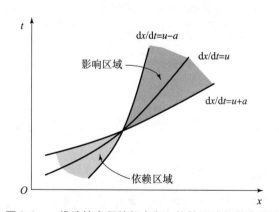

图 2.2　一维欧拉方程特征方向、依赖区域和影响区域

2.5　控制方程定解条件的提法

合适的边界条件对数值计算是非常重要的。边界条件不仅要反映实际流动特征，同时还应具有很好的数值稳定性和易操作性。应当指出，边界条件的选取不是固定的，可以根据具体情况进行选择。

控制方程（偏微分方程），必须给定合适的限制性条件才能得到确定的解，这样的条件称为定解条件，一般包括初始条件和边界条件。初始条件指的是给定初始时刻计算域内所有物理量的分布，通常根据具体问题确定。边界条件表示求解域外的信息对求解域的影响。边界条件的提法比较复杂，对于不同的方程类型、不同的流动问题，它们的边界条件的提法差异很大。

2.5.1 初始条件

对于随着时间发展的物理问题，初始时刻的状态将影响以后的过程，初始时刻的状态便是初始条件。从数学上讲，初始条件是给出未知函数及其关于时间自变量 t 的若干阶偏导数在零时刻的值。如果方程中关于 t 的最高阶导数是 m 阶的，则应显式地给出 0 到 $m-1$ 阶的导数值，即：

$$u\big|_{t=0} = \psi(x)$$

$$\frac{\partial u}{\partial x}\bigg|_{t=0} = \phi(x)$$

$$\vdots$$

$$\frac{\partial^{m-1} u}{\partial x^{m-1}}\bigg|_{t=0} = \varphi(x)$$

2.5.2 边界条件

在边界上是否需要设置边界条件，有以下几个原则：

①若有信息通过边界传入求解域，则应该指定该信息的边界条件，称为解析边界条件。

②若有信息由求解域传出边界，则不应该指定该信息的解析边界条件，而应该在数值求解中补充数值边界条件（通过求解域内的物理量插值获得）。

③由于信息传播的方式由方程的类型决定，所以边界条件的类型由方程的类型决定。

④由于信息沿着特征线传播，所以边界条件的确定与特征线和边界的交会条件有关。

常见的边界条件类型主要有以下三种。

第一类边界条件，又称 Dirichlet 边界条件，需要直接给定边界上的物理量，即：

$$\left.\begin{array}{l} u(0,t) = \mu_1(t) \\ u(1,t) = \mu_2(t) \end{array}\right\}(0 \leqslant x \leqslant 1)$$

第二类边界条件，又称 Neumann 边界条件，需要给定垂直于边界物理量的梯度，即：

$$\left.\begin{array}{l} u_x(0,t) = \gamma_1(t) \\ u_x(1,t) = \gamma_2(t) \end{array}\right\}(0 \leqslant x \leqslant 1)$$

第三类边界条件是上述两种边界条件的组合，也称 Robin 边界条件，即同时给出物理量及物理量的梯度：

$$\left.\begin{array}{l} (u_x - \lambda_1(t)u)\big|_{x=0} = f_1(t) \\ (u_x - \lambda_2(t)u)\big|_{x=1} = f_2(t) \end{array}\right\}(0 \leqslant x \leqslant 1)$$

注意，对于确定的边界，不同的物理量可以给出不同类型的边界条件。

2.5.3 双曲型方程边界条件的提法

偏微分方程的求解需要给定边界条件。这里只介绍双曲型方程边界条件的提法，椭圆型方程和抛物型方程的边界条件的提法可以参考相关的文献。一维双曲型方程可以通过特征分解解耦成 N 个独立的线性偏微分方程（单波方程）：

$$\frac{\partial v_i}{\partial t} + \lambda_i \frac{\partial v_i}{\partial x} = 0, i = 1, 2, \cdots, N$$

方程存在 N 个变量（波），因此需要独立给定 N 个物理量 v_i 的边界条件。如果 $\lambda_i > 0$，则在左端给定 v_i 的解析边界条件，右端给出数值边界条件；如果 $\lambda_i < 0$，则在右端给定 v_i 的解析边界条件，左端给定数值边界条件。因此，左、右边界总共给定 N 个边界条件，各自的个数视特征值的符号确定。注意，这里说的给定边界条件，一般指的是给定解析边界条件的类型；数值边界条件可以由内部插值获得。

对于一维欧拉方程，存在三个特征值 $\lambda_1 = u, \lambda_2 = u - c, \lambda_3 = u + c$，要确定边界条件的个数，则需要判断特征值的正负性。对于左边界：

若 $u > 0, |u| > c$，则 $\lambda_1 = u > 0, \lambda_2 = u - c > 0, \lambda_3 = u + c > 0$，超声速入口，3 波均为流入，需给定 3 个解析边界条件；

若 $u > 0, |u| < c$，则 $\lambda_1 = u > 0, \lambda_2 = u - c < 0, \lambda_3 = u + c > 0$，亚声速入口，2 波流入，1 波流出，需给定 2 个解析边界条件，另一个数值边界条件由内部插值获得；

若 $u < 0, |u| > c$，则 $\lambda_1 = u < 0, \lambda_2 = u - c < 0, \lambda_3 = u + c < 0$，超声速出口，3 波均为流出，无须给定解析边界条件，全部由内部插值获得；

若 $u < 0, |u| < c$，则 $\lambda_1 = u < 0, \lambda_2 = u - c < 0, \lambda_3 = u + c > 0$，亚声速出口，1 波流入，2 波流出，需给定 1 个解析边界条件，另外两个通过内部插值获得。

同理，也可以判断出右边界条件的个数。

2.5.4 常用的边界条件

1. 来流条件

对于开阔流场（外流），在上游的充分远处可以使用来流条件。通常为：

$$\rho_w = \rho_\infty, u_w = u_\infty, v_w = v_\infty, w_w = w_\infty, T_w = T_\infty$$

式中，下标为 ∞ 的物理量表示无穷远处的值，下同。

2. 入口条件

对于类似管道流场之类的内流，在入口处，可以使用入口边界条件。与外流不同，内流的入口边界条件通常要区分超声速流动及亚声速流动。入口边界条件通过特征边界方法导出，该方法取决于对流通量雅可比矩阵特征值的符号。对于超声速流动，入口条件与外流的无穷远来流条件相同，为：

$$\rho_w = \rho_\infty, u_w = u_\infty, v_w = v_\infty, w_w = w_\infty, T_w = T_\infty$$

对于亚声速入口，在入口边界处存在两个正特征值 $u, u + c$ 和一个负特征值 $u - c$。因此，两个特征线性正向传播，一个特征线负向传播，离开求解域。在这种情况下，需要在边界上施加两个解析边界条件，其取决于来流上方的物理量，而另一个边界条件是从计算域的内部插值而来的。

3. 出口条件

出口边界条件通过特征边界方法导出，该方法取决于特征值的符号，即 u、$u+c$、$u-c$ 的正负性。对于外流，出流条件可以采用外推、外插方法得到；也可以采用无反射边界条件或对流边界条件。对于内流，则应当区分超声速出口及亚声速出口。对于超声速出口，可以像外流的出流条件那样处理；对于亚声速出口，存在两个正特征值 u、$u+c$ 和一个负特征值 $u-c$，应当给定 1 个边界条件，另外两个边界条件由内部推出。

4. 壁面条件

固壁边界条件是一种最常见的边界条件。在固壁上，无黏流动的边界条件表现为不可渗透条件，它要求固壁上运动流体的法向速度与固壁运动保持一致。黏性流动的固壁边界条件则表现为流体完全跟随固壁运动的黏附边界条件，这时除了法向以外，流体在切向也必须与固壁的运动一致。上面两种情况分别对应滑移边界条件和无滑移边界条件。在流体力学的问题中，固壁的运动通常是已知的，确定流动速度比较麻烦。设固壁本身的运动速度为 $\boldsymbol{U}$，固壁法向量为 $\boldsymbol{n}$，则在固壁上，无滑移边界条件为 $\boldsymbol{u} = \boldsymbol{U}$，对于滑移边界条件，只需要法向的速度相等，即 $\boldsymbol{u} \cdot \boldsymbol{n} = \boldsymbol{U} \cdot \boldsymbol{n}$。如果固壁是静止的 $\boldsymbol{U} = 0$，对于无滑移边界，有 $\boldsymbol{u} = 0$；对于滑移边界，速度必平行于边界，即 $\boldsymbol{u} \cdot \boldsymbol{n} = 0$。对于反应流体，还要考虑边界上组分质量分数的变化，对于边界无催化作用的气体，有：

$$\left. \frac{\partial y_i}{\partial n} \right|_w = 0$$

对于绝热壁，不允许热量或物质穿越，换句话说，既没有热传导，也没有质量传输。有 $\left. \dfrac{\partial T}{\partial n} \right|_w = 0$。

对于等温壁，设置为 $T = T_w$；另外，通常采用 $\left. \dfrac{\partial p}{\partial n} \right|_w = 0$ 来确定壁面上的压力。

5. 无反射边界条件

离扰动区较远的边界，可以采用无反射边界条件。配合流体矢量分裂，无反射边界条件可以有很简单的形式。对于流入计算域的通量，假设其空间导数为 0；对于流出计算域的通量，其空间导数由内点和边界点做单边差分给出。

6. 周期边界条件

根据具体情况，可以选择周期边界条件：

$$\rho_{w1} = \rho_{w2}, u_{w1} = u_{w2}, v_{w1} = v_{w2}, w_{w1} = w_{w2}, T_{w1} = T_{w2}$$

7. 对称/反对称边界条件

在对称轴上，可以选择对称或反对称边界条件。

8. 对称轴/极点条件

使用柱坐标、球坐标时，在对称轴、极点处要采用这种边界条件。

2.6　黎曼间断解

欧拉方程作为典型的双曲型方程，其最大特点在于解中会出现间断。1858 年，黎曼针对欧拉方程的间断解，提出并解决了欧拉方程的间断初值问题，即初值为含有一个任意间断的阶梯函数，后人称之为黎曼问题。黎曼构造出了它的四类解，并给出了此四类解的判别条件。黎曼的这一工作开创了偏微分方程广义解的概念，具有极大的超前性。同时，黎曼问题精确解和间断解对计算流体力学数值格式的构造也有重要的意义，基于此发展出了著名的 Godunov 类方法[9,14]。黎曼问题的解包括两类：一类是精确解，一类是近似解，下面分别介绍这两类方法。

2.6.1　黎曼问题精确解

考虑一维欧拉方程：

$$\frac{\partial \rho}{\partial t} + \frac{\partial \rho u}{\partial x} = 0$$

$$\frac{\partial \rho u}{\partial t} + \frac{\partial (\rho u^2 + p)}{\partial x} = 0 \qquad (2.6.1)$$

$$\frac{\partial E}{\partial t} + \frac{\partial (Eu + pu)}{\partial x} = 0$$

如果初始值存在物理量的间断，即：

$$(\rho, u, p) = \begin{cases} \rho_1, u_1, p_1, x < 0 \\ \rho_2, u_2, p_2, x \geq 0 \end{cases}$$

并且初始值不满足激波间断关系：

$$\rho_1 (u_1 - Z) = \rho_2 (u_2 - Z)$$

$$\rho_1 u_1 (u_1 - Z) + p_1 = \rho_2 u_2 (u_2 - Z) + p_2 \qquad (2.6.2)$$

$$E_1 (u_1 - Z) + u_1 p_1 = E_2 (u_2 - Z) + p_2 u_2$$

式中，Z 为激波速度，流场中可能出现三种波：激波，也就是强间断，满足激波间断关系式；接触间断，也就是弱间断，跨越间断仅密度发生突变，速度和压力不变；稀疏波，它是一种等熵波。黎曼问题求解思路包括两种，即精确解和近似解。利用空气动力学理论，特别是积分关系式和特征线法，可以得到黎曼问题的精确解。利用积分近似或者微分近似可以得到黎曼问题的近似解。

黎曼问题的解包括 5 种情况[14]，如图 2.3 所示，其中，图 2.3（a）所示为左行激波，右行激波，中间是接触间断波；图 2.3（b）所示为左行稀疏波，右行激波，中间为右行接触间断；图 2.3（c）所示为左行激波，右行稀疏波，中间为左行接触间断；图 2.3（d）所示为左行稀疏波，右行稀疏波，中间为接触间断；图 2.3（e）所示为左行、右行均为稀疏波，中间存在真空区域。下面详细介绍求解过程。

情况 1：左右激波，中间稀疏间断

情况 1 中，左行、右行均为激波，中间为接触间断，如图 2.4 所示，因此，$x - t$ 平面可以分为 4 个区域。接触间断两侧密度不同，速度和压力相同。

在（1）-（3）区满足左行激波间断关系：

$$\rho_1 (u_1 - Z_1) = \rho^{*L} (u^* - Z_1)$$

$$\rho_1 u_1 (u_1 - Z_1) + p_1 = \rho^{*L} u^* (u^* - Z_1) + p^* \qquad (2.6.3)$$

$$E_1 (u_1 - Z_1) + u_1 p_1 = E^{*L} (u^* - Z_1) + p^* u^*$$

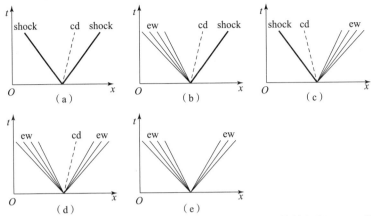

图 2.3　黎曼问题五种不同的演化形式（**shock—激波，cd—接触间断，ew—稀疏波**）

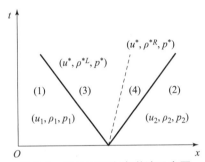

图 2.4　黎曼问题左右激波示意图

式中，状态方程为：

$$\begin{cases} E_1 = \dfrac{p_1}{\gamma - 1} + \dfrac{\rho_1 u_1^2}{2} \\ E^{*L} = \dfrac{p^{*L}}{\gamma - 1} + \dfrac{\rho^{*L} u^{*L} u^{*L}}{2} \end{cases} \tag{2.6.4}$$

间断关系包括 3 个独立的方程，4 个未知数 ρ^{*L}、u^*、Z_1、p^*，设压力 p^* 已知，可以解出左行激波后的速度：

$$u^* = u_1 - \frac{p^* - p_1}{\rho_1 c_1 \sqrt{\dfrac{\gamma + 1}{2\gamma} \dfrac{p^*}{p_1} + \dfrac{\gamma - 1}{2\gamma}}} \equiv u_1 - f(p^*, p_1, \rho_1) \tag{2.6.5}$$

在（2）–（4）区满足右行激波间断关系：

$$\begin{cases} \rho_2(u_2 - Z_2) = \rho^{*R}(u^* - Z_2) \\ \rho_2 u_2(u_2 - Z_2) + p_2 = \rho^{*R} u^*(u^* - Z_2) + p^* \\ E_2(u_2 - Z_2) + u_2 p_2 = E^{*R}(u^* - Z_2) + p^* u^* \end{cases} \tag{2.6.6}$$

式中，状态方程为：

$$\begin{cases} E_2 = \dfrac{p_2}{\gamma - 1} + \dfrac{\rho_2 u_2^2}{2} \\ E^{*R} = \dfrac{p^{*R}}{\gamma - 1} + \dfrac{\rho^{*R} u^{*R} u^{*R}}{2} \end{cases} \tag{2.6.7}$$

解出右行激波后的速度:

$$u^* = u_2 + f(p^*, p_2, \rho_2) \tag{2.6.8}$$

方程 (2.6.5) 减去方程 (2.6.8), 可得:

$$u_1 - u_2 = f(p^*, p_1, \rho_1) + f(p^*, p_2, \rho_2) \tag{2.6.9}$$

方程 (2.6.9) 是超越方程, 无法直接解出压力 p^*, 需要迭代求解压力 p^*, 然后代入方程 (2.6.5) 或者方程 (2.6.8) 得到速度 u^*, 进一步代入方程 (2.6.3) 和方程 (2.6.6) 得到 ρ^{*L}、ρ^{*R}、Z_1、Z_2。

情况 2: 右激波, 左膨胀波, 中间稀疏间断

在情况 2 中, 右行波为激波, 左行波为稀疏波, 中间为接触间断, 如图 2.5 所示, 分为 5 个区域。稀疏波内部物理量连续, 光滑, 满足等熵关系, 并且黎曼不变量保持不变。

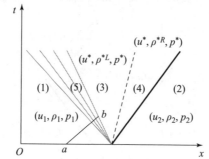

图 2.5 黎曼问题左稀疏波右激波示意图

在 (2)-(4) 两区满足激波间断关系:

$$\begin{cases} \rho_2(u_2 - Z_2) = \rho^{*R}(u^* - Z_2) \\ \rho_2 u_2(u_2 - Z_2) + p_2 = \rho^{*R}u^*(u^* - Z_2) + p^* \\ E_2(u_2 - Z_2) + u_2 p_2 = E^{*R}(u^* - Z_2) + p^* u^* \end{cases} \tag{2.6.10}$$

在 (1)-(3) 两区满足等熵关系式, 黎曼不变量保持不变:

$$\begin{cases} p^*/(\rho^{*L})^\gamma = p_1/(\rho_1)^\gamma \\ u_1 + \dfrac{2a_1}{\gamma - 1} = u^* + \dfrac{2a^L}{\gamma - 1} \\ c^L = \sqrt{\gamma p^*/\rho^{*L}} \end{cases} \tag{2.6.11}$$

方程组 (2.6.10) 和方程 (2.6.11) 包含 5 个独立的方程, 5 个未知数 ρ^{*L}、ρ^{*R}、u^*、p^*、Z_1, 因此方程可解。求解方法与情况 1 类似, 针对左行稀疏波, 先解出 (1)-(3) 区速度对压力的依赖关系:

$$u^* = u_1 - f(p^*, p_1, \rho_1)$$

$$f(p^*, p_1, \rho_1) = \frac{2a_1}{\gamma - 1}\left[\left(\frac{p^*}{p_1}\right)^{\frac{\gamma-1}{2\gamma}} - 1\right] \tag{2.6.12}$$

右行激波后的速度方程与方程 (2.6.8) 相同。因此, 激波和稀疏波波前后速度 - 压力的依赖关系可写成统一的形式:

$$左行稀疏波: u^* = u_1 - f(p^*, p_1, \rho_1) \tag{2.6.13}$$

$$右行激波：u^* = u_2 - f(p^*, p_2, \rho_2) \tag{2.6.14}$$

式中，u^*、p^* 表示（3）-（4）区的速度和压力。函数 f 可以统一写为：

$$f(p^*, p_i, \rho_i) = \begin{cases} \dfrac{p^* - p_i}{\rho_i a_i \left[\dfrac{\gamma + 1}{2\gamma}\left(\dfrac{p^*}{p_i}\right) + \dfrac{\gamma - 1}{2\gamma}\right]^{\frac{1}{2}}}, & p^* > p_i, 激波 \\[4mm] \dfrac{2a_i}{\gamma - 1}\left[\left(\dfrac{p^*}{p_i}\right)^{\frac{\gamma-1}{2\gamma}} - 1\right], & p^* < p_i, 稀疏波 \end{cases} \tag{2.6.15}$$

方程（2.6.13）和方程（2.6.14）相减可得：

$$u_1 - u_2 = f(p^*, p_1, \rho_1) + f(p^*, p_2, \rho_2) \equiv F(p^*) \tag{2.6.16}$$

方程（2.6.16）是超越方程，可以迭代求解出（3）-（4）区的压力 p^*，进而解出其他变量 ρ^{*L}、ρ^{*R}、u^*、Z_1。

利用特征线法和等熵关系可以求解稀疏波内部的物理量。左右特征线和相容关系为：

$$\begin{cases} R_1 = \dfrac{u}{2} + \dfrac{a}{\gamma - 1} = \text{const}, & \mathrm{d}x/\mathrm{d}t = u + a \\[3mm] R_2 = -\dfrac{u}{2} + \dfrac{a}{\gamma - 1} = \text{const}, & \mathrm{d}x/\mathrm{d}t = u - a \end{cases}$$

如图 2.6 所示，首先计算稀疏波的范围，波头传播速度 $\mathrm{d}x/\mathrm{d}t = u_1 - a_1$，波尾传播速度 $\mathrm{d}x/\mathrm{d}t = u^* - a^{*L}$。过稀疏波内任意一点 p 存在一条左行特征线和一条右行特征线 ab。从 $x = 0$ 出发的左行特征线方程为 $x/t = u - c$，并且右行特征线相容关系 $u + \dfrac{2a}{\gamma - 1} = u_1 + \dfrac{2a_1}{\gamma - 1}$。可以得出稀疏波内 p 点的速度和声速方程：

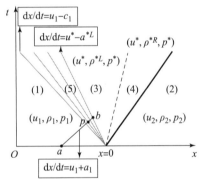

图 2.6 黎曼问题稀疏波扇示意图

$$a(x, t) = \frac{\gamma - 1}{\gamma + 1}\left(u_1 - \frac{x}{t}\right) + \frac{2}{\gamma + 1}a_1 \tag{2.6.17}$$

$$u(x, t) = a(x, t) + \frac{x}{t}$$

再代入等熵关系 $p^* / (\rho^{*L})^\gamma = p_1 / (\rho_1)^\gamma$，计算可得稀疏波内的压力和密度：

$$p(x, t) = p_1 \left(\frac{a(x, t)}{a_1}\right)^{2\gamma/(\gamma-1)} \tag{2.6.18}$$

$$\rho(x, t) = \frac{\gamma p(x, t)}{a(x, t)^2}$$

因此，各区的范围：

$$\begin{cases} （1）区：x < (u_1 - a_1)t \\ （2）区：x > Z_2 t \\ （3）区：(u^* - a^{*L})t \leqslant x < u^* t \\ （4）区：u^* t < x \leqslant Z_2 t \\ （5）区：(u_1 - a_1)t \leqslant x < (u^* - a^{*L})t \end{cases}$$

其他情况：

情况 1 和情况 2 的步骤完全适用于情况 3、4、5（因为公式（2.6.15）同时适用于激波和稀疏波）。首先利用函数 $F(p^*) = f(p^*, p_1, \rho_1) + f(p^*, p_2, \rho_2)$ 单调连续的性质对这 5 种情况进行区分。假设 $p_2 \geqslant p_1$，判断准则如下：

$$\begin{cases} u_1 - u_2 \geqslant F(p_2) & \rightarrow \quad 情况 1 \\ F(p_2) > u_1 - u_2 \geqslant F(p_1) & \rightarrow \quad 情况 3 \\ F(p_1) > u_1 - u_2 \geqslant F(0) & \rightarrow \quad 情况 4 \\ F(0) > u_1 - u_2 & \rightarrow \quad 情况 5 \end{cases}$$

对这 5 种情况进行区分后，再利用上述情况 1 和情况 2 的步骤进行计算。

2.6.2　黎曼问题近似解

Harten、Lax 和 van Leer 为了快速计算初始间断处的通量，于 1983 年提出了近似黎曼求解器 HLL[17]，为黎曼问题建立了近似的两波模型。另外一种更准确的黎曼问题近似方法是由 Toro、Spruce 和 Speares 于 1992 年提出的 HLLC[18]，该方法使用三波模型，可以更好地解析中间接触间断波。近似黎曼解方法主要包括积分型方法（HLL、HLLC）和微分型方法（Roe 平均法）[19]。

1. HLL 近似黎曼解

如图 2.7 所示，HLL 方法采用双激波近似，即假设初始的间断面产生两道激波，速度分别为 Z_L 和 Z_R。根据质量、动量和能量守恒，很容易计算出图 2.7 中虚线控制体内的总质量、总动量和总能量。t_1 时刻激波传到控制体边界，因此，t_0 到 t_1 时刻，控制体边界处物理量保持 t_0 时刻的值。利用总量，求出图中控制体内的平均值，作为该区域物理量的近似值。

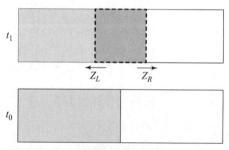

图 2.7　HLL 黎曼问题双激波近似示意图

假设已知两道激波的波速分别为 Z_L 和 Z_R，两道激波的间断关系式分别为：

$$\rho_L(u_L - Z_L) = \rho^*(u^* - Z_L)$$
$$\rho_L u_L(u_L - Z_L) + p_L = \rho^* u^*(u^* - Z_L) + p^*$$
$$E_L(u_L - Z_L) + u_L p_L = E^*(u^* - Z_L) + p^* u^*$$

和

$$\rho_R(u_R - Z_R) = \rho^*(u^* - Z_R)$$
$$\rho_R u_R(u_R - Z_R) + p_R = \rho^* u^*(u^* - Z_R) + p^*$$
$$E_R(u_R - Z_R) + u_R p_R = E^*(u^* - Z_R) + p^* u^*$$

这一问题存在 6 个独立的方程，却只有 3 个未知数 p^*、u^*、ρ^*。常用方法是去掉两个能量方程和一个动量方程，保留剩下的 3 个方程，可以进行求解。求解过程简单，可以轻易给出两道激波之间物理量的平均值表达式，即：

$$u^* = \frac{u_R Z_R - u_L Z_L + F(u_L) - F(u_R)}{Z_R - Z_L}$$

则黎曼问题的解为：

$$u(x,t) = \begin{cases} u_L, \dfrac{x}{t} \leqslant Z_L \\[2mm] u^*, Z_L \leqslant \dfrac{x}{t} \leqslant Z_R \\[2mm] u_R, \dfrac{x}{t} \geqslant Z_R \end{cases}$$

利用激波的间断关系可得通量为：

$$F^* = F_L + Z_L(u^* - u_L)$$
$$F^* = F_R + Z_R(u^* - u_R)$$

代入 u^* 的公式，可以得到中间区域的通量：

$$F^* = \frac{F_R Z_R - F_L Z_L + Z_R Z_L(u_R - u_L)}{Z_R - Z_L}$$

则黎曼问题的通量解为：

$$F = \begin{cases} F_L, 0 \leqslant Z_L \\[2mm] F^*, Z_L \leqslant 0 \leqslant Z_R \\[2mm] F_R, 0 \geqslant Z_R \end{cases}$$

2. HLLC 近似黎曼解

Toro 等[18]发展了 HLL 近似解，用三波模型来近似，称为 HLLC 近似解，如图 2.8 所示。

该模型中，左、右两道为激波，中间有接触间断。假设已知左右激波速度为 Z_L、Z_R，两道激波的间断关系式分别为：

$$\rho_L(u_L - Z_L) = \rho^{*L}(u^* - Z_L)$$
$$\rho_L u_L(u_L - Z_L) + p_L = \rho^{*L} u^*(u^* - Z_L) + p^*$$
$$\rho_L E_L(u_L - Z_L) + u_L p_L = \rho^{*L} E^{*L}(u^* - Z_L) + p^* u^*$$

和

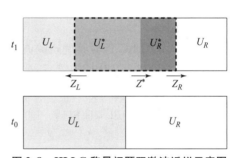

图 2.8　HLLC 黎曼问题双激波近似示意图

$$\rho_R(u_R - Z_R) = \rho^{*R}(u^* - Z_R)$$
$$\rho_R u_R(u_R - Z_R) + p_R = \rho^{*R} u^*(u^* - Z_R) + p^*$$
$$\rho_R E_R(u_R - Z_R) + u_R p_R = \rho^{*R} E^{*R}(u^* - Z_R) + p^* u^*$$

因为假设激波速度已知，只有 4 个未知数：p^*、u^*、ρ_L^*、ρ_R^*，独立的方程有 6 个。常用方法是去掉 2 个复杂的能量方程，4 个未知数，4 个方程，可以求解得到表达式：

$$u_K^* = \rho_K \frac{Z_K - u_K}{Z_K - Z^*} \begin{pmatrix} 1 \\ Z^* \\ \dfrac{E_K}{\rho_K} + (Z^* - u_K)\left[Z^* + \dfrac{p_K}{\rho_K(Z_K - u_K)} \right] \end{pmatrix}, K = L, R$$

式中，接触间断波速为：

$$Z^* = u^* = \frac{p_R - p_L + \rho_L u_L(Z_L - u_L) - \rho_R u_R(Z_R - u_R)}{\rho_L(Z_L - u_L) - \rho_R(Z_R - u_R)}$$

则黎曼问题的解为：

$$u(x,t) = \begin{cases} u_L, & \dfrac{x}{t} \leqslant Z_L \\[2mm] u_L^*, & Z_L \leqslant \dfrac{x}{t} \leqslant Z^* \\[2mm] u_R^*, & Z^* \leqslant \dfrac{x}{t} \leqslant Z_R \\[2mm] u_R, & \dfrac{x}{t} \geqslant Z_R \end{cases}$$

利用激波的间断关系可得：

$$F_L^* = F_L + Z_L(u_L^* - u_L)$$
$$F_R^* = F_R + Z_R(u_R^* - u_R)$$
$$F_R^* = F_L^* + Z^*(u_R^* - u_L^*)$$

可以得到中间区域的通量 F_L^*、F_R^*。则黎曼问题的通量解为：

$$F = \begin{cases} F_L, & 0 \leqslant Z_L \\ F_L^*, & Z_L \leqslant 0 \leqslant Z^* \\ F_R^*, & Z^* \leqslant 0 \leqslant Z_R \\ F_R, & 0 \geqslant Z_R \end{cases}$$

3. HLL – HLLC 近似黎曼解的波速估计

HLL 及 HLLC 方法均假设 Z_L、Z_R 已知，实际上它们仍需要估算[14]。

方法 1：直接估算

假设两道激波均以声速传播，则满足：

$$Z_L = u_L - a_L, Z_R = u_R + a_R$$

这种方法非常简单，但是不推荐使用这种方法，误差比较大。激波相对于波前介质以超声速传播，相对于波后介质以亚声速传播，因此，激波速度介于波后（相对）声速与波前（相对）声速之间，对两者进行平均是一个可行的方法。左、右两种状态声速的平均为：

$$Z_L = \bar{u} - \bar{a}, Z_R = \bar{u} + \bar{a}$$

这里可以选择使用 Roe 平均进行计算：

$$\bar{\rho} = [(\sqrt{\rho_L} + \sqrt{\rho_R})/2]^2$$
$$\bar{u} = (\sqrt{\rho_L}u_L + \sqrt{\rho_R}u_R)/(\sqrt{\rho_L} + \sqrt{\rho_R})$$
$$\bar{H} = (\sqrt{\rho_L}H_L + \sqrt{\rho_R}H_R)/(\sqrt{\rho_L} + \sqrt{\rho_R})$$
$$\bar{a} = \sqrt{(\gamma - 1)(\bar{H} - \bar{u}^2/2)}$$

方法 2：基于压力的波速估算法（Toro）

$$Z_L = u_L - a_L q_L, Z_R = u_R + a_R q_R$$

式中

$$q_K = \begin{cases} 1, p_* \leqslant p_K \\ \sqrt{1 + \dfrac{\gamma + 1}{2\gamma}\left(\dfrac{p_*}{p_K} - 1\right)}, p_* > p_K, K = L, R \end{cases}$$

并且满足下列公式：

$$p* = \max\{0, \bar{p}\}$$

$$\bar{p} = \frac{1}{2}(p_L + p_R) - \frac{1}{2}(u_R - u_L)\bar{\rho}\,\bar{a}$$

$$\bar{\rho} = (\rho_L + \rho_R)/2$$

$$\bar{a} = (a_L + a_R)/2$$

4. Roe 近似黎曼解

针对黎曼问题：

$$\frac{\partial \boldsymbol{U}}{\partial t} + \frac{\partial \boldsymbol{F}(\boldsymbol{U})}{\partial x} = 0$$

$$\boldsymbol{U}(x, t_n) = \begin{cases} \boldsymbol{U}^L, x \leqslant 0 \\ \boldsymbol{U}^R, x > 0 \end{cases}$$

定义雅可比矩阵：

$$\boldsymbol{A}(\boldsymbol{U}) = \frac{\partial \boldsymbol{F}}{\partial \boldsymbol{U}}$$

利用链式法则，守恒方程可以写为拟线性的形式：

$$\frac{\partial \boldsymbol{U}}{\partial t} + \boldsymbol{A}(\boldsymbol{U})\frac{\partial \boldsymbol{U}}{\partial x} = 0$$

Roe 近似利用常数矩阵 $\bar{\boldsymbol{A}}(\bar{\boldsymbol{U}})$ 代替雅可比矩阵 $\boldsymbol{A}(\boldsymbol{U})$：

$$\frac{\partial \boldsymbol{U}}{\partial t} + \bar{\boldsymbol{A}}(\bar{\boldsymbol{U}})\frac{\partial \boldsymbol{U}}{\partial x} = 0$$

这样原来的非线性守恒方程就退化为线性的守恒方程，可以通过特征分解进行精确求解。常数矩阵 $\bar{\boldsymbol{A}}(\bar{\boldsymbol{U}})$ 一般可以表示为间断两侧物理量的函数，即 $\bar{\boldsymbol{A}}(\bar{\boldsymbol{U}}) = \bar{\boldsymbol{A}}(\boldsymbol{U}^L, \boldsymbol{U}^R)$，如图 2.9 所示。

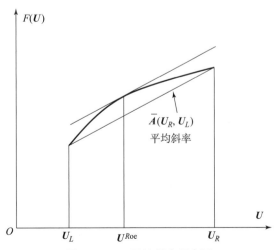

图 2.9　Roe 平均斜率示意图

线性矢量偏微分方程求解简单，可以对雅可比矩阵进行特征分解：

$$\frac{\partial \boldsymbol{U}}{\partial t} + \overline{\boldsymbol{R}}\,\overline{\boldsymbol{\Lambda}}\,\overline{\boldsymbol{L}}\frac{\partial \boldsymbol{U}}{\partial x} = 0$$

令 $\boldsymbol{V} = \overline{\boldsymbol{L}}\boldsymbol{U}$，得：

$$\frac{\partial \boldsymbol{V}}{\partial t} + \overline{\boldsymbol{\Lambda}}\frac{\partial \boldsymbol{V}}{\partial x} = 0$$

写成分量的形式：

$$\frac{\partial v_k}{\partial t} + \overline{\lambda}_k\frac{\partial v_k}{\partial x} = 0$$

式中：

$$
\begin{aligned}
v_k(x,t) &= \begin{cases} (v_k)^L, \overline{\lambda}_k > 0 \\ (v_k)^R, \overline{\lambda}_k < 0 \end{cases} \\
&= \frac{1}{2}((v_k)^L + (v_k)^R) - \frac{1}{2}\mathrm{sgn}(\overline{\lambda}_k)((v_k)^R - (v_k)^L)
\end{aligned}
$$

写成张量形式：

$$\boldsymbol{V} = \frac{1}{2}(\boldsymbol{V}_L + \boldsymbol{V}_R) - \frac{1}{2}|\overline{\boldsymbol{\Lambda}}|(\boldsymbol{V}_R - \boldsymbol{V}_L)$$

利用 $\boldsymbol{V} = \overline{\boldsymbol{L}}\boldsymbol{U}$，得：

$$\boldsymbol{U} = \frac{1}{2}(\boldsymbol{U}_L + \boldsymbol{U}_R) - \frac{1}{2}\boldsymbol{R}|\overline{\boldsymbol{\Lambda}}|\boldsymbol{L}(\boldsymbol{U}_R - \boldsymbol{U}_L)$$

进一步可得通量：

$$\boldsymbol{F}(\boldsymbol{U}) = \frac{1}{2}(\boldsymbol{F}(\boldsymbol{U}_L) + \boldsymbol{F}(\boldsymbol{U}_R)) - \frac{1}{2}\boldsymbol{R}|\overline{\boldsymbol{\Lambda}}|\boldsymbol{L}(\boldsymbol{U}_R - \boldsymbol{U}_L)$$

$\overline{\boldsymbol{A}}(\overline{\boldsymbol{U}})$ 的物理意义为平均增长率，满足：

$$\overline{\boldsymbol{A}}(\overline{\boldsymbol{U}})(\boldsymbol{U}_R - \boldsymbol{U}_L) = \boldsymbol{F}(\boldsymbol{U}_R) - \boldsymbol{F}(\boldsymbol{U}_L)$$

$\overline{\boldsymbol{U}}$ 可以用下面的 Roe 平均公式计算：

$$\overline{\rho} = \left[(\sqrt{\rho_L} + \sqrt{\rho_R})/2\right]^2$$

$$\overline{u} = (\sqrt{\rho_L}u_L + \sqrt{\rho_R}u_R)/(\sqrt{\rho_L} + \sqrt{\rho_R})$$

$$\overline{H} = (\sqrt{\rho_L}H_L + \sqrt{\rho_R}H_R)/(\sqrt{\rho_L} + \sqrt{\rho_R})$$

$$\overline{a} = \sqrt{(\gamma - 1)\left(\overline{H} - \frac{1}{2}\overline{u}^2\right)}$$

Roe 平均特征值：

$$\overline{\lambda}_1 = \overline{u}$$

$$\overline{\lambda}_2 = \overline{u} + \overline{a}$$

$$\overline{\lambda}_3 = \overline{u} - \overline{a}$$

右特征向量：

$$
r_1 = \begin{bmatrix} 1 \\ \overline{u} \\ \frac{1}{2}\overline{u}^2 \end{bmatrix},
r_2 = \frac{\overline{\rho}}{2\overline{a}}\begin{bmatrix} 1 \\ \overline{u} + \overline{a} \\ \overline{h} + \overline{u}\,\overline{a} \end{bmatrix},
r_3 = -\frac{\overline{\rho}}{2\overline{a}}\begin{bmatrix} 1 \\ \overline{u} - \overline{a} \\ \overline{h} - \overline{u}\,\overline{a} \end{bmatrix}
$$

跨越间断，V 的增量为：

$$\Delta v_1 = \rho_R - \rho_L - \frac{p_R - p_L}{\bar{a}^2}$$

$$\Delta v_2 = u_R - u_L + \frac{p_R - p_L}{\bar{\rho}\,\bar{a}}$$

$$\Delta v_3 = u_R - u_L - \frac{p_R - p_L}{\bar{\rho}\,\bar{a}}$$

为了避免矩阵运算，可以使用下面的公式计算通量：

$$\boldsymbol{F}(\boldsymbol{U}) = \frac{1}{2}(\boldsymbol{F}(\boldsymbol{U}_L) + \boldsymbol{F}(\boldsymbol{U}_R)) - \frac{1}{2}\sum_{i=1}^{3} r_i \,|\,\bar{\lambda}_i\,|\,\Delta v_i$$

2.7　双曲型方程的弱解和熵条件

1. 弱解

对于双曲型方程，即使初值是连续的，随着时间的演化，方程的解也可能出现间断，包括激波或者接触间断。因此，双曲型方程不存在古典解，因为古典解要求解是光滑的。因此需要拓展双曲方程的解，即弱解[9,7,10]。

对于双曲型方程：

$$\frac{\partial u}{\partial t} + \frac{\partial f}{\partial x} = 0, x \in [-\infty, \infty] \tag{2.7.1}$$
$$u(x,0) = \phi(x)$$

若解 $u(x,t)$ 在除有限条间断外连续可微，满足方程（2.7.1），并且在间断线 $x = \xi(t)$ 满足间断关系：

$$\frac{f^+ - f^-}{u^+ - u^-} = \frac{\mathrm{d}\xi}{\mathrm{d}t} = S \tag{2.7.2}$$

式中，正负号表示间断左侧和右侧的物理量；$\frac{\mathrm{d}\xi}{\mathrm{d}t} = S$ 为间断的传播速度，则称 $u(x,t)$ 是方程（2.7.1）的弱解。注意，虽然间断处微分方程不成立，但是积分方程总是成立，因为积分方程可以在间断附近通过格林公式转换成不包含微分的形式。

注意，弱解的引入，拓展了解的范围，但是也造成了解的不确定性。因为弱解可能不唯一，并且弱解并不一定都是物理解。激波间断关系在数学上是可逆的，即如果将间断左右侧的状态进行交换，那么间断关系也是满足的。但是这两种情况在物理上并不一定都是成立的。例如，在气体动力学中，允许存在增加流体密度的激波，但不允许存在降低流体密度的激波。另外，接触间断两侧的状态却没有这样的限制，可以交换，都是物理解。对于有明确物理意义的守恒方程，必然只存在一个有物理意义的解，因此，可以通过一个限定条件排除非物理的弱解，这个条件就是熵条件。

2. 熵条件

定理：若双曲型方程的弱解 $u(x,t)$ 在间断处满足：

$$\frac{f(u^-) - f(w)}{u^- - w} \leqslant \frac{f(u^+) - f(u^-)}{u^+ - u^-} \leqslant \frac{f(u^+) - f(w)}{u^+ - w} \tag{2.7.3}$$

式中，w 是介于 u^+ 及 u^- 之间的任意值，则 $u(x,t)$ 是唯一的物理解。事实上，它是熵增条件：

$$\frac{\mathrm{d}f(u^-)}{\mathrm{d}t} \leqslant \frac{\mathrm{d}\xi}{\mathrm{d}t} \leqslant \frac{\mathrm{d}f(u^+)}{\mathrm{d}t} \tag{2.7.4}$$

的一种差分表示。$\dfrac{\mathrm{d}f(u^+)}{\mathrm{d}t} = a(u^+)$ 和 $\dfrac{\mathrm{d}f(u^-)}{\mathrm{d}t} = a(u^-)$ 分别表示间断左侧和右侧特征线的斜率，因此，不等式（2.7.4）要求，间断左侧和右侧的特征线在间断线上汇聚，而不是发散，如图 2.10 所示。

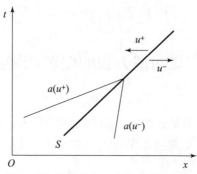

图 2.10　间断处左、右特征线的汇聚

习　题

1. 推导线性 Burgers 方程：

$$\frac{\partial u}{\partial t} + u\frac{\partial u}{\partial x} = 0$$

的特征线和相容关系，并画出特征线谱系 $x - t$ 示意图，初始条件如图 2.11 所示。

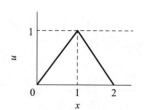

图 2.11　习题 1 图

2. 利用特征线法求解下面的拟线性偏微分方程：

$$x\frac{\partial u}{\partial t} + \frac{\partial u}{\partial x} = 0, x \geqslant 0, t \geqslant 0$$

假设初始条件为 $u(x,0) = c(x)$，边界条件为 $u(0,t) = b(t)$。

3. 判断下列偏微分方程的类型，并给出证明。

$$y\frac{\partial^2 u}{\partial x^2} + \frac{\partial^2 u}{\partial y^2} = 0$$

4. 判断下列偏微分方程的类型，并给出证明。

$$\frac{\partial u}{\partial t} + u\frac{\partial u}{\partial x} = \alpha\frac{\partial^2 u}{\partial x^2}, \alpha = \mathrm{const}$$

5. 编程求解 Sod 激波管问题：

$$(u,\rho,p) = \begin{cases} 0, & 1, & 1, & x < 0 \\ 0, & 0.125, & 0.1, & x \geqslant 0 \end{cases}$$

6. 编程求解 Lax 激波管问题：

$$(u,\rho,p) = \begin{cases} 0.7, & 0.445, & 3.527\,73, & x < 0 \\ 0.0, & 0.500, & 0.571\,00, & x \geqslant 0 \end{cases}$$

7. 推导包含雷诺数和普朗特数的量纲为 1 形式的无反应 N－S 方程。

参 考 文 献

［1］ Kee R J. Chemkin － III：A Fortran Chemical Kinetics Package for the Analysis of Gasphase Chemical and Plasma Kinetics ［R］. Sandia National Laboratories Report，1996，1.

［2］ Fedkiw R P，Merriman B，Osher S. High accuracy numerical methods for thermally perfect gas flows with chemistry ［J］. Journal of Computation Physics，1997 (132)：175 － 190.

［3］ Kee R J，Dixon － Lewis G，Warnatz J，et al. A Fortran computer code package for the evaluation of gas － phase，multicomponent transport properties ［J］. Sandia Report Sand，1996.

［4］ Williams F A. Combustion Theory ［J］. Fundamental Theory of Chemically Reacting Flow Systems，1985 (3)：215 － 228.

［5］ Poinsot T，Veynante D. Theoretical and Numerical Combustion ［M］. Edwards，2005.

［6］ 傅德薰，等. 计算流体力学，计算空气动力学 ［M］. 北京：高等教育出版社，2002.

［7］ 阎超. 计算流体力学方法及应用 ［M］. 北京：北京航空航天大学出版社，2006.

［8］ 任玉新，等. 计算流体力学基础 ［M］. 北京：清华大学出版社，2006.

［9］ 张德良. 计算流体力学教程 ［M］. 北京：高等教育出版社，2010.

［10］ 宁建国，马天宝. 计算爆炸力学基础 ［M］. 北京：国防工业出版社，2015.

［11］ Ziegler J L. Simulations of compressible，diffusive，reactive flows with detailed chemistry using a high － order hybrid WENO － CD scheme ［D］. California Institute of Technology，Pasadena，California，2012.

［12］ Deiterding，R. Parallel adaptive simulation of multi － dimensional detonation structures ［D］. Brandenburgische Technische Universitat Cottbus，2003.

［13］ Leveque R. Finite volume methods for hyperbolic problems ［M］. Cambridge University Press，2004.

［14］ Toro E F. Riemann Solvers and numerical methods for fluid dynamics ［M］. Eleuterio，1999.

［15］ Anderson J. Computational fluid mechanics，the basics with Applications ［M］. 北京：清华大学出版社，2012.

［16］ Laney C B. Computational Gasdynamics ［M］. Cambridge University Press，1998.

［17］ Harten A，Lax P D，Van L B. On Upstream Differencing and Godunov － Type Schemes for Hyperbolic Conservation Laws ［J］. SIAM Review，1983，25 (1)：35 － 61.

［18］ Toro E F，Spruce M，Speares W. Restoration of the contact surface in the HLL － Riemann solver ［J］. Shock Waves，1994 (4)：25 － 34.

［19］ Roe P L. Approximate Riemann Solvers，Parameter Vectors，and Difference Schemes ［J］. Journal of Computational Physics，1981 (43)：357 － 372.

第 3 章
化学动力学和反应模型

3.1　反应动力学

化学反应动力学研究的对象是化学反应进行的路径和速度，燃料的燃烧、火焰的传播和爆轰的理论都是建立在这个基础上的。不同的化学反应以完全不同路径和速度进行，即使是同一反应，由于环境条件的不同，反应速度也有很大的差别。通过数学方法找出化学反应速度的依赖关系，是研究化学反应动力学的目的。化学反应动力学与化学热力学不同，不是计算达到反应平衡时反应进行的程度，而是动态地观察化学反应的进程，研究反应系统转变所需要的时间，以及其中涉及的微观过程[1]。气相燃料的燃烧和爆轰一般是单相反应。在研究单相反应动力学时，有两种方法进行分类：按反应分子数目分类和按照反应级数分类。所谓反应级数，是指在质量作用定律的公式中各个组分浓度的指数的总和[2]。例如下面的反应速率方程：

$$\dot{\omega} = k[A]^a[B]^b[C]^c\cdots$$

反应级数等于 $a + b + c + \cdots$。一般情况下，通过这两种方法得到的结果一致，因此，这里并不进行区分。下面介绍常见的反应类型：

1 级反应指的是只有一个反应物组合的反应。如某些分子在高温时的分解即：

$$A \rightarrow eE + fF$$

2 级反应（两个组分反应）：

$$A + B \rightarrow eE + fF$$

3 级反应（三个组分反应）：

$$A + B + C \rightarrow eE + fF$$

或者

$$2A + B \rightarrow eE + fF$$

4 级反应（四个组分反应）非常罕见，目前尚未发现。图 3.1 给出了不同的 2 级和 3 级反应类型。

3.1.1　基元反应机理

虽然化学反应方程式中各物质的计量比看似简单，但微观上，一个化学反应通常不是一步完成的，描述化学反应的微观过程的化学动力学分支称为反应机理。反应机理中，每一步反应称作基元反应，基元反应中反应物的分子数总和称为反应分子数。反应机理由一个或多

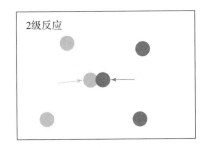

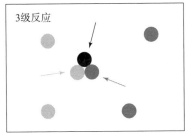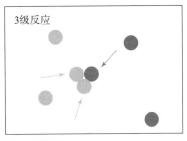

图 3.1　三种不同的反应类型

个基元反应所组成，这些基元反应的组合即为表观上的化学反应。基元反应，顾名思义，即最简单的化学反应步骤，是一个或多个化学组分直接作用，一步（单一过渡态）转化为反应产物的过程。基元反应是组成化学反应的基本单元，通常反应机理研究的便是化学反应由哪些基元反应组成。

总包反应：反映最终的效果。总包反应模型简洁，但是准确性差：

$$2H_2 + O_2 \rightarrow 2H_2O$$

基元反应（实际情况）：

$$H_2 + O_2 \rightleftharpoons HO_2 + H$$
$$H + O_2 \rightleftharpoons OH + O$$
$$H_2 + O \rightleftharpoons OH + H$$
$$OH + H_2 \rightleftharpoons H_2O + H$$
$$OH + OH \rightleftharpoons H_2O + O$$
$$HO_2 + H \rightleftharpoons OH + OH$$
$$HO_2 + O \rightleftharpoons O_2 + OH$$
$$\cdots$$
$$H + H + M \rightleftharpoons H_2 + M$$
$$H_2 + O + M \rightleftharpoons H_2O + M$$

如图 3.2 所示，第三体 M 通常只起到催化作用，虽然不参与反应，但是影响反应速度。

$H_2 - O_2$ 气体的一种 9 组分 18 反应的基元反应机理[3,4]见表 3.1，包括具体的基元反应方程及各种常数（包括活化能 E_{ak}、频率因子 A_k、经验常数 n_k，其中，标有 M 的表示方程有第三体效应）。

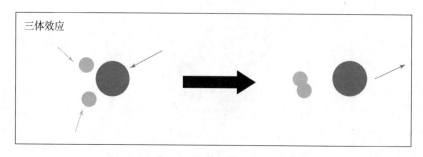

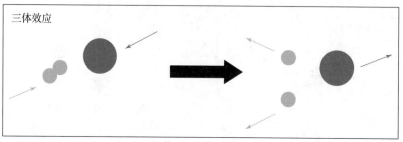

图 3.2　三体效应示意图

表 3.1　氢氧氩 9 组分 18 反应机理（单位：**mol**，**s**，**cm**，**K**，**cal**）

ELEMENTS H O AR			
SPECIES H2 O2 H O OH HO2 H2O2 H2O AR			
REACTIONS			
H2 + O2 = 2OH	1. 70E + 13	0. 0	47780.
OH + H2 = H2O + H	1. 17E + 09	1. 3	3626.
H + O2 = OH + O	5. 13E + 16	− 0. 816	16507.
O + H2 = OH + H	1. 80E + 10	1. 0	8826.
H + O2 + M = HO2 + M	2. 10E + 18	− 1. 0	0.
H2O/21. /H2/3. 3/O2/0. 0/			
H + O2 + O2 = HO2 + O2	6. 70E + 19	− 1. 42	0.
OH + HO2 = H2O + O2	5. 00E + 13	0. 0	1000.
H + HO2 = 2OH	2. 50E + 14	0. 0	1900.
O + HO2 = O2 + OH	4. 80E + 13	0. 0	1000.
2OH = O + H2O	6. 00E + 08	1. 3	0.
H2 + M = H + H + M	2. 23E + 12	0. 5	92600.
H2O/6/H/2/H2/3/			
O2 + M = O + O + M	1. 85E + 11	0. 5	95560.
H + OH + M = H2O + M	7. 50E + 23	− 2. 6	0.
H2O/20/			

续表

H + HO2 = H2 + O2	2.50E + 13	0.0	700.
HO2 + HO2 = H2O2 + O2	2.00E + 12	0.0	0.
H2O2 + M = OH + OH + M	1.30E + 17	0.0	45500.
H2O2 + H = HO2 + H2	1.60E + 12	0.0	3800.
H2O2 + OH = H2O + HO2	1.00E + 13	0.0	1800.
END			

3.1.2　化学反应速率

反应速率是化学反应快慢程度的量度，分为平均速率与瞬时速率两种。化学反应的速率与反应物的结构及性质有很大的关系。具体来说，限制反应发生的因素称为动力学因素，可归因于反应物的结构、化学键的类型及过渡态等方面。一般而言，速率取决于反应物接触表面积与体积的比值，该比值越大，反应速率越快。因此，均相反应中反应物接触较充分，速率较快；异相反应中的反应物只限于在接触面反应，速率较慢。固体为粉末状或块状对反应速率也有重要影响，粉末状的固体接触表面积大，反应较快。反应物及生成物的浓度也会在很大程度上左右化学反应速率。根据碰撞理论，反应物浓度增加时，反应中的分子碰撞频率即频率因子增加，反应速率加快。而根据速率方程，反应速率与一个或多个反应物或其指数的浓度成正比，因此，增加反应物浓度无疑会使反应速率增大。对于反应级数为负数的反应，增加反应物浓度则会使反应速度降低。

温度升高，化学反应的速率增大，无论是放热反应还是吸热反应，都是如此。分子在高温时热能及振动能增大，与其他反应物碰撞的频率也会因此增多，使化学反应加快。粗略计算温度对反应速率的影响时，常会用到阿伦尼乌斯定律[1]，形式如下：

$$k = A\mathrm{e}^{-E_a/(RT)}$$

式中，k 是速率常数；T 是温度；R 是气体常数；A 和 E_a 是两个参数，分别称为"指前因子"和"活化能"。指前因子和活化能的值随温度而变化，但阿伦尼乌斯对它们采取线性化处理，以简化该方程。温度对速率常数 k 的影响在于自然指数项，化学反应速率随温度升高而增大的快慢，与 E_a 有关。

1. 质量作用定律

基元反应的反应速率与各反应物浓度的幂的乘积成正比，其中各反应物浓度的幂的指数即为基元反应方程式中该反应物化学计量数的绝对值。

$$a\mathrm{A} + b\mathrm{B} \rightarrow e\mathrm{E} + f\mathrm{F}$$

化学反应速率 $\dot{\omega} = k(T)[\mathrm{A}]^a[\mathrm{B}]^b$。速率常数 $k(T)$ 通过阿伦尼乌斯公式计算，即：

$$k(T) = AT^n\exp\left(-\frac{E_a}{RT}\right)$$

参数 A、n、E_a 等均为物性参数，可查表获得（通常为 Chemkin 格式）。各组分（摩尔浓度）的变化率可以表示为：

$$\frac{\mathrm{d}}{\mathrm{d}t}[\mathrm{A}] = -a\dot{\omega}$$

$$\frac{\mathrm{d}}{\mathrm{d}t}[\mathrm{B}] = b\dot{\omega}$$

$$\frac{\mathrm{d}}{\mathrm{d}t}[\mathrm{E}] = e\dot{\omega}$$

$$\frac{\mathrm{d}}{\mathrm{d}t}[\mathrm{F}] = -f\dot{\omega}$$

对于可逆反应：

$$a\mathrm{A} + b\mathrm{B} \rightleftharpoons e\mathrm{E} + f\mathrm{F} \Rightarrow \begin{cases} a\mathrm{A} + b\mathrm{B} \rightarrow e\mathrm{E} + f\mathrm{F}, \text{正向反应} \\ e\mathrm{E} + f\mathrm{F} \rightarrow a\mathrm{A} + b\mathrm{B}, \text{逆向反应} \end{cases}$$

对正、逆两个独立的反应分别计算反应速率：

$$\dot{\omega}_f = k_f(T)[\mathrm{A}]^a[\mathrm{B}]^b, k_f(T) = AT^n \exp\left(-\frac{E_{af}}{RT}\right)$$

$$\dot{\omega}_r = k_r(T)[\mathrm{E}]^e[\mathrm{F}]^f, k_r(T) = AT^n \exp\left(-\frac{E_{ar}}{RT}\right)$$

总的反应速率由两者叠加获得，即：

$$\dot{\omega} = \dot{\omega}_f - \dot{\omega}_r$$

可逆反应各个组分的变化速率表示为：

$$\frac{\mathrm{d}}{\mathrm{d}t}[\mathrm{A}] = -a(\dot{\omega}_f - \dot{\omega}_r)$$

$$\frac{\mathrm{d}}{\mathrm{d}t}[\mathrm{B}] = -b(\dot{\omega}_f - \dot{\omega}_r)$$

$$\frac{\mathrm{d}}{\mathrm{d}t}[\mathrm{E}] = e(\dot{\omega}_f - \dot{\omega}_r)$$

$$\frac{\mathrm{d}}{\mathrm{d}t}[\mathrm{F}] = f(\dot{\omega}_f - \dot{\omega}_r)$$

为了计算多个化学反应同时存在情况下某个组分的生成率，先独立计算每个化学反应的生成率，然后简单叠加即可。例如下面的两个反应：

$$\mathrm{O} + \mathrm{H}_2 \rightleftharpoons \mathrm{OH} + \mathrm{H}$$

$$\mathrm{OH} + \mathrm{H}_2 \rightleftharpoons \mathrm{H}_2\mathrm{O} + \mathrm{H}$$

这两个反应的反应速率可以写为：

$$\dot{\omega}_1 = \dot{\omega}_{1f} - \dot{\omega}_{1r} = k_{1f}(T)[\mathrm{O}][\mathrm{H}_2] - k_{1r}(T)[\mathrm{OH}][\mathrm{H}]$$

$$\dot{\omega}_2 = \dot{\omega}_{2f} - \dot{\omega}_{2r} = k_{2f}(T)[\mathrm{OH}][\mathrm{H}_2] - k_{2r}(T)[\mathrm{H}_2\mathrm{O}][\mathrm{H}]$$

整体上各组分的生成率（减少率）表示为：

$$\begin{cases} \dfrac{\mathrm{d}}{\mathrm{d}t}[\mathrm{H}_2] = -\dot{\omega}_1 - \dot{\omega}_2 \\[2mm] \dfrac{\mathrm{d}}{\mathrm{d}t}[\mathrm{OH}] = \dot{\omega}_1 - \dot{\omega}_2 \\[2mm] \dfrac{\mathrm{d}}{\mathrm{d}t}[\mathrm{H}_2\mathrm{O}] = \dot{\omega}_2 \\[2mm] \dfrac{\mathrm{d}}{\mathrm{d}t}[\mathrm{H}] = \dot{\omega}_1 + \dot{\omega}_2 \\[2mm] \dfrac{\mathrm{d}}{\mathrm{d}t}[\mathrm{O}] = -\dot{\omega}_1 \end{cases}$$

2. 基元反应速率

考虑用一般形式表示的涉及 K 种组分 I 个可逆（或不可逆）反应的机理[3]：

$$\sum_{k=1}^{K} v'_{ki}\chi_k \Leftrightarrow \sum_{k=1}^{K} v''_{ki}\chi_k, (i = 1, 2, \cdots, I) \tag{3.1.1}$$

化学计量系数 v_{ki} 是整数；χ_k 是组分 k 的化学符号。上标′表示正向反应化学计量数，而″表示逆向反应化学计量数。通常，一个基元反应只涉及 3～4 种组分，因此，对于包含大量基元反应的机理，v_{ki} 是稀疏矩阵。对于非基元反应，公式 3.1.1 也可以表示为整体的反应表达式，但化学计量系数可能是非整数。组分 k 的生成速率可以写成包含这一组分的所有 I 个基元反应速率 $\dot{q}_i$ 的总和，即：

$$\dot{\omega}_k = \sum_{i=1}^{I} v_{ki}\dot{q}_i, (k = 1, \cdots, K) \tag{3.1.2}$$

式中，

$$v_{ki} = v''_{ki} - v'_{ki}$$

第 i 个反应的速率 $\dot{q}_i$ 由正向速率和反向速率的差给出，即：

$$\dot{q}_i = k_{fi}\prod_{k=1}^{K} [X_k]^{v'_{ki}} - k_{ri}\prod_{k=1}^{K} [X_k]^{v''_{ki}} \tag{3.1.3}$$

式中，$[X_k]$ 是组分 k 的摩尔浓度；k_{fi}、k_{ri} 是第 i 个反应的正向速率常数和逆向速率常数。正向反应速率常数为：

$$k_{fi} = A_i T^{n_i}\exp\left(\frac{-E_{ai}}{RT}\right) \tag{3.1.4}$$

式中，A_i 为指前因子；n_i 为温度指数；E_{ai} 为活化能。

在热力学系统中，逆向速率常数 k_{ri} 通过平衡常数与正向速率常数建立关系，即：

$$k_{ri} = \frac{k_{fi}}{K_{ci}} \tag{3.1.5}$$

尽管 K_{ci} 是以浓度单位给出的，但平衡常数更容易由压力单位的热力学性质确定，即：

$$K_{ci} = K_{pi}\left(\frac{P_{atm}}{RT}\right)^{\sum_{k=1}^{K} v_{ki}} \tag{3.1.6}$$

平衡常数 K_{pi} 通过下面的关系式获得：

$$K_{pi} = \exp\left(\frac{\Delta S_i^o}{R} - \frac{\Delta H_i^o}{RT}\right) \tag{3.1.7}$$

Δ 是指在第 i 个反应中从反应物完全转变为产物时发生的变化：

$$\frac{\Delta S_i^o}{R} = \sum_{k=1}^{K} v_{ki}\frac{S_k^o}{R}$$
$$\frac{\Delta H_i^o}{RT} = \sum_{k=1}^{K} v_{ki}\frac{H_k^o}{RT} \tag{3.1.8}$$

3. 三体效应

在一些反应中，需要"第三体"组分辅助才能进行，这在解离或重组反应中经常出现，例如

$$H + O_2 + M \rightleftharpoons HO_2 + M$$

有效的第三体组分的浓度必须出现在该反应的速率表达式中。因此，反应速率方程（3.1.3）需要修改为：

$$\dot{q}_i = \left(\sum_{k=1}^{K} (\alpha_{ki})[X_k] \right) \left(k_{fi} \prod_{k=1}^{K} [X_k]^{v'_{ki}} - k_{ri} \prod_{k=1}^{K} [X_k]^{v''_{ki}} \right) \tag{3.1.9}$$

如果混合物中的所有组分都作为第三体并作出同等的贡献，那么对于所有组分，$\alpha_{ki} = 1$，上述方程右端第一个括号内变为混合物的总浓度：

$$[M] = \sum_{k=1}^{K} [X_k] \tag{3.1.10}$$

然而，在很多反应中，不同的第三体组分的效果不同，这意味着 α_{ki} 值是不同的，这必须在化学反应机理文件中显式地说明。

3.2 气相反应动力学计算程序

化学反应动力学涉及烦琐的计算，1980 年，美国 SANDIA 国家实验室开发了气相化学反应动力学 CHEMKIN 程序库，旨在方便计算与气相反应动力学有关的问题，后来又发展出了更完善的 CHEMKIN – II 和 CHEMKIN – III 版本[3]。完整的 CHEMKIN 程序库包括三部分：气相反应动力学程序包 CHEMKIN GAS – PHASE、分子输运特性程序包 TRANSPORT[5]，以及表面化学反应程序包 SURFACE CHEMKIN。CHEMKIN 严格来讲不是程序（program），而是一系列子程序（subroutine），输入基本热力学变量，返回复杂的热力学变量、反应速率或者其他信息。用户可以根据自己的需要调用这些子程序去编制具体的应用程序，解决化学反应流问题。

3.2.1 CHEMKIN 程序库

CHEMKIN 气相反应动力学程序库提供了灵活而强大的工具，可以将复杂的化学动力学计算耦合到反应流体动力学模拟中。CHEMKIN 程序库主要包括两个主要组件：解释器（Interpreter）和气相子程序库（Gas – Phase Subroutine Library）。解释器是一个完整的 Fortran 程序，可以读取用户指定的基元化学反应机理。解释器输出一个数据文件，用于链接气相子程序库。气相子程序库包括大约 100 个高度模块化的 FORTRAN 子程序，可以通过调用这些子程序获得化学反应系统的状态方程、热力学性质和化学反应生成率等信息。

CHEMKIN 程序库包括两个 FORTRAN 源程序和另外两个数据文件：

—the Interpreter（code）解释器：interpreter. f
—the Gas – Phase Subroutine Library（code）气相子程序库：cklib. f
—the Thermodynamic Database（file）热力学数据库：therm. dat
—the Linking File（file）链接文件：chem. bin

用户运行解释器（interpreter. exe）读取格式化的化学反应机理文件（chem. inp），然后从热力学数据库（therm. dat）中提取相关组分的热力学数据。解释器输出一个二进制链接文件（chem. bin），其中包含反应机理中的元素（element）、组分（species）和反应（reaction），以及与基元反应有关的所有信息；还输出一个文本文件（chem. out），供使用者校核。化学反应机理文件（chem. inp）的数据格式如图 3.3 所示，输出文件（chem. out）的数据格式如图 3.4 所示。

```
ELEMENTS H   O   N   END
SPECIES  H2 H O2 O OH HO2 H2O2 H2O N N2 NO END
REACTIONS
   H2+O2=2OH                      0.170E+14   0.00   47780
   OH+H2=H2O+H                    0.117E+10   1.30    3626 ! D-L&W
   O+OH=O2+H                      0.400E+15  -0.50       0 ! JAM 1986
   O+H2=OH+H                      0.506E+05   2.67    6290 ! KLEMM,ET AL
   H+O2+M=HO2+M                   0.361E+18  -0.72       0 ! DIXON-LEWIS
        H2O/18.6/  H2/2.86/  N2/1.26/
   OH+HO2=H2O+O2                  0.750E+13   0.00       0 ! D-L
   H+HO2=2OH                      0.140E+15   0.00    1073 ! D-L
   O+HO2=O2+OH                    0.140E+14   0.00    1073 ! D-L
   2OH=O+H2O                      0.600E+09   1.30       0 ! COHEN-WEST.
   H+H+M=H2+M                     0.100E+19  -1.00       0 ! D-L
      H2O/0.0/   H2/0.0/
   H+H+H2=H2+H2                   0.920E+17  -0.60       0
   H+H+H2O=H2+H2O                 0.600E+20  -1.25       0
   H+OH+M=H2O+M                   0.160E+23  -2.00       0 ! D-L
        H2O/5/
   H+O+M=OH+M                     0.620E+17  -0.60       0 ! D-L
        H2O/5/
   O+O+M=O2+M                     0.189E+14   0.00   -1788 ! NBS
   H+HO2=H2+O2                    0.125E+14   0.00       0 ! D-L
   HO2+HO2=H2O2+O2                0.200E+13   0.00       0
   H2O2+M=OH+OH+M                 0.130E+18   0.00   45500
   H2O2+H=HO2+H2                  0.160E+13   0.00    3800
   H2O2+OH=H2O+HO2               0.100E+14   0.00    1800
   O+N2=NO+N                      0.140E+15   0.00   75800
   N+O2=NO+O                      0.640E+10   1.00    6280
   OH+N=NO+H                      0.400E+14   0.00       0
END
```

图 3.3　CHEMKIN 输入文件 chem. inp

```
CHEMKIN-III GAS-PHASE MECHANISM INTERPRETER:
DOUBLE PRECISION Vers. 5.0 March 1, 1996
Copyright 1995, Sandia Corporation.
The U.S. Government retains a limited license in this software.


                    -------------------
                    ELEMENTS    ATOMIC
                    CONSIDERED  WEIGHT
                    -------------------
                    1. H        1.00797
                    2. O        15.9994
                    3. N        14.0067
                    -------------------
--------------------------------------------------------------------
                         C
                    P    H
                    H    A
```

图 3.4　CHEMKIN 输出文件 chem. out

将 CHEMKIN 应用于具体问题时，用户首先需要编写一个应用程序。接下来，用户应用程序调用子程序 ckinit 进行初始化，并读取链接文件（chem. bin）内的信息。初始化的目的是创建三个数据数组（一个整数数组、一个浮点数组和一个字符型数组），供气相子程序库（cklib. f）中的其他子程序使用。气相子程序库包含 100 多个子程序，这些子程序返回有关元素、组分、反应、状态方程、热力学性质和化学生成率有关的信息。通常，这些子程序的

```
                    A R
 SPECIES            S G  MOLECULAR  TEMPERATURE  ELEMENT COUNT
 CONSIDERED         E E  WEIGHT     LOW   HIGH   H  O  N
 -----------------------------------------------------------------------
   1. H2            G 0    2.01594   300   5000   2  0  0
   2. H             G 0    1.00797   300   5000   1  0  0
   3. O2            G 0   31.99880   300   5000   0  2  0
   4. O             G 0   15.99940   300   5000   0  1  0
   5. OH            G 0   17.00737   300   5000   1  1  0
   6. HO2           G 0   33.00677   300   5000   1  2  0
   7. H2O2          G 0   34.01474   300   5000   2  2  0
   8. H2O           G 0   18.01534   300   5000   2  1  0
   9. N             G 0   14.00670   300   5000   0  0  1
  10. N2            G 0   28.01340   300   5000   0  0  2
  11. NO            G 0   30.00610   300   5000   0  1  1
 -----------------------------------------------------------------------


                                          (k = A T**b exp(-E/RT))
          REACTIONS CONSIDERED             A          b        E

   1. H2+O2=2OH                         1.70E+13     0.0   47780.0
   2. OH+H2=H2O+H                       1.17E+09     1.3    3626.0
   3. O+OH=O2+H                         4.00E+14    -0.5       0.0
   4. O+H2=OH+H                         5.06E+04     2.7    6290.0
   5. H+O2+M=HO2+M                      3.61E+17    -0.7       0.0
      H2O           Enhanced by  1.860E+01
      H2            Enhanced by  2.860E+00
      N2            Enhanced by  1.260E+00
   6. OH+HO2=H2O+O2                     7.50E+12     0.0       0.0
   7. H+HO2=2OH                         1.40E+14     0.0    1073.0
   8. O+HO2=O2+OH                       1.40E+13     0.0    1073.0
   9. 2OH=O+H2O                         6.00E+08     1.3       0.0
  10. H+H+M=H2+M                        1.00E+18    -1.0       0.0
      H2O           Enhanced by  0.000E+00
      H2            Enhanced by  0.000E+00
  11. H+H+H2=H2+H2                      9.20E+16    -0.6       0.0
  12. H+H+H2O=H2+H2O                    6.00E+19    -1.2       0.0
  13. H+OH+M=H2O+M                      1.60E+22    -2.0       0.0
      H2O           Enhanced by  5.000E+00
  14. H+O+M=OH+M                        6.20E+16    -0.6       0.0
      H2O           Enhanced by  5.000E+00

  15. O+O+M=O2+M                        1.89E+13     0.0   -1788.0
  16. H+HO2=H2+O2                       1.25E+13     0.0       0.0
  17. HO2+HO2=H2O2+O2                   2.00E+12     0.0       0.0
  18. H2O2+M=OH+OH+M                    1.30E+17     0.0   45500.0
  19. H2O2+H=HO2+H2                     1.60E+12     0.0    3800.0
  20. H2O2+OH=H2O+HO2                   1.00E+13     0.0    1800.0
  21. O+N2=NO+N                         1.40E+14     0.0   75800.0
  22. N+O2=NO+O                         6.40E+09     1.0    6280.0
  23. OH+N=NO+H                         4.00E+13     0.0       0.0

 NOTE:  A units mole-cm-sec-K, E units cal/mole


 NO ERRORS FOUND ON INPUT,
 BINARY Vers. 1.0 CHEMKIN linkfile chem.bin written.

 WORKING SPACE REQUIREMENTS ARE
    INTEGER:      770
    REAL:         538
    CHARACTER:     14
```

图 3.4　CHEMKIN 输出文件 chem. out（续）

输入变量是多组分气体的组成、压力、温度等状态物理量，用户只需要调用 CHEMKIN 子程序，就可以减少所需的编程量。

下面简单介绍气相子程序库 cklib. f 中的几个子程序，以及如何利用这些子程序解决具体的爆炸问题。

```
CALL CKINIT(LENIWK,LENRWK,LENCWK,LINKCK,LOUT,ICKWRK,RCKWRK,CCKWRK)
```

初始化函数，建立三个工作数组：ICKWRK（整型数组）、RCKWRK（浮点型数组）和 CCKWRK（字符串型数组），这三个数组的长度至少为 LENIWK、LENRWK、LENCWK，具体数值可以从 chem. out 文件获得。任何需要使用 CHEMKIN 的应用程序，必须首先调用 CKINIT 进行初始化。

```
CALL CKINDX(ICKWRK,RCKWRK,MM,KK,II,NFIT)
```

返回有关反应机理的索引信息。

```
CALL CKRHOY(P,T,Y,ICKWRK,RCKWRK,RHO)
```

输入压力、温度和质量分数，返回混合物总的密度。

```
CALL CKWT(ICKWRK,RCKWRK,WK)
```

返回混合物各组分的摩尔质量。

```
CALL CKCPBS(T,Y,ICKWRK,RCKWRK,CPB)
```

输入温度和质量分数，返回混合物的平均等压比容。

```
CALL CKHML(T,ICKWRK,RCKWRK,HML)
```

输入温度，返回混合物各组分的摩尔焓。

```
CALL CKWYP(P,T,Y,ICKWRK,RCKWRK,WDOT)
```

输入压力、温度和质量分数，返回混合物各组分的生成速率。

这些子程序调用的完整细节可以查阅 CHEMKIN 文档，此处的目的是说明如何应用 CHEMKIN 子程序。简要地说，第一个调用是初始化子程序 CKINIT，该子程序读取由解释器创建的链接文件 chem. bin，并建立 ICKWRK、RCKWRK 和 CCKWRK 三个工作数组。LENIWK、LENRWK 和 LENCWK 是用户为数据数组 ICKWRK、RCKWRK 和 CCKWRK 指定的数组大小，取决于机理的元素、组分和反应数量。LINKCK 是链接文件 chem. bin 的逻辑文件号，而 LOUT 是打印的诊断和错误消息的逻辑文件号。对 CKINDX 的调用提供了有关反应机理的索引信息：MM 是混合物中包含的元素数量，KK 是气相组分的数量，II 是基元反应的数量，NFIT 是热力学中的系数数量拟合。在其余的调用中，p、T 和 Y 分别是的压力、温度和组分质量分数。输出变量对应于描述反应动力学和热力学方程式的各种参量，即密度 RHO $= \rho$，等压比热 CPB $= \bar{c}_p$，焓 HML $= H_k$，组分生成率 WDOT $= \dot{\omega}_k$，摩尔质量 WK $= W_k$。

在调用上述子程序的基础上，考虑等压爆炸模型：

$$\begin{cases} \dfrac{\mathrm{d}T}{\mathrm{d}t} = -\dfrac{1}{\rho\,\bar{c}_p}\sum_{k=1}^{KK} H_k \dot{\omega}_k W_k \\ \dfrac{\mathrm{d}Y_k}{\mathrm{d}t} = \dfrac{\dot{\omega}_k W_k}{\rho} \end{cases}, (k = 1,2,\cdots,KK)$$

上述方程的两个导数可以通过下面的代码实现：

```
SUM = 0.0
DO k = 1,KK
    SUM = SUM + HML(k)* WDOT(k)* WK(k)
    DYDT(k) = WDOT(k)* WK(k)/RHO
ENDDO
DTDT = - SUM/(RHO* CPB)
```

3.2.2 TRANSPORT 程序库

TRANSPORT 用于计算多组分气体的各种输运参数，包括黏性系数、热传导系数、组分扩散系数和热扩散系数。它必须与化学动力学程序包 CHEMKIN 组合使用，逻辑关系如图 3.5 所示。第一步是执行 CHEMKIN 解释器生成链接文件 chem. bin，供输运特性拟合程序 tranfit. f 和 CHEMKIN 子程序库 cklib. f 调用。tranfit. exe 读取气体组分输运参数数据库 tran. dat 和 CHEMKIN 链接文件 chem. bin 里的信息。对于给定的组分，CHEMKIN 和 TRANFIT 数据库中的组分名称必须精确对应。像 CHEMKIN 解释器一样，tranfit. exe 程序生成一个链接文件 tran. bin，该文件稍后供输运性质子程序库 tranlib. f 调用。使用前必须初始化 CHEMKIN 库和 TRANSPORT 库，并且每个库中都有一个类似的初始化子程序。TRANSPORT 库通过调用 MCINIT 子程序来实现初始化。它的目的是读取输运链接文件 tran. bin 并设置内部工作和存储空间，这些空间必须可供库中的所有其他子程序使用。一旦初始化，就可以在用户自定义的 Fortran 代码中调用库中的任何子程序。

TRANSPORT 的子程序名均以 MC 开头，其后可以是 S、A 或者 M，分别表示返回值是单组分 pure species（S）、混合物平均 mixture – averaged（A）或者多组分 multicomponent（M）形式的输运变量。CON（thermal conductivity）表示热传导系数，VIS（viscosity）表示黏度系数，DIF（diffusion）表示组分扩散系数，CDT（thermal diffusion）表示热扩散系数，TDR（thermal diffusion ratio）表示热扩散比。注意，TRANSPORT 程序包使用 cgs 单位制，而不是国际单位制，这与 CHEMKIN 软件包一致。输运性质相关的变量和参数可以通过下面的子程序获得：

1. 初始化和参数化

```
SUBROUTINE MCINIT(LINKMC,LOUT,LENIMC,LENRMC,IMCWRK,RMCWRK)
```

读取链接文件 tran. bin，创建内部工作空间：数组 IMCWRK(*) 和 RMCWRK(*)。调用 MCINIT 进行初始化之前，必须先初始化 CHEMKIN，之后才能调用其他 TRANSPORT 子程序。数组 IMCWRK(*) 和 RMCWRK(*) 的长度至少为 LENIMC 和 LENRMC。LENIMC = 4 * KK + NLITE，LENRMC = KK * (19 + 2 * NO + NO * NLITE) + (NO + 15) * KK * * 2，其中，KK 为总的组分数量，NLITE 是相对分子质量小于 5 的组分数量，NO 是多项式拟合的阶数（NO = 4）。函数调用时，LENIMC 和 LENRMC 必须计算准确。

```
SUBROUTINE MCPRAM(IMCWRK,RMCWRK,EPS,SIG,DIP,POL,ZROT,NLIN)
```

返回一组来自 TRANSPORT 数据库里与组分有关的参数，如 Lennary – Jones 碰撞参数。

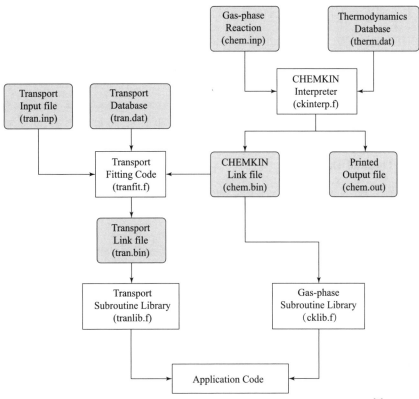

图 3.5　使用 CHEMKIN 和 TRANSPORT 软件包逻辑关系示意图[5]

2. 黏度系数 Viscosity

```
SUBROUTINE MCSVIS(T,RMCWRK,VIS)
```

输入温度，返回值为所有组分单独的黏性系数 μ_k。

```
SUBROUTINE MCAVIS(T,X,RMCWRK,VISMIX)
```

输入温度和摩尔分数，返回值为混合物平均的黏性系数 μ。

3. 热传导系数 Conductivity

```
SUBROUTINE MCSCON(T,RMCWRK,CON)
```

输入温度，返回值为所有组分各自的热传导系数 λ_k。

```
SUBROUTINE MCACON(T,X,RMCWRK,CONMIX)
```

输入温度和摩尔分数，返回值为混合物平均的热传导系数 λ。

```
SUBROUTINE MCMCDT(P,T,X,KDIM,IMCWRK,RMCWRK,ICKWRK,CKWRK,DT,COND)
```

输入压力、温度和摩尔分数，返回值为组分的热扩散系数 D_k^T 和混合物平均的热传导系数 λ。

4. 扩散系数 Diffusion Coefficients

```
SUBROUTINE MCSDIF(P,T,KDIM,RMCWRK,DJK)
```

输入压力、温度，返回值为组分的二元扩散系数 $\mathcal{D}_{jk}$。

```
SUBROUTINE MCMDIF(P,T,X,KDIM,IMCWRK,RMCWRK,D)
```

输入压力、温度、摩尔分数，返回值为多组分气体的常规多元扩散系数 $\mathcal{D}_{jk}$。

```
SUBROUTINE MCADIF(P,T,X,RMCWRK,D)
```

输入压力、温度和摩尔分数，返回值为混合物平均化的扩散系数 D_k（有效扩散系数）。

5. 热扩散 Thermal Diffusion

```
SUBROUTINE MCATDR(T,X,IMCWRK,RMCWRK,TDR)
```

返回值为轻质组分的热扩散比。

```
SUBROUTINE MCMCDT(P,T,X,KDIM,IMCWRK,RMCWRK,ICKWRK,CKWRK,DT,COND)
```

输入压力、温度和摩尔分数，返回值为组分的热扩散系数 D_k^T 和混合物平均的热传导系数 λ。

3.2.3 等容爆炸模型

等容爆炸模型是一个简单的反应动力学模型，可以描述反应气体质点在恒定体积下的爆炸过程。跟踪流体微团或者质点的时间演变是拉格朗日型描述。如果气体介质保持体积不变，则反应物和产物的 Hugoniot 曲线之间的瑞利线（$b-c$）是竖直的，如图 3.6 所示。这意味着爆炸波的波速无穷大（竖直的瑞利线代表的波速 $w \to \infty$）。

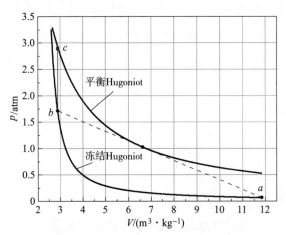

图 3.6 激波压缩后的等容爆炸示意图

等容爆炸模型是一个拉格朗日模型（X_p 固定，即固定质点），因此可以看成是一个非稳态的常微分方程组，具体形式为：

$$\begin{cases} \left. \dfrac{\mathrm{d}\rho}{\mathrm{d}t} \right|_{X_p} = 0 \\[2mm] \left. \dfrac{\mathrm{d}w}{\mathrm{d}t} \right|_{X_p} = 0 \\[2mm] \left. \dfrac{\mathrm{d}p}{\mathrm{d}t} \right|_{X_p} = -\rho a_f^2 \dot{\sigma} \\[2mm] \left. \dfrac{\mathrm{d}Y_k}{\mathrm{d}t} \right|_{X_p} = \dfrac{\dot{\omega}_k W_k}{\rho} = \dot{\Omega}_k \\[2mm] \left. \dfrac{\mathrm{d}e}{\mathrm{d}t} \right|_{X_p} = 0 \end{cases}$$

式中，a_f 是诱导区的冻结声速。将温度作为时间的函数进行计算，温度变化率可以表示为：

$$\left. \frac{\mathrm{d}T}{\mathrm{d}t} \right|_{X_p} = -\frac{1}{C_V} \sum_{k=1}^{N} e_k \dot{\Omega}_k$$

对应于图 3.6，考虑以一定速度 U 在初压 6 670 kPa，初温 295 K 的 $2H_2 + O_2 + 7Ar$ 气体中传播的激波，并且 $U = D_{CJ}$，以激波压缩后的状态为初始条件进行等容爆炸（图 3.2），各物理量变化曲线如图 3.7 所示。

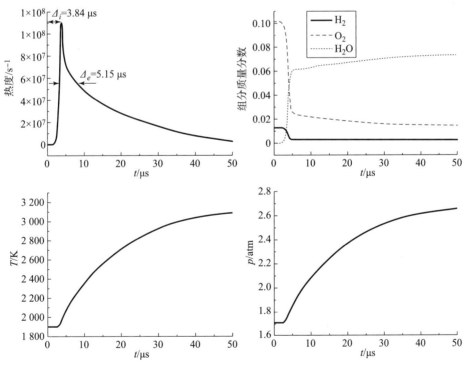

图 3.7　激波压缩后的等容爆炸各物理量变化曲线

3.2.4 等压爆炸模型

等压爆炸模型也是一个简单的反应动力学模型，可以描述反应气体质点在恒定压力下的爆炸过程。跟踪流体微团的时间演变是拉格朗日型的描述。如果压力保持不变，则反应物和产物 Hugoniot 曲线之间的瑞利线（$b-c$）是水平的，如图 3.8 所示，这意味着爆炸波的传播速度为零（$w \rightarrow 0$）。

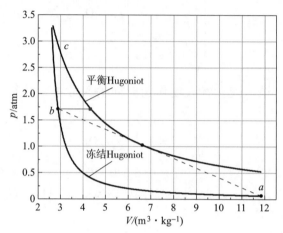

图 3.8　激波压缩后的等压爆炸示意图

等压爆炸模型也是一个拉格朗日模型，可以用一个非稳态的常微分方程组表示。等压爆炸时，控制方程形式为：

$$
\begin{cases}
\left. \dfrac{\mathrm{d}\rho}{\mathrm{d}t} \right|_{X_p} = -\rho \dot{\sigma} \\[2mm]
\left. \dfrac{\mathrm{d}w}{\mathrm{d}t} \right|_{X_p} = 0 \\[2mm]
\left. \dfrac{\mathrm{d}p}{\mathrm{d}t} \right|_{X_p} = 0 \\[2mm]
\left. \dfrac{\mathrm{d}Y_k}{\mathrm{d}t} \right|_{X_p} = \dfrac{\dot{\omega}_k W_k}{\rho} = \dot{\Omega}_k \\[2mm]
\left. \dfrac{\mathrm{d}h}{\mathrm{d}t} \right|_{X_p} = 0
\end{cases}
$$

温度方程可以表示为：

$$
\left. \frac{\mathrm{d}T}{\mathrm{d}t} \right|_{X_p} = -\frac{1}{C_p} \sum_{k=1}^{N} h_k \dot{\Omega}_k
$$

对应于图 3.8，考虑以一定速度 U 在初压 6 670 kPa，初温 295 K 的 $2H_2 + O_2 + 7Ar$ 气体中传播的激波，且 $U = D_{C-J}$，以激波压缩后的状态为初始条件进行等压爆炸，各物理量变化曲线如图 3.9 所示。

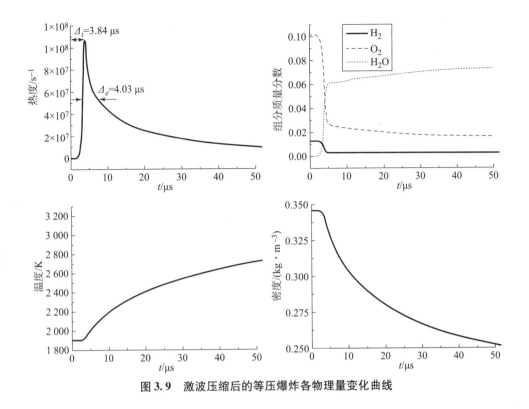

图 3.9 激波压缩后的等压爆炸各物理量变化曲线

3.3 简化反应模型

常见的简化模型包括一步法、两步法和三步法。此外，针对特定的可燃气体，也有五步法和七步法。下面主要介绍上述几种简化反应模型。

3.3.1 一步阿伦尼乌斯反应模型

一步阿伦尼乌斯反应模型[6]基于不可逆总包反应，即

$$A \rightarrow B$$

式中，A、B 分别为反应物和产物。产物 B 的生成速率等于反应物 A 的减少速率，即 $\dot{\Omega}(B) = -\dot{\Omega}(A)$。因此，化学反应速率可以写为如下阿伦尼乌斯反应率形式：

$$\dot{\Omega} = -kY\exp\left(-\frac{E_a}{RT}\right)$$

式中，k、Y 和 E_a 分别表示指前因子、反应物的质量分数（或者化学反应进程）（反应前 $Y = 1$，反应后 $Y = 0$）和活化能。活化能 E_a 表征着气体的不稳定程度，其值越大，说明气体越不稳定。指前因子 k 可以控制反应区的宽度和反应时间（时空尺度）。状态方程可以写为：

$$E = \frac{p}{\gamma - 1} + \frac{1}{2}\rho u^2 + \rho Y Q$$

一步反应模型需要确定 k、E_a、Q 和 γ 这四个参数。通常这四个参数可以通过基元反应模型等效得出。需要注意的是，在基元模型中，γ 是温度的函数，是一个变量，但是在一步模

型中，γ 是一个常量。如果选择 von Neumann 峰值处的 γ，则能够保证一步法得出的 von Neumann 峰值物理量与基元模型的结果一致。如果选择 C‑J 面上的 γ，则能够保证一步法得出的 C‑J 物理量与基元模型的结果一致。但是一步法不能同时满足上述两点，这是所有 γ 为常数的简化模型存在的共性问题。除此之外，一步反应没有诱导阶段（诱导时间和诱导长度），即使在低于点火温度极限的情况下，化学反应也不会停止，只是在阿伦尼乌斯反应率的控制下化学反应速率会很慢。因此，一步反应模型不适合某些特殊的爆轰问题，比如爆轰波的直接起爆和熄爆问题[7]。但是对于一些相对简单的传播问题，一步反应模型仍然可以认为是一种可以接受的简化方法。

利用一步阿伦尼乌斯反应率模型，对稳态常微分方程积分可以得到爆轰波的一维稳态 ZND 解，如图 3.10 和图 3.11 所示。在该模型下，控制 ZND 爆轰波结构的最重要的参数是活化能 E_a，它表征着化学反应对温度扰动的敏感程度，或者说爆轰波的稳定性。如图 3.10 和图 3.11 所示，低活化能的情况下，波阵面后的压力和温度曲线变化平缓。然而，在高活化能的情况下，初始阶段变化很慢，然后突然急剧地变化。在这种情况下，爆轰波的 ZND 结构等同于一个相对宽的诱导区和一个相对窄的化学反应区（放热区）。

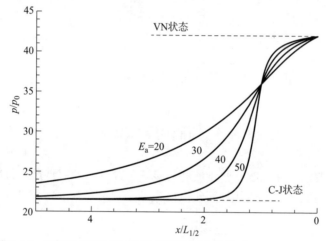

图 3.10　不同活化能下的 ZND 爆轰波压力曲线（$Q = 50$，$\gamma = 1.2$）

一步反应模型是一种将反应物 A 转化为产物 B 的不可逆反应。这种模型最简单，假设两种物质具有相同且恒定的比热比和相对分子质量，但具有不同的生成热。虽然这个模型在数值模拟中很容易实现，但很难与实际反应系统进行关联，这是因为它只有一个时间尺度和四个参数 γ、E_a、Q、k。详细的化学模型和一步模型都有局限性：详细的化学反应模型在计算上相当费时，一步模型则是不真实的。

3.3.2　Short‑Sharpe 两步法

真实的碳氢燃料燃烧化学反应是支链反应，存在链的支化和终止。一步法的总包反应不能够全部显现出爆轰波的全部特性。两步法是最简单的支链反应模型，它由一个对温度敏感的诱导活化阶段（链支化）和一个放热阶段（链终止）构成。Short‑Sharpe 两步法[8]可以写成如下的形式：

$$A \rightarrow B \rightarrow C$$

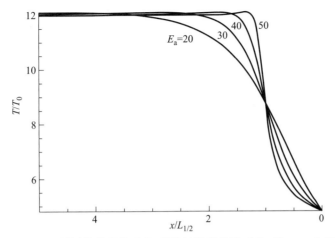

图 3.11　不同活化能下的 ZND 爆轰波温度曲线（$Q=50$，$\gamma=1.2$）

式中，A、B、C 分别为反应物、中间产物和产物。第一步诱导阶段，分子活化，链支化成中间产物，这个阶段没有热量的释放。第二步放热阶段，链终止，中间产物结合成产物，并释放热量。这两步是独立的，只有第 1 步完全结束，第 2 步才会启动。根据 Ng 的工作[9]，第 1 步诱导过程的反应速率可以写为：

$$\dot{\omega}_\mathrm{I} = H(1-Y_\mathrm{I})\,k_\mathrm{I}\exp\Big[E_\mathrm{I}\Big(\frac{1}{RT_\mathrm{S}}-\frac{1}{RT}\Big)\Big]$$

式中，T_S 为 CJ 爆轰波前导激波后的冻结温度，可以通过激波间断关系得到；k_I 表示诱导阶段链支化的速率常数，可以用于控制诱导阶段进行的快慢和诱导区长度；E_I 表示诱导阶段的活化能；Y_I 为诱导过程的进程因子，反应前 $Y_\mathrm{I}=0$，反应后 $Y_\mathrm{I}=1$；$H(1-Y_\mathrm{I})$ 是一个阶梯函数，可以定义为：

$$H(1-Y_\mathrm{I})=\begin{cases}1, & Y_\mathrm{I}<1\\ 0, & Y_\mathrm{I}\geqslant 1\end{cases}$$

在诱导区之后，产物开始生成，并伴随着能量的释放。第 2 步反应过程的反应速率可以写为：

$$\dot{\omega}_\mathrm{R} = \big[1-H(1-Y_\mathrm{I})\big]\,k_\mathrm{R}(1-Y_\mathrm{R})\exp\Big(\frac{E_\mathrm{R}}{RT}\Big)$$

式中，k_R 表示链终止放热阶段的反应速率常数，可以用于控制反应阶段进行的快慢，进而控制反应区的长度；E_R 表示链终止放热阶段的活化能，可以通过控制化学反应速率常数 k_R 来控制反应区宽度与诱导区宽度的比值，进而控制反应的稳定性；Y_R 为放热过程的进程因子，反应前 $Y_\mathrm{R}=0$，反应后 $Y_\mathrm{R}=1$。为了使用的方便，引入了量纲为 1 的活化能：

$$\varepsilon_\mathrm{I}=\frac{E_\mathrm{I}}{RT_\mathrm{S}},\quad \varepsilon_\mathrm{R}=\frac{E_\mathrm{R}}{RT_\mathrm{S}}$$

与一步法类似，两步法的状态方程可以写为：

$$E=\frac{p}{\gamma-1}+\frac{1}{2}\rho u^2+\rho(1-Y_\mathrm{R})Q$$

式中，Q 为总的反应热。

利用两步支链反应模型，求解稳态反应欧拉方程，可以得到爆轰波的一维稳态 ZND 解，如图 3.12 和图 3.13 所示。在该模型下，控制 ZND 爆轰波结构最重要的参数是活化能，它表征着化学反应的敏感程度，或者说爆轰波的稳定性。诱导区的宽度 Δ_I 由诱导区的反应速率参数 k_I 决定，同理，反应区的化学反应速率参数 k_R 决定着放热区的宽度 Δ_R。在本书的研究中，爆轰波的厚度定义为诱导区和反应区宽度之和，即 $\Delta = \Delta_I + \Delta_R$。

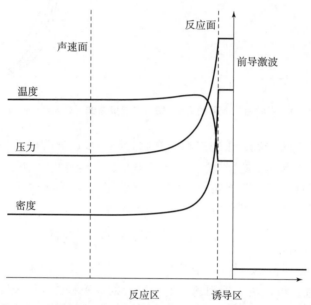

图 3.12　两步支链反应模型的 ZND 爆轰波压力、温度、密度曲线（$Q=50$，$\gamma=1.44$）

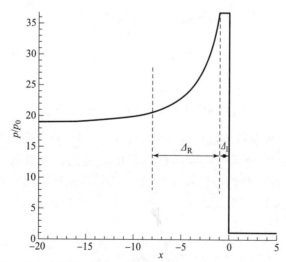

图 3.13　两步支链反应模型的 ZND 爆轰波诱导区和放热区（$Q=50$，$\gamma=1.44$）

与一步法相比，两步法由一个温度敏感的无放热的诱导区和一个放热的反应区组成，更接近于真实的爆轰波的 ZND 结构。它可以用于爆轰波直接起爆、熄爆和重新起爆等问题的研究[10-13]。

3.3.3 Korobeinikov 两步法

Korobeinikov 两步法[14]由 1 个诱导活化阶段和 1 个放热阶段构成，均为阿伦尼乌斯形式，可以写成：

$$A \rightarrow B \rightarrow C$$

反应速率为：

$$\dot{\omega}_{\mathrm{I}} = \begin{cases} -\rho k_{\mathrm{I}} \exp\left(-\dfrac{E_{\mathrm{I}} \rho Q}{p}\right), 0 \leqslant Y_{\mathrm{I}} \leqslant 1 \\ 0, Y_{\mathrm{I}} < 0 \end{cases}$$

$$\dot{\omega}_{\mathrm{R}} = \begin{cases} 0, 0 \leqslant Y_{\mathrm{I}} \leqslant 1 \\ -p^2 k_{\mathrm{R}}\left[Y_{\mathrm{R}}^2 \exp\left(-E_{\mathrm{R}} \dfrac{\rho}{P} Q\right) - (1 - Y_{\mathrm{R}})^2 \exp\left(-(E_{\mathrm{R}} + 1) \dfrac{\rho}{P} Q\right)\right], Y_{\mathrm{I}} \leqslant 0 \end{cases}$$

式中，Y_{I}、Y_{R} 分别表示诱导和反应过程的进程因子。波阵面前未反应介质中，$Y_{\mathrm{I}} = 1$，$Y_{\mathrm{R}} = 1$。诱导阶段开始后，Y_{I} 不断减小，$Y_{\mathrm{R}} = 1$ 保持不变，当诱导阶段结束时，$Y_{\mathrm{I}} = 0$。在反应阶段，Y_{R} 不断减小，直到到达平衡。其他形式的两步反应模型可以参考文献[15,16]。

3.3.4 Short – Quirk 三步法

Short 和 Quick[17]提出一个三步链支化反应模型。该模型涉及两个温度敏感的产生自由基的反应和一个不依赖于温度的链终止反应。它可以用以下三个阶段表示：

① F→Y

$$\dot{\omega}_{\mathrm{I}} = f \exp\left[E_{\mathrm{I}} \left(\frac{1}{RT_{\mathrm{I}}} - \frac{1}{RT} \right) \right]$$

② F + Y→2Y

$$\dot{\omega}_{\mathrm{B}} = \rho f y \exp\left[E_{\mathrm{B}} \left(\frac{1}{RT_{\mathrm{B}}} - \frac{1}{RT} \right) \right]$$

③ Y→P

$$\dot{\omega}_{\mathrm{C}} = y$$

式中，F、Y、P 分别对应于反应物、自由基和产物；f、y、p 分别对应于反应物、自由基和产物的质量分数。链引发和链支化速率常数 k_{I} 和 k_{B} 具有阿伦尼乌斯温度依赖形式 $\exp\left(-\dfrac{E_{\mathrm{a}}}{RT}\right)$。链终止反应被假定为一阶，与温度无关，并且具有固定速率常数 k_{C}。引发步具有活化能 E_{I}，并且链分支步的活化能是 E_{B}。参数 T_{I}、T_{B} 分别表示链引发和链分支交叉温度[18]。该交叉温度表示为链引发和链支化速率与链终止速率一样快时的温度极限。为了表示典型的链分支反应，这些参数应该在以下限制内，即：

$$T_{\mathrm{I}} > T_{\mathrm{S}}, \quad T_{\mathrm{B}} < T_{\mathrm{S}}, \quad E_{\mathrm{I}} \gg E_{\mathrm{B}}$$

燃料和自由基的变化方程可写为：

$$\frac{\mathrm{d}f}{\mathrm{d}t} = -\,(\dot{\omega}_{\mathrm{I}} + \dot{\omega}_{\mathrm{B}})$$

$$\frac{\mathrm{d}y}{\mathrm{d}t} = \dot{\omega}_{\mathrm{I}} + \dot{\omega}_{\mathrm{B}} - \dot{\omega}_{\mathrm{C}}$$

$$\frac{\mathrm{d}p}{\mathrm{d}t} = \dot{\omega}_{\mathrm{C}}$$

化学热量释放 q 可以表示为：

$$q = (1 - f - y)Q = pQ$$

3.3.5 氢-氧五步法

Liang 和 Shepherd[19] 提出了针对氢氧爆轰的 5 步反应模型：

$$S1: R + M \xrightarrow{k_1} B + M$$

$$S2: R + B \xrightarrow{k_2} B + B$$

$$S3: R + B + M \xrightarrow{k_3} C + M$$

$$S4: C + M \xrightarrow{k_4} B + B + M$$

$$S5: B + B + M \xrightarrow{k_5} P + M$$

式中，R 代表反应物（$H_2 - O_2$）；B 是链自由基（H，O 或 OH）；C 是中间产物（HO_2 或 H_2O_2）；P 是产物（H_2O）；M 是三体效应组分；S1 表示反应物 R 开始产生自由基物质 B；S2 是自由基 B 的链倍增支化反应；S3 是与 S2 竞争 B 的链终止反应；S4 是 C 变为 B 的分解反应；S5 是最终的生成产物 P 的重组反应。各个反应的反应速率表示为：

$$k_1 = \rho Y_{\mathrm{R}} \frac{A_1}{W} \exp\left(-\frac{E_1}{RT}\right)$$

$$k_2 = \rho Y_{\mathrm{R}} Y_{\mathrm{B}} \frac{A_2}{W} \exp\left(-\frac{E_2}{RT}\right)$$

$$k_3 = \rho \frac{\rho}{T} Y_{\mathrm{R}} Y_{\mathrm{B}} \frac{A_3}{W W}$$

$$k_4 = \rho Y_{\mathrm{C}} \frac{A_4}{W} \exp\left(-\frac{E_4}{RT}\right)$$

$$k_5 = \rho \frac{\rho}{T} Y_R Y_B \frac{A_5}{W W}$$

式中，A 和 E 分别是指前因子和活化能；ρ 和 T 是随模拟演变而产生的密度和温度；W 是平均相对分子质量，R、B、C、P 的相对分子质量分别为 W、W、$2W$ 和 $2W$。为了模拟惰性气体的稀释，可以加入一个相对分子质量为 $2W$ 的惰性物质 N。假设能量释放仅与 S5 相关，即仅考虑产物的生成热，并且使用理想气体状态方程。Liang 和 Shpherd 针对 85% 氩气稀释的氢氧混合气体，给出了五步反应机理的各个参数，见表 3.2。

表 3.2　五步反应机理参数

变量	数值	单位
W	0.017	kg/mol
$\overline{W}$	0.033	kg/mol
E_1/R	24 131	K
E_2/R	8 383	K
E_4/R	24 131	K
γ	1.5	
$h_{f,P}^{o}/(RT_0)$	$-3\ 030.3$	mol/kg
Y_N	0.919	
A_1	1.37×10^9	$m^3/(kg \cdot s)$
A_2	1.32×10^8	$m^3/(kg \cdot s)$
A_3	7×10^5	$m^3/(kg \cdot s)$
A_4	3.23×10^9	$m^3/(kg \cdot s)$
A_5	1.37×10^9	$m^3/(kg \cdot s)$

习　　题

1. 使用 CHEMKIN 包里的等容和等压爆炸模型程序，计算 $2H_2 + O_2 + 7Ar$ 混合气体混合物在初始压力 6.67 kPa，初始温度 1 000 K、2 000 K 和 3 000 K 条件下的平衡状态，并给出过程曲线。基元反应模型使用 3.1 节中给出的 9 组分 18 反应模型。

2. 利用题 1 中的步骤分析初始温度对反应诱导时间的影响规律。

3. 根据基元反应模型的等容和等压爆炸模型计算一步法和两步法的等容和等压爆炸模型的参数。

参 考 文 献

[1] Williams F A. Combustion Theory [J]. Fundamental Theory of Chemically Reacting Flow Systems, 1985 (3): 215 - 228.

[2] 岑可法. 高等燃烧学 [M]. 杭州: 浙江大学出版社, 2002.

[3] Kee R J. Chemkin - Ⅲ: A Fortran Chemical Kinetics Package for the Analysis of Gasphase Chemical and Plasma Kinetics [R]. Sandia National Laboratories Report, 1996.

[4] Kee R J, Grcar J F, Smooke M D, et al. A Fortran Program for Modeling Steady Laminar One - Dimensional Premixed Flames [R]. Sandia Report SAND85 - 8240, Sandia National Laboratories, Albuquerque, NM, 1985.

[5] Kee R J, Dixon - Lewis G, Warnatz J, et al. A Fortran computer code package for the

evaluation of gas – phase, multicomponent transport properties [J]. Sandia Report Sand, 1996.

[6] Fickett W, Davis W C. Detonation: theory and experiment [M]. Courier Corporation, 2012.

[7] Lee J H S. The Detonation Phenomenon [M]. Cambridge: Cambridge University Press, 2008.

[8] Short M, Sharpe G J. Pulsating instability of detonations with a two – step chainbranching reaction model: theory and numerics [J]. Combustion Theory and Modelling, 2003, 7 (2): 401 – 416.

[9] Ng H D, Radulescu M I, Higgins A J, et al. Numerical investigation of the instability for one – dimensional Chapman – Jouguet detonations with chain – branching kinetics [J]. Combustion Theory and Modelling, 2005, 9 (3): 385 – 401.

[10] Li J, Ning J. Experimental and numerical studies on detonation reflections over cylindrical convex surfaces [J]. Combustion and Flame, 2018 (198): 130 – 145.

[11] Li J, Ning J, Kiyanda C B, et al. Numerical simulations of cellular detonation diffraction in a stable gaseous mixture [J]. Propulsion and Power Research, 2016, 5 (3): 177 – 183.

[12] Li J, Ning J, Lee J. Mach reflection of a ZND detonation wave [J]. Shock Waves, 2015, 25 (3): 293 – 304.

[13] Li J, Lee J. Numerical simulation of Mach reflection of cellular detonations [J]. Shock Waves, 2016, 26 (5): 673 – 682.

[14] Korobeinikov V P, Levin V A, Markov V V, et al. Propagation of blast waves in a combustible gas [J]. Astronautica Acta, 1972, 17 (4 – 5): 529 – 537.

[15] Taki S, Fujiwara T. Numerical simulation of triple shock behavior of gaseous detonation [C]. In Symposium (International) on Combustion, 1981 (18): 1671 – 1681.

[16] Sichel M, Tonello N A, Oran E S, et al. A two – step kinetics model for numerical simulation of explosions and detonations in $H_2 – O_2$ mixtures [J]. Proceedings of the Royal Society of London. Series A: Mathematical, Physical and Engineering Sciences, 2002, 458 (2017): 49 – 82.

[17] Short M, Quirk J J. On the nonlinear stability and detonability limit of a detonation wave for a model threestep chain – branching reaction [J]. Journal of Fluid Mechanics, 1997 (339): 89 – 119.

[18] Ng H D, Lee J H S. Direct initiation of detonation with a multistep reaction scheme [J]. Journal of Fluid Mechanics, 2003 (476): 179 – 211.

[19] Liang Z, Browne S, Deiterding R, et al. Detonation front structure and the competition for radicals [J]. Proceedings of Combustion Institute, 2007 (31): 2445 – 2453.

第二部分 数值计算方法与技术

第 4 章

数值计算基础

4.1　插值多项式

什么是多项式插值？已知离散的数据，但不知道这些数据对应的原函数，构造通过这些离散点的新函数（多项式）的过程称为多项式插值。在数值分析中，插值多项式非常重要，这是因为插值多项式具备近似任意连续函数的功能。

4.1.1　拉格朗日插值多项式

如果对某个物理量进行观测，在若干个不同的点得到相应的观测值，拉格朗日插值法可以构造一个多项式，恰好在各个观测的点取到观测值，这样的多项式称为拉格朗日插值多项式。从数学上来说，拉格朗日插值法可以给出一个恰好穿过若干个已知点的多项式函数。

给定 $N+1$ 个离散的数据点 $(x_i, f(x_i)), 0 \leqslant i \leqslant N$，且任意两个不同点 x_i 上的值 $f(x_i)$ 互不相同，N 阶精度的拉格朗日插值多项式可以表示为一种线性组合的形式：

$$p_N(x) = \sum_{i=0}^{N} f(x_i) l_i \qquad (4.1.1)$$

式中

$$l_i = \prod_{\substack{j=0 \\ j \neq i}}^{N} \frac{x - x_j}{x_i - x_j} \qquad (4.1.2)$$

例 1：

已知平面上 3 个点：$(1, 1)$、$(2, 4)$、$(3, 9)$，拉格朗日多项式 $p_2(x)$（黑色）穿过所有点，而每个基本多项式 $f(x_0)l_0$、$f(x_1)l_1$ 以及 $f(x_2)l_2$ 各穿过其对应的一点，并在其他的两个点上取值为零，如图 4.1 所示。

例 2：

过四个点 $(-1, 1)$、$(0, 2)$、$(3, 101)$、$(4, 246)$，求拉格朗日多项式。

$$p_3(x) = -\frac{1}{20}x(x-3)(x-4) + \frac{1}{6}(x+1)(x-3)(x-4) -$$
$$\frac{101}{12}x(x+1)(x-4) + \frac{123}{10}x(x+1)(x-3)$$

拉格朗日插值法的公式结构整齐紧凑，在理论分析中十分方便。然而，在计算中，当插值点增加或减少一个时，所对应的基本多项式就需要全部重新计算，于是整个公式都会变

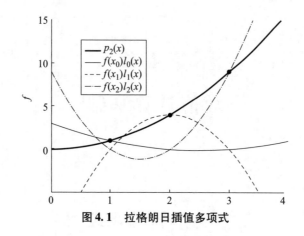

图 4.1 拉格朗日插值多项式

化，非常烦琐。此外，当插值点比较多的时候，拉格朗日插值多项式的阶数会很高，有可能产生数值震荡的问题，也就是说，尽管在已知点上取到给定的数值，但在这些已知点附近会与"实际上"的值存在很大的偏差。这类现象也被称为 Runge 现象，解决的办法是分段使用较低阶数的插值多项式。

4.1.2 牛顿插值多项式

在数值分析中，以其发明者艾萨克·牛顿（Isaac Newton）命名的牛顿多项式是给定数据点集的插值多项式。牛顿多项式有时称为牛顿差商插值多项式，因为该多项式的系数是使用牛顿差商计算的。

给定 $N+1$ 个离散的数据点 $(x_i, f(x_i))$，$0 \leqslant i \leqslant N$，且任意两个不同点 x_i 上的值 $f(x_i)$ 互不相同，N 阶精度的牛顿插值多项式可以表示为：

$$p_N(x) = a_0 + a_1(x - x_0) + a_2(x - x_0)(x - x_1) + \cdots + a_N(x - x_0)(x - x_1)\cdots(x - x_{N-1}) \tag{4.1.3}$$

或者写为

$$p_N(x) = a_0 + \sum_{i=1}^{N} a_i \prod_{j=0}^{i-1} (x - x_j) \tag{4.1.4}$$

代入已知离散点 $f(x_i)$，可以求出系数 a_i，即：

$$f(x_0) = a_0$$
$$f(x_1) = a_0 + a_1(x_1 - x_0)$$
$$f(x_2) = a_0 + a_1(x_2 - x_0) + a_2(x_2 - x_0)(x_2 - x_1)$$
$$\vdots$$
$$f(x_N) = a_0 + a_1(x_N - x_0) + a_2(x_N - x_0)(x_N - x_1) + \cdots + a_N(x_N - x_0)(x_N - x_1)\cdots(x_N - x_{N-1})$$

写成线性方程组的形式：

$$\begin{bmatrix} 1 & 0 & 0 & 0 & \cdots & 0 \\ 1 & x_1 - x_0 & 0 & 0 & \cdots & 0 \\ 1 & x_2 - x_0 & \prod_{i=0}^{1}(x_2 - x_i) & 0 & \cdots & 0 \\ 1 & x_3 - x_0 & \prod_{i=0}^{1}(x_3 - x_i) & \prod_{i=0}^{2}(x_3 - x_i) & \cdots & 0 \\ \vdots & \vdots & \vdots & \vdots & \ddots & \vdots \\ 1 & x_N - x_0 & \prod_{i=0}^{1}(x_N - x_i) & \prod_{i=0}^{2}(x_N - x_i) & \cdots & \prod_{i=0}^{N-1}(x_N - x_i) \end{bmatrix} \begin{bmatrix} a_0 \\ a_1 \\ a_2 \\ a_3 \\ \vdots \\ a_N \end{bmatrix} = \begin{bmatrix} f(x_0) \\ f(x_1) \\ f(x_2) \\ f(x_3) \\ \vdots \\ f(x_N) \end{bmatrix}$$

左侧为 $(N+1) \times (N+1)$ 矩阵，且为下三角形式，因此很容易求解系数 a_i。

定义牛顿差商（Newton divided difference）：

$$f[x_i, \cdots x_{i+n}] = \frac{f[x_{i+1}, \cdots, x_{i+n}] - f[x_i, \cdots, x_{i+n-1}]}{x_{i+n} - x_i} \tag{4.1.5}$$

例如：

$$f[x_i] = f(x_i)$$

$$f[x_i, x_{i+1}] = \frac{f[x_{i+1}] - f[x_i]}{x_{i+1} - x_i}$$

$$f[x_i, x_{i+1}, x_{i+2}] = \frac{f[x_{i+1}, x_{i+2}] - f[x_i, x_{i+1}]}{x_{i+2} - x_i}$$

因此，系数 a_i 可以表示为：

$$a_i = f[x_0, x_1, \cdots, x_i] \tag{4.1.6}$$

牛顿插值多项式也可以写为牛顿差商的形式：

$$p_N(x) = f[x_0] + \sum_{i=1}^{N} f[x_0, \cdots, x_i] \prod_{j=0}^{i-1}(x - x_j) \tag{4.1.7}$$

牛顿差商可以利用下面的路径进行计算：

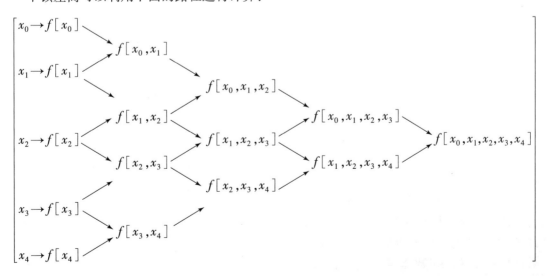

例 1：

过四个点（-1，1）、（0，2）、（3，101）、（4，246），求牛顿多项式。

$$f[x_0,x_1] = \frac{f(x_1) - f(x_0)}{x_1 - x_0} = \frac{2 - 1}{0 - (-1)} = 1$$

$$f[x_1,x_2] = \frac{f(x_2) - f(x_1)}{x_2 - x_1} = \frac{101 - 2}{3 - 0} = 33$$

$$f[x_2,x_3] = \frac{f(x_3) - f(x_2)}{x_3 - x_2} = \frac{246 - 101}{4 - 3} = 145$$

$$f[x_0,x_1,x_2] = \frac{f[x_1,x_2] - f[x_0,x_1]}{x_2 - x_0} = \frac{33 - 1}{3 - (-1)} = 8$$

$$f[x_1,x_2,x_3] = \frac{f[x_2,x_3] - f[x_1,x_2]}{x_3 - x_1} = \frac{145 - 33}{4 - 0} = 28$$

$$f[x_0,x_1,x_2,x_3] = \frac{f[x_1,x_2,x_3] - f[x_0,x_1,x_2]}{x_3 - x_0} = \frac{28 - 8}{4 - (-1)} = 4$$

可以得到多项式为：

$$p_3(x) = 1 + (x + 1) + 8x(x + 1) + 4x(x + 1)(x - 3)$$

例 2：

已知函数

$$f(x) = x\sin\left(2x + \frac{\pi}{4}\right) + 1$$

根据四个点的值 $f(-1) = 1.937$、$f(0) = 1.000$、$f(1) = 1.349$、$f(2) = -0.995$ 构造 3 阶牛顿插值多项式。

多项式：

$p_0(x) = 1.937$

$p_1(x) = 1.937 - 0.937(x + 1)$

$p_2(x) = 1.937 - 0.937(x + 1) + 0.643(x + 1)(x - 0)$

$p_3(x) = 1.937 - 0.937(x + 1) + 0.643(x + 1)(x - 0) - 0.663(x + 1)(x - 0)(x - 1)$

$\qquad = 1 + 0.369x + 0.643x^2 - 0.663x^3$

原函数 $f(x)$ 及插值多项式 $p_0(x)$、$p_1(x)$、$p_2(x)$、$p_3(x)$ 如图 4.2 所示，可以看出，随着阶数的增加，插值多项式越来越逼近原函数。而且能够看出，原函数变化剧烈的地方，逼近程度较差；原函数平缓的区域，逼近程度较高。

从牛顿差商的定义可以看出，可以将新的数据点添加到数据集，以创建新的插值多项式，而无须重新计算旧系数。也就是说，当数据点发生变化时，通常不必重新计算所有系数。此外，如

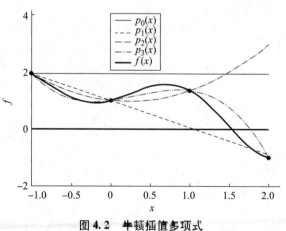

图 4.2　牛顿插值多项式

果 x_i 等距分布，则差商的计算将变得非常容易。因此，出于简单、实用的目的，通常优选牛顿差商形式的多项式，而不是拉格朗日形式的多项式。

4.1.3 泰勒插值多项式

给定 $N+1$ 个离散的数据点 $(x_i, f(x_i)), 0 \leqslant i \leqslant N$，且任意两个不同点 x_i 上的值 $f(x_i)$ 互不相同，N 阶精度的泰勒插值多项式可以写为：

$$p_N(x) = a_0 + a_1(x-b) + \cdots + a_N(x-b)^N \qquad (4.1.8)$$

代入已知的 $N+1$ 个点的值，求解下面的方程，可得插值多项式的系数 a_1：

$$f(x_i) = a_0 + a_1(x_i-b) + \cdots + a_N(x_i-b)^N \qquad (4.1.9)$$

即线性方程组：

$$\begin{bmatrix} 1 & (x_0-b) & (x_0-b)^2 & (x_0-b)^3 & \cdots & (x_0-b)^N \\ 1 & (x_1-b) & (x_1-b)^2 & (x_1-b)^3 & \cdots & (x_1-b)^N \\ 1 & (x_2-b) & (x_2-b)^2 & (x_2-b)^3 & \cdots & (x_2-b)^N \\ 1 & (x_3-b) & (x_3-b)^2 & (x_3-b)^3 & \cdots & (x_3-b)^N \\ \vdots & \vdots & \vdots & \vdots & \ddots & \vdots \\ 1 & (x_N-b) & (x_N-b)^2 & (x_N-b)^3 & \cdots & (x_N-b)^N \end{bmatrix} \begin{bmatrix} a_0 \\ a_1 \\ a_2 \\ a_3 \\ \vdots \\ a_N \end{bmatrix} = \begin{bmatrix} f(x_0) \\ f(x_1) \\ f(x_2) \\ f(x_3) \\ \vdots \\ f(x_N) \end{bmatrix}$$

注意，左侧方阵并不是上三角或下三角形式，需要进行对角化才能方便求解。这里省略具体的推导过程，直接写出新的系数矩阵 d_{ij} 的形式：

$$\begin{cases} d_{0j}(b) = 1 & (j = 0, 1, \cdots, N) \\ d_{i0}(b) = (b - x_{i-1})d_{i-1,0}(b) & (i = 0, 1, \cdots, N) \\ d_{ij}(b) = d_{i,j-1}(b) + (b - x_{i+j-1})d_{i-1,j}(b) & (i = 0, \cdots, N; j = 0, \cdots, N) \end{cases} \qquad (4.1.10)$$

考虑从左下到右上的对角线，忽略对角线以下的数值，或者直接设为 0。首先设置第一行和第一列的值，然后根据上式求出其它值。

$$\begin{bmatrix} 1 & 1 & 1 & 1 & \cdots & 1 \\ \prod_{i=0}^{0}(b-x_i) & & & \cdots & & \\ \prod_{i=0}^{1}(b-x_i) & & & \cdots & & \\ \prod_{i=0}^{2}(b-x_i) & & & \cdots & & \\ \vdots & \vdots & \vdots & \vdots & \ddots & \vdots \\ \prod_{i=0}^{N-1}(b-x_i) & & & \cdots & & \end{bmatrix}$$

因为系数矩阵为三角阵，线性方程组很容易求解，可以得到插值多项式的系数，即：

$$a_j = \sum_{i=0}^{N-j} d_{ij}(b) f[x_0, x_1, \cdots, x_{i+j}] \qquad (4.1.11)$$

写成具体形式：

$$a_0 = d_{00}(b)f[x_0] + d_{10}(b)f[x_0,x_1] + \cdots + d_{N0}(b)f[x_0,x_1,\cdots,x_N]$$

$$a_1 = d_{01}(b)f[x_0,x_1] + d_{11}(b)f[x_0,x_1,x_2] + \cdots + d_{N-1,1}(b)f[x_0,x_1,\cdots,x_N]$$

$$a_2 = d_{02}(b)f[x_0,x_1,x_2] + d_{12}(b)f[x_0,x_1,x_2,x_3] + \cdots + d_{N-2,2}(b)f[x_0,x_1,\cdots,x_N]$$

$$\vdots$$

$$a_{N-1} = d_{0,N-1}(b)f[x_0,x_1,\cdots,x_{N-1}] + d_{1,N-1}(b)f[x_0,x_1,\cdots,x_N]$$

$$a_N = d_{0N}(b)f[x_0,x_1,\cdots,x_N]$$

例 1：

$N = 3$ 时，系数矩阵 D 为

$$\begin{bmatrix} 1 & 1 & 1 & 1 \\ (b-x_0) & (b-x_0)+(b-x_1) & \begin{bmatrix}(b-x_0)+\\(b-x_1)+\\(b-x_2)\end{bmatrix} & 0 \\ (b-x_0)(b-x_1) & \begin{bmatrix}(b-x_0)(b-x_1)+\\(b-x_0)(b-x_2)+\\(b-x_1)(b-x_2)\end{bmatrix} & 0 & 0 \\ (b-x_0)(b-x_1)(b-x_2) & 0 & 0 & 0 \end{bmatrix}$$

例 2：

过四个点 $(-1,1)$、$(0,2)$、$(3,101)$、$(4,246)$，且 $b=0$，求泰勒多项式。已知：

$$f[x_0,x_1] = 1, f[x_0,x_1,x_2] = 8, f[x_0,x_1,x_2,x_3] = 4$$

$$x_0 = -1, x_1 = 0, x_3 = 3, x_4 = 4$$

可以得到：

$$D = \begin{bmatrix} 1 & 1 & 1 & 1 \\ 1 & 1 & -2 & 0 \\ 0 & -3 & 0 & 0 \\ 0 & 0 & 0 & 0 \end{bmatrix}$$

系数可以写为：

$$a_0 = d_{00}f(x_0) + d_{10}f[x_0,x_1] + d_{20}f[x_0,x_1,x_2] + d_{30}f[x_0,x_1,x_2,x_3]$$
$$= (1\times1) + (1\times1) + (0\times8) + (0\times4) = 2$$
$$a_1 = d_{01}f(x_0) + d_{11}f[x_0,x_1] + d_{21}f[x_0,x_1,x_2]$$
$$= (1\times1) + (1\times1) - (3\times4) = -3$$
$$a_2 = d_{02}f(x_0) + d_{12}f[x_0,x_1,x_2,x_3]$$
$$= (1\times8) - (2\times4) = 0$$
$$a_3 = d_{03}f[x_0,x_1,x_2,x_3] = (1\times4) = 4$$

最后得到的多项式为：

$$p_3(x) = a_0 + a_1x + a_2x^2 + a_3x^3 = 2 - 3x + 4x^3$$

4.1.4 插值多项式的误差分析

假设函数 $f(x)$ 具有 $N+1$ 阶导数，则插值多项式的误差 $e_N(x)$ 可以表示为原函数 $f(x)$

和插值多项式 p_N 之差，即：

$$e_N(x) = f(x) - p_N(x) = \frac{\omega_{N+1}(x)}{(N+1)!}\frac{d^{N+1}f(\xi)}{dx^{N+1}} \tag{4.1.12}$$

式中，$x_0 \leqslant x \leqslant x_N$，$x_0 \leqslant \xi \leqslant x_N$。并且，

$$\omega_{N+1}(x) = (x-x_0)(x-x_1)\cdots(x-x_N) = \prod_{j=0}^{N}(x-x_j) \tag{4.1.13}$$

1. 误差的数学性质

①当 $x = x_i$ 时，插值多项式的误差为零，因为 $\omega_{N+1}(x_i) = 0$。

②如果原函数 $f(x)$ 只有小于等于 N 阶的导数，则 $f^{(N+1)}(\xi) = 0$，这时候的插值多项式误差为零。

在插值误差表达式中取绝对值，并在 $x \in [a,b]$ 上最大化所得不等式的两边，得到多项式插值误差界：

$$\max_{x \in [a,b]}|f(x) - p_N(x)| \leqslant \max_{x \in [a,b]}|\omega_{N+1}(x)| \cdot \max_{x \in [a,b]}|f^{(N+1)}(\xi)| \cdot \frac{1}{(N+1)!} \tag{4.1.14}$$

2. 等间距网格下的误差

考虑区间 $[a,b]$ 之间的等距网格，网格节点坐标 x_i 定义为：

$$x_i = a + \frac{i}{N}(b-a), i = 0,1,\cdots,N \tag{4.1.15}$$

下面估计 $W = \max_{x \in [a,b]}|\omega_{N+1}(x)|$ 的值。

重新定义坐标 $x = a + \frac{s}{N}(b-a)$，代入 $\omega_{N+1}(x)$，可得：

$$\omega_{N+1}(x) = \prod_{j=0}^{N}(x-x_j) = \left(\frac{b-a}{N}\right)^{N+1}\prod_{j=0}^{N}(s-j) \tag{4.1.16}$$

式中，$s \in [0,N]$。可以得到下面的估计值：

$$W = \left(\frac{b-a}{N}\right)^{N+1}\max_{s \in [0,N]}\prod_{j=0}^{N}(s-j) \tag{4.1.17}$$

对于任意的 $s \in [0,N]$，令 $i < s < i+1$，则

$$\prod_{j=0}^{N}(s-j) = |(s-i)(s-i-1)|\prod_{j=0}^{i-1}(s-j)\prod_{j=i+2}^{N}(s-j) \tag{4.1.18}$$

并且，因为 $s < i+1$，则

$$|(s-i)(s-i-1)| \leqslant \frac{1}{4} \tag{4.1.19}$$

$$\prod_{j=0}^{i-1}(s-j) \leqslant \prod_{j=0}^{i-1}(i+1-j) \leqslant (i+1)! \tag{4.1.20}$$

又因为 $s > i$，则

$$\prod_{j=0}^{i-1}(s-j) \leqslant \prod_{j=0}^{i-1}(j-i) \leqslant (N-i)! \tag{4.1.21}$$

进一步可得：

$$\prod_{j=0}^{i-1}(s-j) \leqslant \frac{1}{4}N! \tag{4.1.22}$$

把式（4.1.22）代入式（4.1.17），得：

$$W \leqslant \left(\frac{b-a}{N}\right)^{N+1} \frac{1}{4} N! \tag{4.1.23}$$

最终得到等距网格上的误差估计：

$$\max_{x \in [a,b]} |f(x) - p_N(x)| \leqslant \left(\frac{b-a}{N}\right)^{N+1} \cdot \frac{1}{4(N+1)} \cdot \max_{x \in [a,b]} |f^{(N+1)}(x)| \tag{4.1.24}$$

例：

考虑函数 $f(x) = \sin x$，已知三点 x_0、x_1、x_2 及其值 $f(x_0)$、$f(x_1)$、$f(x_2)$。误差方程为：

$$f(x) - p_2(x) = \frac{(x-x_0)(x-x_1)(x-x_2)}{3!} f^{(3)}(\xi) = \frac{1}{6} \omega_3(x) |f^{(3)}(\xi)|$$

为了简化计算，直接设 $x_0 = -h, x_1 = 0, x_2 = h$，则

$$|\omega_3(x)| = |x^3 - h^2 x|$$

方程在 $[x_0, x_2]$ 之间的最大值发生在 $x = \pm \frac{h}{\sqrt{3}}$，值为 $\frac{2h^3}{3\sqrt{3}}$。因为三次导数为：

$$f^{(3)}(x) = -\cos x$$

则

$$|f^{(3)}(\xi)| \leqslant 1$$

所以误差边界为：

$$\max_{x \in [-h,h]} |f(x) - p_2(x)| \leqslant \frac{\sqrt{3}}{27} h^3$$

4.2 分片插值多项式

4.2.1 分片插值多项式

插值多项式的精度，随着阶数的提高，整体上呈上升趋势，这会产生一种错觉：阶数越高，精度越高。实际上，当阶数 N 增长时（等效于利用更多的点去插值），有时会在局部产生剧烈的数值震荡，出现函数不收敛的现象，即所谓的 Runge 现象（图 4.3）。1901 年，Carl Runge 发表了高阶多项式插值风险的研究结果[3]，给出一个简单的函数：

$$f(x) = \frac{1}{1 + 25x^2} \tag{4.2.1}$$

该函数被称为 Runge 函数，该函数有一个性质：使用多项式插值来逼近，在阶数越大的时候误差越大，这和一般的"阶数越多越好"的"常识"发生了冲突。为了规避 Runge 现象，一种常见的方法是利用低阶的分片插值来实现。

1. 分片常数插值

已知离散点 $x_0, x_1, \cdots, x_N$ 和散点上的物理量 $f(x_0), f(x_1), \cdots, f(x_N)$。定义网格单元 $[x_{-1/2}, x_{1/2}], [x_{1/2}, x_{3/2}], \cdots, [x_{N-1/2}, x_{N+1/2}]$，网格中心点为 $x_i = (x_{i-1/2} + x_{x+1/2})/2$。最简单的分片插值是分片常数插值，即每一个网格单元上的值均为常数且等于单元中心点 x_i 上的值

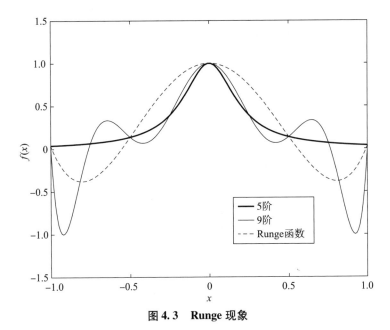

图 4.3　Runge 现象

$f(x_i)$，如图 4.4 所示。分片常数插值为一阶精度，在每一个单元边界上都是不连续的，不过也只是一阶的不连续。

2. 分片线性插值

稍微复杂一点的分片插值方法是分片线性插值，如图 4.5 所示。在网格单元 $[x_{i-1/2},$ $x_{i+1/2}]$ 上进行分片线性插值，可以通过 $[x_{i-1},f(x_{i-1})]$ 和 $[x_i,f(x_i)]$ 两点构造，也可以通过 $[x_i,f(x_i)]$ 和 $[x_{i+1},f(x_{i+1})]$ 构造。这样就存在两种分片线性插值多项式，即：

$$f(x) = f(x_i) + \frac{f(x_i) - f(x_{i-1})}{x_i - x_{i-1}}(x - x_i) \tag{4.2.2}$$

$$f(x) = f(x_i) + \frac{f(x_{i+1}) - f(x_i)}{x_{i+1} - x_i}(x - x_i) \tag{4.2.3}$$

这里存在一个问题：选择哪一个多项式？通常选择梯度小的线性多项式，这意味着多项式函数更光滑，有利于数值计算。梯度大小可以通过比较斜率 $\dfrac{f(x_i) - f(x_{i-1})}{x_i - x_{i-1}}$ 和 $\dfrac{f(x_{i+1}) - f(x_i)}{x_{i+1} - x_i}$ 来实现。

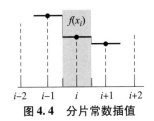

图 4.4　分片常数插值

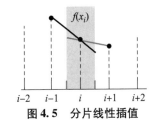

图 4.5　分片线性插值

3. 分片二次插值

下面考虑分片二次插值。在网格单元 $[x_{i-1/2},x_{i+1/2}]$ 上进行分片二次插值，如图 4.6 所

示，可以通过

    模板1: $[\,x_i,f(x_i)\quad x_{i+1},f(x_{i+1})\quad x_{i+2},f(x_{i+2})\,]$

    模板2: $[\,x_{i-1},f(x_{i-1})\quad x_i,f(x_i)\quad x_{i+1},f(x_{i+1})\,]$

    模板3: $[\,x_{i-2},f(x_{i-2})\quad x_{i-1},f(x_{i-1})\quad x_i,f(x_i)\,]$

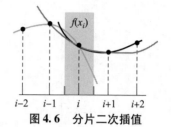

图4.6　分片二次插值

三种组合以牛顿多项式的形式构造分片二次插值多项式，即:

$$f_1(x) = f(x_i) + f[x_{i-1},x_i](x - x_i) + f[x_{i-2},x_{i-1},x_i](x - x_i)(x - x_{i-1})$$

$$f_2(x) = f(x_i) + f[x_{i-1},x_i](x - x_i) + f[x_{i-1},x_i,x_{i+1}](x - x_i)(x - x_{i-1})$$

$$= f(x_i) + f[x_i,x_{i+1}](x - x_i) + f[x_{i-1},x_i,x_{i+1}](x - x_i)(x - x_{i+1})$$

$$f_3(x) = f(x_i) + f[x_i,x_{i+1}](x - x_i) + f[x_i,x_{i+1},x_{i+2}](x - x_i)(x - x_{i+1}) \quad (4.2.4)$$

　　那么选择哪一个插值多项式？需要比较牛顿差商的大小。但是这里既有一阶差商，又有二阶差商，比较它们的大小并不容易，通常先比较一阶差商，再比较二阶差商。

　　可以将分片二次插值多项式写成一般形式:

$$f(x) = f(x_i) + f[x_j,x_{j+1}](x - x_i) + f[x_k,x_{k+1},x_{k+2}](x - x_j)(x - x_{j+1}) \quad (4.2.5)$$

式中

$$j = \begin{cases} i, & |f[x_i,x_{i+1}]| \leqslant |f[x_{i-1},x_i]| \\ i-1, & |f[x_i,x_{i+1}]| > |f[x_{i-1},x_i]| \end{cases}$$

$$k = \begin{cases} j, & |f[x_j,x_{j+1},x_{j+2}]| \leqslant |f[x_{j-1},x_j,x_{j+1}]| \\ j-1, & |f[x_j,x_{j+1},x_{j+2}]| > |f[x_{j-1},x_j,x_{j+1}]| \end{cases}$$

4. 分片三次插值

　　分片三次插值多项式的一般形式为:

$$f(x) = f(x_i) + f[x_j,x_{j+1}](x - x_i) + f[x_k,x_{k+1},x_{k+2}](x - x_j)(x - x_{j+1}) +$$
$$f[x_l,x_{l+1},x_{l+2},x_{l+3}](x - x_k)(x - x_{k+1})(x - x_{k+2}) \quad (4.2.6)$$

j、k 的选择与上面相同，l 选择如下:

$$l = \begin{cases} k, & |f(x_k,x_{k+1},x_{k+2},x_{k+3})| \leqslant |f(x_{k-1},x_k,x_{k+1},x_{k+2})| \\ k-1, & |f(x_k,x_{k+1},x_{k+2},x_{k+3})| > |f(x_{k-1},x_k,x_{k+1},x_{k+2})| \end{cases}$$

5. 平均化的分片插值

　　对于分片线性插值，可以写成直线方程的形式，即:

$$f(x) = f(x_i) + S_i(x - x_i) \quad (4.2.7)$$

式中，$S_i = m(f[x_{i-1},x_i],f[x_i,x_{i+1}])$ 是一种平均化的函数，表示直线的斜率。最简单的形式为:

$$m(a,b) = \begin{cases} a, & |a| \leqslant |b| \\ b, & |a| > |b| \end{cases} \quad (4.2.8)$$

注意，$\dot{m}(a,b)$ 也可以写成其他形式，如平均值函数:

$$S_i = \frac{a+b}{2} \quad (4.2.9)$$

或者最小模量;

$$S_i = \text{minmod}(a,b) = \begin{cases} m(a,b), & ab > 0 \\ 0, & ab \leq 0 \end{cases} \qquad (4.2.10)$$

使用上述两种替代形式，可以使得分片插值不再是一个简单的线性插值，而是在两种线性插值中选择一个。这两种形式通常称为斜率限制器（slope limiter）[4-6]。

对于分片二次插值，存在三种可能的多项式。这三个选项可以被平均化，也可以去除最差的一个而对剩下的两个进行平均化。以后者为例，针对前两个模板，选择具有最小二阶牛顿差商的那个模板，再针对后两个模板，选择具有最小二阶牛顿差商的那个模板，即：

$$f(x_i) + f[x_{i-1},x_i](x - x_i) +$$
$$m(f[x_{i-2},x_{i-1},x_i],f[x_{i-1},x_i,x_{i+1}])(x - x_i)(x - x_{i-1}) \qquad (4.2.11)$$

或者

$$f(x_i) + f[x_i,x_{i+1}](x - x_i) +$$
$$m(f[x_{i-1},x_i,x_{i+1}],f[x_i,x_{i+1},x_{i+2}])(x - x_i)(x - x_{i+1}) \qquad (4.2.12)$$

也可以写成泰勒多项式的形式：

$$f(x_i) + S_i^-(x - x_i) + C_i^-(x - x_i)^2$$
$$f(x_i) + S_i^+(x - x_i) + C_i^+(x - x_i)^2 \qquad (4.2.13)$$

式中

$$S_i^- = f[x_{i-1},x_i] + C_i^-(x_i - x_{i-1})$$
$$C_i^- = m(f[x_{i-2},x_{i-1},x_i],f[x_{i-1},x_i,x_{i+1}])$$
$$S_i^+ = f[x_i,x_{i+1}] - C_i^+(x_{i+1} - x_i)$$
$$C_i^+ = m(f[x_{i-1},x_i,x_{i+1}],f[x_i,x_{i+1},x_{i+2}])$$

然后对泰勒多项式的系数使用 minmod 函数，进而得到最终的平均形式：

$$f(x_i) + S_i(x - x_i) + C_i(x - x_i)^2 \qquad (4.2.14)$$
$$S_i = \text{minmod}(S_i^+,S_i^-)$$
$$C_i = \text{minmod}(C_i^+,C_i^-)$$

上述平均化过程也可以被替换为其他的平均化函数。只需要分别对 + 和 - 选项做更高阶的多项式插值。上述平均化过程可以被推广到任意阶精度[3]。

在本节内容中，在一个网格单元附近可以选择不同的模板构造多个插值多项式，有时保留最好的一个模板，而丢弃掉其他的模板；有时选择最好的两个做平均化处理，而丢掉其他的模板；也可以丢弃掉更多的模板或者保留更多的模板。一个特殊的选择是只丢弃包含激波或者接触间断的模板，而保留其他相对光滑的模板。需要注意的是，模板越大，构造的插值多项式精度也越高，但是有可能产生 Runge 现象。

4.2.2 基于原函数的重构

上述插值多项式都是基于节点值 $f(x_i)$ 构造的，但是在很多情况下，单元上的平均值更容易获得，因此，基于单元平均值构造插值多项式也有重要的意义。基于平均值的插值也称为重构。本节将介绍如何使用网格单元的积分平均值：

$$\bar{f}_i = \frac{1}{\Delta x_i} \int_{x_{i-1/2}}^{x_{i+1/2}} f(x)\,\mathrm{d}x \qquad (4.2.15)$$

来重构原函数。下面构造 N 阶精度的多项式 $p(x)$, 满足:

$$\frac{1}{\Delta x_i}\int_{x_{i-1/2}}^{x_{i+1/2}}p(x)\,\mathrm{d}x = \frac{1}{\Delta x_i}\int_{x_{i-1/2}}^{x_{i+1/2}}f(x)\,\mathrm{d}x \qquad (4.2.16)$$

或者等效于:

$$\bar{p}_i(x) = \bar{f}_i \qquad (4.2.17)$$

$f(x)$ 的原函数定义为:

$$F(x) = \int_{x_{-1/2}}^{x}f(\xi)\,\mathrm{d}\xi \qquad (4.2.18)$$

或者

$$f(x) = \frac{\mathrm{d}\left[F(x)\right]}{\mathrm{d}x} \qquad (4.2.19)$$

积分到 $x_{i+1/2}$, 可得原函数 $F(x_{i+1/2})$, 即:

$$F(x_{i+1/2}) = \int_{x_{-1/2}}^{x_{i+1/2}}f(\xi)\,\mathrm{d}\xi = \sum_{j=0}^{i}\int_{x_{j-1/2}}^{x_{j+1/2}}f(\xi)\,\mathrm{d}\xi = \sum_{j=0}^{i}\Delta x_j\bar{f}_j \qquad (4.2.20)$$

基于原函数进行重构的基本步骤:

①基于单元积分平均值 $\bar{f}_i$ 构造原函数网格单元边界值 $F(x_{i+1/2}) = \sum_{j=0}^{i}\Delta x_j\bar{f}_j, i = -1, \cdots,$ N。

②基于单元节点值 $(x_{i+1/2}, F(x_{i+1/2})), i = -1, \cdots N$ 构造泰勒形式或者其他形式的插值多项式 $P(x)$。

③因为 $f(x) = \dfrac{\mathrm{d}\left[F(x)\right]}{\mathrm{d}x}$ 和 $F(x) \approx P(x)$, 则函数 $f(x)$ 重构多项式 $p(x) = \dfrac{\mathrm{d}\left[P(x)\right]}{\mathrm{d}x}$。

注意, 这里的重构是通过原函数的插值实现的, 所以要特别注意插值和重构的区别。

4.3 ENO/WENO 插值和重构

1987 年, Harten、Engquist、Osher 和 Chakavarthy[7] 发表了关于 ENO 格式的经典论文, 提出了高精度、高分辨率的 ENO 格式, 开启了守恒律方程高精度、高分辨率格式新的发展方向。加权本质无振荡格式（WENO）是 ENO 格式的改进, 由 Liu、Osher 和 Chan 于 1994 年提出[8]。1996 年, Jiang 和 Shu[9] 推广了多维空间上的三阶和五阶 WENO 格式。ENO 和 WENO 格式中的一个关键思想是对低阶重构进行线性组合, 从而获得更高阶的近似。下面介绍 ENO 和 WENO 形式的插值和重构。

4.3.1 重构基本原理

1. 重构问题的提法

①给定网格:

$$a = x_{\frac{1}{2}} < x_{\frac{3}{2}} < \cdots < x_{N-\frac{1}{2}} < x_{N+\frac{1}{2}} = b$$

②定义网格单元、单元中心和单元大小为:

$$I_i = \left[x_{i-\frac{1}{2}}, x_{i+\frac{1}{2}}\right], x_i = \frac{1}{2}\left(x_{i-\frac{1}{2}} + x_{i+\frac{1}{2}}\right), \Delta x_i = x_{i+\frac{1}{2}} - x_{i-\frac{1}{2}}, (i = 1, 2, \cdots, N)$$

③定义单元特征尺寸（用来衡量逼近程度）：

$$\Delta x = \max_{1 \leqslant i \leqslant N} \Delta x_i$$

④已知：函数 $v(x)$ 在单元 I_i 内的平均值：

$$\bar{v}_i = \frac{1}{\Delta x_i} \int_{i-\frac{1}{2}}^{i+\frac{1}{2}} v(\xi) \mathrm{d}\xi, (i = 1, 2, \cdots, N) \tag{4.3.1}$$

⑤求：单元 I_i 内至多 $k-1$ 次的多项式 $p_i(x)$，使得：

$$p_i(x) = v(x) + O(\Delta x^k), x \in I_i (i = 1, 2, \cdots, N) \tag{4.3.2}$$

注意，这里使用单元平均值 $\bar{v}_i$ 去构造原函数 $v(x)$，这一过程称为重构，而不是插值。插值要求插值函数必须通过离散点（中心点），而重构不需要。

2. 基于单元平均值的重构方法

单元 I_i 上的重构：

①指定重构精度要求和多项式具体形式：

$$p_i(x) = a_0^i + a_1^i x + \cdots + a_{k-1}^i x^{k-1} \tag{4.3.3}$$

②给定重构的模板：

$$S(i) = \{I_{i-r}, \cdots, I_{i+s}\}$$

模板中单元数量等于待定参数个数，$r + s + 1 = k, r \geqslant 0, s \geqslant 0$。

③在模板中的所有单元上，要求满足方程：

$$\frac{1}{\Delta x_j} \int_{x_{j-1/2}}^{x_{j+1/2}} p(\xi) \mathrm{d}\xi = \bar{v}_j, (j = i - r, \cdots, i + s) \tag{4.3.4}$$

代入方程（4.3.3），并积分可得：

$$\sum_{l=0}^{k-1} \bar{b}_{j,l} a_l^i = \bar{v}_j \tag{4.3.5}$$

式中，$\bar{b}_{j,l}$ 为多项式积分过程中产生的系数，即：

$$\bar{b}_{j,l} = \frac{1}{\Delta x_j} \int_{x_{j-1/2}}^{x_{j+1/2}} \xi^l \mathrm{d}\xi \tag{4.3.6}$$

进一步求出系数 a_l^i，就可以得到重构多项式 $p_i(x)$ 的具体形式。

3. 基于原函数的重构方法

在整个计算域上定义函数 $v(x)$ 的原函数：

$$V(x) = \int_{x_{1/2}}^{x} v(\xi) \mathrm{d}\xi \tag{4.3.7}$$

可得：

$$V(x_{i+\frac{1}{2}}) = \int_{x_{\frac{1}{2}}}^{x_{i+\frac{1}{2}}} v(\xi) \mathrm{d}\xi = \sum_{j=1}^{i} \bar{v}_j \Delta x_j \tag{4.3.8}$$

这意味着给定单元上物理量的平均值，相当于已知其原函数在单元边界处的值。

单元 I_i 上的重构函数 $p_i(x)$ 的原函数 $P_i(x)$ 可由插值近似确定，即：

$$\begin{aligned} p_i(x) &= a_0^i + a_1^i x + \cdots + a_{k-1}^i x^{k-1} \\ P_i(x) &= c_0^i + c_1^i x + \cdots + c_k^i x^k \\ p_i(x) &= \frac{\mathrm{d}P_i(x)}{\mathrm{d}x}, x \in I_i \end{aligned} \tag{4.3.9}$$

两个原函数在单元边界上相等，即：

$$P_i(x_{j+\frac{1}{2}}) = V(x_{j+\frac{1}{2}}) = \sum_{j=1}^{i} \bar{v}_j \Delta x_j, (j = i - r - 1, i - r, \cdots, i + s) \tag{4.3.10}$$

这里存在两种等价的模板定义：

基于平均值的重构（模板）：

$$S(i) = \{I_{i-r}, \cdots, I_{i+s}\}$$

和基于原函数的重构（节点）：

$$\bar{S}(i) = \left\{i - r - \frac{1}{2}, \cdots, i + s + \frac{1}{2}\right\}$$

利用已计算出的单元边界点，在 $k+1$ 个点上构造拉格朗日多项式：

$$P_i(x) = \sum_{m=0}^{k} \left(V(x_{i-r+m-\frac{1}{2}}) L_m \right) \tag{4.3.11}$$

式中：

$$L_m = \prod_{l=0, l \neq m}^{k} \left(\frac{x - x_{i-r+l-\frac{1}{2}}}{x_{i-r+m-\frac{1}{2}} - x_{i-r+l-\frac{1}{2}}} \right) \tag{4.3.12}$$

且满足：

$$\sum_{m=0}^{k} L_m = 1 \tag{4.3.13}$$

方程（4.3.11）左、右各减去 $V(x_{i-r-\frac{1}{2}})$，得：

$$P_i(x) - V(x_{i-r-\frac{1}{2}}) = \sum_{m=0}^{k} \left\{ \left[V(x_{i-r+m-\frac{1}{2}}) - V(x_{i-r-\frac{1}{2}}) \right] \prod_{l=0, l \neq m}^{k} \left(\frac{x - x_{i-r+l-\frac{1}{2}}}{x_{i-r+m-\frac{1}{2}} - x_{i-r+l-\frac{1}{2}}} \right) \right\} \tag{4.3.14}$$

代入下式：

$$V(x_{i-r+m-1/2}) - V(x_{i-r-1/2}) = \sum_{j=0}^{m-1} \bar{v}_{i-r+j} \Delta x_{i-r+j} \tag{4.3.15}$$

并求导可得：

$$p_i(x) = \sum_{m=0}^{k} \sum_{j=0}^{m-1} \left\{ \bar{v}_{i-r+j} \Delta x_{i-r+j} \left[\frac{\sum_{\substack{l=0 \\ l \neq m}}^{k} \prod_{\substack{q=0 \\ q \neq m, l}}^{k} (x - x_{i-r+q-\frac{1}{2}})}{\prod_{\substack{l=0 \\ l \neq m}}^{k} (x_{i-r+m-\frac{1}{2}} - x_{i-r+l-\frac{1}{2}})} \right] \right\} \tag{4.3.16}$$

在实际实施过程中，我们感兴趣的是单元边界点的左、右状态。利用 $p_i(x)$ 计算 $v_{i+1/2}^L$ 和 $v_{i-1/2}^R$。Shu[10] 给出了具体公式如下：

$$v_{i+1/2}^L = p(x_{i+1/2}) = \sum_{j=0}^{k-1} c_{r,j} \bar{v}_{i-r+j} \tag{4.3.17}$$

$$v_{i-1/2}^R = p(x_{i-1/2}) = \sum_{j=0}^{k-1} \bar{c}_{r,j} \bar{v}_{i-r+j} \tag{4.3.18}$$

式中，满足 $\bar{c}_{r,j} = c_{r-1,j}$。$c_{r,j}$ 的数值见表 4.1。

表 4.1　$c_{r,j}$ 系数[10]

k	r	$j=0$	$j=1$	$j=2$	$j=3$	$j=4$
1	-1	1				
	0	1				
2	-1	3/2	$-1/2$			
	0	1/2	1/2			
	1	$-1/2$	3/2			
3	-1	11/6	$-7/6$	1/3		
	0	1/3	5/6	$-1/6$		
	1	$-1/6$	5/6	1/3		
	2	1/3	$-7/6$	11/6		
4	-1	25/12	$-23/12$	13/12	$-1/4$	
	0	1/4	13/12	$-5/12$	1/12	
	1	$-1/12$	7/12	7/12	$-1/12$	
	2	1/12	$-5/12$	13/12	1/4	
	3	$-1/4$	13/12	$-23/12$	25/12	
5	-1	137/60	$-163/60$	137/60	$-21/20$	1/5
	0	1/5	77/60	$-43/60$	17/60	$-1/20$
	1	$-1/20$	9/20	47/60	$-13/60$	1/30
	2	1/30	$-13/60$	47/60	9/20	$-1/20$
	3	$-1/20$	17/60	$-42/60$	77/60	1/5
	4	1/5	$-21/20$	137/60	$-163/60$	137/60

对于非均匀网格：

$$c_{r,j} = \Delta x_{i-r+j} \sum_{m=j+1}^{k} \left[\frac{\sum\limits_{\substack{l=0 \\ l\neq m}}^{k} \prod\limits_{\substack{q=0 \\ q\neq m,l}}^{k} \left(x_{i+\frac{1}{2}} - x_{i-r+q-\frac{1}{2}} \right)}{\prod\limits_{\substack{l=0 \\ l\neq m}}^{k} \left(x_{i-r+m-\frac{1}{2}} - x_{i-r+l-\frac{1}{2}} \right)} \right] \tag{4.3.19}$$

对于均匀网格：

$$c_{r,j} = \sum_{m=j+1}^{k} \left[\frac{\sum\limits_{\substack{l=0 \\ l\neq m}}^{k} \prod\limits_{\substack{q=0 \\ q\neq m,l}}^{k} (r-q+1)}{\prod\limits_{\substack{l=0 \\ l\neq m}}^{k} (m-l)} \right] \tag{4.3.20}$$

4. 关于重构的进一步说明

①重构函数在界面的值的计算公式隐含了重构模板:

$$\begin{cases} v_{i+1/2}^L = \sum_{j=0}^{k-1} c_{r,j} \bar{v}_{i-r+j} \\ v_{i-1/2}^R = \sum_{j=0}^{k-1} \bar{c}_{r,j} \bar{v}_{i-r+j} \end{cases} \to S(i) = \{I_{i-r}, \cdots, I_{i+s}\}$$

②重构的基本要求: I_i 单元的重构模板必须包含 I_i 本身,即

$$I_i \in S(i) = \{I_{i-r}, \cdots, I_{i+s}\} \Rightarrow r \geq 0, s \geq 0$$

③某个单元的 k 阶精度重构 ($k-1$ 次多项式),有 k 种不同的模板选择方法,即

$$S(i) = \{I_{i-r}, \cdots, I_{i+s}\}, r = 0,1,\cdots,k-1$$

也即存在 k 种重构方案。

④ I_m、I_n 两个单元如果重构的模板相同,则重构多项式也相同。

⑤界面上的值可一般地写为:

$$v_{i+1/2} = \sum_{j=0}^{k-1} c_{r,j} \bar{v}_{i-r+j}$$

而不必区分从左侧还是从右侧的插值多项式出发进行计算。

⑥具体实施:利用 $p_i(x)$ 计算 $v_{i+1/2}^L$、$v_{i-1/2}^R$,先确定计算 $p_i(x)$ 的模板,根据相应的模板得到的 $v_{i+1/2}$、$v_{i-1/2}$,即为 $v_{i+1/2}^L$、$v_{i-1/2}^R$。

4.3.2 基于节点值的 ENO/WENO 插值

已知函数 $u(x)$ 在网格节点 x_i 上的值 $u_i = u(x_i)$,构造插值多项式,得到半节点 $x_{i+1/2}$ 上的值 $u_{i+1/2}$。

首先选择第 1 个模板:

$$S_1 = \{x_{i-2}, x_{i-1}, x_i\}$$

在模板上,很容易构造二阶的插值多项式,即:

$$p_1(x) = f(x_{i-2}) + f[x_{i-2}, x_{i-1}](x - x_{i-2})(x - x_{i-1}) + f[x_{i-2}, x_{i-1}, x_i](x - x_{i-2})(x - x_{i-1}) \tag{4.3.21}$$

代入模板上的物理量 $p_1(x_j) = u_j$,求得系数,因此可以得到 $u_{i+1/2}$ 的第 1 个插值多项式:

$$u_{i+1/2}^{(1)} = \frac{3}{8}u_{i-2} - \frac{5}{4}u_{i-1} + \frac{15}{8}u_i \tag{4.3.22}$$

同理,可以选择第 2 个模板:

$$S_2 = \{x_{i-1}, x_i, x_{i+1}\}$$

在模板上,很容易构造二阶的插值多项式,即:

$$p_2(x) = f[x_{i-1}] + f[x_{i-1}, x_i](x - x_{i-1})(x - x_i) +$$

$$f[x_{i-1}, x_i, x_{i+1}](x - x_{i-1})(x - x_i) \quad\quad (4.3.23)$$

代入模板上的物理量 $p_2(x_j) = u_j$，求得系数，因此可以得到 $u_{i+1/2}$ 的第 2 个插值多项式：

$$u_{i+1/2}^{(2)} = -\frac{1}{8}u_{i-1} + \frac{3}{4}u_i + \frac{3}{8}u_{i+1} \quad\quad (4.3.24)$$

同理，可以选择第 3 个模板：

$$S_3 = \{x_i, x_{i+1}, x_{i+2}\}$$

在模板上，很容易构造二阶的插值多项式，即：

$$p_3(x) = f(x_i) + f[x_i, x_{i+1}](x - x_i)(x - x_{i+1}) +$$
$$f[x_i, x_{i+1}, x_{i+2}](x - x_i)(x - x_{i+1}) \quad\quad (4.3.25)$$

代入模板上的物理量 $p_3(x_j) = u_j$，求得系数，因此可以得到 $u_{i+1/2}$ 的第 3 个插值多项式：

$$u_{i+1/2}^{(3)} = \frac{3}{8}u_i + \frac{3}{4}u_{i-1} - \frac{1}{8}u_i \quad\quad (4.3.26)$$

通过数值分析，可以知道近似 $u_{i+1/2}^{(i)}$ 是三阶精度的，即：

$$u_{i+1/2}^{(i)} - u(x_{i+1/2}) = O(\Delta x^3), (i = 1, 2, 3) \quad\quad (4.3.27)$$

如果函数 $u(x)$ 是全局光滑的，所有的三种近似 $u_{i+1/2}^{(1)}$、$u_{i+1/2}^{(2)}$、$u_{i+1/2}^{(3)}$ 都是三阶精度的，可以选择任意一个使用，或者选择截断误差最小的一个。当然，如果利用 ENO 插值构造偏微分方程的差分格式，模板的选择还要受到线性稳定性分析的限制（根据依赖区域和特征线走向）。

如果使用一个更宽的模板，包含上面三个模板的所有 5 个节点，即：

$$S = \{x_{i-2}, x_{i-1}, x_i, x_{i+1}, x_{i+2}\}$$

利用上述步骤可以得到半节点上的插值多项式：

$$u_{i+1/2} = \frac{3}{128}u_{i-2} - \frac{5}{32}u_{i-1} + \frac{45}{64}u_i + \frac{15}{32}u_{i+1} - \frac{5}{128}u_{i+2} \quad\quad (4.3.28)$$

通过数值分析，可以知道近似 $u_{i+1/2}^{(i)}$ 是 5 阶精度的，即：

$$u_{i+1/2} - u(x_{i+1/2}) = O(\Delta x^5) \quad\quad (4.3.29)$$

根据 WENO 插值的思想，半节点上的插值 $u_{i+1/2}$ 可以写为 $u_{i+1/2}^{(1)}$、$u_{i+1/2}^{(2)}$、$u_{i+1/2}^{(3)}$ 线性组合的形式，即：

$$u_{i+1/2} = \gamma_1 u_{i+1/2}^{(1)} + \gamma_2 u_{i+1/2}^{(2)} + \gamma_3 u_{i+1/2}^{(3)} \quad\quad (4.3.30)$$

式中，系数 γ_i 称为线性权重，且满足 $\gamma_1 + \gamma_2 + \gamma_3 = 1$。通过对比系数，可得：

$$\gamma_1 = \frac{1}{16}, \gamma_2 = \frac{5}{8}, \gamma_3 = \frac{5}{16} \quad\quad (4.3.31)$$

假设函数 $u(x)$ 是分段光滑的，并且在某些点上是不连续的。对于这样的函数，如果空间步长足够小，则大模板 S 最多只会存在一个间断。那么：

①若函数 $u(x)$ 在大模板 S 内光滑，所有的三个近似值 $u_{i+1/2}^{(1)}$、$u_{i+1/2}^{(2)}$、$u_{i+1/2}^{(3)}$ 都可以使用。

②若函数 $u(x)$ 在大模板 S 内存在间断点，如在 $[x_{i-2}, x_i)$ 或者 (x_{i+1}, x_{i+2}) 内，则 $u_{i+1/2}^{(1)}$、$u_{i+1/2}^{(2)}$、$u_{i+1/2}^{(3)}$ 中至少存在一个模板的近似值可以使用，精度为 3 阶。

③若函数 $u(x)$ 在大模板 S 内存在间断点，如在 $[x_i, x_{i+1}]$ 内，此时三个模板内都存在间断。

WENO 格式根据三个模板近似值的凸组合来得到最终的近似值，即：

$$u_{i+1/2} = \omega_1 u_{i+1/2}^{(1)} + \omega_2 u_{i+1/2}^{(2)} + \omega_3 u_{i+1/2}^{(3)} \tag{4.3.32}$$

式中，非线性权重 $\omega_j \geq 0$，且满足 $\omega_1 + \omega_2 + \omega_3 = 1$。

因为三个近似都是单调的，则其凸组合是隐式单调的。我们希望非线性权重满足下面的关系：

①如大模板函数是光滑的，则 $\omega_j = \gamma_j$；

②若某一个模板存在间断，则 $\omega_j \approx 0$，但是依然可以选择剩下模板的近似值。

经过证明，只要非线性权重满足 $\omega_j = \gamma_j + O(\Delta x^2)$，光滑区半节点上的 WENO 插值是 5 阶精度的，即

$$u_{i+1/2} - u(x_{i+1/2}) = O(\Delta x^5) \tag{4.3.33}$$

这里选择 $\omega_j = O(\Delta x^4)$。

非线性权重的选择可以通过下面的光滑器得到：

$$\beta_j = \sum_{l=1}^{k-1} \Delta x^{2l-1} \int_{x_{i-1/2}}^{x_{i+1/2}} \left(\frac{\mathrm{d}^l}{\mathrm{d}x_l} p_j(x) \right)^2 \mathrm{d}x \tag{4.3.34}$$

光滑器 β_j 用于计算函数在模板上的光滑程度，β_j 越大，则函数越不光滑。$k = 3$ 时，光滑器 β_j 的显式形式可以很容易地计算出来，即：

$$\beta_1 = \frac{1}{3}(4u_{i-2}u_{i-2} - 19u_{i-2}u_{i-1} + 25u_{i-1}u_{i-1} + 11u_{i-2}u_i - 31u_{i-1}u_i + 10u_iu_i)$$

$$\beta_2 = \frac{1}{3}(4u_{i-1}u_{i-1} - 13u_{i-1}u_i + 13u_iu_i + 5u_{i-1}u_{i+1} - 13u_iu_{i+1} + 4u_{i+1}u_{i+1})$$

$$\beta_3 = \frac{1}{3}(10u_iu_i - 31u_iu_{i+1} + 25u_{i+1}u_{i+1} + 11u_iu_{i+2} - 19u_{i+1}u_{i+2} + 4u_{i+2}u_{i+2})$$

则非线性权重可以写为：

$$\omega_j = \frac{\bar{\omega}_j}{\bar{\omega}_1 + \bar{\omega}_2 + \bar{\omega}_3} \tag{4.3.35}$$

式中

$$\bar{\omega}_j = \frac{\gamma_j}{(\varepsilon + \beta_j)^2} \tag{4.3.36}$$

小量 $\varepsilon = 10^{-6}$，使用小量是为了防止分母为零。

4.3.3 基于平均值的 ENO/WENO 重构

与 WENO 插值中已知函数 $u(x)$ 在网格节点 x_i 上的值 $u_i = u(x_i)$ 不同，WENO 重构假设单元 $I_i = (x_{i-1/2}, x_{i+1/2})$ 上的积分平均值已知：

$$\bar{u}_i^n = \frac{1}{\Delta x} \int_{x_{i-1/2}}^{x_{i+1/2}} u(x) \mathrm{d}x \tag{4.3.37}$$

我们的目的是寻找函数 $u(x)$ 在任意节点 $x_{i+1/2}$ 上的值 $u_{i+1/2}$，该过程称为重构，而不是插值。重构得到的多项式并不通过节点，插值得到的多项式必通过节点。

定义函数 $u(x)$ 的原函数：

$$U(x) = \int_{-1/2}^{x} u(\xi) \mathrm{d}\xi \tag{4.3.38}$$

具体形式为：

$$U(x_{i+1/2}) = \int_{x_{-1/2}}^{x} u(\xi)\,\mathrm{d}\xi = \sum_{l=0}^{i} \int_{x_{l-1/2}}^{x_{l+1/2}} u(\xi)\,\mathrm{d}\xi = \sum_{l=0}^{i} \Delta x\,\bar{u}_l \quad (4.3.39)$$

这说明已知单元的积分平均值 $\bar{u}_l$，很容易得到半节点上的原函数值 $U(x_{i+1/2})$。因此，可以通过插值多项式构造原函数 $U(x)$，对原函数求导就可以得到函数 $u(x) = U'(x)$。

过原函数 $U(x)$ 四个点 $x_{j+1/2}, j = i-3, i-2, j-1, j$ 的最高三阶精度的插值多项式记为 $P_1(x)$，则 $p_1(x) = P'_1(x)$。很容易证明 $p_1(x)$ 是唯一的，并且最高为二阶精度，在模板 $S_1 = \{I_{i-2}, I_{i-1}, I_i\}$ 上重构函数 $u(x)$ 的多项式，即：

$$(\bar{p}_1)_i = \frac{1}{\Delta x}\int_{x_{i-1/2}}^{x_{i+1/2}} p_1(x)\,\mathrm{d}x = \bar{u}_i \quad (4.3.40)$$

这里可以用 $u_{i+1/2}^{(1)} = p_1(x_{i+1/2})$ 表示半节点上物理量 $u(x_{i+1/2})$ 的近似，即：

$$u_{i+1/2}^{(1)} = \frac{1}{3}\bar{u}_{i-2} - \frac{7}{6}\bar{u}_{i-1} + \frac{11}{6}\bar{u}_i \quad (4.3.41)$$

通过数值分析，可以得出这个近似多项式是三阶精度的，即

$$u_{i+1/2}^{(1)} - u(x_{i+1/2}) = O(\Delta x^3) \quad (4.3.42)$$

同理，对于 $S_2 = \{I_{i-1}, I_i, I_{i+1}\}$ 和模板 $S_3 = \{I_i, I_{i+1}, I_{i+2}\}$，可以分别构造重构多项式：

$$u_{i+1/2}^{(2)} = -\frac{1}{6}\bar{u}_{i-1} + \frac{5}{6}\bar{u}_i + \frac{1}{3}\bar{u}_{i+1} \quad (4.3.43)$$

和

$$u_{i+1/2}^{(3)} = \frac{1}{3}\bar{u}_i + \frac{5}{6}\bar{u}_{i+1} - \frac{1}{6}\bar{u}_{i+2} \quad (4.3.44)$$

这两个多项式也都为三阶精度近似。

如果使用一个大模板 $S = \{I_{i-2}, I_{i-1}, I_i, I_{i+1}, I_{i+2}\}$，大模板是上面三个小模板的组合，可以构造最高 5 阶精度的重构多项式 $p(x)$，满足 $\bar{p}_j = \bar{u}_j$，并且 $u_{i+1/2} \approx p(x_{i+1/2})$，可以显式地表示为：

$$u_{i+1/2} = \frac{1}{30}\bar{u}_{i-2} - \frac{13}{60}\bar{u}_{i-1} + \frac{47}{60}\bar{u}_i + \frac{9}{20}\bar{u}_{i+1} - \frac{1}{20}\bar{u}_{i+2} \quad (4.3.45)$$

该近似是 5 阶精度的，即：

$$u_{i+1/2} - u(x_{i+1/2}) = O(\Delta x^5) \quad (4.3.46)$$

同 WENO 差值一样，基于大模板的重构近似可以表示为小模板重构近似值的线性组合，即

$$u_{i+1/2} = \gamma_1 u_{i+1/2}^{(1)} + \gamma_2 u_{i+1/2}^{(2)} + \gamma_3 u_{i+1/2}^{(3)} \quad (4.3.47)$$

线性权重满足 $\gamma_1 + \gamma_2 + \gamma_3 = 1$，经过对比系数得：

$$\gamma_1 = \frac{1}{10}, \gamma_2 = \frac{3}{5}, \gamma_3 = \frac{3}{10} \quad (4.3.48)$$

该重构称为线性重构，不是因为重构过程使用了线性函数，而是因为权重为常数。

最终的 WENO 重构表示为三个三阶精度重构多项式的凸组合形式：

$$u_{i+1/2} = \omega_1 u_{i+1/2}^{(1)} + \omega_2 u_{i+1/2}^{(2)} + \omega_3 u_{i+1/2}^{(3)} \quad (4.3.49)$$

非线性权重 $\omega_j > 0$，利用与上一节同样的光滑器，可以评估模板的光滑程度。因为函数 $p_j(x)$ 的形式与前面不同，所以光滑器的最终形式为：

$$\beta_1 = \frac{13}{12}(\bar{u}_{i-2} - 2\bar{u}_{i-1} + \bar{u}_i)^2 + \frac{1}{4}(\bar{u}_{i-2} - 4\bar{u}_{i-1} + 3\bar{u}_i)^2$$

$$\beta_2 = \frac{13}{12}(\bar{u}_{i-1} - 2\bar{u}_i + \bar{u}_{i+1})^2 + \frac{1}{4}(\bar{u}_{i-1} - \bar{u}_{i+1})^2$$

$$\beta_3 = \frac{13}{12}(\bar{u}_i - 2\bar{u}_{i+1} + \bar{u}_{i+2})^2 + \frac{1}{4}(3\bar{u}_i - 4\bar{u}_{i+1} + 3\bar{u}_{i+2})^2$$

4.4 数值微分和数值积分

4.4.1 数值微分

1. 线性近似

过两点 $(x_i, f(x_i))$、$(x_{i+1}, f(x_{i+1}))$ 的直线可以表示为：

$$f(x) \approx p(x) = f(x_i) + \frac{f(x_{i+1}) - f(x_i)}{x_{i+1} - x_i}(x - x_i) \tag{4.4.1}$$

取微分可得：

$$\frac{\mathrm{d}f(x)}{\mathrm{d}x} \approx \frac{\mathrm{d}p(x)}{\mathrm{d}x} = \frac{f(x_{i+1}) - f(x_i)}{x_{i+1} - x_i} \tag{4.4.2}$$

如果 $x = x_i$，上式为向前差分；如果 $x = x_{i+1}$，上式为向后差分；如果 $x = \frac{x_i + x_{i+1}}{2}$，上式为中心差分。

误差分析：

$$e_1(x) = f(x) - p_1(x) = \frac{(x - x_i)(x - x_{i+1})}{2}\frac{\mathrm{d}^2[f(\xi)]}{\mathrm{d}x^2}, (x_i \leqslant x \leqslant x_{i+1}, x_i \leqslant \xi(x) \leqslant x_{i+1}) \tag{4.4.3}$$

求导可得：

$$\frac{\mathrm{d}[e_1(x)]}{\mathrm{d}x} = \frac{\mathrm{d}[f(x)]}{\mathrm{d}x} - \frac{\mathrm{d}[p_1(x)]}{\mathrm{d}x}$$

$$= \left(x - \frac{x_i + x_{i+1}}{2}\right)\frac{\mathrm{d}^2[f(\xi)]}{\mathrm{d}x^2} + \frac{(x - x_i)(x - x_{i+1})}{2}\frac{\mathrm{d}^3[f(\xi)]}{\mathrm{d}x^3}\frac{\mathrm{d}\xi}{\mathrm{d}x} \tag{4.4.4}$$

对于向后差分：

$$\frac{\mathrm{d}[e_1(x_{i+1})]}{\mathrm{d}x} = \left(\frac{x_{i+1} - x_i}{2}\right)\frac{\mathrm{d}^2[f(\xi)]}{\mathrm{d}x^2} = O(x_{i+1} - x_i) \tag{4.4.5}$$

对于向前差分：

$$\frac{\mathrm{d}[e_1(x_i)]}{\mathrm{d}x} = -\left(\frac{x_{i+1} - x_i}{2}\right)\frac{\mathrm{d}^2[f(\xi)]}{\mathrm{d}x^2} = O(x_{i+1} - x_i) \tag{4.4.6}$$

对于中心差分：

$$\frac{\mathrm{d}[e_1(x_i/2 + x_{i+1}/2)]}{\mathrm{d}x} = \frac{1}{2}\left(\frac{x_{i+1} + x_i}{2} - x_i\right)\left(\frac{x_{i+1} + x_i}{2} - x_{i+1}\right)\frac{\mathrm{d}^3[f(\xi)]}{\mathrm{d}x^3}\frac{\mathrm{d}\xi}{\mathrm{d}x}$$

$$= O((x_{i+1} - x_i)^2) \tag{4.4.7}$$

如果 $x_{i+1} - x_i = \Delta x = \text{const}$，则可以得到差分的误差：

$$\frac{\mathrm{d}f}{\mathrm{d}x}(x_{i+1}) = \frac{f(x_{i+1}) - f(x_i)}{\Delta x} = O(\Delta x)$$

$$\frac{\mathrm{d}f}{\mathrm{d}x}(x_i) = \frac{f(x_{i+1}) - f(x_i)}{\Delta x} = O(\Delta x) \qquad (4.4.8)$$

$$\frac{\mathrm{d}f}{\mathrm{d}x}\left(\frac{x_i + x_{i+1}}{2}\right) = \frac{f(x_{i+1}) - f(x_i)}{\Delta x} = O(\Delta x^2)$$

可以看出，向前差分和向后差分均为 1 阶精度，中心差分为 2 阶精度。

2. 二次近似

对于过 $(x_{i-1}, f(x_{i-1}))$、$(x_i, f(x_i))$、$(x_{i+1}, f(x_{i+1}))$ 的泰勒形式的二次插值多项式：

$$p_2(x) = a_0 + a_1(x - b) + a_2(x - b)^2 \qquad (4.4.9)$$

代入三点的值，可以求得：

$$a_0 = f(x_{i-1}) + (b - x_{i-1})f[x_{i-1}, x_i] + (b - x_{i-1})(b - x_i)f[x_{i-1}, x_i, x_{i+1}]$$
$$a_1 = f[x_{i-1}, x_i] + (b - x_{i-1} + b - x_i)f[x_{i-1}, x_i, x_{i+1}]$$
$$a_2 = f[x_{i-1}, x_i, x_{i+1}]$$

为了计算方便，这里直接令 $b = x_{i-1}$，则

$$a_2 = \frac{1}{x_{i+1} - x_{i-1}}\left[\frac{f(x_{i+1}) - f(x_i)}{x_{i+1} - x_i} - \frac{f(x_i) - f(x_{i-1})}{x_i - x_{i-1}}\right]$$

$$a_1 = \frac{f(x_i) - f(x_{i-1})}{x_i - x_{i-1}} - (x_i - x_{i-1})a_2 \qquad (4.4.10)$$

$$a_0 = f(x_{i-1})$$

则多项式改写为：

$$p_2(x) = f(x_{i-1}) + a_1(x - x_{i-1}) + a_2(x - x_{i-1})^2 \qquad (4.4.11)$$

求导可得：

$$\frac{\mathrm{d}f}{\mathrm{d}x}(x) \approx \frac{\mathrm{d}p_2}{\mathrm{d}x}(x) = 2a_2(x - x_{i-1}) + a_1 \qquad (4.4.12)$$

如果 $x = x_i$，则：

$$\frac{\mathrm{d}f}{\mathrm{d}x}(x_i) \approx \theta_i \frac{f(x_{i+1}) - f(x_i)}{x_{i+1} - x_i} - (1 - \theta_i)\frac{f(x_i) - f(x_{i-1})}{x_i - x_{i-1}} \qquad (4.4.13)$$

式中

$$\theta_i = \frac{x_i - x_{i-1}}{x_{i+1} - x_{i-1}}$$

对于等距网格，$\theta_i = 1/2$，有：

$$\frac{\mathrm{d}f}{\mathrm{d}x}(x_{i+1}) \approx \frac{3f(x_{i+1}) - 4f(x_i) + f(x_{i-1})}{\Delta x}$$

$$\frac{\mathrm{d}f}{\mathrm{d}x}(x_i) \approx \frac{f(x_{i+1}) - f(x_{i-1})}{2\Delta x} \qquad (4.4.14)$$

$$\frac{\mathrm{d}f}{\mathrm{d}x}(x_{i-1}) \approx \frac{-f(x_{i+1}) + 4f(x_i) - 3f(x_{i-1})}{2\Delta x}$$

通过误差分析可以得到精度公式：

$$\frac{\mathrm{d}f}{\mathrm{d}x}(x_{i+1}) = \frac{3f(x_{i+1}) - 4f(x_i) + f(x_{i-1})}{\Delta x} + O(\Delta x^2)$$

$$\frac{\mathrm{d}f}{\mathrm{d}x}(x_i) = \frac{f(x_{i+1}) - f(x_{i-1})}{2\Delta x} + O(\Delta x^2) \tag{4.4.15}$$

$$\frac{\mathrm{d}f}{\mathrm{d}x}(x_{i-1}) = \frac{-f(x_{i+1}) + 4f(x_i) - 3f(x_{i-1})}{2\Delta x} + O(\Delta x^2)$$

对于二次导数：

$$\frac{\mathrm{d}^2 f}{\mathrm{d}x^2}(x) \approx \frac{\mathrm{d}^2 p_2}{\mathrm{d}x^2}(x) = 2a_2 \tag{4.4.16}$$

如果 $x = x_i$，则：

$$\frac{\mathrm{d}^2 f}{\mathrm{d}x^2}(x_i) = \frac{f(x_{i+1}) - 2f(x_i) + f(x_{i-1})}{\Delta x^2} = O(\Delta x^2) \tag{4.4.17}$$

通过对更高阶的多项式进行微分，可以得到更高阶的差分格式。

3. 泰勒展开

数值微分也可以通过泰勒展开实现：

$$f(x_{i+1}) = f(x_i) + \frac{\mathrm{d}f}{\mathrm{d}x}(x_i)\Delta x + \frac{1}{2}\frac{\mathrm{d}^2 f}{\mathrm{d}x^2}(x_i)\Delta x^2 + \cdots \tag{4.4.18}$$

很容易求得某一点上的导数：

$$\frac{\mathrm{d}f}{\mathrm{d}x}(x_i) = \frac{f(x_{i+1}) - f(x_i)}{\Delta x} - \frac{1}{2}\frac{\mathrm{d}^2 f}{\mathrm{d}x^2}(x_i)\Delta x + \cdots \tag{4.4.19}$$

对于高阶微分：

$$f(x_{i+1}) = f(x_i) + \frac{\mathrm{d}f}{\mathrm{d}x}(x_i)\Delta x + \frac{1}{2}\frac{\mathrm{d}^2 f}{\mathrm{d}x^2}(x_i)\Delta x^2 + \frac{1}{6}\frac{\mathrm{d}^3 f}{\mathrm{d}x^2}(x_i)\Delta x^3 + \frac{1}{24}\frac{\mathrm{d}^4 f}{\mathrm{d}x^2}(x_i)\Delta x^4 + \cdots$$

$$f(x_{i-1}) = f(x_i) - \frac{\mathrm{d}f}{\mathrm{d}x}(x_i)\Delta x + \frac{1}{2}\frac{\mathrm{d}^2 f}{\mathrm{d}x^2}(x_i)\Delta x^2 - \frac{1}{6}\frac{\mathrm{d}^3 f}{\mathrm{d}x^2}(x_i)\Delta x^3 + \frac{1}{24}\frac{\mathrm{d}^4 f}{\mathrm{d}x^2}(x_i)\Delta x^4 - \cdots$$

上述两个式子相加，消掉一阶导数项，可以得到二阶导数项，即：

$$\frac{\mathrm{d}^2 f}{\mathrm{d}x^2}(x_i) = \frac{f(x_{i+1}) - 2f(x_i) + f(x_{i-1})}{\Delta x^2} - \frac{1}{12}\frac{\mathrm{d}^4 f}{\mathrm{d}x^2}(x_i)\Delta x^2 + \cdots \tag{4.4.20}$$

多个节点的组合，如 $[x_1, x_2, x_3]$ 或者 $[x_{j-1}, x_{j+}, x_{j+1}, x_{j+2}]$，称为模板。一般来说，更多的节点意味着更高的精度。

4.4.2 数值积分

利用积分式与面积的关系，数值积分可以表示为：

$$\int_a^b f(x)\,\mathrm{d}x \approx \sum_{i=0}^{N} w_i f(x_i), a \leqslant x_i \leqslant b \tag{4.4.21}$$

积分第一中值定理：

$$\int_a^b f(x)\,\mathrm{d}x = f(c)\int_a^b \mathrm{d}x = f(c)(b-a), a \leqslant c \leqslant b \tag{4.4.22}$$

积分第二中值定理：

$$\int_a^b f(x)g(x)\,\mathrm{d}x = f(c)\int_a^b g(x)\,\mathrm{d}x, a \leqslant c \leqslant b \tag{4.4.23}$$

1. 常数近似

如果 $p_0(x) = f(x_0)$，则

$$\int_a^b f(x)\,\mathrm{d}x \approx \int_a^b p_0(x)\,\mathrm{d}x = \int_a^b f(x_0)\,\mathrm{d}x = (b-a)f(x_0) \tag{4.4.24}$$

假设 $f(x)$ 存在连续的一阶导数，则误差为：

$$e_0(x) = f(x) - p_0(x) = f(x) - f(x_0) = (x - x_0)\frac{\mathrm{d}[f(\xi)]}{\mathrm{d}x} \tag{4.4.25}$$

式中，$a \leqslant \xi(x) \leqslant b$。误差的积分为：

$$E_0 = \int_a^b e_0(x)\,\mathrm{d}x = \int_a^b [f(x) - p_0(x)]\,\mathrm{d}x = \int_a^b (x - x_0)\frac{\mathrm{d}[f(\xi)]}{\mathrm{d}x}\mathrm{d}x \tag{4.4.26}$$

分部积分：

$$E_0 = \int_a^{x_0} (x - x_0)\frac{\mathrm{d}[f(\xi)]}{\mathrm{d}x}\mathrm{d}x + \int_{x_0}^b (x - x_0)\frac{\mathrm{d}[f(\xi)]}{\mathrm{d}x}\mathrm{d}x \tag{4.4.27}$$

利用积分第二中值定理：

$$E_0 = \frac{\mathrm{d}[f(c_1)]}{\mathrm{d}x}\int_a^{x_0}(x - x_0)\,\mathrm{d}x + \frac{\mathrm{d}[f(c_2)]}{\mathrm{d}x}\int_{x_0}^b(x - x_0)\,\mathrm{d}x \tag{4.4.28}$$

积分得：

$$E_0 = -\frac{1}{2}(x_0 - a)^2\frac{\mathrm{d}[f(c_1)]}{\mathrm{d}x} + \frac{1}{2}(x_0 - b)^2\frac{\mathrm{d}[f(c_2)]}{\mathrm{d}x} = O(\Delta x^2), b - a = \Delta x \tag{4.4.29}$$

所以常数近似积分为：

$$\int_a^b f(x)\,\mathrm{d}x = \Delta x f(x_0) + O(\Delta x^2), a \leqslant x_0 \leqslant b \tag{4.4.30}$$

精度为两阶精度。

2. 线性近似

考虑过两点的线性多项式：

$$f(x) \approx p_1(x) = f(x_0) + \frac{f(x_1) - f(x_0)}{x_1 - x_0}(x - x_0) \tag{4.4.31}$$

积分表示为：

$$\int_a^b f(x)\,\mathrm{d}x \approx \int_a^b p_1(x)\,\mathrm{d}x = \int_a^b \left[f(x_0) + \frac{f(x_1) - f(x_0)}{x_1 - x_0}(x - x_0)\right]\mathrm{d}x \tag{4.4.32}$$

进行积分，得：

$$\int_a^b f(x)\,\mathrm{d}x \approx f(x_0)(b-a) + \frac{1}{2}\frac{f(x_1) - f(x_0)}{x_1 - x_0}[(b - x_0)^2 - (a - x_0)^2] \tag{4.4.33}$$

令 $a = x_0, b = x_1, x_1 - x_0 = \Delta x$，可得：

$$\int_{x_0}^{x_1} f(x)\,\mathrm{d}x = \Delta x\frac{f(x_1) + f(x_0)}{2} + O(\Delta x^3) \tag{4.4.34}$$

习　题

1. 已知函数：

$$f(x) = 3\sin^2\left(\frac{\pi x}{6}\right)$$

在 $x = 0$，1，2，3 四个点上的数值（可通过函数计算），函数值保留两位小数。求拉格朗日插值多项式、牛顿插值多项式、泰勒插值多项式（$b = 0$）。

2. 考虑 $[-1，1]$ 上的矩形函数：

$$f(x) = \begin{cases} 0, & -1 \leqslant x < -0.5 \\ 1, & -0.5 \leqslant x \leqslant -0.5 \\ 0, & 0.5 < x \leqslant 1 \end{cases}$$

假设将计算域离散为 $N+1$ 个点，计算 $N = 1$、2、3、4、5 时的泰勒多项式，并画图进行结果比较。

3. 已知函数：

$$f(x) = 3\sin^2\left(\frac{\pi x}{6}\right)$$

$x = 0$，1，2，3 四个点上的数值（可通过函数计算），函数值保留两位小数。在 $[-0.5，0.5]$ 区间构造所有可能的分片线性插值多项式，并选择最合适的一个。

4. 使用线性近似方法计算积分：

$$\int_0^{\pi/2} \sin x \, dx$$

将计算域 $[0，\pi/2]$ 离散成合适数量的散点，保证总的计算误差不超过 0.001。

5. 证明定积分近似计算的抛物线公式具有三阶精度。

$$\int_a^b f(x) \, dx \approx \frac{b-a}{b}\left[f(x) + 4f\left(\frac{a+b}{2}\right) + f(b)\right]$$

6. 论述插值和重构的区别。

参　考　文　献

[1] 关治，陆金甫. 数值分析基础 [M]. 北京：高等教育出版社，1998.

[2] Neumaier A. Introduction to Numerical Analysis [M]. Cambridge University Press，2001.

[3] Laney C B. Computational Gasdynamics [M]. Cambridge University Press，1998.

[4] 阎超. 计算流体力学方法及应用 [M]. 北京：北京航空航天大学出版社，2006.

[5] Leveque R. Finite volume methods for hyperbolic problems [M]. Cambridge University Press，2004.

[6] Toro E F. Riemann Solvers and numerical methods for fluid dynamics [M]. Eleuterio，1999.

[7] Harten A，Engquist B，Osher S，et al. Uniformly High Order Accuracy Essentially Non-oscillatory Schemes Ⅲ [J]. Journal of Computational Physics，1987（71）：231-303.

[8] Liu X D，Osher S，Chan T. Weighted essentially nonoscillatory schemes [J]. Journal of

Computational Physics，1994（115）：200 – 212

［9］ Jiang G S，Shu C W. Efficient Implementation of Weighted ENO Schemes ［J］. Journal of Computational Physics，1996（126）：202 – 228.

［10］ Shu C W. Essentially non – oscillatory and weighted essentially non – oscillatory schemes for hyperbolic conservation laws ［C］. In Quarteroni A. （eds）Advanced Numerical Approximation of Nonlinear Hyperbolic Equations. Lecture Notes in Mathematics，vol 1697. Springer，Berlin，Heidelberg，1998.

第 5 章

有限差分方法

5.1 有限差分法的理论基础

有限差分法是偏微分方程数值算法中最经典的一类方法。它是将计算区域离散为网格，用有限个网格节点代替连续的计算域，然后将偏微分方程的导数用差商代替，推导出含有离散点上有限个未知数的差分方程。差分方程组（代数方程组）的解就是偏微分方程定解问题的数值近似解，这是一种直接将微分问题变为代数问题的近似数值解法。这种方法发展较早，比较成熟，多用于求解双曲型和抛物型问题（发展型问题）[1,2]。对于有限差分格式，从格式的精度来划分，有一阶格式、二阶格式和高阶格式。从差分的空间形式来考虑，可分为中心格式和迎风格式。考虑时间项的离散，差分格式还可以分为显式格式、隐式格式和显隐式格式等。目前常见的差分格式主要是上述几种形式的组合，不同的组合构成不同的差分格式。有限差分方法主要适用于结构化网格，网格的步长一般根据实际计算区域的几何尺度和稳定性条件（CFL 条件）来确定。

5.1.1 导数的离散

有限差分法的基本原理是使用泰勒展开来实现导数的离散。举例说明，为了计算点 x_i 处函数 $u(x)$ 的 1 阶导数，对点 x_i 的邻域内一点 $x_i + \Delta x$ 处的函数 $u(x_i + \Delta x)$ 进行泰勒展开：

$$u(x_i + \Delta x) = u(x_i) + \Delta x \left.\frac{\partial u}{\partial x}\right|_{x_i} + \frac{\Delta x^2}{2} \left.\frac{\partial^2 u}{\partial x^2}\right|_{x_i} + \cdots \tag{5.1.1}$$

容易得到函数 $u(x)$ 在 x_i 处的一阶导数：

$$\left.\frac{\partial u}{\partial x}\right|_{x_i} = \frac{u(x_i + \Delta x) - u(x_i)}{\Delta x} + O(\Delta x) \approx \frac{u_{i+1} - u_i}{\Delta x} \tag{5.1.2}$$

上述导数包含一个差商和一个余项，该差商是导数的差分近似，也称为差分格式；余项为截断误差，表示差分和微分的差距。通过截断误差可以判断差分逼近的精度，若截断误差表示为 $O(\Delta x^n)$，则精度为 n 阶，因此，该差商是导数的 1 阶精度近似。使用类似的步骤可以得到偏微分更高阶的差分近似。

同理，可以得到时间导数的一阶近似：

$$\left.\frac{\partial u}{\partial t}\right|_{t^n} = \frac{u(t^n + \Delta t) - u(t^n)}{\Delta t} + O(\Delta t) \approx \frac{u^{n+1} - u^n}{\Delta t} \tag{5.1.3}$$

因此，对于线性偏微分方程·

$$\frac{\partial u}{\partial t} + \frac{\partial u}{\partial x} = 0 \tag{5.1.4}$$

利用式（5.1.2）和式（5.1.3）中的差商代替时间和空间导数，微分方程（5.1.4）可以转换为差分方程：

$$\frac{u_i^{n+1} - u_i^n}{\Delta t} + \frac{u_{i+1}^n - u_i^n}{\Delta x} = 0 \tag{5.1.5}$$

或者写为：

$$u_i^{n+1} = u_i^n - \lambda(u_{i+1}^n - u_i^n), \lambda = \frac{\Delta t}{\Delta x} \tag{5.1.6}$$

这种利用差分代替导数，将微分方程转换为代数方程的方法就是有限差分法。该方法的一个重要优点是构造简单直接，容易理解；另一个优点是可以容易地构造导数高阶的近似。

导数离散的一般性方法：待定系数法

与通过泰勒展开构造差分格式不同，待定系数法是一种更为一般化的方法。已知均匀网格点上物理量的分布为 u_i，在 i 点处导数值 $\frac{\partial u}{\partial x}$ 的差分可以表示成附近多个点上物理量线性组合的形式，即：

$$\left(\frac{\partial u}{\partial x}\right)_i = a_{i-k}u_{i-k} + \cdots + a_i u_i + \cdots + a_{i+s}u_{i+s} + O(\Delta x^n) \quad (k \geqslant 0, s \geqslant 0) \tag{5.1.7}$$

式中，系数 a 可以通过泰勒展开求得。以三点格式为例，介绍一下如何求解系数。假设：

$$\left(\frac{\partial u}{\partial x}\right)_i = a_{i-2}u_{i-2} + a_{i-1}u_{i-1} + a_i u_i + O(\Delta x^n) \tag{5.1.8}$$

做泰勒展开：

$$u_{i-2} = u_i + \left(\frac{\partial u}{\partial x}\right)_i(-2\Delta x) + \frac{1}{2!}\left(\frac{\partial^2 u}{\partial x^2}\right)_i(-2\Delta x)^2 + \frac{1}{3!}\left(\frac{\partial^3 u}{\partial x^3}\right)_i(-2\Delta x)^3 + O(\Delta x^4)$$

$$u_{i-1} = u_i + \left(\frac{\partial u}{\partial x}\right)_i(-\Delta x) + \frac{1}{2!}\left(\frac{\partial^2 u}{\partial x^2}\right)_i(-\Delta x)^2 + \frac{1}{3!}\left(\frac{\partial^3 u}{\partial x^3}\right)_i(-\Delta x)^3 + O(\Delta x^4)$$

代入式（5.1.8），可得系数：

$$a_{i-2} = \frac{1}{2\Delta x}, a_{i-1} = -\frac{4}{2\Delta x}, a_i = \frac{3}{2\Delta x}$$

因此，导数可以写为：

$$\left(\frac{\partial u}{\partial x}\right)_i = \frac{1}{2\Delta x}(u_{i-2} - 4u_{i-1} + 3u_i) + \frac{2}{6}\left(\frac{\partial^3 u}{\partial x^3}\right)_i \Delta x^2 + O(\Delta x^3) \tag{5.1.9}$$

式中，差分格式为：

$$\frac{1}{2\Delta x}(u_{i-2} - 4u_{i-1} + 3u_i) \tag{5.1.10}$$

截断误差为：

$$\frac{2}{6}\left(\frac{\partial^3 u}{\partial x^3}\right)_i \Delta x^2 + O(\Delta x^3) = O(\Delta x^2) \tag{5.1.11}$$

表示差分和微分的逼近程度。截断误差最低阶导数是 3 阶，对应的空间步长 Δx 的幂为 2，因此，该差分是导数 2 阶精度的逼近。

同理可以构造 6 点 5 阶的差分表达式为：

$$\left(\frac{\partial u}{\partial x}\right)_i = \frac{-2u_{i-3} + 15u_{i-2} - 60u_{i-1} + 20u_i + 30u_{i+1} - 3u_{i+2}}{60\Delta x} \tag{5.1.12}$$

从上面的例子中可以看出,利用 k 个网格节点上的值,最高可以构造 $k-1$ 阶的导数逼近。

5.1.2 基本差分格式

考虑一维标量守恒方程:

$$\frac{\partial u}{\partial t} + \frac{\partial f(u)}{\partial x} = 0 \tag{5.1.13}$$

下面介绍几种简单的有限差分格式,均可以通过泰勒展开获得。

向前差分:

$$\frac{\partial u}{\partial t}(x,t^n) = \frac{u(x,t^{n+1}) - u(x,t^n)}{\Delta t} + O(\Delta t) \tag{5.1.14}$$

$$\frac{\partial f}{\partial t}(x_i,t) = \frac{f(u(x_{i+1},t)) - f(u(x_i,t))}{\Delta x} + O(\Delta x) \tag{5.1.15}$$

向后差分:

$$\frac{\partial u}{\partial t}(x,t^n) = \frac{u(x,t^n) - u(x,t^{n-1})}{\Delta t} + O(\Delta t) \tag{5.1.16}$$

$$\frac{\partial f}{\partial t}(x_i,t) = \frac{f(u(x_i,t)) - f(u(x_{i-1},t))}{\Delta x} + O(\Delta x) \tag{5.1.17}$$

中心差分:

$$\frac{\partial u}{\partial t}(x,t^n) = \frac{u(x,t^{n+1}) - u(x,t^{n-1})}{2\Delta t} + O(\Delta t^2) \tag{5.1.18}$$

$$\frac{\partial f}{\partial t}(x_i,t) = \frac{f(u(x_{i+1},t)) - f(u(x_{i-1},t))}{2\Delta x} + O(\Delta x^2) \tag{5.1.19}$$

如图 5.1 所示,空间上的向前、向后和中心差分表示 x_i 处导数的三种近似。上述三种空间差分和三种时间差分可以相互组合。形成 9 种有限差分格式,见表 5.1。但是任意组合得到的格式不一定都是好的格式,如 FTCS、CTBS、CTFS 都是无条件不稳定格式。

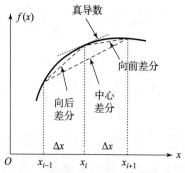

图 5.1 向前、向后和中心差分近似

表5.1 9种基本差分格式

时间差分	空间差分	格式	精度	显隐式
前差	前差	FTFS	$O(\Delta t + \Delta x)$	显式
前差	后差	FTBS	$O(\Delta t + \Delta x)$	显式
前差	中心差	FTCS	$O(\Delta t + \Delta x^2)$	显式
后差	前差	BTFS	$O(\Delta t + \Delta x)$	隐式
后差	后差	BTBS	$O(\Delta t + \Delta x)$	隐式
后差	中心差	BTCS	$O(\Delta t + \Delta x^2)$	隐式
中心差	前差	CTFS	$O(\Delta t^2 + \Delta x)$	显式
中心差	后差	CTBS	$O(\Delta t^2 + \Delta x)$	显式
中心差	中心差	CTCS	$O(\Delta t^2 + \Delta x^2)$	显式

1. 时间前差类格式

三种时间前差类格式：

FTFS：
$$u_i^{n+1} = u_i^n - \lambda\left[f(u_{i+1}^n) - f(u_i^n)\right] \tag{5.1.20}$$

FTBS：
$$u_i^{n+1} = u_i^n - \lambda\left[f(u_i^n) - f(u_{i-1}^n)\right] \tag{5.1.21}$$

FTCS：
$$u_i^{n+1} = u_i^n - \frac{\lambda}{2}\left[f(u_{i+1}^n) - f(u_{i-1}^n)\right] \tag{5.1.22}$$

式中，$\lambda = \dfrac{\Delta t}{\Delta x}$，三种格式用到的节点分布如图5.2所示。其中，黑点表示未知量，灰点表示已知量，下同。

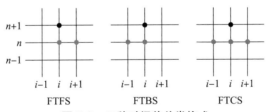

图5.2 三种时间前差类格式

2. 时间后差类格式

三种时间后差类格式：

BTFS：
$$u_i^{n+1} = u_i^n - \lambda\left[f(u_{i+1}^{n+1}) - f(u_i^{n+1})\right] \tag{5.1.23}$$

BTBS：
$$u_i^{n+1} = u_i^n - \lambda\left[f(u_i^{n+1}) - f(u_{i-1}^{n+1})\right] \tag{5.1.24}$$

BTCS：
$$u_i^{n+1} = u_i^n - \frac{\lambda}{2}\left[f(u_{i+1}^{n+1}) - f(u_{i-1}^{n+1})\right] \tag{5.1.25}$$

三种格式用到的节点分布如图5.3所示。

已知几层的值，无须解方程组就可直接计算 $n+1$ 层的值，这样的格式为显式格式，如格式（5.1.20）~格式（5.1.22）；必须求解方程组才能计算 $n+1$ 层的值，这样的格式为隐式格式，如格式（5.1.23）~格式（5.1.25）。时间后差类格式为隐式格式，需要求解线性方

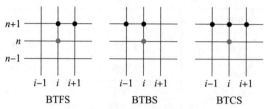

图5.3 三种时间后差类格式

程组。下面以线性对流方程：

$$\frac{\partial u}{\partial t} + a \frac{\partial u}{\partial x} = 0 \tag{5.1.26}$$

为例来说明如何求解。

使用 BTCS 格式离散上述方程，可得

$$u_i^{n+1} = u_i^n - \frac{\lambda a}{2}(u_{i+1}^{n+1} - u_{i-1}^{n+1}) \tag{5.1.27}$$

将已知量放在等号右边，将未知量放在等号左边，BTCS 格式可以改写为：

$$-\frac{\lambda a}{2}u_{i-1}^{n+1} + u_i^{n+1} + \frac{\lambda a}{2}u_{i+1}^{n+1} = u_i^n \tag{5.1.28}$$

考虑网格节点 $i = 1, \cdots, N$。可以在每一个点上使用 BTCS 格式。若 $i = 1$，则：

$$\boxed{-\frac{\lambda a}{2}u_0^{n+1}} + u_1^{n+1} + \frac{\lambda a}{2}u_2^{n+1} = u_1^n \tag{5.1.29}$$

若 $i = N$，则：

$$-\frac{\lambda a}{2}u_{N-1}^{n+1} + u_N^{n+1} + \boxed{\frac{\lambda a}{2}u_{N+1}^{n+1}} = u_N^n \tag{5.1.30}$$

需要指出的是，方框里的项在计算区域的外面。一般来说，需要通过边界条件对此进行特殊处理，在后面的章节中将会讲到。这里姑且先不考虑这两项，直接丢弃掉。

组合每一个网格节点上的差分方程，可以得到下面的线性方程组：

$$\begin{pmatrix} 1 & \lambda a/2 \\ -\lambda a/2 & 1 & \lambda a/2 \\ & -\lambda a/2 & 1 & \lambda a/2 \\ & & & \ddots \\ & & & & -\lambda a/2 & 1 & \lambda a/2 \\ & & & & & -\lambda a/2 & 1 \end{pmatrix} \begin{pmatrix} u_1^{n+1} \\ u_2^{n+1} \\ u_3^{n+1} \\ \vdots \\ u_{N-1}^{n+1} \\ u_N^{n+1} \end{pmatrix} = \begin{pmatrix} u_1^n \\ u_2^n \\ u_3^n \\ \vdots \\ u_{N-1}^n \\ u_N^n \end{pmatrix}$$

求解上述线性方程组，可以得到 $n + 1$ 时刻每一个单元节点点上的物理量 u_i^{n+1}，在此基础上，用相同的步骤可以得到 $n + 2$ 时刻每一个单元节点点上的物理量 u_i^{n+2}，直到推进到需要的时间步。这就是时间推进格式的含义。

3. 时间中心差分类格式

三种时间中心差分类格式：

CTFS：
$$u_i^{n+1} = u_i^{n-1} - 2\lambda(f(u_{i+1}^n) - f(u_i^n)) \tag{5.1.31}$$

CTBS：$$u_i^{n+1} = u_i^{n-1} - 2\lambda\left(f(u_i^n) - f(u_{i-1}^n)\right)$$　　　(5.1.32)

CTCS：$$u_i^{n+1} = u_i^{n-1} - \lambda\left(f(u_{i+1}^n) - f(u_{i-1}^n)\right)$$　　　(5.1.33)

三种格式用到的节点分布如图 5.4 所示。

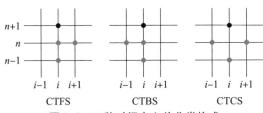

图 5.4　三种时间中心差分类格式

4. 组合差分格式

可以利用上面的 9 种格式中的两种格式组合成一个新的差分格式，例如利用 FTCS 和 BTCS 进行组合。

n 时刻的 FTCS 格式：

$$\frac{u_i^{n+1} - u_i^n}{\Delta t} + \frac{f_{i+1}^n - f_{i-1}^n}{2\Delta x} = 0$$　　　(5.1.34)

$n + 1$ 时刻的 BTCS 格式：

$$\frac{u_i^{n+1} - u_i^n}{\Delta t} + \frac{f_{i+1}^{n+1} - f_{i-1}^{n+1}}{2\Delta x} = 0$$　　　(5.1.35)

将上面的两个格式相加可得两层隐式的 Crank – Nicolson 格式：

$$\frac{u^{n+1} - u^n}{\Delta t} + \frac{1}{2}\left(\frac{f_{i+1}^n - f_{i-1}^n}{2\Delta x} + \frac{f_{i+1}^{n+1} - f_{i-1}^{n+1}}{2\Delta x}\right) = 0$$　　　(5.1.36)

5. 全离散和半离散形式

形如：

$$\frac{u_i^{n+1} - u_i^n}{\Delta t} = -\frac{u_{i+1}^n - u_{i-1}^n}{2\Delta x}$$　　　(5.1.37)

的格式称为全离散格式，即空间导数和时间导数均离散，直观地建立空间导数和时间导数之间的关系，便于分析精度和稳定性。

形如：

$$\frac{\mathrm{d}u_i^n}{\mathrm{d}t} = -\frac{u_{i+1}^n - u_{i-1}^n}{2\Delta x}$$　　　(5.1.38)

的格式称为半离散格式，通常保留时间导数而离散空间导数，这样得到的半离散格式实际上是一个常微分方程，便于我们去使用更高阶、更稳定的时间积分格式，例如 Runge – Kutta 类方法。

5.1.3　修正方程、色散和耗散

1. 修正方程

修正方程是差分方程准确逼近（无误差逼近）的方程。

例如，对于线性对流方程：

$$\frac{\partial u}{\partial t} + a\frac{\partial u}{\partial x} = 0, a = \text{const}$$

它的一种差分方程 FTBS 为:

$$\frac{u_i^{n+1} - u_i^n}{\Delta t} + a\frac{u_i^n - u_{i-1}^n}{\Delta x} = 0$$

先分别计算时间和空间导数差分格式的截断误差,再计算差分方程的误差,即:

$$\left(\frac{\partial u}{\partial x}\right)_i^n = \frac{u_i^n - u_{i-1}^n}{\Delta x} + \frac{\Delta x}{2}u_{xx} - \frac{\Delta x^2}{6}u_{xxx} + \cdots$$

$$\left(\frac{\partial u}{\partial t}\right)_i^n = \frac{u_i^{n+1} - u_i^n}{\Delta t} - \frac{\Delta t}{2}u_{tt} - \frac{\Delta t^2}{6}u_{ttt} + \cdots$$

再计算差分方程的误差:

$$\frac{u_i^{n+1} - u_i^n}{\Delta t} + a\frac{u_i^n - u_{i-1}^n}{\Delta x} = u_t + au_x - \frac{a\Delta x}{2}u_{xx} + \frac{a\Delta x^2}{6}u_{xxx} + \frac{\Delta t}{2}u_{tt} + \frac{\Delta t^2}{6}u_{ttt} + \cdots$$

等式右侧的方程即为修正方程:

$$u_t + au_x - \frac{a\Delta x}{2}u_{xx} + \frac{a\Delta x^2}{6}u_{xxx} + \frac{\Delta t}{2}u_{tt} + \frac{\Delta t^2}{6}u_{ttt} + \cdots = 0 \qquad (5.1.39)$$

差分方程完全等价于修正方程,但是逼近原来的模型方程。因此,微分方程 = 差分方程 + 截断误差,而差分方程 = 微分方程 − 截断误差 = 修正方程。即然差分方程完全等价于修正方程,那么可以通过分析修正方程的性质来了解差分方程的性质。

2. 色散和耗散

为了便于进行空间误差分析,通常要求修正方程(5.1.39)中不出现时间的高价导数项。为了消除 2 阶和 3 阶时间导数,对修正方程(5.1.39)进行循环求导并忽略 4 阶以及上导数,可得:

$$\begin{cases} u_{tt} = -au_{xt} + \frac{a\Delta x}{2}u_{xxt} - \frac{\Delta t}{2}u_{ttt} + \cdots \\ u_{tx} = u_{xt} = -au_{xx} + \frac{a\Delta x}{2}u_{xxx} - \frac{\Delta t}{2}u_{ttx} + \cdots \end{cases}$$

$$\begin{cases} u_{ttx} = -au_{xxt} + \cdots \\ u_{ttt} = -au_{xtt} + \cdots \\ u_{txxx} = u_{xxt} = -au_{xxx} + \cdots \\ u_{ttx} = a^2 u_{xxx} + \cdots \\ u_{ttt} = -a^3 u_{xxx} + \cdots \end{cases}$$

$$\begin{cases} u_{tx} = -au_{xx} + \frac{a\Delta x}{2}u_{xxx} - \frac{\Delta t}{2}a^2 u_{xxx} + \cdots \\ u_{tt} = a^2 u_{xx} - a^2\Delta x u_{xxx} + a^3\Delta t u_{xxx} + \cdots \end{cases}$$

代入修正方程(5.1.39),消掉时间的高阶导数,可得:

$$u_t + au_x = \frac{a\Delta x}{2}(1 - \lambda)u_{xx} - \frac{a\Delta x^2}{6}(2\lambda^2 - 3\lambda + 1)u_{xxx} + O(\Delta^3) \qquad (5.1.40)$$

式中,$\lambda = \dfrac{a\Delta t}{\Delta x}$。修正方程(5.1.40)右端项称为余项,二阶导数项是隐含的黏性项,起到耗散作用。该耗散项是数值格式的误差引起的，所以称为数值耗散，区别于真正的物理耗散。修正方程余项的三阶导数项称为数值色散项，在间断处会产生虚假的震荡。因此，修正方程常用来分析差分格式的性质。为不失一般性，差分格式修正方程的余项可以统一表示为[2]：

$$R_j^n = \sum \nu_{2l} \frac{\partial^{2l} u}{\partial x^{2l}} + \sum \mu_{2m+1} \frac{\partial^{2m+1} u}{\partial x^{2m+1}}$$

式中，ν_{2l} 为偶数阶导数的系数；μ_{2m+1} 为奇数阶导数的系数。格式的数值色散和数值耗散可以通过修正方程进行判断，通常最低阶的导数项起到主要的作用，更高阶的导数项起到次要的作用。图 5.5 给出了耗散型格式和色散型格式造成的数值解的误差形式。数值耗散导致间断的平滑化，而数值耗散则使得间断附近产生非物理的震荡。

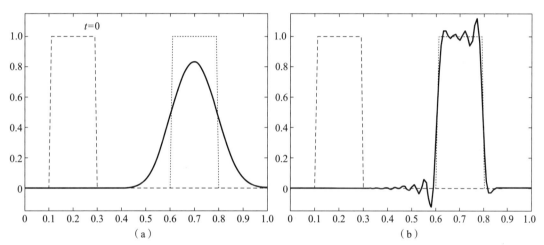

图 5.5　一维对流方程的波形（实线为数值解，虚线为精确解）
（a）耗散格式；（b）色散格式

3. 傅里叶分析

考虑线性对流方程：

$$\frac{\partial u}{\partial t} + a \frac{\partial u}{\partial x} = 0, a = \mathrm{const} > 0$$

初始条件为 $u(x,0) = \mathrm{e}^{ikx} = \cos(kx) + i\sin(kx)$，边界条件为周期性边界，初始值为三角函数，写成复数的形式是为了分析的方便。k 表示三角函数的周期，$2\pi/k$ 表示三角函数的波长。根据特征线法，对流方程的精确解为：

$$u(x,t) = \mathrm{e}^{ik(x-at)} = \mathrm{e}^{-ikat}\mathrm{e}^{ikx}$$

下面分析差分格式对方程解误差的影响。对于函数 $u(x_j) = \mathrm{e}^{ikx_j}$，它的导数的差分格式总是可以表示为：

$$\delta_x u_j = \frac{\tilde{k}}{\Delta x}\mathrm{e}^{ikx_j}$$

式中，$\tilde{k}$ 为修正波数，若格式无误差，则 $\tilde{k} = ik\Delta x \equiv i\alpha$。$\alpha \equiv k\Delta x$ 反映了一个波（周期）内的网格点数，可以用于表征分辨率。例如，若使用向后差分，则：

$$\delta_x u_j = \frac{u_j - u_{j-1}}{\Delta x} = \frac{1}{\Delta x}\left[\mathrm{e}^{ikx_j} - \mathrm{e}^{ik(x_j - \Delta x)}\right] = \frac{1 - \mathrm{e}^{-i\alpha}}{\Delta x}\mathrm{e}^{ikx_j} = \frac{\tilde{k}}{\Delta x}\mathrm{e}^{ikx_j}$$

此时，$\tilde{k} = 1 - e^{-i\alpha} \neq i\alpha$，说明一阶迎风格式带来了误差。

假设对流方程解的一般形式为 $u(x_j, t) = \hat{u}(t)e^{ikx_j}$，则半离散形式的差分方程为：

$$\frac{d[\hat{u}(t)]}{dt}e^{ikx_j} + a\hat{u}(t)\frac{\tilde{k}}{\Delta x}e^{ikx_j} = 0$$

这里使用半离散形式的差分方程是为了忽略时间导数的差分误差，只分析空间导数的差分误差。两边消去自然指数项，可得：

$$\frac{d[\hat{u}(t)]}{dt} = -a\frac{\tilde{k}}{\Delta x}\hat{u}(t)$$

积分后得：

$$\hat{u}(t) = \hat{u}(0)e^{-\frac{\tilde{k}}{\Delta x}at}$$

则数值解可以表示为：

$$u(x_j, t) = \hat{u}(t)e^{ikx_j} = \hat{u}(0)e^{ikx_j - \frac{\tilde{k}}{\Delta x}at}$$

解的误差由 $\tilde{k}$ 表示。若 $\tilde{k} = ik\Delta x = i\alpha$，则数值解写为：

$$u(x_j, t) = \hat{u}(0)e^{ik(x_j - at)}$$

显然此时数值解不存在误差。

若存在误差，且分解误差为 $\tilde{k} = k_r + ik_i$，解可以写为：

$$u(x_j, t) = \hat{u}(0)e^{-k_r\frac{at}{\Delta x}}e^{ik\left(x_j - \frac{k_i}{k\Delta x}at\right)} \tag{5.1.41}$$

理想情况下，$k_r = 0, k_i = k\Delta x$，此时没有误差。从方程（5.1.41）可以看出，k_r 的误差导致解的幅值误差，即耗散误差；k_i 的误差导致解传播速度的误差，即色散误差。傅里叶分析的目的是计算出 $\tilde{k}$，并考察其与 $ik\Delta x$ 的逼近程度。

以一阶迎风格式为例：

$$\delta_x u_j = \frac{u_j - u_{j-1}}{\Delta x} = \frac{1}{\Delta x}\left[e^{ikx_j} - e^{ik(x_j - \Delta x)}\right] = \frac{e^{ikx_j}}{\Delta x}(1 - e^{-i\alpha}) = \frac{\tilde{k}}{\Delta x}e^{ikx_j}$$

使用傅里叶分析可得：

$$\begin{cases} \tilde{k} = 1 - e^{-ik\Delta x} = (1 - \cos k\Delta x) + i\sin k\Delta x \\ k_r = 1 - \cos k\Delta x \\ k_i = \sin k\Delta x \end{cases}$$

当 $k\Delta x$ 很小时，$\sin k\Delta x = k\Delta x$，此时 $k_r = 1, k_i = k\Delta x$，可见一阶迎风格式会产生耗散误差，不会产生色散误差。当 $k\Delta x$ 不是很小时，同时产生耗散和色散误差。这是因为，只有在足够小的网格尺寸（$k\Delta x$）下，格式的设计精度和特性才能够体现出来。

考虑二阶迎风格式：

$$\frac{3u_j - 4u_{j-1} + u_{j-2}}{2\Delta x} = \frac{e^{jkx_j}}{2\Delta x}(3 - 4e^{-i\alpha} + e^{-i2\alpha}) = \frac{\tilde{k}}{\Delta x}e^{jkx_j}$$

使用傅里叶分析可得：

$$\begin{cases} \tilde{k} = (3 - 4e^{-i\alpha} + e^{-i2\alpha})/2 \\ k_r = (3 - 4\cos\alpha + \cos 2\alpha)/2 \\ k_i = (4\sin\alpha - \sin 2\alpha)/2 \end{cases}$$

一阶和二阶迎风格式的色散和耗散曲线如图 5.6 所示。可以看出，波数 $k\Delta x$ 越高，误差越严重。分辨率 $\alpha \equiv k\Delta x$ 相同的情况下，采用高阶格式可放宽空间网格步长，从而减少计算量。

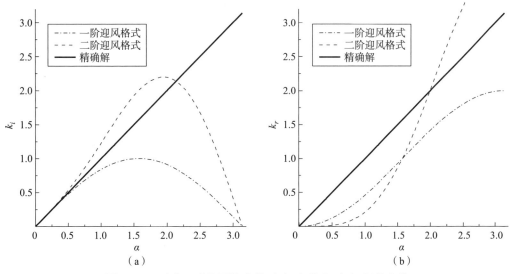

图 5.6　一阶和二阶迎风格式的（a）色散和（b）耗散曲线

4. 数值解的群速度

从方程（5.1.41）可以看出，色散误差可以导致数值解的传播速度 $\dfrac{k_i}{\alpha}a$ 与精确解 a 不一致。若 $\mathrm{d}k_i/\mathrm{d}\alpha > 1$，则表明数值解传播偏快，为快格式；若 $\mathrm{d}k_i/\mathrm{d}\alpha < 1$，则说明数值解传播偏慢，为慢格式。从图 5.6 中可以看出，在 $\alpha < 2.15$ 时，二阶迎风格式是快格式，在 $\alpha > 2.15$ 时，二阶迎风格式是慢格式，而一阶迎风格式一直是慢格式。

激波附近数值振荡可以归因于色散误差导致的数值解的群速度不一致。任何波形都可以认为是由不同频率的简谐波组合而成的。例如，如图 5.7 所示，矩形波可以由不同频率和振幅的三角函数波组合而成。由于波数越高，误差越大，因此，对于快格式，高频简谐波传播速度更快，所以激波前出现振荡；对于慢格式，高频简谐波传播速度更慢，所以激波后出现振荡。图 5.8 给出了两种典型的差分格式：Lax - Wendroff 格式和 Beam - Warming 格式的波形。Lax - Wendroff 格式波后出现震荡，Beam - Warming 格式波前出现震荡，说明这两种格式的色散特性不同。同时间断处也出现一定程度的耗散，说明这两种格式也有耗散特性，只是色散是主要效应，耗散是次要效应。

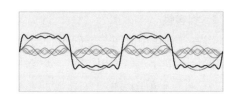

$a_n\cos(nx)+b_n\sin(nx)$

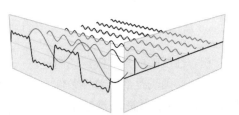

图 5.7　矩形波的傅里叶分解

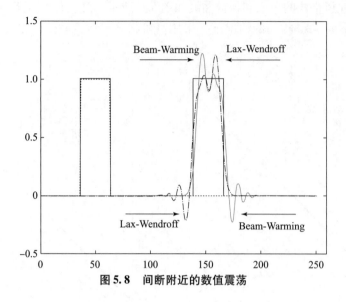

图 5.8　间断附近的数值震荡

5.1.4　差分格式的有效性

一个偏微分方程使用不同的有限差分格式可以得到不同的差分方程。那么，不同的差分方程是否都同样有效，同样可靠，而且能得到同样的计算结果呢？答案是否定的。事实上，不同的差分方程和原方程有完全不同的对应关系，它们具有各自不同的性质，因此，数值结果也完全不同。在这些差分方程中，有些差分方程是有效的、可靠的；有些差分方程只有在一定的条件下是有效的、可靠的；有些差分方程则是完全无效的、不可靠的。所以，如何判断和分析差分方程的有效性和可靠性就成为非常必要和现实的问题了。本节对差分方程有效性的一些基本概念（如相容性、收敛性、稳定性）做简单介绍，为后续各节的分析讨论奠定基础。

1. 相容性

当差分方程中时间与空间步长均趋近于 0 时，差分方程的截断误差也趋近于 0，则称差分方程与原微分方程是相容的。如线性方程的 FTBS 格式：

$$\frac{u_i^{n+1} - u_i^n}{\Delta t} + a\frac{u_i^n - u_{i-1}^n}{\Delta x} = u_t + au_x - \frac{a\Delta x}{2}u_{xx} + \frac{a\Delta x^2}{6}u_{xxx} + \frac{\Delta t}{2}u_{tt} + \frac{\Delta t^2}{6}u_{ttt} + \cdots$$

若 $\Delta x \to 0$, $\Delta t \to 0$, 则差分方程等于微分方程，即

$$\frac{u_i^{n+1} - u_i^n}{\Delta t} + a\frac{u_i^n - u_{i-1}^n}{\Delta x} = u_t + au_x$$

相容性反映的是求解区域内任意一点的差分方程逼近于微分方程的程度。相容性是有限差分算法必须满足的有效性条件。相容性要求对于求解区域内任意点，时间步长和空间步长同时趋近于 0，截断误差趋近于 0。如果时间步长和空间步长不是同时趋近于 0 或并不趋近于 0，而是趋近于某值，或结论并不是对每个点都成立，则差分方程就不满足相容性条件，差分方程也就不逼近于微分方程。相容性条件不仅要求差分方程截断误差趋近于 0，而且要求差分方程定解条件（初边界条件）的截断误差也同时趋近于 0。

2. 收敛性

当时间与空间步长均趋近于 0 时，差分方程的解趋近于微分方程的解，则称差分方程的解收敛于原微分方程的解。u_h、u 分别为差分方程和微分方程的解，即

$$\lim_{\substack{\Delta x \to 0 \\ \Delta t \to 0}} \| u_h - u \| = 0$$

式中，$\| \ \|$ 表示模数，常用的有 L_2 模：

$$\| u(x) \| = \left[\int_{-\infty}^{+\infty} | u(x) |^2 \mathrm{d}x \right]^{\frac{1}{2}}, \| u_h(x) \| = \sqrt{\sum_i u_i^2 \Delta x}$$

和 L_∞ 模：

$$\| u(x) \| = \max_x | u(x) |, \| u_h(x) \| = \max_i | u_i |$$

差分方程收敛性有两种证明方法：直接证明法和数值试验法，下面分别介绍上述两种方法。

对流方程 $u_t + au_x = 0$ 的 FTBS 差分格式为：

$$u_j^{n+1} = (1 - \lambda)u_j^n + \lambda u_{j-1}^n, u_j^0 = \varphi(x_j)$$

设求解区域内任意一点 (x_p, t_p)，微分方程精确解为 u，差分方程解为 u_j^n，则离散化误差为 $e_j^n = u - u_j^n$，把差分方程和微分方程相减，可得离散化的误差方程：

$$e_j^{n+1} = (1 - \lambda)e_j^n + \lambda e_{j-1}^n + O(\Delta x, \Delta t)$$

由上式可以看出，离散化误差方程在形式上和差分方程是完全相同的。

设 $a \geq 0$ 和 $0 \leq \lambda \leq 1$，于是有：

$$| e_j^{n+1} | \leq (1 - \lambda) | e_j^n | + \lambda | e_{j-1}^n | + O(\Delta x, \Delta t)$$
$$\leq (1 - \lambda) \max | e_j^n | + \lambda \max | e_j^n | + O(\Delta x, \Delta t)$$

式中，$\max_j | e_j^n |$ 表示在 n 层的所有节点上离散化误差 e_j^n 的绝对值的最大值，对于所有节点 j，有：

$$| e_j^{n+1} | \leq \max_j | e_j^n | + O(\Delta x, \Delta t)$$

于是有：

$$\max_j | e_j^{n+1} | \leq \max_j | e_j^n | + O(\Delta x, \Delta t)$$
$$\max_j | e_j^n | \leq \max_j | e_j^{n-1} | + O(\Delta x, \Delta t)$$
$$\cdots$$
$$\max_j | e_j^1 | \leq \max_j | e_j^0 | + O(\Delta x, \Delta t)$$

由此可得到：

$$\max_j | e_j^{n+1} | \leq \max_j | e_j^0 | + O(\Delta x, \Delta t)$$

在 $t = 0$ 时，差分方程的初始条件应该是完全准确的，即：

$$u_j^0 = \phi(x_j)$$
$$e_j^0 = u^0 - u_j^0 = 0$$

即 $\max_j | e_j^{n+1} | \leq O(\Delta x, \Delta t)$。即差分方程离散化误差和截断误差是相同数量级，因此，若 $R_j^n \to 0$，则：

$$\lim_{\substack{\Delta t \to 0 \\ \Delta x \to 0}} (\max_j | e_j^{n+1} |) = 0$$

此时，FTBS 格式在 $a \geq 0$ 和 $0 \leq \lambda \leq 1$ 时是收敛的。

数值试验法的基本思想是用差分方程求出 FTBS 数值解，然后和微分方程精确解进行比较，确定差分方程是否收敛。直接证明法比较简单，但是只有很少几个差分方程可以采用直接证明法来证明其收敛性，而数值试验法又非常麻烦，一般来说，很难用数值试验结果严格证明差分方程是否收敛。总的说来，不管是采用直接证明法还是数值试验法，要证明差分方程收敛性都是比较困难的。

差分方程收敛性表示差分方程数值解和微分方程精确解的逼近程度，只有在差分方程收敛于微分方程时，差分方程解才可能是微分方程的精确解。差分方程相容性是差分方程首先要满足的，差分方程相容性是收敛性的必要条件，但并不是充分条件。差分方程相容性并不能保证差分方程数值解一定收敛于微分方程精确解。若差分方程不相容，则数值解肯定不收敛于微分方程的精确解。

3. 稳定性

用计算机数值求解微分方程时，计算误差总是不可避免的。计算误差包括舍入误差、离散误差和初值误差。设微分方程精确解为 u，存在计算误差的差分方程数值解为 $\overline{u_j^n}$，则计算误差定义为：

$$\varepsilon_j^n = u - \overline{u_j^n} = (u - u_j^n) + (u_j^n - \overline{u_j^n})$$

式中，$e_j^n = u - u_j^n$ 是离散化误差，而 $\varepsilon_r = u_j^n - \overline{u_j^n}$ 就是舍入误差。根据收敛性条件，若

$$\lim_{\substack{\Delta t \to 0 \\ \Delta x \to 0}} e_j^n = 0$$

差分方程的解收敛于微分方程的解。而对 ε 数学性质的讨论，就属于稳定性所要讨论的范围。由此可知，稳定性是讨论在计算过程中，某一时刻某一点上产生的计算误差，随着时间推进是否能够被抑制的问题。

定义：在某一个时刻 t_n 存在计算误差 ε_j^n，若在 t_{n+1} 时刻满足：

$$\| \varepsilon_j^{n+1} \| \leq k \| \varepsilon_j^n \| \quad \text{或} \quad \| \varepsilon_j^n \| \leq k \| \varepsilon_j^0 \|$$

其中 k 为正常数，则称差分方程的初值问题是稳定的。说明在差分方程的求解过程中，随着时间推进，误差的增长是有界的。

差分格式的稳定性可以通过傅里叶稳定性分析证明。它的基本思想是在初始时刻引入单波扰动，考虑扰动随时间的变化。基本原理是任何扰动都可认为是单波扰动的叠加，线性情况下不同波之间独立发展。引入单波扰动，代入差分方程，如果解的振幅放大，则差分格式不稳定；否则稳定。这种方法也称为 von Neumann 稳定性分析，通常只对线性偏微分方程适用。

考虑线性方程：

$$\frac{\partial u}{\partial t} + a \frac{\partial u}{\partial x} = 0, a = \text{const} > 0$$

和差分格式 FTBS：

$$\frac{u_j^{n+1} - u_j^n}{\Delta t} + a \frac{u_j^n - u_{j-1}^n}{\Delta x} = 0$$

式中，$\lambda = a \dfrac{\Delta t}{\Delta x}$。引入复数形式的单波扰动：

$$\begin{cases} u_j^n = A^n e^{ikx_j} \\ u_j^{n+1} = A^{n+1} e^{ikx_j} \\ u_{j+1}^n = A^n e^{ikx_{j+1}} \end{cases}$$

式中，$e^{ikx} = \cos kx + i\sin kx$，反映振幅及相位。代入下面的差分方程：

$$u_j^{n+1} = u_j^n - \lambda(u_j^n - u_{j-1}^n)$$

可得：

$$A^{n+1} e^{ikx_j} = A^n e^{ikx_j} - \lambda(A^n e^{ikx_j} - A^n e^{ikx_{j-1}})$$

若格式满足稳定性要求，则放大因子 G 的模小于 1，即：

$$|G| = \left| \frac{A^{n+1}}{A^n} \right| \le 1$$

放大因子 G：

$$|G| = |1 - \lambda + \lambda e^{-ik\Delta x}| = |1 - \lambda + \lambda(\cos k\Delta x - i\sin k\Delta x)|$$
$$= |1 - \lambda(1 - \cos k\Delta x) - i\lambda \sin k\Delta x|$$

或者写为：

$$|G|^2 = [1 - \lambda(1 - \cos k\Delta x)]^2 + \lambda^2 \sin^2 k\Delta x$$
$$= 1 - 4\lambda(1 - \lambda)\sin^2\left(\frac{k\Delta x}{2}\right)$$

要满足 $|G| \le 1$，需要 $\lambda \le 1$，称为稳定性条件。

4. Lax 等价定理

对于适定、线性的偏微分方程，若差分方程和它是相容的，则差分方程稳定性是差分方程收敛性的充分必要条件。

差分方程相容性比较容易证明，证明差分方程稳定性也有不少方法，而差分方程收敛性证明一般比较麻烦。由 Lax 定理可知，在证明相容性的前提下只要证明了差分方程稳定性，则该差分方程一定是收敛的，因此，可以利用 Lax 定理通过证明差分方程的稳定性来证明差分方程的收敛性。

5.1.5 CFL 稳定性条件

在数学中，通过有限差分法求解某些偏微分方程，特别是双曲型偏微分方程，Courant - Friedrichs - Lewy 条件（CFL 条件）[3,4] 是收敛的必要条件。CFL 条件是以 Courant、Friedrichs、Lewy 三个人的名字命名的，他们最早提出这个概念的时候，并不是用来分析差分格式的稳定性，而是用有限差分方法作为分析工具来证明某些偏微分方程解的存在性问题。基本思想是先构造偏微分方程的差分方程，得到一个逼近解的序列，只要知道在给定的网格系统下这个逼近序列收敛，那么就很容易证明这个收敛解就是原微分方程的解。Courant、Friedrichs、Lewy 发现，要使这个逼近序列收敛，必须满足一个条件，那就是著名的 CFL 条件，即数值解的数值依赖区域必须包含偏微分方程的物理依赖区域，才可以保证解的收敛。

1. 线性对流方程的 CFL 条件

考虑线性对流方程：

$$\frac{\partial u}{\partial t} + a\,\frac{\partial u}{\partial x} = 0, \quad a = \text{const}$$

它的物理依赖区域为：

$$\frac{\mathrm{d}x}{\mathrm{d}t} = a$$

对于一般性的显式格式：

$$u_j^{n+1} = f\left(u_{j-K_1}^n, \cdots, u_{j+K_2}^n\right), k_1 > 0, k_2 > 0$$

这说明 u_j^{n+1} 的值依赖于从 $u_{j-K_1}^n$ 到 $u_{j+K_2}^n$ 的所有值，这是格式的数值依赖区域。

如图 5.9 所示，微分方程物理依赖区域为直线 $\frac{\mathrm{d}x}{\mathrm{d}t} = a$，直线的斜率为 a；格式的数值依赖区域处于左、右两条线之间，斜率分别为 $\frac{K_1\Delta x}{\Delta t}$ 和 $-\frac{K_2\Delta x}{\Delta t}$。因此，要使物理依赖区域处于数值依赖区域之间，即满足 CFL 条件，需要：

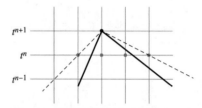

图 5.9　物理依赖区域（实线内）和数值依赖区域（虚线内）

$$-\frac{K_2\Delta x}{\Delta t} \leq a \leq \frac{K_1\Delta x}{\Delta t}$$

或者写为：

$$-K_2 \leq \lambda \leq K_1, \lambda = a\,\frac{\Delta t}{\Delta x}$$

如果 $K_1 = K_2 = K$，则上式简化为：

$$|\lambda| \leq K$$

注意，CFL 条件只是必要条件，并非充分条件。这意味着若一个格式是稳定的，则必满足 CFL 条件；而满足 CFL 条件的格式不一定是稳定的，通常还需要进行傅里叶稳定性分析来确定其稳定性。由于在具体数值计算中，通常使用固定的空间步长 Δx，因此，CFL 条件主要用于限定时间步长 Δt。

隐式格式不受 CFL 条件的限制，因为隐式格式中 u_i^{n+1} 不仅依赖于 n 时刻若干点的值：

$$u_{j-K_1}^n, \cdots, u_{j+K_2}^n$$

还依赖于 $n+1$ 时刻若干点的值：

$$u_{j-L_1}^{n+1}, \cdots, u_{j+L_2}^{n+1}$$

这隐含着 u_j^{n+1} 的数值依赖区域包含前一时刻所有点的值。这也保证了数值依赖区域必然包含物理依赖区域，即必然满足 CFL 条件。这是隐式格式的优点，即可以使用很大的时间步长，这与显式格式相比是巨大的优势。当然，考虑到隐式格式每一步计算都需要求解大型线性方程组，这带来的时间消耗也会抵消大时间步长带来的好处。

2. 欧拉方程的 CFL 条件

一维欧拉方程：

$$\frac{\partial \boldsymbol{u}}{\partial t} + A\,\frac{\partial \boldsymbol{u}}{\partial x} = 0$$

存在三条特征线，斜率分别为 $u+a$、u 和 $u-a$。因此，物理依赖区域处于斜率为 $u+a$ 和 $u-$

a 的两条线之间，即：

$$\begin{cases} -\dfrac{K_2 \Delta x}{\Delta t} \leqslant u - a \\ u + a \leqslant \dfrac{K_1 \Delta x}{\Delta t} \end{cases}$$

如果 $K_1 = K_2 = K$，则上式简化为：

$$\frac{\Delta t}{\Delta x} \max \{ u - a, u + a \} \leqslant K$$

5.1.6 守恒型格式

对于一维守恒方程：

$$\frac{\partial u}{\partial t} + \frac{\partial f(u)}{\partial x} = 0$$

如果差分格式为：

$$u_j^{n+1} = u_j^{n+1} - \frac{\Delta t}{\Delta x} (\hat{f}_{j+1/2}^n - \hat{f}_{j-1/2}^n)$$

称为守恒型差分格式。其中，$\hat{f}_{j+1/2}^n$ 称为数值通量，并不是函数 f 在 $x_{j+1/2}$ 点上的值 $f_{j+1/2}$，而是 $2l$ 个变量的函数，即：

$$\hat{f}_{j+1/2}^n = \hat{f}(u_{j-l+1}^n, u_{j-l+2}^n, \cdots, u_{j+l}^n)$$

$\hat{f}$ 满足相容性条件：

$$\hat{f}(u, u, \cdots, u) = f(u)$$

考虑对流方程的 FTCS 格式：

$$u_j^{n+1} = u_j^n - \frac{\lambda}{2} [f(u_{j+1}^n) - f(u_{j-1}^n)]$$

将其改写为守恒型格式：

$$u_j^{n+1} = u_j^n - \lambda (\hat{f}_{j+1/2}^n - \hat{f}_{j-1/2}^n)$$

$$\hat{f}_{j+1/2}^n = \frac{f(u_{j+1}^n) + f(u_j^n)}{2} \hat{f}_{j-1/2}^n = \frac{f(u_j^n) + f(u_{j-1}^n)}{2}$$

下面证明守恒格式能够满足守恒律。将守恒格式对空间 j 求和，有：

$$\sum_{j=-J}^{J} u_j^{n+1} \Delta x - \sum_{j=-J}^{J} u_j^n \Delta x = \hat{f}_{-J-1/2}^n \Delta t - \hat{f}_{J+1/2}^n \Delta t$$

再对时间 n 求和：

$$\sum_{j=-J}^{J} u_j^{N+1} \Delta x - \sum_{j=-J}^{J} u_j^0 \Delta x = \sum_{n=0}^{N} \hat{f}_{-J-1/2}^n \Delta t - \sum_{n=0}^{N} \hat{f}_{J+1/2}^n \Delta t$$

可以看成是积分：

$$\int_{x_{-J-1/2}}^{x_{J+1/2}} u(x, t_{N+1}) \, \mathrm{d}x - \int_{x_{-J-1/2}}^{x_{J+1/2}} u(x, 0) \, \mathrm{d}x = \int_0^{t_{N+1}} u(x_{-J-1/2}, t) \, \mathrm{d}t - \int_0^{t_{N+1}} u(x_{J+1/2}, t) \, \mathrm{d}t$$

该积分表示离散的守恒律，完全对应于连续的守恒律：

$$\oint_\Gamma (u(x, t) \, \mathrm{d}x - f[u(x, t)]) \, \mathrm{d}t = 0$$

注意，并不是所有的有限差分方法都可以表示为守恒型的形式。严格的守恒型差分格式能够正确地捕捉激波或者接触间断位置。从守恒型方程推导出的有限差分格式通常是守恒型的，从非守恒型方程推导出的有限差分格式通常是非守恒型的。

5.2　中心型差分格式

5.2.1　Lax – Friedrichs 格式

1954 年，Lax 和 Friedrichs[5]发展了线性对流方程的一阶精度有限差分方法。考虑标量守恒方程：

$$\frac{\partial u}{\partial t} + \frac{\partial f}{\partial x} = 0$$

FTCS 格式：

$$u_j^{n+1} = u_j^n - \frac{\lambda}{2}[f(u_{j+1}^n) - f(u_j^n)], \lambda = \frac{\Delta t}{\Delta x}$$

FTCS 无条件不稳定，如果将 u_j^n 替换为 $(u_{j+1}^n + u_{j-1}^n)/2$，则 FTCS 变为 Lax – Friedrichs 格式：

$$u_j^{n+1} = \frac{1}{2}(u_{j+1}^n + u_{j-1}^n) - \frac{\lambda}{2}[f(u_{j+1}^n) - f(u_{j-1}^n)]$$

守恒形式的 Lax – Friedrichs 格式：

$$u_j^{n+1} = u_j^n - \lambda(\hat{f}_{j+1/2}^n - \hat{f}_{j-1/2}^n)$$

式中，数值通量：

$$\hat{f}_{j+1/2}^n = \frac{1}{2}[f(u_{j+1}^n) + f(u_j^n)] - \frac{1}{2\lambda}(u_{j+1}^n - u_j^n)$$

Lax – Friedrichs 格式的节点值分布如图 5.10 所示，黑点为已知点，灰点待求点。从图中可以看出，Lax – Friedrichs 格式为中心型格式。

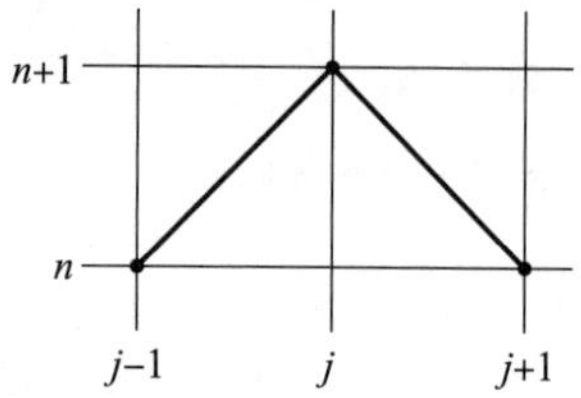

图 5.10　Lax – Friedrichs 格式

1. 截断误差和精度

如果通量 $f = au$，a 为常数，则 Lax – Friedrichs 格式简化为：

$$u_j^{n+1} = \frac{1}{2}(u_{j+1}^n + u_{j-1}^n) - \frac{\lambda a}{2}(u_{j+1}^n - u_{j-1}^n)$$

截断误差为：

$$R = -\frac{\Delta x}{2\lambda}\frac{\partial^2 u}{\partial x^2} + \frac{\Delta t}{2}\frac{\partial^2 u}{\partial x^2} + O(\Delta t^2 + \Delta x^2) = O(\Delta t) + O(\Delta x)$$

其中，$\lambda = \Delta t/\Delta x$。可以看出，Lax – Friedrichs 格式在空间和时间上均为 1 阶精度。截断误差最低阶导数是 2 阶，因此，Lax – Friedrichs 格式会在间断附近产生耗散效应，本质上是因为该格式采用中心差分离散导数。

2. von Neumann 稳定性分析

考虑通量 $f = au$，a 为常数。令 $u_j^n = v^n e^{ikjh}$，代入 Lax – Friedrichs 格式，得：

$$v^{n+1} = \left(\frac{1}{2}e^{ikh} + e^{-ikh} - \frac{a\lambda}{2}e^{ikh} - e^{-ikh}\right)v^n = (\cos kh - ia\lambda \sin kh)v^n$$

增长因子为：

$$G(\lambda, k) = \cos kh - \mathrm{i} a\lambda \sin kh$$

取模：

$$|G(\lambda, k)|^2 = 1 - (1 - a^2\lambda^2)\sin^2 kh$$

因此，当 $|a\lambda| \leqslant 1$ 时，格式稳定。

3. 矢量守恒方程

考虑矢量守恒方程：

$$\frac{\partial \boldsymbol{u}}{\partial t} + \frac{\partial \boldsymbol{f}(\boldsymbol{u})}{\partial x} = 0$$

矢量形式的 Lax – Friedrichs 格式：

$$\boldsymbol{u}_j^{n+1} = \frac{1}{2}(\boldsymbol{u}_{j+1}^n + \boldsymbol{u}_{j-1}^n) - \frac{\lambda}{2}[\boldsymbol{f}(\boldsymbol{u}_{j+1}^n) - \boldsymbol{f}(\boldsymbol{u}_{j-1}^n)]$$

5.2.2　Lax – Wendroff 格式

1. 标量守恒方程

考虑标量守恒方程：

$$\frac{\partial u}{\partial t} + \frac{\partial f(u)}{\partial x} = 0$$

对时间项做泰勒展开：

$$u(x, t + \Delta t) = u(x, t) + \Delta t \frac{\partial u}{\partial t}(x, t) + \frac{\Delta t^2}{2}\frac{\partial^2 u}{\partial t^2}(x, t) + O(\Delta t^3)$$

利用守恒方程，将对时间偏导数转换为对空间偏导数：

$$\begin{cases} \dfrac{\partial u}{\partial t} = -\dfrac{\partial f(u)}{\partial x} = -\dfrac{\partial f(u)}{\partial u}\dfrac{\partial u}{\partial x} = -a(u)\dfrac{\partial u}{\partial x} \\[3mm] \dfrac{\partial^2 u}{\partial t^2} = \dfrac{\partial}{\partial t}\left(\dfrac{\partial u}{\partial t}\right) = \dfrac{\partial}{\partial t}\left(-\dfrac{\partial f(u)}{\partial x}\right) = \dfrac{\partial}{\partial x}\left[-\dfrac{\partial f(u)}{\partial t}\right] \\[3mm] \qquad = \dfrac{\partial}{\partial x}\left[-\dfrac{\partial f(u)}{\partial u}\dfrac{\partial u}{\partial t}\right] = \dfrac{\partial}{\partial x}\left[-a(u)\dfrac{\partial u}{\partial t}\right] = \dfrac{\partial}{\partial x}\left[a(u)\dfrac{\partial f(u)}{\partial x}\right] \end{cases}$$

代入泰勒公式可得：

$$u(x, t + \Delta t) = u(x, t) - \Delta t \frac{\partial f(u)}{\partial x}(x, t) + \frac{\Delta t^2}{2}\frac{\partial}{\partial x}\left[a(u)\frac{\partial f(u)}{\partial x}\right](x, t) + O(\Delta t^3)$$

$$(5.2.1)$$

利用中心差分离散方程（5.2.1）中的一阶、二阶偏导数项，可以得到 Lax – Wendroff 格式[6]，即：

$$u_j^{n+1} = u_j^n - \Delta t \frac{f(u_{j+1}^n) - f(u_{j-1}^n)}{2\Delta x} +$$

$$\frac{\Delta t^2}{2}\frac{\left[a_{j+1/2}^n \dfrac{f(u_{j+1}^n) - f(u_j^n)}{\Delta x}\right] - \left[a_{j-1/2}^n \dfrac{f(u_j^n) - f(u_{j-1}^n)}{\Delta x}\right]}{\Delta x}$$

或者写为：

$$u_j^{n+1} = u_j^n - \frac{\lambda}{2}[f(u_{j+1}^n) - f(u_{j-1}^n)] +$$

$$\frac{\lambda^2}{2}\{a_{j+1/2}^n[f(u_{j+1}^n) - f(u_j^n)] - a_{j-1/2}^n[f(u_j^n) - f(u_{j-1}^n)]\}, \lambda = \frac{\Delta t}{\Delta x}$$

式中，波速 $a_{j+1/2}^n$ 可以用下面的公式计算：

$$a_{j+1/2}^n = \begin{cases} \dfrac{f(u_{j+1}^n) - f(u_j^n)}{u_{j+1}^n - u_j^n}, & u_{j+1}^n \neq u_j^n \\ a(u_j^n), & u_{j+1}^n = u_j^n \end{cases}$$

Lax – Wendroff 格式写成守恒形式为：

$$u_j^{n+1} = u_j^n - \lambda(\hat{f}_{j+1/2}^n - \hat{f}_{j-1/2}^n)$$

式中，数值通量：

$$\hat{f}_{j+1/2}^n = \frac{1}{2}[f(u_{j+1}^n) + f(u_j^n)] - \frac{\lambda}{2}a_{j+1/2}^n[f(u_{j+1}^n) - f(u_j^n)]$$

$$= \frac{1}{2}[f(u_{j+1}^n) + f(u_j^n)] - \frac{\lambda}{2}(a_{j+1/2}^n)^2(u_{j+1}^n - u_j^n)$$

Lax – Wendroff 格式使用的节点值分布如图 5.11 所示，黑点为已知点，灰点为待求点。从图中可以看出，Lax – Wendroff 格式也为中心型格式。Lax – Wendroff 格式影响深远，至今仍是构造新格式的重要参考。

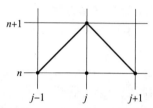

图 5.11　Lax – Wendroff 格式

2. 截断误差和精度

如果通量 $f = au$，a 为常数，则 Lax – Wendroff 格式：

$$u_j^{n+1} = u_j^n - \frac{a\lambda}{2}(u_{j+1}^n - u_{j-1}^n) + \frac{a^2\lambda^2}{2}(u_{j+1}^n - 2u_j^n + u_{j-1}^n)$$

截断误差为：

$$R = -\frac{\Delta t^2}{6}u_{ttt}(x_j, t_n) + \frac{\Delta x^2}{6}au_{xxx}(x_j, t_n) + O(\Delta t^3) + O(\Delta x^3) = O(\Delta t^2) + O(\Delta x^2)$$

$$\lambda = \frac{\Delta t}{\Delta x}$$

可以看出 Lax – Wendroff 格式时间、空间均为 2 阶精度，并且截断误差最低阶导数为 3 阶，在间断附近产生色散效应。

von Neumann 稳定性条件：

$$\left|\frac{a\Delta t}{\Delta x}\right| \leqslant 1$$

3. 矢量守恒方程

矢量形式的 Lax – Wendroff 格式：

$$\boldsymbol{u}_j^{n+1} = \boldsymbol{u}_j^n - \frac{\lambda}{2}[\boldsymbol{f}(\boldsymbol{u}_{j+1}^n) - \boldsymbol{f}(\boldsymbol{u}_{j-1}^n)] +$$

$$\frac{\lambda^2}{2}\{\boldsymbol{A}_{j+1/2}^n[\boldsymbol{f}(\boldsymbol{u}_{j+1}^n) - \boldsymbol{f}(\boldsymbol{u}_j^n)]\} - \{\boldsymbol{A}_{j-1/2}^n[\boldsymbol{f}(\boldsymbol{u}_j^n) - \boldsymbol{f}(\boldsymbol{u}_{j-1}^n)]\}$$

式中，$\boldsymbol{A}_{j+1/2}^n$ 的定义有很多种，最简单的一种是：

$$A_{j+1/2}^n = A\left(\frac{u_{j+1}^n + u_j^n}{2}\right)$$

另一种常见的思路是使用 Roe 平均计算：

$$A_{j+1/2}^n = \overline{A}(u_j^n, u_{j+1}^n)$$

与标量守恒方程不同，一维欧拉方程中雅可比矩阵 A 有 9 个分量，因此，$A_{j+1/2}^n$ 的选择将极大地影响计算的时间消耗。同时，进行雅可比平均矩阵和通量矢量的计算 $A_{j+1/2}^n [f(u_{j+1}^n) - f(u_j^n)]$ 也是耗时的过程。

5.2.3　预测－修正格式

不需要处理雅可比矩阵以及张量计算的两步 Lax－Wendroff 格式（预测－修正方法）：

$$\begin{cases} u_{j+1/2}^{n+1/2} = \dfrac{1}{2}(u_{j+1}^n + u_j^n) - \dfrac{\lambda}{2}[f(u_{j+1}^n) - f(u_j^n)] \\[2mm] u_j^{n+1} = u_j^n - \lambda[f(u_{j+1/2}^{n+1/2}) - f(u_{j-1/2}^{n+1/2})] \end{cases}$$

第一步称为预测步，是 L－F 格式，第二步称为修正，是 leapfrog 格式（CTCS），因此，该方法属于预测－修正方法。预测－修正格式方法使用两种网格：标准网格 x_j 和交错的网格 $x_{j+1/2} = (x_j + x_{j+1})/2$。预测步将标准网格上的值映射到交错网格上，修正步将交错网格上的值映射回标准网格上。这种网格设计在预测－修正方法中很常见。预测－修正格式使用的节点值分布如图 5.12 所示，黑点为已知点，灰点为待求点。从图中可以看出，预测－修正格式也为中心型格式。

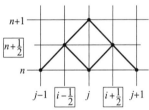

图 5.12　预测－修正格式

对于线性对流方程，两步预测－修正方法表示为：

$$\begin{cases} u_{j+1/2}^{n+1/2} = \dfrac{1}{2}(u_{j+1}^n + u_j^n) - \dfrac{a\lambda}{2}(u_{j+1}^n - u_j^n) \\[2mm] u_j^{n+1} = u_j^n - \lambda a(u_{j+1/2}^{n+1/2} - u_{j-1/2}^{n+1/2}) \end{cases}$$

式中，$\lambda = \dfrac{\Delta t}{\Delta x}$。可以证明两步预测－修正方法的截断误差和稳定性条件与 Lax－Wendroff 格式完全一致。经过验证，两步的预测－修正方法比一步的 Lax－Wendroff 格式计算要快四倍左右。

5.2.4　MacCormack 格式

不需要处理雅可比矩阵以及张量计算的两步 Lax－Wendroff 格式（MacCormack 方法）[7]：

$$\begin{cases} \bar{u}_j^{(1)} = u_j^n - \lambda[f(u_{j+1}^n) - f(u_j^n)] \\[2mm] \bar{u}_j^{(2)} = u_j^n - \lambda[f(\bar{u}_j^{(1)}) - f(\bar{u}_{j-1}^{(1)})] \\[2mm] u_j^{n+1} = \dfrac{1}{2}(u_j^n + \bar{u}_j^{(2)}) \end{cases}$$

式中，第一个预测步是 FTFS，第二个修正步是 FTBS。MacCormack 方法也可以写为：

$$\begin{cases} \bar{\boldsymbol{u}}_j^{(1)} = \boldsymbol{u}_j^n - \lambda\left[f(\boldsymbol{u}_j^n) - f(\boldsymbol{u}_{j-1}^n)\right] \\ \bar{\boldsymbol{u}}_j^{(2)} = \boldsymbol{u}_j^n - \lambda\left[f(\bar{\boldsymbol{u}}_{j+1}^{(1)}) - f(\boldsymbol{u}_j^{(1)})\right] \\ \boldsymbol{u}_j^{n+1} = \dfrac{1}{2}(\boldsymbol{u}_j^n + \bar{\boldsymbol{u}}_j^{(2)}) \end{cases}$$

式中，第一个预测步是 FTBS，第二个修正步是 FTFS。

左行波（$a < 0$）可以很好地被第一个版本的 MacCormack 方法捕捉，右行波（$a > 0$）可以很好地被第二个版本的 MacCormack 方法捕捉。在具体应用中，为了避免这种选择困境，通常在连续的时间步中交叉地使用这两个版本的 MacCormack 方法。对于 MacCormack 方法，一个有趣的特点是：FTFS 和 FTBS 都是无条件不稳定的，但是两者组合使用，在满足 CFL 条件的情况下，是稳定的格式。

如果通量函数是线性的，预测－修正格式和 MacCormack 方法与 Lax－Wendroff 格式是一致的。如果通量函数是非线性的，预测－修正格式和 MacCormack 方法与 Lax－Wendroff 格式有所不同，但都是二阶精度。虽然这三种方法有所不同，但是它们在理论和实践中有很多相似之处，因此通常被视为一类方法。历史上，人们更喜欢 MacCormack 方法而不是 Lax－Wendroff 格式，虽然两者之间并没有本质的区别。即使是现在，不存在激波的情况下，人们更愿意首先使用 MacCormack 方法，主要因为这种格式不用对通量的矩阵运算进行特殊处理，因此格式更为简单、有效。

对于欧拉方程，由于解通常包含激波和接触间断，Lax－Wendroff 格式的使用受到限制。一种解决方法是添加人工黏性项，以预测－修正格式为例：

$$\begin{cases} \boldsymbol{u}_{j+1/2}^{n+1/2} = \dfrac{1}{2}(\boldsymbol{u}_{j+1}^n + \boldsymbol{u}_j^n) - \dfrac{\lambda}{2}(f(\boldsymbol{u}_{j+1}^n) - f(\boldsymbol{u}_j^n)) \\ \boldsymbol{u}_j^{n+1} = \boldsymbol{u}_j^n - \lambda\left[f(\boldsymbol{u}_{j+1/2}^{n+1/2}) - f(\boldsymbol{u}_{j-1/2}^{n+1/2}) + \varepsilon(\boldsymbol{u}_{j+1}^n - 2\boldsymbol{u}_j^n + \boldsymbol{u}_{j-1}^n)\right] \end{cases}$$

对于线性对流方程，两步 MacCormack 方法表示为：

$$\begin{cases} u_j^{(1)} = u_j^n - \lambda a(u_{j+1}^n - u_j^n) \\ u_j^{(2)} = u_j^n - \lambda a(u_j^{(1)} - u_{j-1}^{(1)}) \\ u_j^{n+1} = \dfrac{1}{2}(u_j^n + u_j^{(2)}) \end{cases}$$

或者

$$\begin{cases} u_j^{(1)} = u_j^n - \lambda a(u_j^n - u_{j-1}^n) \\ u_j^{(2)} = u_j^n - \lambda a(u_{j+1}^{(1)} - u_j^{(1)}) \\ u_j^{n+1} = \dfrac{1}{2}(u_j^n + u_j^{(2)}) \end{cases}$$

式中，$\lambda = \Delta t / \Delta x$。可以证明，两步 MacCormack 方法的截断误差和稳定性条件与 Lax－Wendroff 格式完全一致。

MacCormack 格式是 20 世纪 70 年代二维定常流动计算的主角。但 Lax－Wendroff 方法、预测－修正方法、MacCormack 方法这些二阶格式在间断附近可能出现非物理解，如在激波附近产生非物理震荡，数值震荡可能造成密度为负值，从而导致计算失败，这限制了它们的广泛应用。

5.3 标量守恒方程的迎风型格式

构造格式需要选取一定数量的节点来构成一个模板。简单、盲目地选取模板可能会导致计算精度和准确性的丧失。因此，合理的方式是根据流场具体情况自适应地选取模板，通常表现为根据风向选择模板，即迎风性选择。本节针对标量守恒方程，重点介绍选取模板构造迎风格式的一般性原则。下一节针对矢量守恒方程构造迎风格式。

5.3.1 迎风格式的一般原则

构造格式选取模板的一般性原则：满足 CFL 条件和避免包含间断。满足 CFL 条件即数值依赖区域要包含物理依赖区域，在 5.1.5 节中对 CFL 条件进行了详细的讲解，这里不再赘述。避免包含间断即避免选取包含间断的模板，这里的间断包括激波和接触间断。这是因为间断处导数不连续，或者说无穷大，这可能会造成数值解的剧烈震荡。在具体实践中，首先判断间断的位置，然后在间断前或者间断后选择相应的模板，模板不跨越间断。

对于一维标量对流方程，只存在一个风向（特征方向），向右 $a > 0$ 或者向左 $a < 0$。对于向左的风 $a < 0$，右边是上风，左边是下风；对于向右的风 $a > 0$，左边是上风，右边是下风。对于一种数值格式，模板必然包括多个网格节点。因此，根据上风和下风方向节点的数量可以分为三种类型的格式：

①迎风格式：在上风方向选择更多的节点，如：
$$u_i^{n+1} = u_i^n - a\lambda(u_i^n - u_{i-1}^n), a > 0$$
②中心格式，上风和下风方向选择相同数量的节点，如：
$$u_i^{n+1} = u_i^n - a\lambda(u_{i+1}^n - u_{i-1}^n), a > 0$$
③下风格式：在下风方向选择更多的节点，如：
$$u_i^{n+1} = u_i^n - a\lambda(u_{i+1}^n - u_i^n), a > 0$$

标量守恒方程只有一个特征值，容易判断波传播方向，因此相对容易构造迎风格式。但是对于矢量守恒方程，如欧拉方程，存在多个特征值和特征方向，波的传播方向不容易确定，因此迎风格式的构造并不容易。

CFD 的计算方法一般分为两大类：中心格式和迎风格式。迎风格式，特别是针对矢量守恒方程的迎风格式，主要有两个不同的发展思路，即黎曼类方法和矢通量分裂 FVS，其中黎曼类方法逐渐发展成了通量差分分裂 FDS 方法，也就是沿着 Godunov 方法[8]发展的近似黎曼方法[9]。所以，当前迎风格式的代表是 FDS 方法和 FVS 方法。本节主要介绍经典的迎风格式，下一节介绍 FVS 方法[3]，FDS 方法在下一章的有限体积法中介绍。

5.3.2 一阶迎风格式

1. 线性守恒方程

考虑线性对流方程：
$$\frac{\partial u}{\partial t} + a\frac{\partial u}{\partial x} = 0, \ a = \text{const}$$

考虑风向，一阶迎风格式可以简单地写为：

$$u_i^{n+1} = u_i^n - \begin{cases} a\lambda(u_i^n - u_{i-1}^n), a > 0 \\ a\lambda(u_{i+1}^n - u_i^n), a < 0 \end{cases}$$

可以看出，当 $a > 0$ 时，格式是 FTBS；当 $a < 0$ 时，格式是 FTFS。该方法也称为 CIR 方法。可以统一写为：

$$u_i^{n+1} = u_i^n - \lambda[\max\{a,0\}(u_i^n - u_{i-1}^n) - \min\{a,0\}(u_{i+1}^n - u_i^n)]$$

守恒型的一阶迎风格式：

$$u_i^{n+1} = u_i^n - \frac{1}{2}\lambda(\hat{f}_{i+1/2}^n - \hat{f}_{i-1/2}^n)$$

式中，数值通量：

$$\hat{f}_{i+1/2} = \begin{cases} f(u_i^n), a > 0 \\ f(u_{i+1}^n), a < 0 \end{cases}$$

或者写为：

$$\hat{f}_{i+1/2}^n = \frac{1}{2}(f_i^n + f_{i+1}^n) - \frac{1}{2}|a|(u_{i+1}^n - u_i^n)$$

$$= \frac{a}{2}(u_{i+1}^n + u_i^n) - \frac{1}{2}|a|(u_{i+1}^n - u_i^n)$$

最终格式可以写为：

$$u_i^{n+1} = u_i^n - \frac{a\lambda}{2}(u_{i+1}^n - u_{i-1}^n) + \frac{|a|\lambda}{2}(u_{i+1}^n - 2u_i^n + u_{i-1}^n)$$

可以看出，一阶迎风格式包含中心差分项和人工黏性项，意味着一阶迎风格式存在很强的耗散性。利用泰勒展开可以构造更高阶精度的迎风格式，如本章开头推导的二阶格式：

$$u_i^{n+1} = u_i^n - \frac{a\lambda}{2}(u_{i-2} - 4u_{i-1} + 3u_i)$$

根据截断误差最低阶导数项是偶数阶还是奇数阶，格式会表现出耗散性和色散性。对于矢量守恒方程，判断风向要复杂很多。一维欧拉方程存在三个特征方向，因此，最一般的想法是通过特征分裂，将欧拉方程解耦为三个线性独立的标量守恒方程，进而直接利用上述格式构造迎风格式。但是特征分解时耗力，在实际问题中并不常用。我们将在后面的矢通量分裂方法中讲述如何构造矢量守恒方程的迎风格式。

2. 非线性守恒方程

考虑非线性守恒方程：

$$\frac{\partial u}{\partial t} + \frac{\partial f(u)}{\partial x} = 0$$

写成拟线性形式：

$$\frac{\partial u}{\partial t} + a(u)\frac{\partial u}{\partial x} = 0, a(u) = \frac{\partial f(u)}{\partial u}$$

与其相容的守恒型迎风格式可以写为：

$$u_i^{n+1} = u_i^n - \lambda(\hat{f}_{i+1/2}^n - \hat{f}_{i-1/2}^n)$$

$$\hat{f}_{i+1/2}^n = \hat{f}(u_i^n, u_{i+1}^n) = \frac{1}{2}[f(u_{i+1}^n) + f(u_i^n) - |a_{i+1/2}^n|(u_{i+1}^n - u_i^n)]$$

由于守恒方程是非线性的。无法简单、确定地判断特征值和特征方向，因此斜率（波速) $a_{i+1/2}^n$ 的值无法通过迎风性确定。精确求解必须使用精确黎曼求解器，编程复杂，计算效率差，并不常用。Roe[10] 提出了利用近似黎曼解代替精确黎曼解的新方法，即迎风型 Roe 格式。斜率 $a_{i+1/2}^n$ 可以利用平均斜率的概念获得，即：

$$a_{i+1/2}^n = a(u_{i+1}, u_i) = \begin{cases} \dfrac{f(u_{i+1}^n) - f(u_i^n)}{u_{i+1}^n - u_i^n}, & u_{i+1}^n \neq u_i^n \\ a(u_i^n), & u_{i+1}^n = u_i^n \end{cases}$$

5.3.3　Beam – Warming 格式

一阶迎风格式捕捉激波间断很准确，格式是有条件稳定的，但是在光滑区域精度过低，只有一阶。那么是否存在高阶的迎风格式，同时也是稳定的，并且能够准确地捕捉激波？本节和后面的章节将介绍和讨论这一问题。Beam – Warming 格式[11] 是二阶迎风格式，它的推导过程类似于 Lax – Wendroff 格式。首先在时间方向上做泰勒展开：

$$u(x, t + \Delta t) = u(x, t) + \Delta t \frac{\partial u}{\partial t}(x, t) + \frac{\Delta t^2}{2} \frac{\partial^2 u}{\partial t^2}(x, t) + O(\Delta t^3)$$

根据守恒方程，将时间导数转换成空间导数：

$$\frac{\partial u}{\partial t} = -\frac{\partial f(u)}{\partial x} = -\frac{\partial f(u)}{\partial u} \frac{\partial u}{\partial x} = -a(u) \frac{\partial u}{\partial x}$$

泰勒多项式转化为：

$$u(x, t + \Delta t) = u(x, t) - \Delta t \frac{\partial f}{\partial x}(x, t) + \frac{\Delta t^2}{2} \frac{\partial}{\partial x}\left(a(u) \frac{\partial f}{\partial x}\right)(x, t) + O(\Delta t^3)$$

假设 $a(u) > 0$，二阶迎风格式：

$$\frac{\partial f}{\partial x}(x_i, t^n) = \frac{3f(u_i^n) - 4f(u_{i-1}^n) + f(u_{i-2}^n)}{2\Delta x} + O(\Delta x^2)$$

并且

$$\frac{\partial}{\partial x}\left(a(u) \frac{\partial f}{\partial x}\right)(x_i, t^n) = \frac{\partial}{\partial x}\left(a(u) \frac{\partial f}{\partial x}\right)(x_{i-1}, t^n) + O(\Delta x)$$

在 $i-1$ 处做两次中心差分，可得：

$$\frac{\partial}{\partial x}\left(a(u) \frac{\partial f}{\partial x}\right)(x_{i-1}, t^n) = \frac{a_{i-1/2}^n[f(u_i^n) - f(u_{i-1}^n)] - a_{i-3/2}^n[f(u_{i-1}^n) - f(u_{i-2}^n)]}{\Delta x^2} + O(\Delta x^2)$$

将上述一阶导数和二阶导数的差分代入泰勒展开式，可得 Beam – Warming 二阶迎风格式，当 $a(u) > 0$ 时，有：

$$u_i^{n+1} = u_i^n - \frac{\lambda}{2}[3f(u_i^n) - 4f(u_{i-1}^n) + f(u_{i-2}^n)] +$$

$$\frac{\lambda^2}{2}\{a_{i-1/2}^n[f(u_i^n) - f(u_{i-1}^n)] - a_{i-3/2}^n[f(u_{i-1}^n) - f(u_{i-2}^n)]\}$$

Beam – Warming 二阶迎风格式，当 $a(u) < 0$ 时，有：

$$u_i^{n+1} = u_i^n + \frac{\lambda}{2}[3f(u_i^n) - 4f(u_{i+1}^n) + f(u_{i+2}^n)] +$$

$$\frac{\lambda^2}{2}\{a_{i+3/2}^n[f(u_{i+2}^n) - f(u_{i+1}^n)] - a_{i+1/2}^n[f(u_{i+1}^n) - f(u_{i+2}^n)]\}$$

写成守恒型形式，当 $a(u) > 0$ 时，有：

$$u_i^{n+1} = u_i^n - \lambda(\hat{f}_{i+1/2}^{BW} - \hat{f}_{i-1/2}^{BW})$$

则通量形式为：

$$\hat{f}_{i+1/2}^{BW} = \frac{1}{2}[3f(u_i^n) - f(u_{i-1}^n)] - \frac{\lambda}{2}(a_{i-1/2}^n)^2(u_i^n - u_{i-1}^n)$$

注意，根据波速 $a_{i+1/2}^n$ 形式的不同，Beam – Warming 二阶迎风格式可以代表一类格式。最常用的形式为：

$$a_{i+1/2}^n = \begin{cases} \dfrac{f(u_{i+1}^n) - f(u_i^n)}{u_{i+1}^n - u_i^n}, & u_{i+1}^n \neq u_i^n \\ a(u_i^n), & u_{i+1}^n = u_i^n \end{cases}$$

Beam – Warming 格式在光滑区域保持二阶精度，但是在声速点 $a(u)$ 处变号，表现不佳。可以通过通量平均和通量分裂的方法解决这一问题。这部分将在后面的内容中介绍。

考虑线性对流方程：

$$\frac{\partial u}{\partial t} + a\frac{\partial u}{\partial x} = 0, a = \text{const} > 0$$

Beam – Warming 格式：

$$u_i^{n+1} = u_i^n - \frac{a\lambda}{2}(3u_i^n - 4u_{i-1}^n + u_{i-2}^n) + \frac{a^2\lambda^2}{2}(u_i^n - 2u_{i-1}^n + u_{i-2}^n)$$

通过泰勒展开并消去时间导数，可以得到 Beam – Warming 格式的截断误差：

$$R = -\frac{a\Delta x^2}{6}(a\lambda - 2)(a\lambda - 1)u_{xxx} + O(\Delta x^3), \lambda = \frac{\Delta t}{\Delta x}$$

可以看出，Beam – Warming 格式空间是二阶精度，而且是色散型格式。根据 CFL 条件：$|a(u)|\lambda \leq 2$，线性稳定性条件：$|a(u)|\lambda \leq 2$，Beam – Warming 格式的 CFL 条件比上面章节介绍的很多格式要宽很多，这是因为该格式使用了更宽的模板和更多的节点值。

与一阶迎风格式不同，高阶迎风方法可能在间断附近产生震荡。实际上，通过 Beam – Warming 二阶迎风方法与 Lax – Wendroff 方法进行比较，二阶迎风格式在间断处产生高频震荡。在 Warming 和 Beam 的原始论文中，他们也认识到了其二阶迎风方法在间断处的震荡特性。他们提出了一种在激波和声波点采用一阶迎风方法，在光滑区域采用二阶迎风方法的混合方法。这提供了一个激波捕捉格式的重要思想：根据解的光滑程度自适应地去选择合适的格式，这当然需要定义度量解光滑程度的函数，即光滑度量函数。这在一定程度上也回答了本节开头的问题，即不能够在保持一阶迎风格式优点的同时还能够提高精度，除非对高阶迎风格式添加限定性条件，在后面的 TVD 和通量限制方法中将讲述相关的内容。

5.3.4 Fromm 格式

Fromm 格式[12] 提出于 1968 年，是 L – W 格式和 B – M 格式简单平均化的结果。一般意义上讲，要使得两种格式的平均化有意义，这两种格式需要有相反的性质。例如，一种格式有大的人工黏性，则另一种格式必须有很小的人工黏性；一种格式有很适合处理光滑解的模板，则另一种格式必须有很适合处理间断的模板；一种格式有正的色散项，另一种格式必须有负的色散项。这样平均化格式才能充分发挥两者的优点，又避免两者的缺点。

当 $a > 0$ 时，Fromm 格式：

$$u_i^{n+1} = u_i^n - \lambda(f(u_i^n) - f(u_{i-1}^n)) - \frac{1}{4}\lambda a_{i+1/2}^n (1 - \lambda a_{i+1/2}^n)(u_{i+1}^n - u_i^n) +$$

$$\frac{1}{4}\lambda a_{i-3/2}^n (1 - \lambda a_{i-3/2}^n)(u_{i-1}^n - u_{i-2}^n)$$

当 $a < 0$ 时，Fromm 格式：

$$u_i^{n+1} = u_i^n - \lambda(f(u_{i+1}^n) - f(u_i^n)) + \frac{1}{4}\lambda a_{i+3/2}^n (1 - \lambda a_{i+3/2}^n)(u_{i+2}^n - u_{i+1}^n) -$$

$$\frac{1}{4}\lambda a_{i-1/2}^n (1 - \lambda a_{i-1/2}^n)(u_i^n - u_{i-1}^n)$$

修正方程是线性分析非常强大的工具，以线性对流方程为例，看一下 L－W 格式和 B－M 格式是否具有相反的性质。L－W 格式（$a > 0$）的修正方程：

$$\frac{\partial u}{\partial t} + a\frac{\partial u}{\partial x} = -\frac{a\Delta x^2}{6}[1 - (\lambda a)^2]\frac{\partial^3 u}{\partial x^3} + O(\Delta x^3)$$

B－M 格式（$a < 0$）的修正方程：

$$\frac{\partial u}{\partial t} + a\frac{\partial u}{\partial x} = \frac{a\Delta x^2}{6}(1 - \lambda a)(2 - \lambda a)\frac{\partial^3 u}{\partial x^3} + O(\Delta x^3)$$

可以看出，当 $0 \leq \lambda a \leq 1$ 时，这两种格式的三阶导数项的系数正负性相反，这说明两者的平均化处理会减小色散的振幅。L－W 格式和 B－M 格式的修正方程相加，可得 Fromm 格式的修正方程：

$$\frac{\partial u}{\partial t} + a\frac{\partial u}{\partial x} = \frac{a\Delta x^2}{6}(1 - \lambda a)\left(\frac{1}{2} - \lambda a\right)\frac{\partial^3 u}{\partial x^3} + O(\Delta x^3)$$

可以证明 Fromm 格式三阶导数的绝对值比 L－W 格式和 B－M 格式的都要小，而且也可以看出 Fromm 格式在空间上是两阶精度。

如果通量 $f = au$，a 为常数，线性对流方程的 Fromm 格式的 CFL 条件：$|a(u)|\lambda \leq 2$，线性稳定性条件：$|a(u)|\lambda \leq 1$，可见线性稳定性条件比 CFL 条件范围要小。线性稳定性条件主要继承自 L－W 格式，而 CFL 条件主要继承自 B－W 格式。

5.3.5 MUSCL 格式

考虑线性对流方程：

$$\frac{\partial u}{\partial t} + \frac{\partial f}{\partial x} = 0, f = au, a = \text{const} > 0$$

写成半离散形式：

$$\left(\frac{\mathrm{d}u}{\mathrm{d}t}\right)_i = -\frac{\hat{f}_{i+1/2} - \hat{f}_{i-1/2}}{\Delta x}$$

式中

$$\hat{f}_{i+1/2} = au_{i+1/2}, u_{i+1/2} = u_i + \frac{1}{4}[(1 - k)\delta_x^- + (1 + k)\delta_x^+]u_i$$

根据 k 值的不同，MUSCL 格式[13]有不同的形式：

二阶迎风：$k = -1$

$$\hat{f}_{i+1/2} = au_i + \frac{a}{2}\delta_x^- u_i = \frac{a}{2}(3u_i - u_{i-1})$$

Fromm 格式：$k = 0$

$$\hat{f}_{i+1/2} = \frac{a}{4}(u_{i+1} + 4u_i - u_{i-1})$$

二阶中心：$k = 1$

$$\hat{f}_{i+1/2} = \frac{a}{2}(u_i + u_{i+1})$$

三阶迎风：$k = 1/3$

$$\hat{f}_{i+1/2} = \frac{a}{6}(-u_{i-1} + 5u_i + 2u_{i+1})$$

5.3.6　QUICK 格式

考虑守恒方程：

$$\frac{\partial u}{\partial t} + \frac{\partial f}{\partial x} = 0, f = au, a = \text{const} > 0$$

写成半离散形式：

$$\left(\frac{\mathrm{d}u}{\mathrm{d}t}\right)_i = -\frac{\hat{f}_{i+1/2} - \hat{f}_{i-1/2}}{\Delta x}$$

式中，$\hat{f}_{i+1/2}$ 可以通过中心差分获得，如图 5.13 所示。

$$\hat{f}_{i+1/2} = \frac{1}{2}f_i + \frac{1}{2}f_{i+1}$$

或者二阶迎风差分：

$$\hat{f}_{i+1/2} = -\frac{1}{2}f_{i-1} + \frac{3}{2}f_i$$

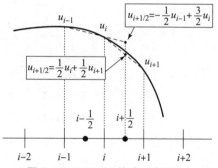

可以将上述两个值做线性平均，即：

$$\hat{f}_{i+1/2} = \theta\left(\frac{1}{2}f_i + \frac{1}{2}f_{i+1}\right) + (1 - \theta)\left(-\frac{1}{2}f_{i-1} + \frac{3}{2}f_i\right)$$

根据 θ 的不同，可以得到不同的格式：

图 5.13　QUICK 格式示意图

二阶中心差分：$\theta = 1$

$$\hat{f}_{i+1/2} = \frac{f_i + f_{i+1}}{2}$$

二阶迎风格式：$\theta = 0$

$$\hat{f}_{i+1/2} = \frac{-f_{i+1} + 3f_i}{2}$$

三阶迎风 QUICK：$\theta = \dfrac{3}{4}$

$$\hat{f}_{i+1/2} = -\frac{1}{8}f_{i-1} + \frac{6}{8}f_i + \frac{3}{8}f_{i+1}$$

完整的三阶迎风 QUICK 格式[14]：

$$\frac{\mathrm{d}u_i}{\mathrm{d}t} = -\frac{\hat{f}_{i+1/2} - \hat{f}_{i-1/2}}{\Delta x} = \frac{1}{\Delta x}\left(-\frac{1}{8}f_{i-2} + \frac{7}{8}f_{i-1} - \frac{3}{8}f_i - \frac{3}{8}f_{i+1}\right)$$

CFL 条件:

$$\left| a\,\frac{\Delta t}{\Delta x} \right| < 1$$

5.4　矢量守恒方程的迎风格式

5.4.1　特征分裂方法

双曲方程组（矢量守恒方程）迎风格式的构造原则是进行特征分解，找到独立传播的波，将矢量守恒方程解耦为多个相互独立的标量守恒方程，分别构造迎风格式。

双曲型方程组是非线性守恒方程组:

$$\frac{\partial \boldsymbol{U}}{\partial t} + \frac{\partial \boldsymbol{F}(\boldsymbol{U})}{\partial x} = 0$$

写成拟线性的形式:

$$\frac{\partial \boldsymbol{U}}{\partial t} + \boldsymbol{A}\,\frac{\partial \boldsymbol{U}}{\partial x} = 0,\boldsymbol{A} = \frac{\partial \boldsymbol{F}(\boldsymbol{U})}{\partial \boldsymbol{U}}$$

若雅可比矩阵 $\boldsymbol{A}$ 为常系数矩阵，则上述方程退化为线性守恒方程组，可以通过特征分解将方程组完全解耦为若干独立的线性对流方程，然后独立构造迎风格式[15-18]。解耦步骤如下所示:

$$\frac{\partial \boldsymbol{U}}{\partial t} + \boldsymbol{A}\,\frac{\partial \boldsymbol{U}}{\partial x} = 0 \Rightarrow \frac{\partial \boldsymbol{U}}{\partial t} + \boldsymbol{S}^{-1}\boldsymbol{\Lambda S}\,\frac{\partial \boldsymbol{U}}{\partial x} = 0 \Rightarrow \frac{\partial \boldsymbol{V}}{\partial t} + \boldsymbol{\Lambda}\,\frac{\partial \boldsymbol{V}}{\partial x} = 0 \Rightarrow \frac{\partial v_k}{\partial t} + \lambda_k\,\frac{\partial v_k}{\partial x} = 0$$

式中, $\boldsymbol{V} = \boldsymbol{S U}$。线性对流方程完全可以用 5.3 节中的各类迎风格式进行离散。

若雅可比矩阵 $\boldsymbol{A}$ 是变系数矩阵，可以局部讨论变系数情况，即局部冻结系数，将其视为常系数矩阵。在节点 x_j 上，系数 $\boldsymbol{A}_j$ 不变，可按常矩阵处理，即:

$$\left.\frac{\partial \boldsymbol{U}}{\partial t}\right|_j + \boldsymbol{A}_j\left.\frac{\partial \boldsymbol{U}}{\partial x}\right|_j = 0$$

进行特征分解:

$$\boldsymbol{A}_j = \boldsymbol{S}_j^{-1}\boldsymbol{\Lambda}_j\boldsymbol{S}_j$$

对拟线性方程空间导数局部冻结系数，按照下面的步骤进行特征分解:

$$\boldsymbol{A}_j\left.\frac{\partial \boldsymbol{U}}{\partial x}\right|_j = \boldsymbol{S}_j^{-1}\boldsymbol{\Lambda S}_j\left.\frac{\partial \boldsymbol{U}}{\partial x}\right|_j = \boldsymbol{S}_j^{-1}\left.\frac{\partial (\boldsymbol{\Lambda S}_j\boldsymbol{U})}{\partial x}\right|_j = \boldsymbol{S}_j^{-1}\left.\frac{\partial \boldsymbol{V}}{\partial x}\right|_j$$

新的守恒变量 $\boldsymbol{V} = \boldsymbol{\Lambda S}_j\boldsymbol{U},\boldsymbol{V}^+ = \boldsymbol{\Lambda}^+ \boldsymbol{S}_j\boldsymbol{U},\boldsymbol{V}^- = \boldsymbol{\Lambda}^- \boldsymbol{S}_j\boldsymbol{U}$。然后将新变量 $\boldsymbol{V}$ 分解为正通量和负通量，即 $\boldsymbol{V} = \boldsymbol{V}^+ + \boldsymbol{V}^-$，则:

$$\left.\frac{\partial \boldsymbol{V}}{\partial x}\right|_j = \left.\frac{\partial \boldsymbol{V}^+}{\partial x}\right|_j + \left.\frac{\partial \boldsymbol{V}^-}{\partial x}\right|_j$$

对 $\left.\dfrac{\partial \boldsymbol{V}^+}{\partial x}\right|_j$ 和 $\left.\dfrac{\partial \boldsymbol{V}^-}{\partial x}\right|_j$ 分别采用向后差分和向前差分，或者 5.3 节中介绍的任意一种迎风格式进行导数离散。

特征分解的优点是严格保证（或者局部保证）特征方向，结合迎风格式，数值解质量好。特征分解的缺点也很明显，需要进行大量的矩阵运算，计算量大，计算效率低。

针对守恒型差分格式：

$$\frac{\partial F(U)}{\partial x}\bigg|_j = \frac{\hat{F}_{j+1/2} - \hat{F}_{j-1/2}}{\Delta x}$$

可以对半节点上的数值通量进行特征分解：

$$\hat{F}_{j+1/2} = S_{j+1/2}^{-1}(V_{j+1/2}^+ + V_{j+1/2}^-), V^\pm = \Lambda^\pm S_{j+1/2}U$$

然后重复上述过程即可。注意，半点上的矩阵 $V_{j+1/2}^+, V_{j+1/2}^-, S_{j+1/2}$ 需要通过整点上的值计算，通常采用 Roe 平均。

5.4.2 矢通量分裂方法

通过引入特征值符号的信息来构造迎风格式，也就是说，根据相关信息传播速度的正负号对通量项进行分裂和定向离散：正号的采用向后差分，负号的采用向前差分，可以认为是标量守恒方程的迎风格式在矢量守恒方程中的直接推广，这就是著名的矢通量分裂（Flux Vector Splitting，FVS）方法[1,8]。

通量分裂表示为：

$$\begin{cases} f(u) = f^+(u) + f^-(u) \\ \left|\dfrac{\mathrm{d}f^+}{\mathrm{d}u}\right| \geq 0, \left|\dfrac{\mathrm{d}f^-}{\mathrm{d}u}\right| \leq 0 \end{cases}$$

对于欧拉方程，通量的导数产生雅可比矩阵，不等式的正负性等同于雅可比矩阵特征值的正负性。通过矢通量分裂，守恒方程可以写成：

$$\frac{\partial u}{\partial t} + \frac{\partial f^+}{\partial x} + \frac{\partial f^-}{\partial x} = 0$$

通量分裂的目的是确定风向，可以分别针对正、负通量的导数进行迎风格式的构造。实际上，矢通量分裂并不能够真正地建立通量和波的关系，除非所有的波的传播方向一致，这时 $f^+ = f$, $f^- = 0$ 或者 $f^+ = 0$, $f^- = f$。真正体现通量和波关系的是特征分解，将矢量守恒方程解耦成多个线性无关的标量守恒方程，针对每一个标量守恒方程构造迎风格式。但是特征分解本身比较复杂，它带来的时间消耗也很大。

1. 线性标量守恒方程

对于线性标量守恒方程（对流方程）：

$$\frac{\partial u}{\partial t} + \frac{\partial f(u)}{\partial x} = 0, f(u) = au, a = \mathrm{const}$$

进行通量分裂：$f^+ = \max\{0,a\}u$, $f^- = \min\{0,a\}u$, 如图 5.14 所示。方程可以分裂为：

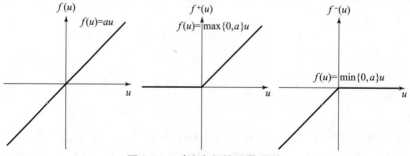

图 5.14 对流方程的通量分裂

$$\frac{\partial u}{\partial t} + \frac{\partial}{\partial x}(\max\{0,a\}u) + \frac{\partial}{\partial x}(\min\{0,a\}u) = 0 \tag{5.4.1}$$

根据风向，对方程（5.4.1）中的两个空间导数分别构造迎风差分：

$$\begin{cases} \dfrac{\partial}{\partial x}(\max\{0,a\}u)\mid_{x_i} = \max\{0,a\}\dfrac{u_i^n - u_{i-1}^n}{\Delta x} \\[3mm] \dfrac{\partial}{\partial x}(\min\{0,a\}u)\mid_{x_i} = \min\{0,a\}\dfrac{u_{i+1}^n - u_i^n}{\Delta x} \end{cases}$$

最终的迎风格式可以写为：

$$u_{i+1}^n = u_i^n - \lambda\max\{0,a\}(u_i^n - u_{i-1}^n) - \lambda\min\{0,a\}(u_{i+1}^n - u_i^n) \tag{5.4.2}$$

这与一阶迎风格式完全一样：

$$u_i^{n+1} = \begin{cases} u_i^n - \lambda a(u_i^n - u_{i-1}^n), a > 0 \\ u_i^n - \lambda a(u_{i+1}^n - u_i^n), a < 0 \end{cases}$$

2. 非线性标量守恒方程

对于非线性标量守恒方程（Burgurs 方程）：

$$\frac{\partial u}{\partial t} + \frac{\partial f(u)}{\partial x} = 0, f(u) = \frac{u^2}{2}$$

进行通量分裂，可得：$f^+ = \max\{0,u\}\dfrac{u}{2}, f^+ = \max\{0,u\}\dfrac{u}{2}$，如图 5.15 所示。方程分裂为：

$$\frac{\partial u}{\partial t} + \frac{\partial}{\partial x}\Big(\frac{1}{2}\max\{0,u\}u\Big) + \frac{\partial}{\partial x}\Big(\frac{1}{2}\min\{0,u\}u\Big) = 0$$

根据风向，对导数构造迎风差分：

$$\begin{cases} \dfrac{\partial}{\partial x}\Big(\dfrac{1}{2}\max\{0,u\}u\Big) = \dfrac{1}{2}\dfrac{\max\{0,u_i^n\}u_i^n - \max\{0,u_{i-1}^n\}u_{i-1}^n}{\Delta x} \\[3mm] \dfrac{\partial}{\partial x}\Big(\dfrac{1}{2}\min\{0,u\}u\Big) = \dfrac{1}{2}\dfrac{\min\{0,u_{i+1}^n\}u_{i+1}^n - \min\{0,u_i^n\}u_i^n}{\Delta x} \end{cases}$$

最终的迎风格式：

$$u_{i+1}^n = u_i^n - \frac{1}{2}\lambda(\max\{0,u_i^n\}u_i^n - \max\{0,u_{i-1}^n\}u_{i-1}^n) -$$

$$\frac{1}{2}\lambda(\min\{0,u_{i+1}^n\}u_{i+1}^n - \min\{0,u_i^n\}u_i^n)$$

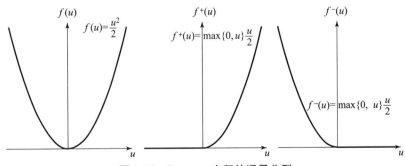

图 5.15　Burgurs 方程的通量分裂

5.4.3 欧拉方程的矢通量分裂方法

考虑守恒型的欧拉方程：

$$\frac{\partial \boldsymbol{u}}{\partial t} + \frac{\partial \boldsymbol{f}}{\partial x} = 0$$

矢通量分裂：

$$\begin{cases} \boldsymbol{f}(\boldsymbol{u}) = \boldsymbol{f}^+(\boldsymbol{u}) + \boldsymbol{f}^-(\boldsymbol{u}) \\ \left| \dfrac{\mathrm{d}\boldsymbol{f}^+}{\mathrm{d}\boldsymbol{u}} \right| \geqslant 0, \left| \dfrac{\mathrm{d}\boldsymbol{f}^-}{\mathrm{d}\boldsymbol{u}} \right| \leqslant 0 \end{cases}$$

则矢量守恒方程可以写为：

$$\frac{\partial \boldsymbol{u}}{\partial t} + \frac{\partial \boldsymbol{f}^+}{\partial x} + \frac{\partial \boldsymbol{f}^-}{\partial x} = 0$$

对 $\boldsymbol{f}^-$ 采用 FTFS 或者其他迎风格式，对 $\boldsymbol{f}^+$ 采用 FTBS 或者其他迎风格式，则：

$$\boldsymbol{u}_i^{n+1} = \boldsymbol{u}_i^n - \lambda \left[\boldsymbol{f}^+(\boldsymbol{u}_i^n) - \boldsymbol{f}^+(\boldsymbol{u}_{i-1}^n) + \boldsymbol{f}^-(\boldsymbol{u}_{i+1}^n) - \boldsymbol{f}^-(\boldsymbol{u}_i^n) \right]$$

对于守恒型差分格式：

$$\boldsymbol{u}_i^{n+1} = \boldsymbol{u}_i^n - \lambda (\hat{\boldsymbol{f}}_{i+1/2}^n - \hat{\boldsymbol{f}}_{i-1/2}^n)$$

式中，$\hat{\boldsymbol{f}}_{i+1/2}^n$ 可以使用迎风格式：

$$\hat{\boldsymbol{f}}_{i+1/2}^n = \boldsymbol{f}^+(\boldsymbol{u}_i^n) + \boldsymbol{f}^-(\boldsymbol{u}_{i+1}^n)$$

式中，$\boldsymbol{f}^+(\boldsymbol{u}_i^n)$、$\boldsymbol{f}^-(\boldsymbol{u}_{i+1}^n)$ 可以使用上述任意一种矢通量分裂方法进行计算。

将守恒型的欧拉方程写成拟线性的形式：

$$\frac{\partial \boldsymbol{u}}{\partial t} + \boldsymbol{A}(\boldsymbol{u}) \frac{\partial \boldsymbol{u}}{\partial x} = 0$$

式中，$\boldsymbol{A}(\boldsymbol{u})$ 可视为广义的波速，下面考虑波速分裂：

$$\begin{cases} \boldsymbol{A}(\boldsymbol{u}) = \boldsymbol{A}^+(\boldsymbol{u}) + \boldsymbol{A}^-(\boldsymbol{u}) \\ \boldsymbol{A}^+(\boldsymbol{u}) \geqslant 0, \boldsymbol{A}^-(\boldsymbol{u}) \leqslant 0 \end{cases}$$

则拟线性欧拉方程可以写为：

$$\frac{\partial \boldsymbol{u}}{\partial t} + \boldsymbol{A}^+ \frac{\partial \boldsymbol{u}}{\partial x} + \boldsymbol{A}^- \frac{\partial \boldsymbol{u}}{\partial x} = 0$$

下面介绍一下具体的波速分裂过程。首先对雅可比矩阵 $\boldsymbol{A}$ 做特征分解 $\boldsymbol{A} = \boldsymbol{S}^{-1} \boldsymbol{\Lambda} \boldsymbol{S}$：

$$\boldsymbol{S} = \frac{\gamma - 1}{\rho a} \begin{bmatrix} \dfrac{\rho}{a}\left(-\dfrac{u^2}{2} + \dfrac{a^2}{\gamma - 1} \right) & \dfrac{\rho}{a}u & -\dfrac{\rho}{a} \\[2ex] \dfrac{u^2}{2} - \dfrac{au}{\gamma - 1} & -u + \dfrac{a}{\gamma - 1} & 1 \\[2ex] -\dfrac{u^2}{2} - \dfrac{au}{\gamma - 1} & u + \dfrac{a}{\gamma - 1} & -1 \end{bmatrix}$$

$$\boldsymbol{S}^{-1} = \begin{bmatrix} 1 & \dfrac{\rho}{2a} & -\dfrac{\rho}{2a} \\[2ex] u & \dfrac{\rho}{2a}(u + a) & -\dfrac{\rho}{2a}(u - a) \\[2ex] \dfrac{u^2}{2} & \dfrac{\rho}{2a}\left(\dfrac{u^2}{2} + \dfrac{a^2}{\gamma - 1} + au \right) & -\dfrac{\rho}{2a}\left(\dfrac{u^2}{2} + \dfrac{a^2}{\gamma - 1} - au \right) \end{bmatrix}$$

$$\boldsymbol{\Lambda} = \begin{bmatrix} u & 0 & 0 \\ 0 & u+a & 0 \\ 0 & 0 & u-a \end{bmatrix}$$

将特征值（波速）分解为正、负两部分：

$$\lambda_i = \lambda_i^+ + \lambda_i^-, \lambda_i^+ \geqslant 0, \lambda_i^- \leqslant 0$$

这等效于特征矩阵分解：

$$\boldsymbol{\Lambda} = \boldsymbol{\Lambda}^+ + \boldsymbol{\Lambda}^-, \; \boldsymbol{\Lambda}^+ \geqslant 0, \; \boldsymbol{\Lambda}^- \leqslant 0$$

将雅可比矩阵分解为正、负两部分：

$$\boldsymbol{A} = \boldsymbol{A}^+ + \boldsymbol{A}^-$$

式中

$$\boldsymbol{A}^+ = \boldsymbol{S}^{-1}\boldsymbol{\Lambda}^+\boldsymbol{S} \geqslant 0, \boldsymbol{A}^- = \boldsymbol{S}^{-1}\boldsymbol{\Lambda}^-\boldsymbol{S} \leqslant 0$$

这就是波速分裂的最终形式。

一般来说，矢通量分裂和波速分裂并不相同。但是欧拉方程存在一个特殊的性质，即矢通量是守恒量的一阶齐次函数，即：

$$\boldsymbol{f}(\boldsymbol{u}) = \frac{\mathrm{d}\boldsymbol{f}}{\mathrm{d}\boldsymbol{u}}\boldsymbol{u} = \boldsymbol{A}\boldsymbol{u}$$

因此，波速分裂 $\boldsymbol{A}^{\pm} = \boldsymbol{S}\boldsymbol{\Lambda}^{\pm}\boldsymbol{S}^{-1}$ 直接等效于矢通量分解，即：

$$\boldsymbol{f}^{\pm} = \boldsymbol{A}^{\pm}\boldsymbol{u} = \boldsymbol{S}^{-1}\boldsymbol{\Lambda}^{\pm}\boldsymbol{S}\boldsymbol{u}$$

具体形式为：

$$\boldsymbol{f}^{\pm} = \frac{\gamma-1}{\gamma}\rho\lambda_1^{\pm}\begin{bmatrix} 1 \\ u \\ \dfrac{u^2}{2} \end{bmatrix} + \frac{1}{2\gamma}\rho\lambda_2^{\pm}\begin{bmatrix} 1 \\ u+a \\ \dfrac{u^2}{2} + \dfrac{a^2}{\gamma-1} + au \end{bmatrix} + \frac{1}{2\gamma}\rho\lambda_3^{\pm}\begin{bmatrix} 1 \\ u-a \\ \dfrac{u^2}{2} + \dfrac{a^2}{\gamma-1} + au \end{bmatrix}$$

或者写为：

$$\boldsymbol{f}^{\pm} = \frac{\rho}{2\gamma}\begin{bmatrix} 2(\gamma-1)\lambda_1^{\pm} + \lambda_2^{\pm} + \lambda_3^{\pm} \\ 2(\gamma-1)\lambda_1^{\pm}u + \lambda_2^{\pm}(u-a) + \lambda_3^{\pm}(u+a) \\ (\gamma-1)\lambda_1^{\pm}u^2 + \dfrac{\lambda_2^{\pm}}{2}(u-a)^2 + \dfrac{\lambda_3^{\pm}}{2}(u+a)^2 + w \end{bmatrix}$$

式中

$$w = \frac{(3-\gamma)(\lambda_2^{\pm} + \lambda_3^{\pm})a^2}{2(\gamma-1)}$$

根据特征值 $\lambda_i^{\pm}$ 的形式不同，存在多种矢通量分裂形式。常用的包括 Lax – Friedrichs 分裂[19]、Steger – Warming 分裂[20]和 van Leer 分裂[21]。

1. Lax – Friedrichs 分裂

Lax – Friedrichs（L – F）分裂：

$$\boldsymbol{f}^{\pm} = \boldsymbol{A}^{\pm}\boldsymbol{u} = (\boldsymbol{f} \pm \lambda^*\boldsymbol{u})/2$$

式中，$\lambda^* = |u| + a$。局部 L – F 分裂，需要在每个点上计算 $\lambda^* = |u_i| + a_i$。全局 L – F 分裂，需要在整个计算域（一维）上计算：$\lambda^* = \max\{|u_i| + a_i\}$。如图 5.16 所示，L – F 分裂等价于波速分裂：

$$\lambda_k^+ = \frac{\lambda_k + \lambda^*}{2}, \lambda_k^- = \frac{\lambda_k - \lambda^*}{2}$$

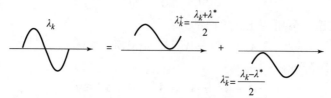

图 5.16　L – F 分裂示意图

2. Steger – Warming 分裂

Steger – Warming 分裂[20]，将无黏通量按照特征值的符号进行分裂，如图 5.17 所示。Steger – Warming 分裂将特征值分为：

$$\lambda_k^+ = \max\{0, \lambda_k\} = \frac{1}{2}(\lambda_k + |\lambda_k|)$$

$$\lambda_k^- = \min\{0, \lambda_k\} = \frac{1}{2}(\lambda_k - |\lambda_k|)$$

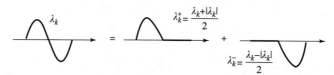

图 5.17　Steger – Warming 分裂

从图 5.17 中可以看出，Steger – Warming 分裂在特征值变号处（声速点）通量的导数不连续，有可能导致数值解的振荡，可以通过引入小量消除这种非物理振荡，即：

$$\lambda_k^{\pm} = \max\{0, \lambda_k\} = \frac{1}{2}(\lambda_k \pm \sqrt{\lambda_k^2 + \delta^2})$$

式中，δ 是小量，这种修正方法称为"熵修正"。但是这样处理后，通量矢量已经不再准确地对应原有物理问题的信息传播过程。

3. van Leer 分裂

van Leer[21] 对 Steger – Warming 分裂方法进行了改进，按照当地的马赫数进行分裂，van Leer 分裂的优点是通量的一阶导数在特征值变号处也是连续的。

如图 5.18 所示，van Leer 分裂的分裂形式为：

$$f^{\pm} = \pm \rho a \left(\frac{M \pm 1}{2}\right)^2 \begin{bmatrix} 1 \\ \dfrac{(\gamma - 1)u \pm 2a}{\gamma} \\ \dfrac{[(\gamma - 1)u \pm 2a]^2}{2(\gamma^2 - 1)} \end{bmatrix}, |M| < 1$$

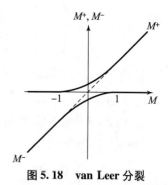

图 5.18　van Leer 分裂

并且

$$f^+ = f, f^- = 0, M \geqslant 1$$
$$f^+ = 0, f^- = f, M \leqslant -1$$

van Leer 格式进行通量矢量分裂时，一般不能保证定常流动中的总焓守恒，在马赫数变化剧烈区域内，总焓会明显下降，这将影响到驻点温度、边界层内温度的准确模拟。

4. Liou – Steffen 分裂

20 世纪 90 年代，Liou 和 Stefen[22] 提出了一种新的分裂格式——混合通量差分分裂，基本思想是把无黏通量分为对流项和压力项，分别进行分裂处理，构造了著名的 AUSM 格式[23]，在稳定性和间断分辨率之间取得了平衡。

将通量 f 进行分解：

$$f = \begin{bmatrix} \rho u \\ \rho u^2 \\ \rho h_T u \end{bmatrix} + \begin{bmatrix} 0 \\ p \\ 0 \end{bmatrix} = M \begin{bmatrix} \rho a \\ \rho u a \\ \rho h_T a \end{bmatrix} + \begin{bmatrix} 0 \\ p \\ 0 \end{bmatrix}$$

将 M 和 p 分解为正、负两部分：

$$M = M^+ + M^-$$
$$p = p^+ + p^-$$

式中

$$M^+ = \begin{cases} 0, M \leqslant -1 \\ \left(\dfrac{M+1}{2}\right)^2, -1 < M < 1, \\ M, M \geqslant 1 \end{cases} M^- = \begin{cases} M, M \leqslant -1 \\ -\left(\dfrac{M-1}{2}\right)^2, -1 < M < 1 \\ 0, M \geqslant 1 \end{cases}$$

$$p^+ = p \begin{cases} 0, M \leqslant -1 \\ \dfrac{M+1}{2}, -1 < M < 1, \\ 1, M \geqslant 1 \end{cases} p^- = p \begin{cases} 1, M \leqslant -1 \\ -\dfrac{M-1}{2}, -1 < M < 1 \\ 0, M \geqslant 1 \end{cases}$$

将马赫数 M 再次分裂为：

$$M = \max\{0, M^+ + M^-\} + \min\{0, M^+ + M^-\}$$

可以得到最终的通量分裂形式：

$$f^+ = \max\{0, M^+ + M^-\} \begin{bmatrix} \rho a \\ \rho u a \\ \rho h_T a \end{bmatrix} + \begin{bmatrix} 0 \\ p^+ \\ 0 \end{bmatrix}, f^+ = \min\{0, M^+ + M^-\} \begin{bmatrix} \rho a \\ \rho u a \\ \rho h_T a \end{bmatrix} + \begin{bmatrix} 0 \\ p^- \\ 0 \end{bmatrix}$$

5.4.4　通量差分分裂方法

由于黎曼问题天然考虑特征值和特征解，也就是考虑了风向，因此，可以通过在网格单元边界处求解黎曼问题获得界面上的通量，进而得到偏微分方程的解，所以黎曼方法是迎风格式。

通量差分分裂首先将导数写成守恒型的形式：

$$\left.\frac{\partial f}{\partial x}\right|_j = \frac{\hat{f}_{j+1/2} - \hat{f}_{j-1/2}}{\Delta x}$$

然后利用差分表达式，计算边界处的物理量 $u_{j+1/2}^L$、$u_{j+1/2}^R$。

最终通过求解黎曼问题，获得边界处通量 $\hat{f}_{j+1/2}$。使用精确黎曼解的方法称为 Godunov 类方法，使用近似黎曼解的方法包括 Roe、HLL 和 HLLC 等方法。

通量差分裂方法属于黎曼类方法，或者称为 Godunov 类方法，主要用于有限体积法，这部分内容将在第 6 章进行介绍。

5.5 TVD 和通量限制型迎风格式

理论上已经证明，二阶迎风格式在间断附近容易产生虚假的非物理振荡。当将这些格式推广到处理非线性方程组时，产生的振荡通常是灾难性的。不仅数值解被无意义的污染，而且物理上可能会导致密度（或温度）为负，从而导致计算崩溃。但是构造高阶的无振荡格式并不容易。1959 年，Gudunov[8] 提出了单调性的概念，单调格式不存在振荡，但是最高只有一阶精度。要想构造高阶无振荡格式，必须要放松单调性的要求。1983 年 Harten、Hyman 和 Lax 等[24] 提出了保单调格式的概念。1983 年，Harten[25] 提出了总变差减小概念，即 TVD（total variation diminishing），并构造了具有二阶精度的高分辨率 TVD 格式。由于这种格式本身具有精度高、捕捉激波无振荡且分辨率高等优点，随后被广泛用来构造各种形式的二阶高精度格式。

构造 TVD 格式的主要原则是：最大值必须不增，最小值必须不减，并且不得产生新的局部极值，称之为保单调性。因此，具有 TVD 特性的离散方法可以解决间断问题，而不会导致解的寄生振荡。通常将 TVD 格式实现为对流通量的平均值与附加耗散项的组合。耗散项可以取决于特征值的符号，也可以不取决于特征值的符号。第一种情况下是迎风 TVD 格式，第二种情况下是对称 TVD 格式。经验表明，首选迎风 TVD 格式，因为它比对称 TVD 格式具有更好的间断和边界层分辨率。TVD 格式的缺点是不易扩展到高于二阶的空间精度，而且存在局部极值点降阶等缺陷。为了改进 TVD 格式，1987 年，Harten 又提出了一种高阶精度的 ENO（Essentially Non – Oscillatory）格式[26]。

TVD 方法通常需要使用通量限制器（flux limiter）来构造高分辨率格式，以避免间断处由于高阶空间离散产生的寄生振荡。通量限制器的使用以及适当的高分辨率格式可使解的总变差减小。注意，通量限制器也称为斜率限制器（slope limiter），因为它们都具有相同的数学形式，并且都具有限制间断附近解的梯度的作用。通常，术语"通量限制器"是指限制器作用于通量，而斜率限制器是指限制器作用于守恒或者原始变量[18]。

5.5.1 非物理振荡和单调性

二阶精度的迎风格式在间断附近产生非物理的振荡。从方程初值问题的精确解可以看出，如果初值是单调函数，则 $t > 0$ 时，解 $u(t,x)$ 也是单调函数。于是自然想到，对于特定的差分格式，如果初值是单调的非增函数（或者非减），希望差分方程的解也能保持非增（或者非减）。这就引出了单调差分格式的概念。

1. 单调性

如果差分格式：

$$u_i^{n+1} = H(u_{i-p}^n, \cdots, u_i^n, \cdots, u_{i+q}^n), p \geq 0, q \geq 0$$

满足：

$$\frac{\partial H}{\partial u_i} \geqslant 0, \forall i \in [i - p, \cdots, i + q]$$

则称格式满足单调性，为单调差分格式。对于一阶迎风格式：

$$u_i^{n+1} = u_i^n - \lambda(u_i^n - u_{i-1}^n)$$

$$H = \lambda u_{i-1}^n + (1 - \lambda)u_i^n$$

若一阶迎风格式具有单调性且 $\lambda \leqslant 1$，则：

$$\frac{\partial H}{\partial u_{i-1}^n} = \lambda \geqslant 0, \frac{\partial H}{\partial u_i^n} = 1 - \lambda \geqslant 0$$

对于线性对流方程，L－F 格式为：

$$u_i^{n+1} = \frac{1 - a\lambda}{2}u_{i+1}^n + \frac{1 + a\lambda}{2}u_{i-1}^n$$

可以看出 L－F 格式在满足稳定性条件 $|a\lambda| \leqslant 1$ 的情况下，u_{i+1}^n 和 u_{i-1}^n 的两个系数均非负，因此 L－F 格式是单调的。

Godunov 定理：差分方程单调性（无振荡）的条件是差分方程

$$u_i^{n+1} = \sum_{k=1}^{K} a_k u_{i+k}^n$$

中的系数 a_k 非负，并且精度只能是一阶精度。

2. 保单调性

若 n 时刻 u_i^n 是单调的，并且 $n + 1$ 时刻的解 u_i^{n+1} 也保证单调，则称该格式具有保单调性。

3. 非物理振荡

非物理振荡产生的原因主要有三点：色散误差导致各波传播速度不同；黏性耗散不足，包括数值耗散和物理耗散；格式不能保证单调性[15]。

考虑对流－扩散方程：

$$\frac{\partial u}{\partial t} + \frac{\partial u}{\partial x} = \frac{1}{Re}\frac{\partial^2 u}{\partial x^2}$$

若使用中心差分分别离散一阶和二阶导数，则差分方程写为：

$$\frac{u_i^{n+1} - u_i^n}{\Delta t} - \frac{u_{i+1}^n - u_{i-1}^n}{2\Delta x} = \frac{1}{Re\Delta x^2}(u_{i+1}^n - 2u_i^n + u_{i-1}^n)$$

写成线性多项式的形式：

$$u_i^{n+1} = \lambda\left(\frac{1}{Re\Delta x} + \frac{1}{2}\right)u_{i-1}^n + \left(1 - \frac{2\sigma}{Re\Delta x}\right)u_i^n + \lambda\left(\frac{1}{Re\Delta x} - \frac{1}{2}\right)u_{i-1}^n, \lambda = \frac{\Delta t}{\Delta x}$$

Godunov 定理要求系数非负，则：

$$\begin{cases} \lambda \leqslant 1 \\ \lambda \leqslant \frac{1}{2}Re\Delta x \\ Re\Delta x \leqslant 2 \end{cases}$$

式中，$Re\Delta x$ 称为网格雷诺数，即以网格尺度度量的雷诺数。网格雷诺数足够小时，物理黏性发挥作用，抑制振荡。单纯靠物理黏性抑制振荡，网格间距必须足够小，通常难以实现。

4. 人工黏性

物理黏性在 $Re\Delta x$ 足够小时才发挥作用，Re 数很高时很难做到，可以通过添加人工黏性实现。这种方法的优点是简便，有抑制振荡效果；缺点是改变了物理问题本身，带来了误差。特别是对湍流、分离流等对黏性敏感的流动，使用人工黏性会产生非物理解。改进措施一是在局部施加人工黏性，二是使用高阶（二阶以上）的人工黏性。

人工黏性的一般形式：

$$\frac{\partial}{\partial x}\left(\varepsilon\,\frac{\partial u}{\partial x}\right)$$

考虑标量守恒方程：

$$\frac{\partial u}{\partial t} + \frac{\partial f(u)}{\partial x} = 0$$

添加人工黏性后，方程变为：

$$\frac{\partial u}{\partial t} + \frac{\partial f(u)}{\partial x} = \frac{\partial}{\partial x}\left(\varepsilon(u)\,\frac{\partial u}{\partial x}\right)$$

式中，$\varepsilon \geqslant 0$。等号右边的人工黏性项只是出于数值计算的考虑，跟物理没有关系。该方程的 FTCS 格式可以表示为：

$$\frac{u_i^{n+1} - u_i^n}{\Delta t} + \frac{f(u_{i+1}^n) - f(u_{i-1}^n)}{2\Delta x} = \frac{\varepsilon_{i+1/2}^n\dfrac{u_{i+1}^n - u_i^n}{\Delta x} - \varepsilon_{i-1/2}^n\dfrac{u_i^n - u_{i-1}^n}{\Delta x}}{\Delta x}$$

将 $2/\Delta x$ 并入 $\varepsilon_{i+1/2}$，可以得到人工黏性形式的差分格式：

$$u_i^{n+1} = u_i^n - \frac{\lambda}{2}\left[f(u_{i+1}^n) - f(u_{i-1}^n)\right] + \frac{\lambda}{2}\left[\varepsilon_{i+1/2}^n(u_{i+1}^n - u_i^n) - \varepsilon_{i-1/2}^n(u_i^n - u_{i-1}^n)\right]$$

写成守恒形式 $u_i^{n+1} = u_i^{n+1} - \lambda(\hat{f}_{i+1/2}^n - \hat{f}_{i-1/2}^n)$，则：

$$\hat{f}_{i+1/2}^n = \frac{1}{2}\left[f(u_{i+1}^n) + f(u_i^n) - \varepsilon_{i+1/2}^n(u_{i+1}^n - u_i^n)\right]$$

5.5.2 TVD 格式基本原理

1. 总变差不增（TVD）

一维线性和非线性标量双曲方程的解有一个很重要的物理特性，即方程的解随着时间的推进不会产生新的局部极值点，并且解的最小值随时间的推进不再减小，而局部最大值也不再增加，这就是 Harten 提出的总变差不增的概念[25]——TVD（Total Variation Diminishing）。

对于离散函数 u_i，定义总变差：

$$\mathrm{TV} = \sum_i |u_{i+1} - u_i|$$

总变差反映了数值振荡的剧烈程度，因此可以用总变差来定量描述数值格式产生的非物理振荡。对于单调函数，$\mathrm{TV} = |u_1 - u_N|$；对于存在振荡的函数，有：

$$\mathrm{TV} > |u_1 - u_N|$$

若一个差分格式满足：

$$\mathrm{TV}(u^{n+1}) \leqslant \mathrm{TV}(u^n)$$

则称该格式具有总变差不增（Total Variation Diminishing，TVD）的性质。

2. Harten 定理

Harten[25] 证明：如果差分格式在 x_i 处可写成如下形式，

$$u_i^{n+1} = u_i^n + C_{i+1/2}^n(u_{i+1}^n - u_i^n) - D_{i-1/2}^n(u_i^n - u_{i-1}^n)$$

并且满足：

$$C_{i+1/2}^n \geq 0, D_{i+1/2}^n \geq 0, C_{i+1/2}^n + D_{i+1/2}^n \leq 1$$

则格式具有保正性。Harten 证明该保正性隐含 TVD 性质，下面进行简单的证明。在 $i+1$ 点上的公式：

$$u_{i+1}^{n+1} = u_{i+1}^n + C_{i+3/2}^n(u_{i+2}^n - u_{i+1}^n) - D_{i+1/2}^n(u_{i+1}^n - u_i^n)$$

两式相减，可得：

$$u_{i+1}^{n+1} - u_i^{n+1} = C_{i+3/2}^n(u_{i+2}^n - u_{i+1}^n) + (1 - D_{i+1/2}^n - C_{i+1/2}^n)(u_{i+1}^n - u_i^n) + D_{i-1/2}^n(u_i^n - u_{i-1}^n)$$

两边取绝对值，可得：

$$|u_{i+1}^{n+1} - u_i^{n+1}| \leq C_{i+3/2}^n|u_{i+2}^n - u_{i+1}^n| + (1 - D_{i+1/2}^n - C_{i+1/2}^n)|u_{i+1}^n - u_i^n| + D_{i-1/2}^n|u_i^n - u_{i-1}^n|$$

对 i 遍历求和，可得：

$$\sum_{i=-\infty}^{i=+\infty}|u_{i+1}^{n+1} - u_i^{n+1}| \leq \sum_{i=-\infty}^{i=+\infty}\left[C_{i+3/2}^n|u_{i+2}^n - u_{i+1}^n| + (1 - D_{i+1/2}^n - C_{i+1/2}^n)|u_{i+1}^n - u_i^n| + D_{i-1/2}^n|u_i^n - u_{i-1}^n|\right]$$

由于取和可以改变取和项的顺序，则上式可以改写为：

$$\begin{aligned}
\text{TV}(u^{n+1}) &= \sum_{i=-\infty}^{i=+\infty}|u_{i+1}^{n+1} - u_i^{n+1}| \\
&\leq \sum_{i=-\infty}^{i=+\infty}\left[C_{i+1/2}^n|u_{i+1}^n - u_i^n| + (1 - D_{i+1/2}^n - C_{i+1/2}^n)|u_{i+1}^n - u_i^n| + D_{i+1/2}^n|u_{i+1}^n - u_i^n|\right] \\
&= \sum_{i=-\infty}^{i=+\infty}(|u_{i+1}^n - u_i^n|) = \text{TV}(u^n)
\end{aligned}$$

可见 Harten 定理能够保证 TVD 性质。

Harten 定理与保正性等价，可以用于判定一个差分格式是否是 TVD 格式。但是 Harten 定理与 TVD 格式并不等价。Harten 定理可以展开为：

$$u_i^{n+1} = D_{i-1/2}^n u_{i-1}^n + C_{i+1/2}^n u_{i+1}^n + (1 - C_{i+1/2}^n - D_{i-1/2}^n)u_i^n$$

通过观察可以发现，Harten 定理能够保证上述差分格式各个系数非负，即单调格式必是 TVD 格式。Harten 证明：单调格式是 TVD 的，而且 TVD 格式是保单调的，但是 TVD 格式不一定是单调性格式。

Harten 定理可以导出另外一个严格的迎风性条件：

$$0 \leq C_{i+1/2}^n \leq 1, D_{i+1/2}^n = 0, -1 \leq \lambda a \leq 0$$

$$0 \leq D_{i+1/2}^n \leq 1, C_{i+1/2}^n = 0, 0 \leq \lambda a \leq 1$$

显然这个严格的迎风性条件能够保证格式是迎风格式，但是迎风格式不一定都符合这个严格的迎风性条件。因为该迎风条件是由 Harten 定理推导出的，因此符合该迎风条件的格式也是 TVD 格式。

下面讨论如下 Lax – Wendroff 格式是否满足 Harten 条件。

$$\frac{u_i^{n+1} - u_i^n}{\Delta t} + a\frac{u_{i+1}^n - u_{i+1}^n}{2\Delta x} = \frac{a^2\Delta t}{2\Delta x^2}(u_{i-1}^n - 2u_i^n + u_{i+1}^n)$$

首先写成 Harten 定理的形式：

$$u_i^{n+1} = u_i^n + C_{i+\frac{1}{2}}^n(u_{i+1}^n - u_i^n) - D_{i-\frac{1}{2}}^n(u_i^n - u_{i-1}^n)$$

式中

$$C_{i+1/2}^n = \frac{1}{2}(a^2\sigma^2 - a\sigma), D_{i+1/2}^n = \frac{1}{2}(a^2\sigma^2 + a\sigma), \sigma = \Delta t/\Delta x$$

考虑到稳定性条件 $|a\sigma| < 1$，可得，

$$C_{i+1/2}^n < 0, D_{i+1/2}^n > 0, C_{i+1/2}^n + D_{i+1/2}^n = 0$$

可以发现 Lax–Wendroff 格式不满足 Harten 条件，也就是说，该格式不属于 TVD 格式。

3. 总变差有界（TVB）

TVD 的限制性仍然过强，构造更高阶的无振荡格式需要进一步放宽 TVD 的限制性条件，若总变差是增长的，但是增长是有界的，即满足：

$$\mathrm{TV}(u^n) \leq M \leq \infty$$

式中，常数 M 是总变差增长的上界值。TVB 是上述非线性稳定性条件中限制性最弱的一个，TVB 允许间断处产生数值振荡，但是振荡不是无限制地增长，而是有界的，因此格式在一定的时间内非物理振荡的振幅很小。

4. ENO 性质

将 TVD 格式的限制性条件放宽为：

$$\mathrm{TV}(u^{n+1}) \leq \mathrm{TV}(u^n) + O(\Delta x^r), r > 0$$

称格式满足 ENO 性质，由 Harten 等[26]提出。TVD 必然是 ENO 的，当 $\Delta x \to 0$ 时，ENO 退化为 TVD。常数 r 决定了 ENO 格式的精度，而且 ENO 允许总变差以 Δx^r 的量级增长。

Godunov 定理要求差分方程单调性（无振荡）的条件是差分方程中的系数 a_k 非负。该定理讨论的是线性差分格式。对于线性差分格式，单调格式和保单调格式是一致的。Godunov 定理还证明了常系数单调差分格式的截断误差是一阶精度的。可以将单调差分格式的概念推广到非线性差分格式。在一般情况下，单调格式一定是保单调的，但是保单调格式不一定是单调格式。Harten 等证明了非线性单调差分格式只能是一阶精度的。存在二阶精度的保单调格式，但是不存在二阶精度的单调格式。单调格式必是 TVD 格式，而且 TVD 格式是保单调的。ENO 和 TVB 均允许存在数值振荡，但是振荡不是不受控制的增长，而是以一定的速度增长或者有界。

以上几种格式的包含关系如图 5.19 所示。数值格式分为两大类：迎风格式和中心格式，ENO 格式包含 TVD 格式，TVD 格式包含单调格式。S_C 为中心格式，S_{UP} 为迎风格式，S_M 为单调格式，S_{TVD} 为 TVD 格式，S_{ENO} 为 ENO 格式，S_T 表示所有的格式。

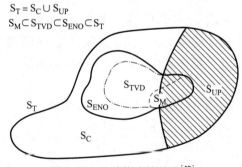

图 5.19　几种格式的关系[18]

5. 构建 TVD 格式

下面以 2 阶中心差分及 2 阶迎风格式为基础构造 TVD 格式。考虑线性对流方程的半离散格式：

$$\frac{\mathrm{d}u_i}{\mathrm{d}x} = \frac{u_{i+1/2} - u_{i-1/2}}{\Delta x}$$

2 阶迎风格式：

$$u_{i+1/2} = u_i + (u_i - u_{i-1})/2$$

2 阶中心格式：

$$u_{i+1/2} = u_i + (u_{i+1} - u_i)/2$$

组合 2 阶中心格式及 2 阶迎风格式，构造新格式：

$$u_{i+1/2} = u_i + \phi(r_i)(u_{i+1} - u_i)/2 \tag{5.5.1}$$

式中

$$\phi_i = \phi(r_i), r_i = \frac{u_i - u_{i-1}}{u_{i+1} - u_i}$$

式中，ϕ_i 称为限制器（limiter）。当 $\phi(r) = 1$ 时，新格式（5.5.1）表示二阶中心格式；当 $\phi(r) = r$ 时，新格式（5.5.1）表示二阶迎风格式。r_i 用于度量解的光滑程度，并且限制函数 ϕ_i 要求大于或者等于 0。因此，在存在大梯度的区域，限制器趋于 0，格式退化为一阶迎风格式。类似地，在光滑区域，限制器趋于 1，格式切换为二阶中心格式。不同的限制器有不同的切换特性，应该根据不同的问题选择不同的格式。没有一种限制器能够完美地解决所有问题，限制器的选择通常由反复的试验决定。

新格式可以写为：

$$u_i^{n+1} = u_i^n - \lambda a(u_i^n - u_{i-1}^n) - \lambda\left[\phi_i \frac{a}{2}(u_{i+1}^n - u_i^n) - \phi_{i-1}\frac{a}{2}(u_i^n - u_{i-1}^n)\right]$$

根据 Harten 定理，可证明 $\left|\dfrac{\phi(r_i)}{r_i} - \phi(r_{i-1})\right| < 2$ 时，可满足 TVD 性质。$\phi(r) = 1$，二阶中心格式；$\phi(r) = r$，二阶迎风格式。令 $\phi_i = 1 + \theta(r_i - 1), 0 \leqslant \theta \leqslant 1$，将该限制器函数代入上面的格式，通过泰勒展开，并把时间导数转化为空间导数，可证明二阶中心格式和二阶迎风格式的组合仍为二阶格式。因此，可以得到一个二阶精度区的范围，如图 5.20 所示的灰色区域。

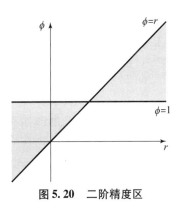

图 5.20　二阶精度区

5.5.3　通量平均方法

遵循迎风和自适应模板选择的思想，通量平均方法基于多个已有格式，选择其中一个或者对这些格式进行平均化处理，从而达到避免在间断附近产生数值振荡的目的。

对于一阶迎风格式，可以写为：

$$u_i^{n+1} = u_i^n - \lambda a \begin{cases} u_i^n - u_{i-1}^n, a > 0 \\ u_{i+1}^n - u_i^n, a < 0 \end{cases}$$

这种格式对线性标量守恒方程是有效的，然而对于非线性标量守恒方程和矢量守恒方程，这种格式存在很大的问题。非线性标量守恒方程，在如图5.21（a）所示的情况下，左右均为超声速接近，中间存在压缩声速点。在这种情况下，FTFS 和 FTBS 均为迎风格式。对于非线性标量守恒方程，在如图5.21（b）所示的情况下，左右均为超声速背离，中间存在膨胀声速点。在这种情况下，FTFS 和 FTBS 均为下风格式。中间膨胀区的数值结果会出现问题。

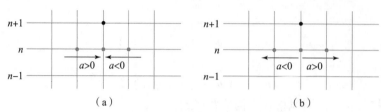

图5.21　声速点风向示意图

考虑守恒型的有限差分格式：

$$\frac{\mathrm{d}u_i^n}{\mathrm{d}t} = -\frac{\hat{f}_{i+1/2}^n - \hat{f}_{i-1/2}^n}{\Delta x}$$

相比于在多个已有格式中选择一种合适的格式，一种替代思路是将多个格式进行某种平均化处理，这种方法称为通量平均方法（flux - averaging method）。如：

$$\hat{f}_{i+1/2}^n = \theta_{i+1/2}^n \hat{f}_{i+1/2}^{(1)} + (1 - \theta_{i+1/2}^n)\hat{f}_{i+1/2}^{(2)}$$

式中，$0 \leqslant \theta_{i+1/2}^n \leqslant 1$，意味着上面的平均是一种凸组合，即：

$$\min\{\hat{f}_{i+1/2}^{(1)}, \hat{f}_{i+1/2}^{(2)}\} \leqslant \hat{f}_{i+1/2}^n \leqslant \max\{\hat{f}_{i+1/2}^{(1)}, \hat{f}_{i+1/2}^{(2)}\}$$

式中，$\theta_{i+1/2}^n$ 称为激波开关（shock switch）；$\hat{f}_{i+1/2}^{(1)}$ 和 $\hat{f}_{i+1/2}^{(2)}$ 分别表示用两种不同格式分别构造的守恒通量，比如一阶迎风格式和两阶中心格式。这种通量平均方法也称为自适应杂交方法（self - adjusting hybrid method）。这种方法实际上做两件事情：①通过平均化多种格式实现模板（格式）选择的优化；②能够实现非线性稳定条件。令 $\phi_{i+1/2}^n = 1 - \theta_{i+1/2}^n$，上面的方法可以写为：

$$\hat{f}_{i+1/2}^n = \hat{f}_{i+1/2}^{(1)} + \phi_{i+1/2}^n(\hat{f}_{i+1/2}^{(2)} - \hat{f}_{i+1/2}^{(1)})$$

式中，$\phi_{i+1/2}^n$ 称为通量限制器（flux limiter），这种方法也称为通量限制方法（flux - limitting method）。通过设计通量限制器的具体形式，就能够实现自适应的感知间断，进而选择合适的方法，避免格式在间断附近出现问题。通过选择合适的通量限制器，使新的格式符合 Harten 定理，便构造了 TVD 型的通量限制方法。

在很多情况下，平均函数 $\phi_{i+1/2}^n$ 也可以转换成微分的形式，即：

$$\hat{f}_{i+1/2}^n = \hat{f}_{i+1/2}^{(1)} + \mathrm{diff}_{i+1/2}^n(\hat{f}_{i+1/2}^{(1)}, \hat{f}_{i+1/2}^{(2)}) = \hat{f}_{i+1/2}^{(1)} + \hat{f}_{i+1/2}^{(C)}$$

式中，$\hat{f}_{i+1/2}^{(C)}$ 称为通量修正项，因此这种通量平均方法也称为通量修正方法（flux - correcting method）。实际上，上述三种通量平均方法本质上是一致的，只是在具体形式和应用中略有不同[18]。本书主要介绍通量限制方法，下面介绍几种常见的通量限制器。

5.5.4　van Leer 通量限制方法

通量限制器构建的主要思想是将空间导数限制为实际值，对于科学和工程问题，这通常意味着物理上可实现的有意义的值。通量限制器用于高分辨率格式时，仅在存在激波间断的情况下才运行。对于光滑流动，通量限制器不起作用，因此空间导数可以由高阶近似表示，而不会引入数值振荡。通量限制方法是两种已有格式的自适应线性组合。针对标量守恒方程，通量限制方法可以表示为：

$$u_i^{n+1} = u_i^n - \lambda(\hat{f}_{i+1/2}^n - \hat{f}_{i-1/2}^n)$$

式中

$$\hat{f}_{i+1/2}^n = \hat{f}_{i+1/2}^{(1)} + \phi_{i+1/2}^n(\hat{f}_{i+1/2}^{(2)} - \hat{f}_{i+1/2}^{(1)})$$

通量 $\hat{f}_{i+1/2}^{(1)}$ 和 $\hat{f}_{i+1/2}^{(2)}$ 表示两种已有格式的守恒数值通量，比如一阶迎风格式和两阶 Lax - Wendroff 格式。自适应参数 $\phi_{i+1/2}$ 控制线性组合，称为通量限制器。考虑迎风性，$\phi_{i+1/2}$ 可以做相应的修改，如：

$$\begin{cases} \hat{f}_{i+1/2}^n = \hat{f}_{i+1/2}^{(1)} + \phi_i^n(\hat{f}_{i+1/2}^{(2)} - \hat{f}_{i+1/2}^{(1)}), a > 0 \\ \hat{f}_{i+1/2}^n = \hat{f}_{i+1/2}^{(1)} + \phi_{i+1}^n(\hat{f}_{i+1/2}^{(2)} - \hat{f}_{i+1/2}^{(1)}), a < 0 \end{cases}$$

如何选择合适的通量限制器很重要。通常通量限制方法在间断附近使用一种已有格式，光滑区使用另外一种已有格式。这样就必须先确定间断的位置，最简单的方法是通过一阶差商 $u_i^{n+1} - u_i^n$ 去捕捉间断的位置。为了更准确地描述网格单元之间差商的大小，这里可以定义两个相邻单元解的差商之比：

$$r_i^+ = \frac{u_i^n - u_{i-1}^n}{u_{i+1}^n - u_i^n}, r_i^- = \frac{u_{i+1}^n - u_i^n}{u_i^n - u_{i-1}^n}$$

如果 $r_i^{\pm} > 0$，说明解是单调增加或者减小的；如果 $r_i^{\pm} < 0$，说明解存在极值（最大值或者最小值）。若 $|r_i^+| >> |r_i^-|$，说明差商从左到右急剧减小；若 $|r_i^-| >> |r_i^+|$，说明差商从右到左急剧减小。因此，利用差商的大小可以确定间断的位置。但是这种方法并不总是成立的，在间断区和光滑区都可能存在大的差商。这主要是因为一阶差商只利用两个点的物理量，缺少足够的信息来准确判断间断的位置。事实上，通量限制方法并不需要准确识别间断的位置，它只需要去约束最大值和最小值。

Fromm 格式是 L - W 格式和 B - W 格式的一种固定的平均组合。若将固定的平均组合修改为依赖于解的自适应线性组合，格式应该能更好的处理间断问题。

考虑 $a > 0$ 的线性对流方程，Lax - Wendroff 格式[32]为：

$$u_i^{n+1} = u_i^n - \lambda(\hat{f}_{i+1/2}^{LW} - \hat{f}_{i-1/2}^{LW})$$

式中，通量为：

$$\hat{f}_{i+1/2}^{LW} = au_i^n + \frac{1}{2}a(1 - \lambda a)(u_{i+1}^n - u_i^n)$$

考虑 $a > 0$ 的线性对流方程，Beam - Warming 格式为：

$$u_i^{n+1} = u_i^n - \lambda(\hat{f}_{i+1/2}^{BW} - \hat{f}_{i-1/2}^{BW})$$

式中：

$$\hat{f}_{i+1/2}^{BW} = au_i^n + \frac{1}{2}a(1 - \lambda a)(u_i^n - u_{i-1}^n)$$

则针对 $a > 0$ 的线性对流方程，将上面两种格式进行组合，van Leer 的通量限制格式为：

$$u_i^{n+1} = u_i^n - \lambda(\hat{f}_{i+1/2}^n - \hat{f}_{i-1/2}^n)$$

式中：

$$\hat{f}^n_{i+1/2} = \frac{1 + \eta^n_i}{2}\hat{f}^{LW}_{i+1/2} + \frac{1 - \eta^n_i}{2}\hat{f}^{BW}_{i+1/2}$$

或者写为：

$$u^{n+1}_i = u^n_i - \lambda a(u^n_i - u^n_{i-1}) -$$
$$\frac{\lambda a}{4}(1 - \lambda a)\left[(1 + \eta^n_i)(u^n_{i+1} - 2u^n_i + u^n_{i-1}) + (1 - \eta^n_{i-1})(u^n_i - 2u^n_{i-1} + u^n_{i-2})\right]$$

van Leer 的通量限制格式可以认为是很多格式的组合，即：

Lax – Wenroff：$\eta^n_i = 1$

Beam – Warming：$\eta^n_i = -1$

Fromm：$\eta^n_i = 0$

FTBS：$\eta^n_i = \dfrac{r^+_i + 1}{r^+_i - 1}, r^+_i = \dfrac{u^n_i - u^n_{i-1}}{u^n_{i+1} - u^n_i}$

如果 $\eta^n_i = \dfrac{1}{3}$，则 van Leer 的通量限制格式是一个三阶格式，即：

$$u^{n+1}_i = u^n_i - \lambda a(u^n_i - u^n_{i-1}) - \frac{\lambda a}{4}(1 - \lambda a)\left[\frac{4}{3}(u^n_{i+1} - 2u^n_i + u^n_{i-1}) + \frac{2}{3}(u^n_i - 2u^n_{i-1} + u^n_{i-2})\right]$$

van Leer 证明，若要格式满足迎风型，则通量限制器有下面的关系：

$$\begin{cases} \left|(1 + \eta^n_i)\left(\dfrac{1}{r^+_i} - 1\right)\right| \leqslant 2 \\ |(1 - \eta^n_i)(1 - r^+_i)| \leqslant 2 \end{cases}$$

van Leer 得到了下面的限制器函数：

$$\eta^n_i = \frac{|r^+_i| - 1}{|r^+_i| + 1}$$

该限制器在单调区是两阶精度，在极值处精度处于一阶和两阶之间。

5.5.5 Sweby 通量限制方法

按照通量修正方法的一般步骤，Sweby 通量修正方法[27]将一阶迎风格式 FTBS 和二阶 Lax – Wendroff 格式进行平均。一阶迎风格式 FTBS 和 Lax – Wendroff 格式在很多方面具有相反的性质，FTBS 在间断处没有非物理振荡，而 Lax – Wendroff 格式在光滑区有较高的精度，因此两者可以进行某种形式的平均，构造新的格式。

1. 线性对流方程

考虑 $a > 0$ 的线性对流方程，FTBS 格式：

$$u^{n+1}_i = u^n_i - \lambda(\hat{f}^{FTBS}_{i+1/2} - \hat{f}^{FTBS}_{i-1/2}), \hat{f}^{FTBS}_{i+1/2} = au^n_i$$

考虑 $a > 0$ 的线性对流方程，Lax – Wendroff 格式：

$$u^{n+1}_i = u^n_i - \lambda(\hat{f}^{LW}_{i+1/2} - \hat{f}^{LW}_{i-1/2}), \hat{f}^{LW}_{i+1/2} = au^n_i + \frac{1}{2}a(1 - \lambda a)(u^n_{i+1} - u^n_i)$$

考虑 $a > 0$ 的线性对流方程，Sweby 通量修正方法可以组合为：

$$u^{n+1}_i = u^n_i - \lambda(\hat{f}^n_{i+1/2} - \hat{f}^n_{i-1/2})$$

式中：

$$\hat{f}^n_{i+1/2} = \hat{f}^{\text{FTBS}}_{i+1/2} + \phi^n_i(\hat{f}^{\text{LW}}_{i+1/2} - \hat{f}^{\text{FTBS}}_{i+1/2})$$

或者写为：

$$\hat{f}^n_{i+1/2} = au^n_i + \frac{1}{2}a(1 - \lambda a)\phi^n_i(u^n_{i+1} - u^n_i)$$

Sweby 通量修正方法的最终形式：

$$u^{n+1}_i = u^n_i - \lambda a(u^n_i - u^n_{i-1}) - \frac{\lambda a}{2}(1 - \lambda a)\left[\phi^n_i(u^n_{i+1} - u^n_i) + \phi^n_{i-1}(u^n_i - u^n_{i-1})\right]$$

若满足等式：

$$\phi^n_i = \frac{1}{2}\left[1 + r^+_i + \eta^n_i(1 - r^+_i)\right], r^+_i = \frac{u^n_i - u^n_{i-1}}{u^n_{i+1} - u^n_i}$$

则 Sweby 通量修正方法与 van Leer 通量修正方法完全一致。$\phi^n_i = 1$、$\phi^n_i = 0$、$\phi^n_i = \dfrac{1}{1 - \lambda a}$、

$\phi^n_i = -\dfrac{1}{\lambda a}$ 分别对应 Lax – Wendroff、FTBS、FTCS、L – F 格式。$\phi^n_i = r^+_i$、$\phi^n_i = \dfrac{r^+_i + 1}{2}$ 分别对

应 Beam – Warming 和 Fromm 格式。

　　Sweby 通量限制器也要受到迎风性的限制。条件是格式可以写为波速分裂的形式（$0 \leqslant \lambda a \leqslant 1$）：

$$u^{n+1}_i = u^n_i + C^+_{i+1/2}(u^n_{i+1} - u^n_i) - C^-_{i+1/2}(u^n_i - u^n_{i-1})$$

进一步整理成 Harten 定理的形式：

$$u^{n+1}_i = u^n_i + C^n_{i+1/2}(u^n_{i+1} - u^n_i) - D^n_{i-1/2}(u^n_i - u^n_{i-1})$$

因此，$0 \leqslant C^-_{i+1/2} \leqslant 1, C^+_{i+1/2} = 0$。代入 Sweby 通量修正方法的最终形式，可得：

$$C^+_{i+1/2} = 0$$

并且，有：

$$C^-_{i-1/2} = \lambda a + \frac{\lambda a}{2}(1 - \lambda a)\left(\frac{\phi^n_i}{r^+_i} - \phi^n_{i-1}\right)$$

化简为：

$$-\frac{2}{1 - \lambda a} \leqslant \frac{\phi^n_i}{r^+_i} - \phi^n_{i-1} \leqslant \frac{2}{\lambda a} \tag{5.5.2}$$

若 $0 \leqslant \lambda a \leqslant 1$，式 (5.5.2) 的一个充分条件为：

$$-2 \leqslant \frac{\phi^n_i}{r^+_i} - \phi^n_{i-1} \leqslant 2 \tag{5.5.3}$$

式 (5.5.3) 的一个充分条件为：

$$\begin{cases} 0 \leqslant \phi^n_i + K \leqslant 2 \\ 0 \leqslant \dfrac{\phi^n_i}{r^+_i} + K \leqslant 2 \end{cases} \tag{5.5.4}$$

式中，K 为任意常数。此为 Sweby 通量修正方法的三个非线性稳定性条件，第一个条件 (5.5.2) 形式最为复杂，但是对通量限制器的约束最少；第三个条件 (5.5.4) 形式最为简单，但是限制最多；第二个条件 (5.5.3) 居于两者之间。在实际应用中，第三个条件用得最多，因为形式最简单。若 $K = 0$，第三个条件可以简化为：

$$\begin{cases} 0 \leqslant \phi_i^n \leqslant 2 \\ 0 \leqslant \dfrac{\phi_i^n}{r_i^+} \leqslant 2 \end{cases} \tag{5.5.5}$$

或者等效为：

$$\begin{cases} 0 \leqslant \phi_i^n \leqslant \min\{2, 2r_i^+\}, r_i^+ > 0 \\ \phi_i^n = 0, r_i^+ \leqslant 0 \end{cases} \tag{5.5.6}$$

满足上述非线性稳定条件（5.5.6）的通量限制器包括：

（1）minmod 通量限制器

$$\phi(r) = \mathrm{minmod}(1, br)$$

式中，b 为常数，且满足 $1 \leqslant b \leqslant 2$，具体形式为：

$$\mathrm{minmod}(1, br) = \begin{cases} 1, br \geqslant 1 \\ br, 0 \leqslant br \leqslant 1 \\ 0, br < 0 \end{cases}$$

另一种形式的 minmod 通量限制器可以写为：

$$\phi(r) = \mathrm{minmod}(b, r)$$

式中，b 为常数，且满足 $1 \leqslant b \leqslant 2$。若 $b = 1$，则上述两种形式完全相同。

（2）superbee 通量限制器

$$\phi(r) = \max\{0, \min\{2r, 1\}, \min\{r, 2\}\} \begin{cases} 1, r \leqslant 0 \\ 2r, 0 \leqslant r \leqslant \dfrac{1}{2} \\ 1, \dfrac{1}{2} \leqslant r \leqslant 1 \\ r, 1 \leqslant r \leqslant 2 \\ 2, r \geqslant 2 \end{cases}$$

（3）van Leer 通量限制器

$$\phi(r) = \begin{cases} \dfrac{2r}{1 + r}, r \geqslant 0 \\ 0, r < 0 \end{cases}$$

（4）van Albada 通量限制器

$$\phi(r) = \frac{2r}{1 + r^2}$$

上面所有通量限制器都具有如下对称性质：

$$\frac{\phi(r)}{r} = \phi\left(\frac{1}{r}\right)$$

这个对称性质可以保证限制过程不管是向前还是向后，结果都是相同的。上述限制器函数是二阶精度的 TVD 限制器，这意味着它们被设计为通过 TVD 区域，以保证格式的稳定性。二阶 TVD 限制器至少满足以下条件：

$$\begin{cases} r \leqslant \phi(r) \leqslant 2r, 0 \leqslant r \leqslant 1 \\ 1 \leqslant \phi(r) \leqslant r, 1 \leqslant r \leqslant 2 \\ 1 \leqslant \phi(r) \leqslant 2, r > 2 \\ \phi(1) = 1 \end{cases}$$

图 5.22 中显示了二阶 TVD 格式允许的限制器区域。

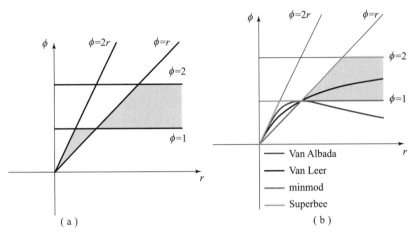

图 5.22　TVD 区和不同的限制器

（a）二阶精度区；（b）二阶 TVD 区

2. 非线性标量守恒方程

考虑 $a(u) > 0$ 的非线性标量守恒方程，FTBS：

$$u_i^{n+1} = u_i^n - \lambda(\hat{f}_{i+1/2}^{\text{FTBS}} - \hat{f}_{i-1/2}^{\text{FTBS}})$$

式中

$$\hat{f}_{i+1/2}^{\text{FTBS}} = f(u_i^n)$$

考虑 $a(u) > 0$ 的线性对流方程，Lax – Wendroff 格式：

$$u_i^{n+1} = u_i^n - \lambda(\hat{f}_{i+1/2}^{\text{LW}} - \hat{f}_{i-1/2}^{\text{LW}})$$

式中

$$\hat{f}_{i+1/2}^{\text{LW}} = f(u_i^n) + \frac{1}{2} a_{i+1/2}^n (1 - \lambda a_{i+1/2}^n)(u_{i+1}^n - u_i^n)$$

并且，有：

$$a_{i+1/2}^n = \begin{cases} \dfrac{f(u_{i+1}^n) - f(u_i^n)}{u_{i+1}^n - u_i^n}, u_{i+1}^n \neq u_i^n \\ f'(u_i^n), u_{i+1}^n = u_i^n \end{cases}$$

假设 $\phi_i^n = \phi(r_i^+)$，考虑 $a(u) > 0$ 的非线性标量守恒方程，Sweby 通量修正方法可以组合为：

$$u_i^{n+1} = u_i^n - \lambda(\hat{f}_{i+1/2}^n - \hat{f}_{i-1/2}^n)$$

式中

$$\hat{f}_{i+1/2}^n = \hat{f}_{i+1/2}^{\text{FTBS}} + \phi(r_i^+)(\hat{f}_{i+1/2}^{\text{LW}} - \hat{f}_{i+1/2}^{\text{FTBS}})$$

或者写为：

$$\hat{f}_{i+1/2}^n = f(u_i^n) + \frac{1}{2} a_{i+1/2}^n (1 - \lambda a_{i+1/2}^n)\phi(r_i^+)(u_{i+1}^n - u_i^n)$$

式中，间断监测器：

$$r_i^+ = \frac{\hat{f}_{i-1/2}^{LW} - \hat{f}_{i-1/2}^{FTBS}}{\hat{f}_{i+1/2}^{LW} - \hat{f}_{i+1/2}^{FTBS}}$$

或者等效地写为：

$$r_i^+ = \frac{a_{i-1/2}^n (1 - \lambda a_{i-1/2}^n)(u_i^n - u_{i-1}^n)}{a_{i+1/2}^n (1 - \lambda a_{i+1/2}^n)(u_{i+1}^n - u_i^n)}$$

Sweby 通量限制器的迎风性的条件：

$$0 \leqslant \lambda a_{i+1/2}^n + \frac{\lambda a_{i+1/2}^n}{2} (1 - \lambda a_{i+1/2}^n) \left[\frac{\phi(r_i^+)}{r_i^+} - \phi(r_{i-1}^+) \right] \leqslant 1$$

等效为：

$$-\frac{2}{1 - \lambda a_{i+1/2}^n} \leqslant \frac{\phi(r_i^+)}{r_i^+} - \phi(r_{i-1}^+) \leqslant \frac{2}{\lambda a_{i+1/2}^n}$$

上式的一个充分条件为：

$$-2 \leqslant \frac{\phi(r_i^+)}{r_i^+} - \phi(r_{i-1}^+) \leqslant 2$$

注意，该迎风性限制条件与线性对流方程中的限制性条件完全一致，而且上面提到的各种限制器都能够保证迎风性。

5.5.6 NND 格式

1988 年，张涵信在分析差分解在激波附近出现波动的物理原因时发现：要得到符合物理实际的差分解，必须满足热力学第二定律给出的熵增原理。在此基础上，通过适当控制差分格式修正方程式中的三阶色散项在激波前后满足一定的关系，构造出满足熵增条件的能够自动捕捉激波的二阶精度的无波动、无自由参数的耗散差分格式——NND 格式[28]。随后的研究证明：NND 格式也具有 TVD 性质，也是 TVD 类格式的一种。

考虑非线性标量方程：

$$\frac{\partial u}{\partial t} + \frac{\partial f}{\partial x} = 0$$

根据流通量分裂算法，可把流通量 f 分裂成 $f^\pm$。于是上式写为：

$$\frac{\partial u}{\partial t} + \frac{\partial f^+}{\partial x} + \frac{\partial f^-}{\partial x} = 0$$

为了保证在激波上游和下游都能得到光滑数值解，而不出现振荡，差分格式需要按如下方式构造：

在激波上游（左侧），差分格式为：

$$\left(\frac{\partial u}{\partial t} \right)_j = - \left(\frac{\partial f^+}{\partial x} + \frac{\partial f^-}{\partial x} \right) = - \frac{3f_j^+ - 4f_{j-1}^+ + f_{j-2}^+}{2\Delta x} - \frac{f_{j+1}^- - f_{j-1}^-}{2\Delta x}$$

在激波下游（右侧），差分格式为：

$$\left(\frac{\partial u}{\partial t} \right)_j = - \left(\frac{\partial f^+}{\partial x} + \frac{\partial f^-}{\partial x} \right) = - \frac{3f_j^- - 4f_{j+1}^- + f_{j+2}^-}{2\Delta x} - \frac{f_{j+1}^+ - f_{j-1}^+}{2\Delta x}$$

式中，f_j^+、f_j^- 是按特征值正负分解的正负流通量。

利用上述的分析结果可以导出无振荡、无自由参数差分方法——显式 NND 差分格式。把上述的差分格式写成统一的守恒型差分格式：

$$\left(\frac{\partial u}{\partial t}\right)_j = -\frac{1}{\Delta x}(\hat{f}_{j+\frac{1}{2}} - \hat{f}_{j-\frac{1}{2}})$$

式中，半节点上的数值通量可以分解为：$\hat{f}_{j+\frac{1}{2}} = f^+_{j+\frac{1}{2}} + f^-_{j+\frac{1}{2}}$，因此，

$$f^+_{j+\frac{1}{2}} = f^+_j + \begin{cases} \frac{1}{2}(f^+_j - f^+_{j-1}) , 激波上游 \\ \frac{1}{2}(f^+_{j+1} - f^+_j) , 激波下游 \end{cases}$$

$$f^-_{j+\frac{1}{2}} = f^-_{j+1} + \begin{cases} \frac{1}{2}(f^-_{j+1} - f^-_j) , 激波上游 \\ \frac{1}{2}(f^-_{j+2} - f^-_{j+1}) , 激波下游 \end{cases}$$

根据 $\text{minmod}(a,b)$ 函数定义，可以把上述关系式写成：

$$f^+_{j+\frac{1}{2}} = f^+_j + \frac{1}{2}\text{minmod}\left[(f^+_j - f^+_{j-1}), (f^+_{j+1} - f^+_j)\right]$$

$$f^-_{j+\frac{1}{2}} = f^-_{j+1} - \frac{1}{2}\text{minmod}\left[(f^-_{j+1} - f^-_j), (f^-_{j+2} - f^-_{j+1})\right]$$

考虑线性对流方程：

$$\frac{\partial u}{\partial t} + \frac{\partial f}{\partial x} = 0, f = au, a > 0$$

写成半离散形式：

$$\left(\frac{\mathrm{d}u}{\mathrm{d}t}\right)_i = -\frac{\hat{f}_{i+1/2} - \hat{f}_{i-1/2}}{\Delta x}$$

式中

$$\hat{f}_{i+1/2} = f_i + \frac{1}{2}\text{minmod}(f_{i+1} - f_i, f_i - f_{i-1})$$

$\text{minmod}(a,b)$ 函数：a、b 符号相同时，取绝对值小的；符号相反时，取 0。这意味着，NND 格式在二阶迎风与二阶中心格式中选一个。如果二阶中心与二阶迎风给出的修正趋势相反，则不修正。通过傅里叶分析得到它的稳定性条件为：

$$\frac{|a|\Delta t}{\Delta x} \leqslant \frac{2}{3}$$

考虑一维欧拉方程组：

$$u_t + f_x = 0$$

式中，守恒变量和通量为：

$$u = \begin{pmatrix} \rho \\ \rho u \\ E \end{pmatrix}, f = \begin{pmatrix} \rho u \\ \rho u^2 + p \\ (E + p)u \end{pmatrix}$$

采用 Steger–Warming 流通量矢量分裂法，计算得到流通量矢量：

$$f^{\pm}(u) = \frac{\rho}{2\gamma}\begin{pmatrix} 2(\gamma-1)\lambda_1^{\pm} + \lambda_2^{\pm} + \lambda_3^{\pm} \\ 2(\gamma-1)u\lambda_1^{\pm} + (u-a)\lambda_2^{\pm} + (u+a)\lambda_3^{\pm} \\ (\gamma-1)u^2\lambda_1^{\pm} + (h-au)\lambda_2^{\pm} + (h+au)\lambda_3^{\pm} \end{pmatrix}$$

这样就得到一维守恒型欧拉方程组显式 NND 差分格式如下:

$$u_j^{n+1} = u_j^n - \frac{\Delta t}{\Delta x}\left\{ \begin{aligned} &\left[f_j^+ + \frac{1}{2}\mathrm{minmod}(\Delta f_{j-\frac{1}{2}}^+, \Delta f_{j+\frac{1}{2}}^+) + f_{j+1}^- - \frac{1}{2}\mathrm{minmod}(\Delta f_{j+\frac{1}{2}}^-, \Delta f_{j+\frac{3}{2}}^-)\right] - \\ &\left[f_{j-1}^+ + \frac{1}{2}\mathrm{minmod}(\Delta f_{j-\frac{3}{2}}^+, \Delta f_{j-\frac{1}{2}}^+) + f_j^- - \frac{1}{2}\mathrm{minmod}(\Delta f_{j-\frac{1}{2}}^-, \Delta f_{j+\frac{1}{2}}^-)\right] \end{aligned} \right\}$$

$$\left. \begin{aligned} \Delta f_{j+\frac{1}{2}} &= f_{j+1} - f_j = a_{j+\frac{1}{2}}\Delta u_{j+\frac{1}{2}} \\ \Delta f_{j-\frac{1}{2}} &= f_j - f_{j-1} = a_{j-\frac{1}{2}}\Delta u_{j-\frac{1}{2}} \end{aligned} \right\}$$

在计算过程中, 半节点 $\left(i+\frac{1}{2},j\right)$、$\left(i,j+\frac{1}{2}\right)$ 上的流动量采用 Roe 平均得到。

5.6　高分辨率格式：ENO 和 WENO

　　TVD 格式具有高分辨率的优点, 在计算流体力学的发展史上具有重要的地位, 但是这类方法在应用中也存在一些问题, 如 TVD 类格式最多只能达到两阶精度, 在间断和极值点处精度自动降阶, 通常只有一阶的精度。1987 年, Harten 等[26]发表了关于 ENO 格式的经典论文, 通过降低总变差不增的苛刻要求, 提出了具有总变差有界（TVB）性质的高精度、高分辨率的 ENO 格式, 开启了守恒律方程高精度、高分辨率格式新的发展方向。

　　ENO 格式和 TVD 格式一样, 也是一种保单调格式, 但是 ENO 方法放宽了总变差不增（TVD）的限制, 允许总变差增长但是有界（TVB）, 从而使格式在理论上可以达到全场任意阶精度且基本无振荡。TVD 格式通过限制通量的变化, 避免数值的振荡, 而 ENO 格式采用非固定模板插值重构的思想, 通过模板的自适应选取避免间断附近产生非物理振荡。ENO 格式解决了 TVD 格式的一些缺陷, 对间断有较强的分辨率, 但 ENO 格式在向多维推广的过程中遇到了很大的困难。加权本质无振荡格式（WENO）是 ENO 格式的改进, 由 Liu、Osher 和 Chan 于 1994 年提出[29]。1996 年, Jiang 和 Shu[30]推广、构造了多维空间上的三阶和五阶有限差分 WENO 格式, 并给出了光滑度量函数和非线性权重设计的一般框架。WENO 格式中的一个关键思想是对低阶通量或重构的线性组合, 以获得更高阶的近似。ENO 和 WENO 格式均使用自适应模板的思想, 在间断附近自动实现高阶精度和低振荡特性。下面分别以标量守恒方程和欧拉方程为例, 讲解一下如何构造 ENO 和 WENO 格式。

5.6.1　标量守恒方程

　　下面以对流方程为例, 构造 5 阶精度的 WENO 格式。考虑线性对流方程:

$$\frac{\partial u}{\partial t} + \frac{\partial u}{\partial x} = 0$$

在 x_i 处对其空间导数构造 5 阶精度的 WENO 格式。

1. 确定网格模板

　　选择 6 点模板 $(i-3, i-2, i-1, i, i+1, i+2)$ 构造 u_i' 的目标差分格式。这个 6 点模板

最高可构造 5 阶精度迎风差分格式。该差分格式为 WENO 的目标格式，即在光滑区 WENO
逼近于该格式：

$$u_i' = a_1 u_{i-3} + a_2 u_{i-2} + a_3 u_{i-1} + a_4 u_i + a_5 u_{i+1} + a_6 u_{i+2} \tag{5.6.1}$$

利用泰勒展开：

$$u_{i+n} = u_i + \frac{(n\Delta x)}{1!}\frac{\partial u}{\partial x} + \frac{(n\Delta x)^2}{2!}\frac{\partial^2 u}{\partial x^2} + \frac{(n\Delta x)^3}{3!}\frac{\partial^3 u}{\partial x^3} + \cdots + \frac{(n\Delta x)^n}{n!}\frac{\partial^n u}{\partial x^n}$$

可唯一确定目标格式（5.6.1）中的系数：

$$u_i' = (-2u_{i-3} + 15u_{i-2} - 60u_{i-1} + 20u_i + 30u_{i+1} - 3u_{i+2})/(60\Delta x) \tag{5.6.2}$$

2. 将这个 6 点模板分割成 3 个子模板，每个子模板独立计算 u_i' 的差分逼近

$$\text{子模板 1：} (i-3, i-2, i-1, i)$$
$$\text{子模板 2：} (i-2, i-1, i, i+1)$$
$$\text{子模板 3：} (i-1, i, i+1, i+2)$$

利用这三个子模板上的节点，可构造出三个 u_i' 的 3 阶精度差分格式：

$$u_i'^{(1)} = a_1^{(1)} u_{i-3} + a_2^{(1)} u_{i-2} + a_3^{(1)} u_{i-1} + a_4^{(1)} u_i$$
$$u_i'^{(2)} = a_1^{(2)} u_{i-2} + a_2^{(2)} u_{i-1} + a_3^{(2)} u_i + a_4^{(2)} u_{i+1} \tag{5.6.3}$$
$$u_i'^{(3)} = a_1^{(3)} u_{i-1} + a_2^{(3)} u_i + a_3^{(3)} u_{i+1} + a_4^{(3)} u_{i+2}$$

利用泰勒展开式，可唯一确定这些系数。计算 i 点的导数 u_i' 时，算出了三个不同的值，
怎么选择？ENO 方法是选择最优（最光滑）的解，舍弃其余两个解；WENO 则对这三个解
进行加权平均。

3. 将 3 个差分值进行加权平均，得到总的差分值

$$u_i' = \omega_1 u_i'^{(1)} + \omega_2 u_i'^{(2)} + \omega_3 u_i'^{(3)}$$

WENO 格式模板加权的原则：

①子模板内函数 u_i 越光滑，则该模板的权重越大；如果某一子模板内存在间断，则其
权重应该趋于 0。

②如果三个子模板内函数 u_i 都光滑，则这三个三阶精度的差分逼近式可组合成一个五
阶精度的差分逼近式，即目标格式（5.6.2）。

下面计算理想权重 C_i，将三个子模板的差分格式（5.6.3）做凸组合，可得新的差分
格式：

$$u_i' = C_1 u_i'^{(1)} + C_2 u_i'^{(2)} + C_3 u_i'^{(3)} \tag{5.6.4}$$

若三个子模板内函数都是光滑的，则格式（5.6.4）完全等价于目标差分格式（5.6.2），因
此可以求得理想权重系数 C_k：

$$C_1 = 1/10, C_2 = 6/10, C_3 = 3/10$$

若子模板内函数存在间断，则理想权重需要相应地进行调整，新的差分格式可以写为：

$$u_i' = \omega_1 u_i'^{(1)} + \omega_2 u_i'^{(2)} + \omega_3 u_i'^{(3)}$$

式中，ω_1、ω_2 和 ω_3 为三个子模板的实际权重。实际权重需要考虑子模板内函数的光滑程度，
因此，需要设计度量每个子模板内函数光滑程度的度量函数：

$$\text{IS}^{(k)} = f[(u_i)^{(k)}], k = 1,2,3$$

式中，IS 越大，表示子模板越不光滑。在光滑区，不同子模板上的 IS 应该趋近同一值。其

实各阶导数的差分表达式都可作为光滑度量函数使用，如：

$$\text{IS}^{(1)} = \frac{\partial^2 u}{\partial x^2}\bigg|_j = \frac{1}{\Delta x^2}(-u_{j-3} + 4u_{j-2} - 5u_{j-1} + 2u_j) + O(\Delta x^2)$$

光滑度量因子一般形式可以写为：

$$\text{IS}_k = \sum_{l=1}^2 \int_{x_{j-1/2}}^{x_{j+1/2}} \Delta x^{2l-1} \frac{\partial^l}{\partial x^l}(q_k)^2 \mathrm{d}x$$

式中，$q_k(x)$ 为使用模板 k 内通量得到的插值函数，即：

$$q_k(x) = u_i + (x - x_i)u_i'^{(k)} + \frac{1}{2}(x - x_i)^2 u_i''^{(k)}$$

展开可得：

$$\text{IS}_k = (\Delta x u_i'^{(k)})^2 + \frac{13}{12}(\Delta x^2 u_i''^{(k)})^2$$

使用差分可得 IS_k 的离散形式：

$$\text{IS}_1 = \frac{13}{12}(u_{i-2} - 2u_{i-1} + u_i)^2 + \frac{1}{4}(3u_{i-2} - 4u_{i-1} + u_i)^2$$

$$\text{IS}_2 = \frac{13}{12}(u_{i-1} + 2u_i + u_{i+1})^2 + \frac{1}{4}(u_{i-1} - u_{i+1})^2$$

$$\text{IS}_3 = \frac{13}{12}(u_i - 2u_{i+1} + u_{i+2})^2 + \frac{1}{4}(u_i^+ - 4u_{i+1} + u_{i+2})^2$$

下面给出各个模板的实际权重 ω_k，在光滑区，权重趋近于理想权重，在间断区，权重很小，偏离理想权重，即：

$$\omega_k = \frac{\alpha_k}{\alpha_1 + \alpha_2 + \alpha_3}, \alpha_k = \frac{C_k}{(\varepsilon + \text{IS}_k)^p}$$

其中，α 为小量，一般为 10^{-6}，目的是避免分母为零，p 为指数，一般为 2。

5.6.2 欧拉方程

下面以二维欧拉方程为例，给出 5 阶精度 WENO 格式的构造方法。考虑二维欧拉方程：

$$\frac{\partial \boldsymbol{u}}{\partial t} + \frac{\partial \boldsymbol{f}}{\partial x} + \frac{\partial \boldsymbol{g}}{\partial y} = \boldsymbol{s}$$

式中，s 为方程源项。欧拉方程是双曲型方程，需要考虑特征线方向构造迎风格式。第 5.4 节中的特征分裂方法、矢通量方法和通量差分方法均可以在此使用。这里使用矢通量分裂方法将通量分解为正通量和负通量，即：

$$\frac{\partial \boldsymbol{u}}{\partial t} + \frac{\partial \boldsymbol{f}^+}{\partial x} + \frac{\partial \boldsymbol{f}^-}{\partial x} + \frac{\partial \boldsymbol{g}^+}{\partial y} + \frac{\partial \boldsymbol{g}^-}{\partial y} = \boldsymbol{s}$$

写成守恒型差分的形式：

$$\frac{\partial \boldsymbol{u}}{\partial t}\bigg|_{i,j} = -\frac{1}{\Delta x}(\hat{\boldsymbol{f}}^+_{i+1/2,j} - \hat{\boldsymbol{f}}^+_{i-1/2,j}) - \frac{1}{\Delta x}(\hat{\boldsymbol{f}}^-_{i+1/2,j} - \hat{\boldsymbol{f}}^-_{i-1/2,j}) -$$

$$\frac{1}{\Delta y}(\hat{\boldsymbol{g}}^+_{i,j+1/2} - \hat{\boldsymbol{g}}^+_{i,j-1/2}) - \frac{1}{\Delta y}(\hat{\boldsymbol{g}}^-_{i,j+1/2} - \hat{\boldsymbol{g}}^-_{i,j-1/2}) +$$

$$\boldsymbol{s}_{i,i}$$

式中，$\hat{f}^{\pm}_{i\pm1/2,j}$、$\hat{g}^{\pm}_{i\pm1/2,j}$ 分别为网格单元边界处的正、负数值通量。这些通量可以通过附近节点上已知的物理通量 $f^{\pm}_{i,j}$ 和 $g^{\pm}_{i,j}$ 构造得到。下面以 $\hat{f}^{+}_{i+1/2,j}$ 为例，对构造过程进行说明。

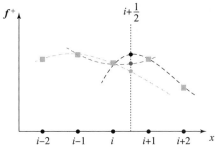

图 5.23　WENO 插值多项式构造示意

如图 5.23 所示，五阶 WENO 格式使用一个五点模板，分为三个子模板 s_0、s_1 和 s_2，每个子模板包括三个节点。在子模板上进行重构，构造半节点上的正通量 $\hat{f}^{+}_{i+1/2,j}$，可得：

对于子模板 S_0：

$$\hat{f}^{+(0)}_{i+1/2,j} = \frac{1}{3}\hat{f}^{+}_{i-2,j} - \frac{7}{6}\hat{f}^{+}_{i-1,j} + \frac{11}{6}\hat{f}^{+}_{i,j}$$

对于子模板 S_1：

$$\hat{f}^{+(1)}_{i+1/2,j} = -\frac{1}{6}\hat{f}^{+}_{i-1,j} - \frac{5}{6}\hat{f}^{+}_{i,j} + \frac{1}{3}\hat{f}^{+}_{i+1,j}$$

对于子模板 S_2：

$$\hat{f}^{+(2)}_{i+1/2,j} = \frac{1}{3}\hat{f}^{+}_{i,j} - \frac{7}{6}\hat{f}^{+}_{i+1,j} + \frac{11}{6}\hat{f}^{+}_{i+2,j}$$

子模板的权重因子 ω_k 定义为：

$$\omega_k = \frac{\alpha_k}{\alpha_0 + \alpha_1 + \alpha_2}$$

式中，$\alpha_k = \dfrac{C_k}{(\varepsilon + \mathrm{IS}_k)^2}, k = 1,2,3$，理想权重因子 $C_1 = \dfrac{3}{10}$，$C_2 = \dfrac{3}{5}$，$C_3 = \dfrac{1}{10}$。三个光滑因子分别为：

$$\mathrm{IS}_1 = \frac{13}{12}(f^{+}_{i-2,j} - 2f^{+}_{i-1,j} + f^{+}_{i,j})^2 + \frac{1}{4}(3f^{+}_{i-2,j} - 4f^{+}_{i-1,j} + f^{+}_{i,j})^2$$

$$\mathrm{IS}_2 = \frac{13}{12}(f^{+}_{i-1,j} + 2f^{+}_{i,j} + f^{+}_{i+1,j})^2 + \frac{1}{4}(f^{+}_{i-1,j} - f^{+}_{i+1,j})^2$$

$$\mathrm{IS}_3 = \frac{13}{12}(f^{+}_{i,j} - 2f^{+}_{i+1,j} + f^{+}_{i+2,j})^2 + \frac{1}{4}(f^{+}_{i,j} - 4f^{+}_{i+1,j} + f^{+}_{i+2,j})^2$$

5.7　边界处理方法

高阶精度的格式通常用到很宽的模板，即多个节点值。这在计算域内部不会出现问题，但是在边界附近就需要用到边界外部的数值。在具体实践中，通常在边界外部也布置若干网格，称为虚网格。虚网格节点上的值可以根据物理边界条件的性质计算得到相应的物理量。

如果不使用虚网格点，则需要构造单边的格式，即不需要利用边界之外的值构造格式。下面主要介绍壁面边界条件的数值处理。入口、出口边界和其他类型边界的数值处理较为简单，这里不再讨论，读者可以参考其他的文献。

如果边界处于两个网格节点之间，如图 5.24 所示，则：

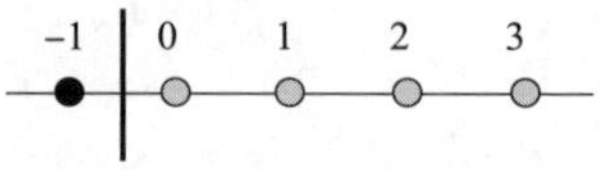

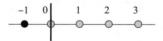

图 5.24　边界网格处理——边界处于网格点之间

（1）绝热边界条件

$$u_{-1} = -u_0, T_{-1} = T_0, p_{-1} = p_0, Y_{i,-1} = Y_{i,0}$$

对于二维的左边界，绝热、滑移边界条件：

$$u_{-1} = -u_0, v_{-1} = v_0, T_{-1} = T_0, p_{-1} = p_0, Y_{i,-1} = Y_{i,0}$$

对于二维的左边界，绝热、无滑移边界条件：

$$u_{-1} = -u_0, v_{-1} = -v_0, T_{-1} = T_0, p_{-1} = p_0, Y_{i,-1} = Y_{i,0}$$

式中，u 和 v 分别表示 x 和 y 方向的速度；T、p 和 Y_i 分别表示温度、压力和组分 i 的质量分数。

（2）等热边界条件

$$u_{-1} = -u_0, T_{-1} = 2T_w - T_0, p_{-1} = p_0, Y_{i,-1} = Y_{i,0}$$

对于二维的左边界，绝热、滑移边界条件：

$$u_{-1} = -u_0, v_{-1} = v_0, T_{-1} = 2T_w - T_0, p_{-1} = p_0, Y_{i,-1} = Y_{i,0}$$

对于二维的左边界，绝热、无滑移边界条件：

$$u_{-1} = -u_0, v_{-1} = -v_0, T_{-1} = 2T_w - T_0, p_{-1} = p_0, Y_{i,-1} = Y_{i,0}$$

式中，T_w 为边界上的温度。

如果边界正好与网格节点重合，如图 5.25 所示，则：

图 5.25　边界网格处理——边界与网格点重合

（1）绝热边界条件

$$u_{-1} = -u_1, T_{-1} = T_1, p_{-1} = p_1, Y_{i,-1} = Y_{i,1}$$
$$u_0 = 0, T_0 = T_1, p_0 = p_1, Y_{i,0} = Y_{i,1}$$

对于二维的左边界，绝热、滑移边界条件：

$$u_{-1} = -u_1, v_{-1} = v_1, T_{-1} = T_1, p_{-1} = p_1, Y_{i,-1} = Y_{i,1}$$
$$u_0 = 0, v_0 = v_1, T_0 = T_1, p_0 = p_1, Y_{i,0} = Y_{i,1}$$

对于二维的左边界，绝热、无滑移边界条件：

$$u_{-1} = -u_1, v_{-1} = -v_1, T_{-1} = T_1, p_{-1} = p_1, Y_{i,-1} = Y_{i,1}$$
$$u_0 = 0, v_0 = 0, T_0 = T_1, p_0 = p_1, Y_{i,0} = Y_{i,1}$$

（2）等热边界条件

$$u_{-1} = -u_1, T_{-1} = 2T_w - T_1, p_{-1} = p_1, Y_{i,-1} = Y_{i,1}$$

$$u_0 = 0, T_0 = T_w, p_0 = p_1, Y_{i,0} = Y_{i,1}$$

对于二维的左边界，绝热、滑移边界条件：

$$u_{-1} = -u_1, v_{-1} = v_1, T_{-1} = 2T_w - T, p_{-1} = p_1, Y_{i,-1} = Y_{i,1}$$

$$u_0 = 0, v_0 = v_1, T_0 = T_w, p_0 = p_1, Y_{i,0} = Y_{i,1}$$

对于二维的左边界，绝热、无滑移边界条件：

$$u_{-1} = -u_1, v_{-1} = -v_1, T_{-1} = 2T_w - T, p_{-1} = p_1, Y_{i,-1} = Y_{i,1}$$

$$u_0 = 0, v_0 = 0, T_0 = T_w, p_0 = p_1, Y_{i,0} = Y_{i,1}$$

对于水平或者竖直的边界，处理起来相对容易。但是对于斜的直线边界或者更复杂的曲线边界，边界的处理将异常复杂。基本的处理思路还是利用上述方法，使用虚网格，然后在垂直边界的方向上利用边界内部的点计算得到虚网格点上的值。困难在于：①边界的法线方向可能不是固定的，而是变化的，这就需要计算不同位置上边界的法线方向；②即使计算得到了边界上各点的法线方向，通过镜面反射关系，虚网格点对称的内部点很可能不与内部的节点重合，该对称点的值就需要通过其附近的节点值进行插值得到，大大增加了计算的复杂性。

对于法线计算的问题，可以通过 Level-set 方法[31]中的符号距离函数 ϕ 进行计算。ϕ 表示的是计算域内任何一点到边界的最短距离，并且边界内部值为正，边界外部值为负，边界上为零。这样就可以计算得到边界的法线方向：

$$\vec{n} = \frac{\nabla \phi}{|\nabla \phi|}$$

如图 5.26 所示，假设虚网格点的坐标为 $\vec{x}$，则通过矢量相加，可以确定虚网格节点在流场中的对称节点：

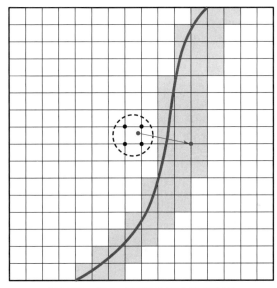

图 5.26　浸入式网格处理方法示意图

$$\vec{\tilde{x}} = \vec{x} + 2\phi\vec{n}$$

该节点的值又通过附近节点的值插值得到，然后虚网格节点的值通过镜面对称条件得到。虚网格节点的速度矢量为：

$$\vec{u}' = \vec{u} + 2[(-\vec{u}) \times \vec{n}]\vec{n}$$

如果复杂边界以一定的速度 $\vec{w}$ 移动，则将边界视为移动固定壁面。虚网格节点的速度矢量为：

$$\vec{u}' = \vec{u} + 2[(\vec{w} - \vec{u}) \times \vec{n}]\vec{n}$$

习　题

1. 判断 FTFS、BTCS 是否满足 CFL 条件。

2. 对于标量对流方程，验证下面的差分格式是否满足 CFL 条件。

$$u_i^{n+1} = u_i^n - \frac{\lambda}{2}[-f(u_{i+2}^n) + 4f(u_{i+1}^n) - 3f(u_i^n)]$$

3. 对于一维欧拉方程，在亚声速流和超声速流中，分别验证 FTFS、FTBS 是否满足 CFL 条件。

4. 对于欧拉方程，验证下面的差分格式是否满足 CFL 条件。

$$\boldsymbol{u}_i^{n+1} = \boldsymbol{u}_i^n - \frac{\lambda}{2}[-\boldsymbol{f}(\boldsymbol{u}_{i+2}^n) + 4\boldsymbol{f}(\boldsymbol{u}_{i+1}^n) - 3\boldsymbol{f}(\boldsymbol{u}_i^n)]$$

5. 将下面的格式改写成守恒形式。

$$u_i^{n+1} = u_i^n - \frac{\lambda}{2}[-f(u_{i+2}^n) + 4f(u_{i+1}^n) - 3f(u_i^n)]$$

6. 一般情况下，一维线性对流方程的 Fromm 格式是两阶精度，试证明，在满足 $a\lambda = 1/2$ 的情况下，Fromm 格式是三阶精度，并说明此时 Fromm 格式的色散和耗散特性。

7. 针对线性对流方程

$$\frac{\partial u}{\partial t} + \frac{\partial u}{\partial x} = 0, 0 \leqslant x \leqslant 1$$

$$u(x,0) = \begin{cases} 0, 0 \leqslant x < 0.25 \\ 1, 0.25 \leqslant x \leqslant 0.5 \\ 0, 0.5 < x \leqslant 1 \end{cases}$$

边界条件为周期性边界。使用一阶迎风、L－F、B－W 和 L－W 四种格式数值计算 $t = 0.1$ 时刻的波形，空间步长可以取 0.05 和 0.002 5。

8. 对于 sweby 通量限制器方法，考虑两种不同的 minmod 限制器：

$$\phi(r) = \text{minmod}(1, br)$$

$$\phi(r) = \text{minmod}(b, r)$$

选取不同的 b，画出这两种限制器的 $\phi - r$ 曲线，解释为什么 b 应该选取在 1~2 之间。

9. 考虑线性对流方程 $(a > 0)$，对于 sweby 通量限制方法，有：

$$u_i^{n+1} = u_i^n - \lambda a(u_i^n - u_{i-1}^n) -$$

$$\frac{\lambda a}{4}(1 - \lambda a)[(1 + \eta_i^n)(u_{i+1}^n - 2u_i^n + u_{i-1}^n) + (1 - \eta_{i-1}^n)(u_i^n - 2u_{i-1}^n + u_{i-2}^n)]$$

和
$$\phi_i^n = \frac{1}{2}\big[1 + r_i^+ + \eta_i^n(1 - r_i^+)\big], r_i^+ = \frac{u_i^n - u_{i-1}^n}{u_{i+1}^n - u_i^n}$$

证明：$\phi(r) = \dfrac{2+r}{3}$ 时，上述格式是三阶精度。

参 考 文 献

［1］张德良．计算流体力学教程［M］．北京：高等教育出版社，2010．

［2］宁建国，马天宝．计算爆炸力学基础［M］．北京：国防工业出版社，2015．

［3］Leveque R. Finite volume methods for hyperbolic problems［M］. Cambridge University Press，2004.

［4］Courant R，Friedrichs K，Lewy H. Über die partiellen Differenzengleichungen der mathematischen Physik［J］. Mathematische Annalen（in German），1928，100（1）：32 – 74.

［5］Lax P D. Hyperbolic systems of conservation laws Ⅱ［J］. Communications Pure and Applied Mathematics，1957（10）：537 – 566.

［6］Lax P D，Wendroff B. Systems of conservation laws［J］. Communications Pure and Applied Mathematics，1960（13）：217 – 237.

［7］MacCormack R W. The effect of viscosity in hypervelocity impact cratering［J］. AIAA Journal，1969：347 – 354.

［8］Godunov S K. A difference method for the numerical calculation of discontinuous solutions of hydrodynamic equations［J］. Matematicheskiǐ Sbornik，1959（47）：271 – 306.

［9］Toro E F. Riemann Solvers and numerical methods for fluid dynamics［M］. Toro，Eleuterio，1999.

［10］Roe P L. Approximate Riemann Solvers，Parameter Vectors，and Difference Schemes［J］. Journal of Computation Physics，1981（43）：357 – 372.

［11］Warming R F，Beam R M. Upwind second – order difference schemes and applications in unsteady aerodynamic flows［C］. In Proc. AIAA 2nd Computational Fluid Dynamics Conf.，Hartford，Conn. 1975.

［12］Fromm J E. A Method for Reducing Dispersion in Convective Difference Schemes［J］. Journal of Computation Physics，1968（3）：176 – 189.

［13］van Leer B. Towards the Ultimate Conservative Difference Scheme V. A Second Order Sequel to Godunov's Method［J］. Journal of Computation Physics，1979（32）：101 – 136.

［14］Leonard B P. Simple High – Accuracy Resolution Program for Convective Modelling of Discontinuities［J］. International Journal for Numerical Methods in Fluids，1988（8）：1291 – 1318.

［15］傅德薰，等．计算流体力学，计算空气动力学［M］．北京：高等教育出版社，2002．

［16］阎超．计算流体力学方法及应用［M］．北京：北京航空航天大学出版社，2006．

［17］Anderson J. Computational fluid mechanics，the basics with Applications［M］. McGraw – Hill，1995.

［18］ Laney C B. Computational Gasdynamics ［M］. Cambridge University Press，1998.

［19］ Anderson W K，Thomas J L，van Leer B. Comparison of finite volume flux vector splittings for the Euler equations ［J］. AIAA Journal，1986，24（9）：1453－1460.

［20］ Steger J L，Warming R F. Flux Vector Splitting of the Inviscid Gasdynamic Equations with Applications to Finite Difference Methods ［J］. Journal of Computional Physics，1981（40）：263－293.

［21］ van Leer B. Flux－Vector Splitting for the Euler Equations ［R］. Technical Report ICASE 82－30，NASA Langley Research Center，USA，1982.

［22］ Liou M S，Steffen C J. A New Flux Splitting Scheme ［J］. Journal of Computional Physics，1993（107）：23－39.

［23］ Liou M S. Recent Progress and Applications of AUSM＋ ［C］. In Sixteenth International Conference on Numerical Methods in Fluid Dynamics，Lecture Notes in Physics，1998（515）：302－307.

［24］ Harten A，Hyman J M，Lax P D，et al. On finite difference approximations and entropy conditions for shocks ［J］. Communications in Pure and Applied Mathematics，1976（29）：297－322.

［25］ Harten A. High resolution schemes for hyperbolic conservation laws ［J］. Journal of Computational Physics，1983（49）：357－393.

［26］ Harten A，Engquist B，Osher S，et al. Uniformly High Order Accuracy Essentially Non－oscillatory Schemes Ⅲ ［J］. Journal of Computational Physics，1987（71）：231－303.

［27］ Sweby P K. High resolution schemes using flux－limiters for hyperbolic conservation laws ［J］. SIAM Journal On Numerical Analysis，1984（21）：995－1011.

［28］ 张涵信. 无波动，无自由参数，耗散的隐式差分格式 ［J］. 应用数学和力学，1991，12（1）：97－100.

［29］ Liu X D，Osher S，Chan T. Weighted essentially nonoscillatory schemes ［J］. Journal of Computational Physics，1994（115）：200－212.

［30］ Jiang G S，Shu C W. Efficient Implementation of Weighted ENO Schemes ［J］. Journal of Computational Physics，1996（126）：202－228.

［31］ Osher S，Sethian J A. Fronts propagating with curvature－dependent speed：algorithms based on Hamilton－Jacobi formulations ［J］. Journal of Computational Physics，1988，79（1）：12－49.

［32］ Van Leer B. Towards the ultimate conservative difference scheme Ⅱ. Monotonicity and conservation combined in a second order scheme ［J］. Journal of Computational Physics，1974（14）：361－370.

第6章

有限体积法

有限体积法（Finite Volume Method）又称为控制体积法[1]，其基本思路是：利用网格剖分将计算区域离散为一系列不重复的控制体（单元），然后将积分形式的守恒方程在每一个控制体上进行数值积分，从而得到一组离散的代数方程。为了得到控制体上的数值积分，必须预先假定物理量在控制体单元上的分布。

有限体积法的基本思路易于理解，并能得出直接的物理解释。有限体积法得出的离散方程，要求物理量的积分守恒对任意一组控制体都得到满足，因此，整个计算区域的守恒性自然也得到满足，这是有限体积法的主要优点。有一些离散方法，例如有限差分法，仅当网格极其细密时，离散方程才满足守恒性；而有限体积法即使在粗网格情况下，也表现出准确的守恒性。

6.1 有限体积方法基本原理

6.1.1 控制体上的积分

基于欧拉观点，控制体是流场中的一块有限尺寸的虚拟空间。控制体通常依赖离散空间生成的网格，分为节点中心型控制体（单元）与网格中心型控制体（单元），如图 6.1 所示。

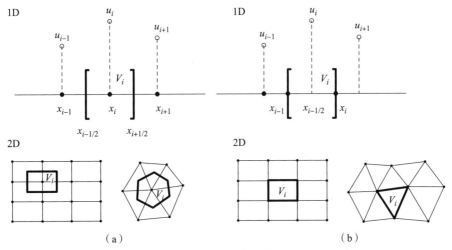

图 6.1 有限体积单元

（a）节点中心型；（b）网格中心型

考虑守恒形式的 N – S 方程：

$$\frac{\partial \boldsymbol{u}}{\partial t} + \nabla \cdot \boldsymbol{f} + \nabla \cdot \boldsymbol{f}_v = 0 \qquad (6.1.1)$$

式中，$\boldsymbol{f}$ 和 $\boldsymbol{f}_v$ 分别表示无黏通量和有黏通量。如图 6.2 所示，在控制体 ΔV 上进行体积分，可得：

$$\frac{\partial}{\partial t}\int_V \boldsymbol{u}\mathrm{d}V + \int_V \nabla \cdot \boldsymbol{f}\mathrm{d}V + \int_V \nabla \cdot \boldsymbol{f}_v\mathrm{d}V = 0 \qquad (6.1.2)$$

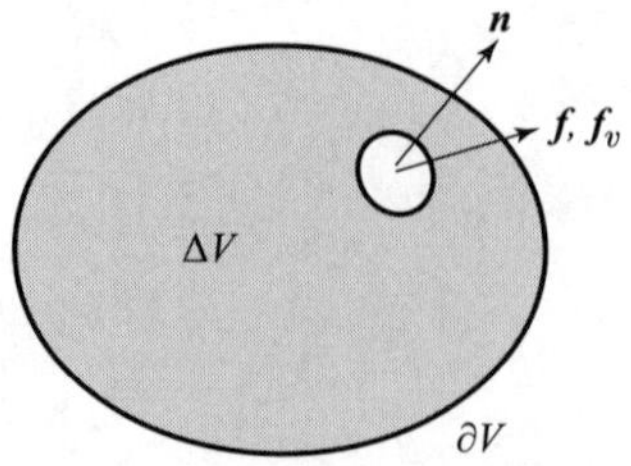

图 6.2　一般化的三维控制体

利用高斯公式将上式中通量的体积分转换为面积分：

$$\frac{\partial}{\partial t}\int_V \boldsymbol{u}\mathrm{d}V + \oint_{\partial V} \boldsymbol{f} \cdot \boldsymbol{n}\mathrm{d}s - \oint_{\partial V} \boldsymbol{f}_v \cdot \boldsymbol{n}\mathrm{d}s = 0 \qquad (6.1.3)$$

每一项都除以控制体的体积 ΔV，得：

$$\frac{\partial \bar{\boldsymbol{u}}}{\partial t} + \frac{1}{\Delta V}\oint_{\partial V} \boldsymbol{f} \cdot \boldsymbol{n}\mathrm{d}s - \frac{1}{\Delta V}\oint_{\partial V} \boldsymbol{f}_v \cdot \boldsymbol{n}\mathrm{d}s = 0 \qquad (6.1.4)$$

式中

$$\bar{\boldsymbol{u}} = \frac{1}{\Delta V}\int_V \boldsymbol{u}\mathrm{d}V \qquad (6.1.5)$$

$\bar{\boldsymbol{u}}$ 称为控制体内守恒变量的体积平均值；$\oint_{\partial V} \boldsymbol{f} \cdot \boldsymbol{n}\mathrm{d}s$ 和
$\oint_{\partial V} \boldsymbol{f}_v \cdot \boldsymbol{n}\mathrm{d}s$ 分别为控制体表面上无黏通量的面积分和黏性通量的面积分。守恒方程（6.1.4）的物理意义为：单位时间内，控制体内总质量/动量/能量的增加或减少等于穿过控制体表面流入或流出的净质量/动量/能量。这就是牛顿三大守恒定律。所以说，有限体积法本质上能够保证守恒性。

图 6.3　单元中心型的二维控制体单元

如图 6.3 所示，二维情况下，方程（6.1.4）可以简化为下面的线积分形式：

$$\frac{\partial}{\partial t} \bar{\boldsymbol{u}}_{ij} + \frac{1}{\Delta S_{ij}}\oint_{\partial s} \boldsymbol{f} \cdot \boldsymbol{n}\mathrm{d}l - \frac{1}{\Delta S_{ij}}\oint_{\partial s} \boldsymbol{f}_v \cdot \boldsymbol{n}\mathrm{d}l = 0 \qquad (6.1.6)$$

式中

$$\bar{\boldsymbol{u}}_{ij} = \frac{1}{\Delta S_{ij}}\oint_s \boldsymbol{u}\mathrm{d}s \qquad (6.1.7)$$

物理意义为：控制面 ΔS_{ij} 内总质量/动量/能量的增加或减少等于穿过控制面四条边界流入或流出的净质量/动量/能量。

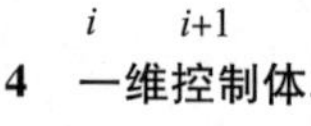

图 6.4　一维控制体单元

如图 6.4 所示，一维情况下，形式更为简单：

$$\frac{\partial}{\partial t} \bar{\boldsymbol{u}}_{i+\frac{1}{2}} + \frac{1}{\Delta x}(f_{i+1} - f_i) - \frac{1}{\Delta x}(f_{v,i+1} - f_{v,i}) = 0 \qquad (6.1.8)$$

式中

$$\bar{\boldsymbol{u}}_{i+\frac{1}{2}} = \frac{1}{\Delta x}\int_i^{i+1} \boldsymbol{u}\mathrm{d}x \qquad (6.1.9)$$

上文对控制体上的通量进行了空间积分，下面在控制体上对时间和空间导数进行两重积分。

如图 6.5 所示，对于一维的积分型守恒方程，还可以用另外的形式来表示，即把时间看成一个维度，把一维问题转化成 $x-t$ 空间内的二维问题：

$$\int_{x_i}^{x_{i+1}} \left[\rho(x,t^{n+1}) - \rho(x,t^n)\right] \mathrm{d}x = -\int_{t^n}^{t^{n+1}} \left[\rho(x_{i+1},t)u(x_{i+1},t) - \rho(x_i,t)u(x_i,t)\right] \mathrm{d}t$$

$$(6.1.10)$$

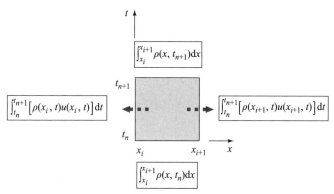

图 6.5　$x-t$ 二维控制体

同理，动量和能量也可以写成类似的形式。这里直接写成守恒变量的形式：

$$\int_{x_i}^{x_{i+1}} \left[\boldsymbol{u}(x,t^{n+1}) - \boldsymbol{u}(x,t^n)\right] \mathrm{d}x = -\int_{t^n}^{t^{n+1}} \left[\boldsymbol{f}(x_{i+1},t) - \boldsymbol{f}(x_i,t)\right] \mathrm{d}t \qquad (6.1.11)$$

定义空间平均值：

$$\bar{\boldsymbol{u}}_{i+1/2}^{n+1} = \frac{1}{\Delta x} \int_{x_i}^{x_{i+1}} \boldsymbol{u}(x,t^{n+1}) \mathrm{d}x \qquad (6.1.12)$$

$$\bar{\boldsymbol{u}}_{i+1/2}^{n} = \frac{1}{\Delta x} \int_{x_i}^{x_{i+1}} \boldsymbol{u}(x,t^n) \mathrm{d}x \qquad (6.1.13)$$

和时间平均值：

$$\hat{\boldsymbol{f}}_{i+1} = \frac{1}{\Delta t} \int_{t^n}^{t^{n+1}} \boldsymbol{f}(x_{i+1},t) \mathrm{d}t \qquad (6.1.14)$$

$$\hat{\boldsymbol{f}}_{i} = \frac{1}{\Delta t} \int_{t^n}^{t^{n+1}} \boldsymbol{f}(x_i,t) \mathrm{d}t \qquad (6.1.15)$$

守恒方程（6.1.11）可以写为：

$$\frac{\bar{\boldsymbol{u}}_{i+1/2}^{n+1} - \bar{\boldsymbol{u}}_{i+1/2}^{n}}{\Delta t} + \frac{\hat{\boldsymbol{f}}_{i+1} - \hat{\boldsymbol{f}}_{i}}{\Delta x} = 0 \qquad (6.1.16)$$

注意，方程中 $\hat{\boldsymbol{f}}_{i+1}$ 并不是某一时刻 $i+1$ 处的通量，而是在 $[t^n, t^{n+1}]$ 时间段内通过网格单元边界 $i+1$ 处通量的时间平均值，所以用 $\hat{\boldsymbol{f}}$ 而不是 $\boldsymbol{f}$ 表示。

6.1.2　守恒型有限体积方法

针对一维标量守恒方程：

$$\frac{\partial u}{\partial t} + \frac{\partial f(u)}{\partial x} = 0$$

在网格单元 $[x_{i-1/2}, x_{i+1/2}]$ 上积分形式的守恒方程为：

$$\int_{x_{i-1/2}}^{x_{i+1/2}} \left[u(x,t^{n+1}) - u(x,t^n) \right] \mathrm{d}x = -\int_{t^n}^{t^{n+1}} \left[f(u(x_{i+1/2},t)) - f(u(x_{i-1/2},t)) \right] \mathrm{d}t$$

$$(6.1.17)$$

上式可以直接写为下面的守恒形式:

$$\bar{u}_i^{n+1} = \bar{u}_i^n - \lambda(\hat{f}_{i+1/2}^n - \hat{f}_{i-1/2}^n), \lambda = \Delta t / \Delta x \qquad (6.1.18)$$

式中

$$\bar{u}_i^n \approx \frac{1}{\Delta x} \int_{x_{i-1/2}}^{x_{i+1/2}} u(x,t^n) \mathrm{d}x, \hat{f}_{i+1/2}^n \approx \frac{1}{\Delta t} \int_{t^n}^{t^{n+1}} f(u(x_{i+1/2},t)) \mathrm{d}t \qquad (6.1.19)$$

$\bar{u}_i^n$ 表示守恒变量,并且是积分平均型的变量,并不是 x_i 处的守恒变量 u_i^n;$\hat{f}_{i+1/2}^n$ 表示通过边界 $x_{i+1/2}$ 的守恒数值通量的时间积分平均值。

上述守恒形式是全离散形式,半离散形式的守恒形式:

$$\frac{\mathrm{d}\bar{u}_i^n}{\mathrm{d}t} + \frac{f_{i+1/2}^n - f_{i-1/2}^n}{\Delta x} = 0 \qquad (6.1.20)$$

式中,$f_{i+1/2}^n$ 通常无法精确计算,可采用近似值 $\hat{f}_{i+1/2}^n$ 代替,即:

$$\frac{\mathrm{d}\bar{u}_i^n}{\mathrm{d}t} + \frac{\hat{f}_{i+1/2}^n - \hat{f}_{i-1/2}^n}{\Delta x} = 0 \qquad (6.1.21)$$

式中,通量 $\hat{f}_{i+1/2}^n$ 可以通过下面的重构过程获得:

$$\bar{u}_i^n \rightarrow \hat{u}^n(x) \rightarrow f(\hat{u}^n(x_{i+1/2})) \rightarrow \hat{f}_{i+1/2}^n \qquad (6.1.22)$$

显式格式可以写为:

$$\hat{f}_{i+1/2}^n = \hat{f}(\bar{u}_{i-K_1}^n, \cdots, \bar{u}_{i+K_2}^n), K_1 \geqslant 0, K_2 \geqslant 0 \qquad (6.1.23)$$

隐式格式可以写为:

$$\hat{f}_{i+1/2}^n = \hat{f}(\bar{u}_{i-K_1}^n, \cdots, \bar{u}_{i+K_2}^n; \bar{u}_{i-L_1}^{n+1}, \cdots, \bar{u}_{i+L_2}^{n+1}), K_1 \geqslant 0, K_2 \geqslant 0, L_1 \geqslant 0, L_2 \geqslant 0$$

$$(6.1.24)$$

如果 $\hat{f}_{i+1/2}^n = \bar{u}_i^n$,则守恒格式 (6.1.18) 可以变为一个简单 FTBS 格式,即:

$$\bar{u}_i^{n+1} = \bar{u}_i^n - \lambda(f(\bar{u}_i^n) - f(\bar{u}_{i-1}^n))$$

由此可见,有限差分和有限体积的离散形式完全一样。唯一的区别是:守恒变量是单元节点值还是单元上的积分平均值。

6.2　有限体积方法的一般性构造方法

下面介绍一下有限体积法的一般性构造方法——重构 – 演化方法。

6.2.1　重构 – 演化方法

有限体积法的重构 – 演化法最早由 Harten、Engquist、Osher 和 Chakravarthy[2] 在 1987 年提出。该方法通常也称为 Godunov 型方法、MUSCL 型方法或者通量差分分裂方法（Flux difference splitting method）[3]。下面介绍一下重构 – 演化法的构造步骤。考虑全离散的守恒形式:

$$\bar{u}_i^{n+1} = \bar{u}_i^n - \frac{\Delta x}{\Delta t}(\hat{f}_{i+1/2}^n - \hat{f}_{i-1/2}^n) \qquad (6.2.1)$$

式中

$$\hat{f}_{i+1/2}^{n} \approx \frac{1}{\Delta t} \int_{t^n}^{t^{n+1}} f(u(x_{i+1/2},t)) \, \mathrm{d}t \tag{6.2.2}$$

首先要划分网格和单元，需要知道单元积分平均值 $\bar{u}_i^n$ 的初始分布。然后利用单元平均值 $\bar{u}_i^n$ 在各个单元上重构物理量新的分布 $u(x,t^n)$。利用新的分布 $u(x,t^n)$，遵循流动特性（特征线），得到单元边界上一定时间内流入或者流出的通量：

$$\int_{t^n}^{t^{n+1}} f(u(x_{i+1/2},t)) \, \mathrm{d}t, \int_{t^n}^{t^{n+1}} f(u(x_{i-1/2},t)) \, \mathrm{d}t$$

最后根据单元边界通量的变化就可以知道单元内部平均值物理量的变化 $\bar{u}_i^{n+1} - \bar{u}_i^n$。这种思路称为两步的重构 – 演化（Reconstruction – Evolution）方法[3]。下面进行详细介绍。

1. 重构步 Reconstruction

如图 6.6 所示，利用已知点的物理量（通常为单元积分平均值 $\bar{u}_i^n$）来重构未知点的物理量（通常为单元边界的物理量 $u_{i\pm1/2}$），然后利用这些物理量来得到边界上的通量值 $f(u_{i\pm1/2})$。而有限差分法直接利用已知点的通量 $f(u_i)$ 来重构边界点的通量 $\hat{f}(u_{i\pm1/2})$。

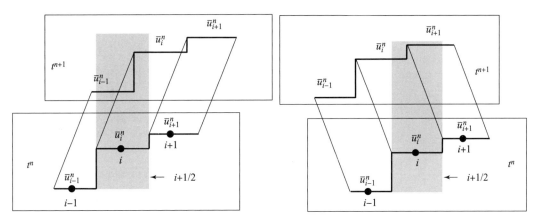

图 6.6　一阶重构 – 演化方法示意图

2. 演化步 Evolution

利用特征线法或者其他方法把解 $\bar{u}_i^n$ 从时间步 n 推进到 $n+1$ 步，即 $\bar{u}_i^{n+1}$。在时间段 $t^n \leqslant t \leqslant t^{n+1}$ 上，通过演化近似值 $u(x_{i+1/2},t)$，积分可得通量：

$$\hat{f}_{i+1/2}^{n} = \frac{1}{\Delta t} \int_{t^n}^{t^{n+1}} f(u(x_{i+1/2},t)) \, \mathrm{d}t \tag{6.2.3}$$

3. 零阶重构

下面以线性对流方程为例：

$$\frac{\partial u}{\partial t} + \frac{\partial f}{\partial x} = 0, f = au, a = \mathrm{const} > 0$$

介绍零阶重构 – 演化方法。如图 6.7 所示，该方法使用分片常数重构和精确解演化，该方法是一阶精度。

①首先利用单元积分平均值 $\bar{u}_i^n$ 重构函数 $u(x, t^n)$。

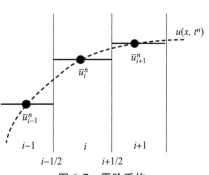

图 6.7　零阶重构

零阶重构 – 演化方法使用分片常数重构，即在网格单元 $[x_{i-1/2}, x_{i+1/2}]$ 上，$u(x, t^n) = \bar{u}_i^n$。假设单元边界点 $x_{i+1/2}$ 上的演化函数为 $u(x_{i+1/2}, t - t^n)$。对于线性对流方程，精确解为 $u(x, t) = u(x - a(t - t^n))$。考虑风向，则：

$$u(x_{i+1/2}, t) = \begin{cases} \bar{u}_i^n, & 0 \leq \lambda a \leq 1 \\ \bar{u}_{i+1}^n, & -1 \leq \lambda a \leq 0 \end{cases} \quad (6.2.4)$$

② 然后单元节点 $x_{i+1/2}$ 上的通量可以表示为变量的积分，即：

$$\hat{f}_{i+1/2}^n = \frac{1}{\Delta t} \int_{t^n}^{t^{n+1}} f(u(x_{i+1/2}, t)) \, \mathrm{d}t = \begin{cases} a\bar{u}_i^n, & 0 \leq \lambda a \leq 1 \\ a\bar{u}_{i+1}^n, & -1 \leq \lambda a \leq 0 \end{cases} \quad (6.2.5)$$

此处的物理意义为：在 $[t^n, t^{n+1}]$ 时间段内，通过单元边界 $x_{i+1/2}$ 流出（$0 \leq \lambda a \leq 1$）或者流入（$-1 \leq \lambda a \leq 0$）的通量为 $a\bar{u}_i^n$ 和 $a\bar{u}_{i+1}^n$。注意，流动是沿着特征线进行的。如果流动速度过快，如图 6.8 所示，则可能出现流出或者流入的通量跨越一个以上的网格单元，一般不允许这样的事情发生。

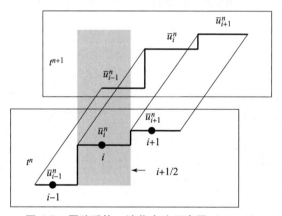

图 6.8 零阶重构 – 演化方法示意图（$\lambda a \geq 1$）

因此，对于全离散的守恒型的有限体积法：

$$\bar{u}_i^{n+1} = \bar{u}_i^n - \lambda(\hat{f}_{i+1/2}^n - \hat{f}_{i-1/2}^n)$$

代入边界上的通量，可以得到一阶精度的有限体积格式：

$$\bar{u}_i^{n+1} = \begin{cases} \bar{u}_i^n - \lambda a \bar{u}_i^n - \bar{u}_{i-1}^n, & 0 \leq \lambda a \leq 1 \\ \bar{u}_i^n - \lambda a \bar{u}_{i+1}^n - \bar{u}_i^n, & -1 \leq \lambda a \leq 0 \end{cases} \quad (6.2.6)$$

4. 一阶重构

如图 6.9 所示，一阶重构又称线性重构，即在单元 $[x_{i-1/2}, x_{i+1/2}]$ 上利用单元平均值 $\bar{u}_i^n$ 通过线性关系重构函数 $u(x, t^n)$，即：

$$u(x, t^n) = \bar{u}_i^n + D_i(x - x_i) \quad (6.2.7)$$

式中，D_i 为线性关系的斜率，有多种选择，简单的可以利用边界左右的值来构造这个斜率，即：

$$D_i = \frac{\bar{u}_i^n - \bar{u}_{i-1}^n}{\Delta x}, D_i = \frac{\bar{u}_{i+1}^n - \bar{u}_i^n}{\Delta x} \quad (6.2.8)$$

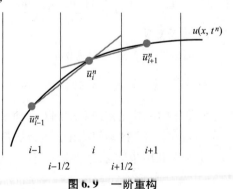

图 6.9 一阶重构

一阶重构会构造二阶精度的有限体积格式。详细推导过程会在随后的章节给出，这里不再赘述。利用二次多项式和三次多项式在单元 $[x_{i-1/2}, x_{i+1/2}]$ 上还可以进行二阶重构和三阶重构，从而构造更高精度的有限体积格式。

6.2.2 半离散的方法

半离散形式的守恒形式：

$$\frac{\mathrm{d}\bar{u}_i^n}{\mathrm{d}t} + \frac{\hat{f}_{i+1/2}^n - \hat{f}_{i-1/2}^n}{\Delta x} = 0$$

式中，$\hat{f}_{i+1/2}^n$ 依然可以用上一节中的重构方法构造，然后得到一个常微分方程。全离散的形式是将积分方程直接离散为代数方程，这样做格式守恒性好，但是构造复杂。半离散的形式是将积分方程离散为常微分方程，构造简便，便于使用成熟、稳定的常微分求解器，比如 Runge – Kutta 类方法。

利用上一节得到的零阶通量重构：

$$\hat{f}_{i+1/2}^n = \begin{cases} a\,\bar{u}_i^n, & 0 \leqslant \lambda a \leqslant 1 \\ a\,\bar{u}_{i+1}^n, & -1 \leqslant \lambda a \leqslant 0 \end{cases} \tag{6.2.9}$$

半离散形式的一阶精度有限体积法：

$$\frac{\mathrm{d}\bar{u}_i^n}{\mathrm{d}t} = \begin{cases} -a\,\dfrac{\bar{u}_i^n - \bar{u}_{i-1}^n}{\Delta x}, & 0 \leqslant \lambda a \leqslant 1 \\ -\dfrac{\bar{u}_{i+1}^n - \bar{u}_i^n}{\Delta x}, & -1 \leqslant \lambda a \leqslant 0 \end{cases} \tag{6.2.10}$$

选择不同的模板会得到不同的重构方案。向左偏的模板产生 $u_{i+1/2}^L$，向右偏的模板产生 $u_{i+1/2}^R$。例如一阶单边重构：

$$u_{i+1/2}^L = \frac{1}{2}(3\,\bar{u}_i - \bar{u}_{i-1}),\ u_{i+1/2}^R = \frac{1}{2}(3\,\bar{u}_{i+1} - \bar{u}_{i+2}) \tag{6.2.11}$$

根据特征方向，选择左通量 $f(u_{i+1/2}^L)$ 或右通量 $f(u_{i+1/2}^R)$。一阶重构中网格单元内部重构函数是线性分布，这样得到的格式是两阶精度格式。对于标量守恒方程，风向容易确定，单元边界处的通量容易确定。对于矢量守恒方程，确定单元边界处的风向很复杂，这时候计算通量很麻烦。一种思路是将守恒方程进行完全特征分解，解耦成多个独立的标量守恒方程，然后再用上面的方法去处理。但是这种思路计算复杂，存在大量的矩阵运算，在大规模的多维计算中不常用。常用的方法是矢通量分裂方法和通量差分分裂方法。

1. 矢通量分裂方法 FVS

构造出 $\boldsymbol{u}_{i+1/2}^L$ 和 $\boldsymbol{u}_{i+1/2}^R$，做矢通量分裂 $\boldsymbol{f} = \boldsymbol{f}^+ + \boldsymbol{f}^-$，然后边界上的通量可以表示为：

$$\hat{f}_{i+1/2}^n = \boldsymbol{f}^+(\boldsymbol{u}_{i+1/2}^L) + \boldsymbol{f}^-(\boldsymbol{u}_{i+1/2}^R) \tag{6.2.12}$$

矢通量分裂方法重点在于分裂通量，以确定风向。具体分裂方法包括 Steger – Warming 分裂、Lax – Friedrichs 分裂、van Leer 分裂、Liou – Steffen 分裂等，在有限差分法里面已经介绍，这里不再赘述。

2. 通量差分分裂方法 FDS

在通量差分分裂方法 FDS[4] 中，构造出 $\boldsymbol{u}_{i+1/2}^L$ 和 $\boldsymbol{u}_{i+1/2}^R$，利用这两个值构造一个中间值

$u_{i+1/2}^*$，然后利用这个中间值去计算通量 $\hat{f}_{i+1/2}^n = f(u_{i+1/2}^*)$。通量差分分裂方法重点在于确定风向下的守恒变量，然后直接计算通量。具体方法包括精确黎曼解和近似黎曼解。

先重构自变量 $u_{i+1/2}^L$ 和 $u_{i+1/2}^R$，再求解黎曼问题的方法通常称为 MUSCL 类方法，这是现代 CFD 方法中很常用的一类方法。

6.3　迎风型有限体积方法

6.3.1　Godunov 一阶迎风格式

零阶常数重构中，重构函数在单元边界上存在间断。根据风向的不同，可以选择偏左或者偏右的模板进行重构，从而得到边界上的通量。黎曼问题天然地可以处理间断，而且存在精确解，因此可以利用黎曼精确解去获得间断处（网格单元边界）的通量。这种方法称为 Godunov 方法[6]，是由苏联科学家 Godunov 于 1959 年提出的。Godunov 格式把流场看成分片连续的，每片"连续流场"拼接起来就是整体流场的解。相邻两片流场之间的连接处是一个间断，间断的演化就是黎曼问题。

如图 6.10 所示，Godunov 格式的计算步骤：

①确定网格单元 $[x_{i-1/2},x_{i+1/2}]$、单元中心点 x_i 和边界点 $x_{i+1/2}$。

②已知 t^n 时刻各网格单元 $[x_{i-1/2},x_{i+1/2}]$ 内的平均值 $\bar{u}_i^n$，在网格单元内守恒量分布为常数。

③在每一个网格单元边界处 $x_{i+1/2}$，在一个时间步长 Δt 内精确求解黎曼问题 $(\bar{u}_i^n,\bar{u}_{i+1}^n)$，得到边界上的黎曼精确解 $u_{i+1/2}^*$，进而得到通量 $f(u_{i+1/2}^*)$。

④利用守恒格式：

$$\bar{u}_i^{n+1} = \bar{u}_i^n - \lambda(\hat{f}_{i+1/2}^n - \hat{f}_{i-1/2}^n)$$

可以得到 $\bar{u}_i^{n+1}$。

⑤重复以上步骤，可以得到其他时刻各个网格单元守恒量的平均值。

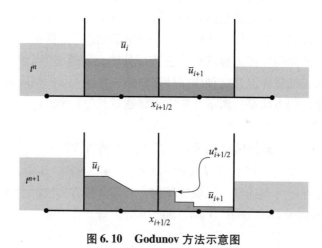

图 6.10　Godunov 方法示意图

如果是右行波，则 $\hat{f}_{i+1/2}^n = f(u_i^n)$，这就是 FTBS；如果是左行波，则 $\hat{f}_{i+1/2}^n = f(u_{i+1}^n)$，这

就是 FTFS。这对于精确黎曼解和近似黎曼解都适用。也就是说，一阶迎风格式要么是
FTFS，要么是 FTBS，不管是 Godunov 方法还是通量分裂，都是通量平均方法。

Godunov 格式在每一个间断处求解黎曼问题都是一维非线性欧拉方程的精确解，计算量
非常大，而其计算精度只有一阶，数值耗散过大，这种低效率的方法大大限制了 Godunov 格
式的应用。但是 Godunov 格式的思想却启发着 CFD 科学家沿着这个思路，提出黎曼问题的
近似解，大大减少了计算时间，提高了计算效率和精度。这类 Godunov 型格式是现在 CFD
的一类主流格式，如著名的 Roe 格式[5]、MUSCL 格式[7-10] 和 PPM 格式[11,12]，这也是
Godunov 格式的真正意义所在。

6.3.2　Roe 平均一阶迎风格式

Godunov 方法在求解黎曼问题时求解的是非线性的一维欧拉方程，计算量非常大，因此
求解黎曼问题一般使用的是近似方法，其代表是著名的通量差分分裂（Flux Difference
Splitting，FDS）方法。FDS 方法具有显式的耗散项。由于求解黎曼问题近似方法的不同，便
有了不同的 FDS 格式，其中最著名的是 Roe 型的 FDS 方法[5]。

Roe 格式，即利用变量的 Roe 平均构造线性化的雅可比矩阵，然后进行特征分解。Roe
平均的推导过程在 2.6.2 节中进行了详细介绍，这里只简单给出相关的公式。基于 Roe 平均
的一阶迎风格式可以写为：

$$\bar{u}_i^{n+1} = \bar{u}_i^n - \lambda (\hat{f}_{i+1/2}^n - \hat{f}_{i-1/2}^n) \tag{6.3.1}$$

式中，数值通量写为：

$$\hat{f}_{i+1/2}^n = \frac{1}{2}(f(u_i^n) + f(u_{i+1}^n)) - \frac{1}{2}|A_{i+1/2}^n|(u_{i+1}^n - u_i^n) \tag{6.3.2}$$

式中

$$A^+ = S^{-1}\Lambda^+ S, A^- = S^{-1}\Lambda^- S, |A| = S^{-1}|\Lambda|S \tag{6.3.3}$$

对于 Λ^+，有 $\lambda_i^+ = \max\{0, \lambda_i\}$；对于 Λ^-，有 $\lambda_i^- = \min\{0, \lambda_i\}$，且满足

$$\Lambda = \Lambda^+ + \Lambda^-$$
$$|\Lambda| = \Lambda^+ - \Lambda^-$$

Roe 平均通量必须满足守恒关系：

$$f(u_{i+1}^n) - f(u_i^n) = A_{i+1/2}^n(u_{i+1}^n - u_i^n) \tag{6.3.4}$$

考虑到

$$A_{i+1/2}^n = A_{i+1/2}^+ + A_{i+1/2}^-$$
$$|A_{i+1/2}^n| = A_{i+1/2}^+ - A_{i+1/2}^- \tag{6.3.5}$$

方程（6.3.4）可以写为：

$$f(u_{i+1}^n) - f(u_i^n) = (A_{i+1/2}^+ + A_{i+1/2}^-)(u_{i+1}^n - u_i^n) \tag{6.3.6}$$

通过这种方式就把通量差 $f(u_{i+1}^n) - f(u_i^n)$ 分解为正、负两部分。因此，Roe 平均一阶迎风格
式也称为通量差分裂方法。

下面利用 Roe 平均计算 $A_{i+1/2}$：

$$A_{i+1/2} = A(\bar{u}_{i+1/2}) \tag{6.3.7}$$

对于欧拉方程，自变量平均值 $\bar{u}_{i+1/2}$ 通过下面的公式计算：

$$\begin{cases} \bar{\rho} = \left[\left(\sqrt{\rho_L} + \sqrt{\rho_R} \right)/2 \right]^2 \\ \bar{u} = \left(\sqrt{\rho_L} u_L + \sqrt{\rho_R} u_R \right)/\left(\sqrt{\rho_L} + \sqrt{\rho_R} \right) \\ \bar{h} = \left(\sqrt{\rho_L} h_L + \sqrt{\rho_R} h_R \right)/\left(\sqrt{\rho_L} + \sqrt{\rho_R} \right) \end{cases} \tag{6.3.8}$$

其他变量可以通过上述变量的平均值计算得出。原始形式的 Roe 平均一阶迎风格式:

$$\hat{f}_{i+1/2}^n = \frac{1}{2} (f(u_i^n) + f(u_{i+1}^n)) - \boxed{\frac{1}{2} |A_{i+1/2}^n| (u_{i+1}^n - u_i^n)} \tag{6.3.9}$$

方框里的部分需要处理矩阵运算,计算量大,因此可以用下面的等效形式,避免矩阵运算,即

$$\hat{f}_{i+1/2}^n = \frac{1}{2} (f(u_i^n) + f(u_{i+1}^n)) - \frac{1}{2} \sum_{j=1}^{3} (r_{i+1/2}^n)_j |\lambda_{i+1/2}^n| (\Delta v_{i+1/2}^n)_j \tag{6.3.10}$$

6.3.3 Harten 一阶迎风格式

Roe 格式[5]作为基于黎曼近似解的 Godunov 类方法,是严格的迎风格式,具有耗散低、接触间断分辨率高和激波捕捉性能较强的特点,计算稳定,是当前广为应用的格式之一。但是 Roe 格式也有可能造成非物理解的出现,例如碰撞激波问题和在高马赫数下出现的"Carbuncle"现象。其中,膨胀激波问题是由于在声速点附近,控制方程的雅可比矩阵特征值很小甚至为零,违反了熵条件,导致膨胀过程不能正确求解。一般的解决方案是在计算中引入额外的耗散来修正奇异性的特征值,即熵修正方法。

Roe 平均一阶迎风格式:

$$\hat{f}_{i+1/2}^n = \frac{1}{2} (f(u_i^n) + f(u_{i+1}^n)) - \frac{1}{2} \sum_{j=1}^{3} (r_{i+1/2}^n)_j |\lambda_{i+1/2}^n| (\Delta v_{i+1/2}^n)_j \tag{6.3.11}$$

在此基础上将 $\lambda_{i+1/2}^n$ 替换为 $\psi(\lambda_{i+1/2}^n)$,Roe 平均一阶迎风格式变为 Harten 一阶迎风格式:

$$\hat{f}_{i+1/2}^n = \frac{1}{2} (f(u_i^n) + f(u_{i+1}^n)) - \frac{1}{2} \sum_{j=1}^{3} (r_{i+1/2}^n)_j \psi(\lambda_{i+1/2}^n)_j (\Delta v_{i+1/2}^n)_j \tag{6.3.12}$$

式中

$$\psi(x) = \begin{cases} \dfrac{x^2 + \delta^2}{2\delta}, & |x| < \delta \\ |x|, & |x| \geq \delta \end{cases} \tag{6.3.13}$$

式中,$(\lambda_{i+1/2}^n)$、$r_{i+1/2}^n$、$\Delta v_{i+1/2}^n$ 均与 Roe 平均一阶迎风格式中一致;δ 是一个小的正数。Harten 一阶迎风格式也称为 Roe 平均一阶迎风格式的熵修正格式。熵修正格式的提出是为了修正声速膨胀波的雅可比特征值,使其不为零,从而能够产生足够的耗散,得到符合物理过程的膨胀扇区。

6.3.4 HLL – HLLC 一阶迎风格式

迎风型有限体积法通常需要求解黎曼问题,但是精确黎曼解计算量太大。在具体应用中,通常使用近似黎曼解来计算通量。常用的两种近似黎曼解是 HLL 和 HLLC 两种方法。具体内容在第 2 章中已经介绍,这里主要介绍如何将 HLL 和 HLLC 两种近似黎曼方法应用到有限体积方法中。

1. HLL 近似黎曼方法（Harten – Lax – van Leer）

1983 年，Harten、Lax 和 van Leer[13] 提出了一个简化的方法来求解黎曼问题，从而给出近似的数值通量，称为 HLL 近似黎曼方法。HLL 格式假设黎曼问题的解由两道激波组成，并且估算出这两道激波各自的传播速度（Z_L 和 Z_R）。通过积分原双曲型守恒方程就可以求出数值通量。

如图 6.11 所示，HLL 近似黎曼方法使用双激波近似，即假设初始间断演化出两道激波，之间物理量为常数。利用守恒关系式，可以确定两道激波（左行激波与右行激波）之间的物理量，进而计算穿过单元边界的通量：

$$\hat{f}_{i+1/2} = f_{i+1/2}^{\text{HLL}} = \begin{cases} f_L, & Z_L \geqslant 0 \\ \dfrac{Z_R f_L - Z_I f_R + Z_R Z_L (u_R - u_L)}{Z_R - Z_L}, & Z_L < 0 < Z_R \\ f_R, & Z_R < 0 \end{cases} \quad (6.3.14)$$

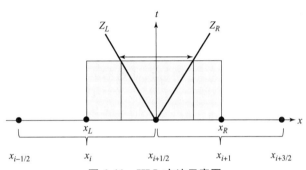

图 6.11 HLL 方法示意图

2. HLLC 近似黎曼方法（Toro）

HLL 近似黎曼方法比 Roe 格式计算效率更高，但是由于只采用了两激波近似，格式对接触间断的分辨率较差。针对这一问题，Toro 等[14] 提出了改进的 HLL 方法，即 HLLC 近似黎曼方法。如图 6.12 所示，HLLC 近似黎曼解的结构包括三个波分开的四个不同的状态，通过一定的算法估计这三个波的波速，并且波速与特征值相关，然后应用守恒律的积分形式给出通量的近似表示，即：

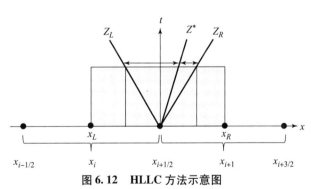

图 6.12 HLLC 方法示意图

$$\hat{f}_{i+1/2} = f_{i+1/2}^{\text{HLLC}} = \begin{cases} f_L, & 0 \leqslant Z_L \\ f_L^*, & Z_L \leqslant 0 \leqslant Z^* \\ f_R^*, & Z^* \leqslant 0 \leqslant Z_R \\ f_R, & 0 \geqslant Z_R \end{cases} \quad (6.3.15)$$

式中，f_L^* 和 f_R^* 的具体形式见 2.6.2 节。

6.4 高阶迎风型有限体积方法

6.4.1 MUSCL 类格式

1979 年，van Leer 提出了 MUSCL（守恒方程的单调迎风 – 中心型格式）方法[9]，将 Godunov 格式等一阶格式通过单调插值推广到二阶精度，这种后来被称为限制器的插值方法几乎是目前高分辨率格式的通用方法。MUSCL 方法是在重构过程中代替 Godunov 方法中的分段常数近似，重构是基于前一时间步获得的单元积分平均值得出的。对于每个单元，重构斜率受限的左右状态，并用于计算单元边界处的通量。

考虑线性标量守恒方程：

$$\frac{\partial u}{\partial t} + \frac{\partial f(au)}{\partial x} = 0, a = \text{const}$$

Godunov 假设物理量在每个小控制体内均匀分布，也就是所谓的分片常数（piecewise constant）近似。后来出现了分片线性（piecewise linear）近似或者分片二次（piecewise parabolic）近似。到后来 ENO/WENO 出现，这个假设的多项式的次数越来越高。先重构自变量，再求解黎曼问题（或用 FVS），进而得到通量的方法通常称为 MUSCL 类方法，它是有限体积法的常用方法。

1. 一阶分片线性重构

假设守恒变量在网格单元 $[x_{i-1/2}, x_{i+1/2}]$ 内的分布是分片线性的，即：

$$u(x) = \bar{u}_i^n + S_i^n(x - x_i) \tag{6.4.1}$$

而黎曼精确解可以写为：

$$u_{i+1/2}(t) = u[x_{i+1/2} - a(t - t^n)] \tag{6.4.2}$$

考虑迎风性，或者 a 的正负性，单元边界 $x_{i+1/2}$ 处的黎曼精确解为：

$$u_{i+1/2}(t) = \begin{cases} \bar{u}_i^n + S_i^n\left[\dfrac{\Delta x}{2} - a(t - t^n)\right], & 0 \leqslant \lambda a \leqslant 1 \\ \bar{u}_{i+1}^n - S_{i+1}^n\left[\dfrac{\Delta x}{2} + a(t - t^n)\right], & -1 \leqslant \lambda a < 0 \end{cases} \tag{6.4.3}$$

①如图 6.13 所示，以 $0 \leqslant \lambda a \leqslant 1$ 为例，考虑守恒型的有限体积格式：

$$\bar{u}_i^{n+1} = \bar{u}_i^n - \lambda(\hat{f}_{i+1/2}^n - \hat{f}_{i-1/2}^n)$$

则单元边界 $x_{i+1/2}$ 上的通量为：

$$\hat{f}_{i+1/2}^n = \frac{1}{\Delta t}\int_{t^n}^{t^{n+1}} f(u_{i+1/2}(t))\,\mathrm{d}t = \frac{1}{\Delta t}\int_{t^n}^{t^{n+1}} au_{i+1/2}(t)\,\mathrm{d}t \tag{6.4.4}$$

代入式（6.4.2），可得：

$$\hat{f}_{i+1/2}^n = \frac{a}{\Delta t}\int_{t^n}^{t^{n+1}}\left\{\bar{u}_i^n + S_i^n\left[\frac{\Delta x}{2} - a(t - t^n)\right]\right\}\mathrm{d}t = a\bar{u}_i^n + \frac{1}{2}a(1 - a\lambda)S_i^n\Delta x \tag{6.4.5}$$

②最终单元边界 $x_{i+1/2}$ 上的通量为：

$$\hat{f}_{i+1/2}^n = \begin{cases} a\bar{u}_i^n + \dfrac{1}{2}a(1 - a\lambda)S_i^n\Delta x, & 0 \leqslant \lambda a \leqslant 1 \\ a\bar{u}_{i+1}^n - \dfrac{1}{2}a(1 + a\lambda)S_i^n\Delta x, & -1 \leqslant \lambda a < 0 \end{cases} \tag{6.4.6}$$

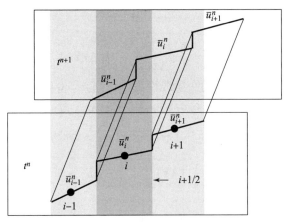

图 6.13　一阶分段线性近似方法示意图

③van Leer MUSCL 格式的最终形式:

$$\bar{u}_i^{n+1} = \begin{cases} \bar{u}_i^n - \lambda a(\bar{u}_i^n - \bar{u}_{i-1}^n) - \dfrac{\lambda a}{2}(1 - \lambda a)(S_i^n - S_{i-1}^n)\Delta x, & 0 \leqslant \lambda a \leqslant 1 \\[3mm] \bar{u}_i^n - \lambda a(\bar{u}_{i+1}^n - \bar{u}_i^n) + \dfrac{\lambda a}{2}(1 + \lambda a)(S_{i+1}^n - S_i^n)\Delta x, & -1 \leqslant \lambda a < 0 \end{cases}$$

$$(6.4.7)$$

根据斜率 S_i^n 的形式, van Leer MUSCL 格式的形式可以不同。如图 6.14 所示, 斜率 S_i^n 至少有三种选择, 即通过向前差分、向后差分和中心差分分别构造。下面举例说明。

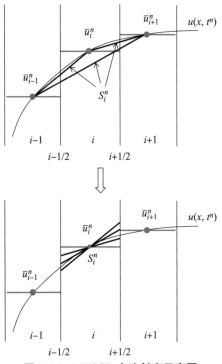

图 6.14　MUSCL 方法斜率示意图

例 1：

若斜率 S_i^n 的形式为：

$$S_i^n = \frac{\bar{u}_i^n - \bar{u}_{i-1}^n}{\Delta x} + O(\Delta x) \qquad (6.4.8)$$

此为向后差分近似。对于守恒变量的一阶线性重构，当 $a > 0$ 时，为上风逼近；当 $a < 0$ 时，为下风逼近。代入新的斜率表达式 (6.4.8)，MUSCL 格式为：

$$\bar{u}_i^{n+1} = \begin{cases} \bar{u}_i^n - \dfrac{\lambda a}{2}(3\bar{u}_i^n - 4\bar{u}_{i-1}^n + \bar{u}_{i-2}^n) + \dfrac{(\lambda a)^2}{2}(\bar{u}_i^n - 2\bar{u}_{i-1}^n + \bar{u}_{i-2}^n), & 0 \leqslant \lambda a \leqslant 1 \\[3mm] \bar{u}_i^n - \dfrac{\lambda a}{2}(\bar{u}_{i+1}^n - \bar{u}_{i-1}^n) + \dfrac{1}{2}(\lambda a)^2(\bar{u}_{i+1}^n - 2\bar{u}_i^n + \bar{u}_{i-1}^n), & -1 \leqslant \lambda a < 0 \end{cases}$$

$$(6.4.9)$$

该格式为二阶精度，当 $a > 0$ 时，为上风 Beam – Warming 格式；当 $a < 0$ 时，为中心格式，等同于 Lax – Wendroff 格式。

例 2：

若斜率 S_i^n 的形式为：

$$S_i^n = \frac{\bar{u}_{i+1}^n - \bar{u}_i^n}{\Delta x} + O(\Delta x) \qquad (6.4.10)$$

此为向前差分近似。对于守恒变量的一阶线性重构，当 $a > 0$ 时，为下风逼近；当 $a < 0$ 时，为上风逼近。代入新的斜率表达式 (6.4.10)，MUSCL 格式为：

$$\bar{u}_i^{n+1} = \begin{cases} \bar{u}_i^n - \dfrac{\lambda a}{2}(\bar{u}_{i+1}^n - \bar{u}_{i-1}^n) + \dfrac{1}{2}(\lambda a)^2(\bar{u}_{i+1}^n - 2\bar{u}_i^n + \bar{u}_{i-1}^n), & 0 \leqslant \lambda a \leqslant 1 \\[3mm] \bar{u}_i^n - \dfrac{\lambda a}{2}(4\bar{u}_{i+1}^n - 3\bar{u}_i^n - \bar{u}_{i+2}^n) + \dfrac{1}{2}(\lambda a)^2(\bar{u}_{i+2}^n - 2\bar{u}_{i+1}^n + \bar{u}_i^n), & -1 \leqslant \lambda a < 0 \end{cases}$$

$$(6.4.11)$$

该格式为二阶精度，当 $a > 0$ 时，为 Lax – Wendroff 中心格式；当 $a < 0$ 时，为上风格式，等同于 Beam – Warming 格式。

例 3：

若斜率 S_i^n 的形式为：

$$S_i^n = \frac{\bar{u}_{i+1}^n - \bar{u}_{i-1}^n}{2\Delta x} + O(\Delta x^2) \qquad (6.4.12)$$

此为中心差分近似。守恒变量的二阶线性重构为中心差分逼近。代入新的斜率表达式 (6.4.12)，MUSCL 格式为：

$$\bar{u}_i^{n+1} = \begin{cases} \bar{u}_i^n - \lambda a(\bar{u}_i^n - \bar{u}_{i-1}^n) - \dfrac{1}{4}\lambda a(1 - \lambda a)(\bar{u}_{i+1}^n - \bar{u}_i^n) + \\[2mm] \dfrac{1}{4}\lambda a(1 - \lambda a)(\bar{u}_{i-1}^n + \bar{u}_{i-2}^n), & 0 \leqslant \lambda a \leqslant 1 \\[3mm] \bar{u}_i^n - \lambda a(\bar{u}_{i+1}^n - \bar{u}_i^n) + \dfrac{1}{4}\lambda a(1 + \lambda a)(\bar{u}_{i+2}^n - \bar{u}_{i+1}^n) - \\[2mm] \dfrac{1}{4}\lambda a(1 + \lambda a)(\bar{u}_i^n - \bar{u}_{i-1}^n), & -1 \leqslant \lambda a < 0 \end{cases}$$

$$(6.4.13)$$

该格式为二阶精度迎风格式，等同于 Fromm 格式。

2. 二阶分片重构

1984 年，Colella 和 Woodward[11] 提出了一种新的重构 - 演化方法，即分片二次近似方法 Piecewise - Parabolic Method（PPM），从而构造了三阶精度的有限体积格式。PPM 方法是第一个利用分片二次函数近似的方法，也是第一个通过原始变量进行重构的方法。PPM 方法本身的构造非常复杂，这里只是简单地介绍该方法在线性对流方程中的应用，对于欧拉方程，可以查看相关文献。

最简单的重构是分片常数近似，其次是分片线性近似，如 MUSCL 格式。Colella - Woodward 的重构 - 演化方法利用下面的分片二次多项式近似：

$$u(x) = c_0 + c_1(x - x_i) + c_2(x - x_i)^2 \tag{6.4.14}$$

式中，$x_{i-1/2} \leq x \leq x_{i+1/2}$。对流方程精确的时间演化方程为：

$$u_{i+1/2}(t) = u(x_{i+1/2} - a(t - t^n)) \tag{6.4.15}$$

利用网格单元积分平均值 $\bar{u}_i^n$、单元左右边界值 u_i^L 和 u_i^R 可以求解二次多项式 (6.4.14) 里面的三个系数 c_0、c_1、c_2。

单元积分平均值公式：

$$\frac{1}{\Delta x} \int_{x_{i-1/2}}^{x_{i+1/2}} u(x) \, \mathrm{d}x = \bar{u}_i^n \tag{6.4.16}$$

代入二次多项式 (6.4.14)，可以得到：

$$c_0 + \frac{1}{12}\Delta x_i^2 c_2 = \bar{u}_i^n \tag{6.4.17}$$

考虑单元左右边界值，可得：

$$\begin{cases} u_i^L = u(x_{i-1/2}) = c_0 - \frac{1}{2}\Delta x c_1 + \frac{1}{4}\Delta x^2 c_2 \\ u_i^R = u(x_{i+1/2}) = c_0 + \frac{1}{2}\Delta x c_1 + \frac{1}{4}\Delta x^2 c_2 \end{cases} \tag{6.4.18}$$

联立方程 (6.4.17) 和方程 (6.4.18)，可以求得系数：

$$c_2 = \frac{6}{\Delta x^2}\left(\frac{u_i^R + u_i^L}{2} - \bar{u}_i^n\right), c_1 = \frac{u_i^R - u_i^L}{\Delta x}, c_0 = \bar{u}_i^n - \frac{1}{12}\Delta x^2 c_2$$

单元边界 $x_{i+1/2}$ 上的通量为 $(0 \leq \lambda a \leq 1)$：

$$\hat{f}_{i+1/2}^n = \frac{1}{\Delta t} \int_{t^n}^{t^{n+1}} f(u_{i+1/2}(t)) \, \mathrm{d}t = \frac{1}{\Delta t} \int_{t^n}^{t^{n+1}} a u_{i+1/2}(t) \, \mathrm{d}t \tag{6.4.19}$$

代入二次多项式 (6.4.14)，通量写为：

$$\hat{f}_{i+1/2}^n = a\bar{u}_i^n + \frac{1}{2}a(1 - \lambda a)\Delta x c_1 + \frac{1}{6}a(1 - \lambda a)(1 - 2\lambda a)\Delta x^2 c_2 \tag{6.4.20}$$

同理，也可以求出 $-1 \leq \lambda \leq 0$ 时的通量。

3. 斜率限制器

这里也可以选择对斜率进行限制，即使用斜率限制器：

$$S_i^n = \begin{cases} \phi_i^n \dfrac{u_i^n - u_{i-1}^n}{\Delta x}, & 0 \leq \lambda a \leq 1 \\ \phi_i^n \dfrac{u_{i+1}^n - u_i^n}{\Delta x}, & 1 \leq \lambda a < 0 \end{cases} \tag{6.4.21}$$

单元边界上的重构为：

$$u_{i+1/2}^n = \bar{u}_i^n + S_i^n(x_{i+1/2} - x_i) = \begin{cases} \bar{u}_i^n + \dfrac{1}{2}\phi_i^n(\bar{u}_i^n - \bar{u}_{i-1}^n), & 0 \leqslant \lambda a \leqslant 1 \\[3mm] \bar{u}_i^n + \dfrac{1}{2}\phi_i^n(\bar{u}_{i+1}^n - \bar{u}_i^n), & -1 \leqslant \lambda a < 0 \end{cases} \quad (6.4.22)$$

选择合适的斜率限制器很重要。通常斜率限制方法在间断附近使用一种已有格式，光滑区使用另外一种已有格式，这样就必须先确定间断的位置，可以用一阶差商 $u_i^{n+1} - u_i^n$ 去捕捉间断的位置。为了更准确地描述网格单元之间差商的大小，这里可以定义两个相邻单元的差商之比：

$$r_i^+ = \frac{u_i^n - u_{i-1}^n}{u_{i+1}^n - u_i^n}, r_i^- = \frac{u_{i+1}^n - u_i^n}{u_i^n - u_{i-1}^n}$$

如果 $r_i^{\pm} > 0$，说明解是单调增加或者减小的；如果 $r_i^{\pm} < 0$，说明解是单调存在极值（最大值或者最小值）。若 $|r_i^+| \gg |r_i^-|$，说明差商从左到右急剧减小；若 $|r_i^-| \gg |r_i^+|$，说明差商从右到左急剧减小。因此，可以用差商的大小来确定激波的位置。但是这种方法并不总是成立，在间断区和光滑区都可能存在大的差商。这主要是因为一阶差商只利用两个点的物理量，缺少足够的信息来准确判断激波的位置。

以 van Leer 的斜率限制器为例：

$$\phi(r) = \begin{cases} \dfrac{2r}{1 + r}, & r \geqslant 0 \\[3mm] 0, & r < 0 \end{cases} \quad (6.4.23)$$

当 $r > 0$ 时，限制器用于限制斜率，最大值 $\lim\limits_{r \to \infty}\phi(r) = 2$；当 $r < 0$ 时，格式（6.4.22）变成零阶的分片常数重构。

本节的斜率限制器与第 5 章有限差分法中介绍的通量限制器有类似的地方，不同的通量限制器也可以用在此处的斜率限制器中。使用斜率限制器，并且配合合适的高精度格式，可以使格式满足总变差不增（TVD）性质，详见下一节的 TVD/MUSCL 格式。

6.4.2 TVD/MUSCL 格式

Anderson – Thomas – van Leer 重构 – 演化方法（TVD/MUSCL）[16] 是通量限制方法（5.5.4 ~ 5.5.5 节）的有限体积版本。重构过程不再是单一的一阶、二阶或者三阶重构，而是两种重构的凸组合。

考虑半离散的守恒型有限体积格式：

$$\frac{\mathrm{d}\bar{u}_i^n}{\mathrm{d}t} = -\frac{\hat{f}_{i+1/2}^n - \hat{f}_{i-1/2}^n}{\Delta x}$$

式中

$$\bar{u}_i^n \approx \frac{1}{\Delta x}\int_{x_{i-1/2}}^{x_{i+1/2}} u(x,t^n)\,\mathrm{d}x$$

并且

$$\hat{f}_{i+1/2}^n \approx f(u(x_{i+1/2},t^n))$$

利用通量分裂，$f(u) = f^+(u) + f^-(u)$，则

$$\hat{f}^n_{i+1/2} \approx f^+(u(x_{i+1/2},t^n)) + f^-(u(x_{i+1/2},t^n)) \tag{6.4.24}$$

下面需要做的就是利用初始变量的向左偏心重构近似 $f^+(u(x_{i+1/2},t^n))$ 或者 $u(x_{i+1/2},t^n)$；利用初始变量的向右偏心重构近似 $f^-(u(x_{i+1/2},t^n))$ 或者 $u(x_{i+1/2},t^n)$。

1. 二阶精度

利用原始变量的向左偏心重构近似 $u(x_{i+1/2},t^n)$。原始变量的二阶线性重构：

$$u(x,t^n) \approx \bar{u}^n_i + \frac{\bar{u}^n_i - \bar{u}^n_{i-1}}{\Delta x}(x - x_i) \tag{6.4.25}$$

令 $x = x_{i+1/2}$，则

$$u(x_{i+1/2},t^n) \approx \bar{u}^n_i + \frac{\bar{u}^n_i - \bar{u}^n_{i-1}}{2} \tag{6.4.26}$$

相似地，一阶精度的常数重构为：

$$u(x_{i+1/2},t^n) \approx \bar{u}^n_i \tag{6.4.27}$$

取代纯线性或者纯常数重构，这里使用两者的凸线性组合：

$$u^+_{i+1/2} = \bar{u}^n_i + \frac{1}{2}\phi^+_i(\bar{u}^n_i - \bar{u}^n_{i-1}) \tag{6.4.28}$$

式中，ϕ^+_i 作为斜率限制器，与 5.5.5 节中定义的通量限制器一致。

下面，利用原始变量的向右偏心重构近似 $u(x_{i+1/2},t^n)$。原始变量的二阶线性重构：

$$u(x,t^n) \approx \overset{*}{\bar{u}}^n_{i+1} + \frac{\bar{u}^n_{i+2} - \bar{u}^n_{i+1}}{\Delta x}(x - x_{i+1}) \tag{6.4.29}$$

令 $x = x_{i+1/2}$，则

$$u(x_{i+1/2},t^n) \approx \bar{u}^n_{i+1} - \frac{1}{2}(\bar{u}^n_{i+2} - \bar{u}^n_{i+1}) \tag{6.4.30}$$

相似地，一阶精度的常数重构还可以表示为：

$$u(x_{i+1/2},t^n) \approx \bar{u}^n_{i+1} \tag{6.4.31}$$

取代纯线性或者纯常数重构，这里使用两者的凸线性组合：

$$u^-_{i+1/2} = \bar{u}^n_{i+1} - \frac{1}{2}\phi^-_{i+1}(\bar{u}^n_{i+2} - \bar{u}^n_{i+1}) \tag{6.4.32}$$

通量表示正负通量之和：

$$\hat{f}^n_{i+1/2} \approx f^+(u^+_{i+1/2}) + f^-(u^-_{i+1/2}) \tag{6.4.33}$$

即：

$$\hat{f}^n_{i+1/2} \approx f^+\left[\bar{u}^n_i + \frac{1}{2}\phi^+_i(\bar{u}^n_i - \bar{u}^n_{i-1})\right] + f^-\left[\bar{u}^n_{i+1} - \frac{1}{2}\phi^-_{i+1}(\bar{u}^n_{i+2} - \bar{u}^n_{i+1})\right] \tag{6.4.34}$$

2. 三阶精度

首先，利用原始变量的向左偏心重构近似 $u(x_{i+1/2},t^n)$。初始变量的二阶线性重构：

$$\begin{cases} u(x,t^n) \approx \bar{u}^n_i + \dfrac{\bar{u}^n_{i+1} - \bar{u}^n_i}{\Delta x}(x - x_i) \\ u(x,t^n) \approx \bar{u}^n_i + \dfrac{\bar{u}^n_i - \bar{u}^n_{i-1}}{\Delta x}(x - x_i) \end{cases} \tag{6.4.35}$$

令 $x = x_{i+1/2}$，则：

$$\begin{cases} u(x_{i+1/2}, t^n) \approx \bar{u}_i^n + \dfrac{1}{2}(\bar{u}_{i+1}^n - \bar{u}_i^n) \\[2mm] u(x_{i+1/2}, t^n) \approx \bar{u}_i^n + \dfrac{1}{2}(\bar{u}_i^n - \bar{u}_{i-1}^n) \end{cases} \tag{6.4.36}$$

相似地，原始变量三阶精度的二次函数重构为：

$$u(x, t^n) \approx \bar{u}_i^n - \frac{\bar{u}_{i+1}^n - \bar{u}_i^n - (\bar{u}_i^n - \bar{u}_{i-1}^n)}{24} + \frac{\bar{u}_{i+1}^n - \bar{u}_i^n}{\Delta x}(x - x_i) +$$

$$\frac{\bar{u}_{i+1}^n - \bar{u}_i^n - (\bar{u}_i^n - \bar{u}_{i-1}^n)}{2\Delta x^2}(x - x_i)(x - x_{i+1}) \tag{6.4.37}$$

令 $x = x_{i+1/2}$，则：

$$u(x_{i+1/2}, t^n) \approx \bar{u}_i^n + \frac{1}{3}(\bar{u}_{i+1}^n - \bar{u}_i^n) + \frac{1}{6}(\bar{u}_i^n - \bar{u}_{i-1}^n) \tag{6.4.38}$$

取代纯线性或者纯二次函数重构，这里使用两者的凸线性组合：

$$u_{i+1/2}^- = \bar{u}_i^n + \frac{1 + \eta}{4}(\bar{u}_{i+1}^n - \bar{u}_i^n) + \frac{1 - \eta}{4}(\bar{u}_i^n - \bar{u}_{i-1}^n) \tag{6.4.39}$$

其次，利用原始变量的向右偏心重构近似 $u(x_{i+1/2}, t^n)$。原始变量的二阶线性重构：

$$\begin{cases} u(x, t^n) \approx \bar{u}_{i+1}^n + \dfrac{\bar{u}_{i+1}^n - \bar{u}_i^n}{\Delta x}(x - x_{i+1}) \\[2mm] u(x, t^n) \approx \bar{u}_{i+1}^n + \dfrac{\bar{u}_{i+2}^n - \bar{u}_{i+1}^n}{\Delta x}(x - x_{i+1}) \end{cases} \tag{6.4.40}$$

令 $x = x_{i+1/2}$，则：

$$\begin{cases} u(x_{i+1/2}, t^n) \approx \bar{u}_{i+1}^n - \dfrac{1}{2}(\bar{u}_{i+1}^n - \bar{u}_i^n) \\[2mm] u(x_{i+1/2}, t^n) \approx \bar{u}_{i+1}^n - \dfrac{1}{2}(\bar{u}_{i+2}^n - \bar{u}_{i+1}^n) \end{cases} \tag{6.4.41}$$

相似地，三阶精度的初始二次函数重构为：

$$u(x, t^n) \approx \bar{u}_{i+1}^n - \frac{\bar{u}_{i+2}^n - \bar{u}_{i+1}^n - (\bar{u}_{i+1}^n - \bar{u}_i^n)}{24} + \frac{\bar{u}_{i+1}^n - \bar{u}_i^n}{\Delta x}(x - x_{i+1}) +$$

$$\frac{\bar{u}_{i+2}^n - \bar{u}_{i+1}^n - (\bar{u}_{i+1}^n - \bar{u}_i^n)}{2\Delta x^2}(x - x_i)(x - x_{i+1}) \tag{6.4.42}$$

令 $x = x_{i+1/2}$，则：

$$u(x_{i+1/2}, t^n) \approx \bar{u}_i^n - \frac{1}{3}(\bar{u}_{i+1}^n - \bar{u}_i^n) - \frac{1}{6}(\bar{u}_i^n - \bar{u}_{i-1}^n) \tag{6.4.43}$$

取代纯线性或者纯二次函数重构，这里使用两者的凸线性组合：

$$u_{i+1/2}^+ = \bar{u}_{i+1}^n - \frac{1 + \eta}{4}(\bar{u}_{i+1}^n - \bar{u}_i^n) - \frac{1 - \eta}{4}(\bar{u}_{i+2}^n - \bar{u}_{i+1}^n) \tag{6.4.44}$$

下面比较 $u_{i+1/2}^+$ 与 $\bar{u}_{i+1}^n$ 和 $\bar{u}_i^n$ 的关系：

$$u_{i+1/2}^+ - \bar{u}_{i+1}^n = -\frac{1 + \eta}{4}(\bar{u}_{i+1}^n - \bar{u}_i^n) - \frac{1 - \eta}{4}(\bar{u}_{i+2}^n - \bar{u}_{i+1}^n)$$

$$\tag{6.4.45}$$

$$u_{i+1/2}^+ - \bar{u}_i^n = \frac{3 - \eta}{4}(\bar{u}_{i+1}^n - \bar{u}_i^n) - \frac{1 - \eta}{4}(\bar{u}_{i+2}^n - \bar{u}_{i+1}^n)$$

如果 $\bar{u}_{i+1}^n - \bar{u}_i^n$ 和 $\bar{u}_{i+2}^n - \bar{u}_{i+1}^n$ 正负性同号，并且满足：

$$|\bar{u}_{i+2}^n - \bar{u}_{i+1}^n| \leqslant \frac{3-\eta}{1-\eta}|\bar{u}_{i+1}^n - \bar{u}_i^n| \qquad (6.4.46)$$

则 $u_{i+1/2}^+$ 处于 $\bar{u}_{i+1}^n$ 和 $\bar{u}_i^n$ 之间。

同理，若 $\bar{u}_{i+1}^n - \bar{u}_i^n$ 和 $\bar{u}_i^n - \bar{u}_{i-1}^n$ 正负性同号，并且满足：

$$|\bar{u}_i^n - \bar{u}_{i-1}^n| \leqslant \frac{3-\eta}{1-\eta}|\bar{u}_{i+1}^n - \bar{u}_i^n| \qquad (6.4.47)$$

则 $u_{i+1/2}^-$ 处于 $\bar{u}_{i+1}^n$ 和 $\bar{u}_i^n$ 之间。

利用上述 $u_{i+1/2}^{\pm}$ 的表达式，TVD/MUSCL 格式的半离散格式为：

$$\frac{\mathrm{d}\bar{u}_i^n}{\mathrm{d}t} = -\frac{\hat{f}_{i+1/2}^n - \hat{f}_{i-1/2}^n}{\Delta x}$$

式中

$$\hat{f}_{i+1/2}^n \approx f^+(u_{i+1/2}^-) + f^-(u_{i+1/2}^+)$$

6.4.3　重构 - 演化格式 UNO

Harten 和 Osher[17] 的重构 - 演化方法，也称 UNO 方法，它是 van Leer 重构 - 演化方法和 ENO 重构 - 演化方法之间的过渡类型。

1. 线性标量守恒方程

考虑线性标量守恒方程：

$$\frac{\partial u}{\partial t} + a\frac{\partial u}{\partial x} = 0$$

假设使用分片常数重构，一阶精度的 van Leer 重构 - 演化方法的单元边界通量可以表示为：

$$\hat{f}_{i+1/2}^n = \begin{cases} a\bar{u}_i^n + \dfrac{1}{2}a(1-\lambda a)S_i^n\Delta x, & 0 \leqslant \lambda a \leqslant 1 \\ a\bar{u}_{i+1}^n - \dfrac{1}{2}a(1+\lambda a)S_{i+1}^n\Delta x, & -1 \leqslant \lambda a < 0 \end{cases} \qquad (6.4.51)$$

式中，S_i^n 是偏微分 $\dfrac{\partial u(x_i, t^n)}{\partial x}$ 的一阶精度近似。

与 van Leer 重构 - 演化方法不同，UNO 方法使用 ENO 方法去构建斜率 S_i^n。使用三阶精度的分片二次函数近似：

$$u(x, t^n) \approx a_1 + 2a_2(x-x_i) + 3a_3(x-x_i)^2 \qquad (6.4.52)$$

系数为：

$$S_i^n \approx \frac{\partial u}{\partial x}(x_i, t^n) \approx 2a_2 \qquad (6.4.53)$$

van Leer 重构 - 演化方法中，计算斜率 S_i^n 用到的模板 $\bar{u}_{i-1}^n$、$\bar{u}_i^n$，$\bar{u}_i^n$、$\bar{u}_{i+1}^n$、$\bar{u}_{i-1}^n$、$\bar{u}_{i+1}^n$ 均为两点模板。在第 3 章的 ENO 方法中提到可以通过多个三点模板构造导数的近似，然后选择最光滑的一个。这里利用相似的思想去构造斜率 S_i^n。对于固定步长 Δx，存在三种不同的斜率 S_i^n 模板可供选择：

$$S_i^n = \frac{\bar{u}_{i+1}^n - \bar{u}_i^n - \frac{1}{2}(\bar{u}_{i+2}^n - 2\bar{u}_{i+1}^n + \bar{u}_i^n)}{\Delta x}$$

$$S_i^n = \frac{\bar{u}_{i+1}^n - \bar{u}_i^n - \frac{1}{2}(\bar{u}_{i+1}^n - 2\bar{u}_i^n + \bar{u}_{i-1}^n)}{\Delta x} = \frac{\bar{u}_i^n - \bar{u}_{i-1}^n + \frac{1}{2}(\bar{u}_{i+1}^n - 2\bar{u}_i^n + \bar{u}_{i-1}^n)}{\Delta x}$$

$$S_i^n = \frac{\bar{u}_i^n - \bar{u}_{i-1}^n + \frac{1}{2}(\bar{u}_i^n - 2\bar{u}_{i-1}^n + \bar{u}_{i-2}^n)}{\Delta x}$$

$$(6.4.54)$$

上述方程可以统一写成：

$$S_i^n = \frac{1}{\Delta x}\text{minmod}\left[\begin{array}{l} \bar{u}_{i+1}^n - \bar{u}_i^n - \frac{1}{2}\text{minmod}(\bar{u}_{i+1}^n - 2\bar{u}_i^n + \bar{u}_{i-1}^n, \bar{u}_{i+2}^n - 2\bar{u}_{i+1}^n + \bar{u}_i^n), \\ \bar{u}_i^n - \bar{u}_{i-1}^n + \frac{1}{2}\text{minmod}(\bar{u}_{i+1}^n - 2\bar{u}_i^n + \bar{u}_{i-1}^n, \bar{u}_i^n - 2\bar{u}_{i-1}^n + \bar{u}_{i-2}^n) \end{array}\right]$$

$$(6.4.55)$$

通过 minmod 函数，可以选择出最光滑的模板，从而计算出最小的斜率 S_i^n。该方法为二阶精度。如果忽略上式的第二个差分项，上述斜率方程可以简化为：

$$S_i^n = \frac{1}{\Delta x}\text{minmod}(\bar{u}_{i+1}^n - \bar{u}_i^n, \bar{u}_i^n - \bar{u}_{i-1}^n)$$

$$(6.4.56)$$

该形式一般为二阶精度，在极值处精度处于一阶和二阶之间。

2. 非线性标量守恒方程

对于非线性标量守恒方程：

$$\frac{\partial u}{\partial t} + \frac{\partial f(u)}{\partial x} = 0, a(u) = f(u)/u$$

在时间演化过程中，对波速 $a(u)$ 使用连续的分片线性重构，可得：

$$\hat{f}_{i+1/2}^n = \begin{cases} f(\bar{u}_i^n) + \frac{1}{2}\frac{a_{i+1/2}^n(1 - \lambda a_{i-1/2}^n)}{1 + \lambda(a_{i+1/2}^n - a_{i-1/2}^n)}S_i^n \Delta x, & 0 \leq \lambda a_{i+1/2}^n \leq 1 \\ f(\bar{u}_{i+1}^n) - \frac{1}{2}\frac{a_{i+1/2}^n(1 + \lambda a_{i+3/2}^n)}{1 + \lambda(a_{i+3/2}^n - a_{i+1/2}^n)}S_{i+1}^n \Delta x, & -1 \leq \lambda a_{i+1/2}^n < 0 \end{cases}$$

$$(6.4.57)$$

式中

$$a_{i+1/2}^n = \begin{cases} \dfrac{f(\bar{u}_{i+1}^n)f(\bar{u}_i^n)}{\bar{u}_{i+1}^n - \bar{u}_i^n}, & \bar{u}_{i+1}^n \neq \bar{u}_i^n \\ a(\bar{u}_i^n), & \text{其他} \end{cases}$$

$$(6.4.58)$$

6.4.4 高精度的 ENO 和 WENO 格式

ENO/WENO 方法的基本原理在前面的章节中已经有很详细的讲述，本节主要介绍如何应用到有限体积方法中。使用重构 – 演化方法推导 ENO/WENO 非常复杂，因为需要大量地将时间导数转换为空间导数，对于矢量守恒方程（欧拉方程）尤甚。所以现在主流的处理方式是利用半离散的有限体积格式，只对变量和通量进行重构，无须处理时间导数。时间导数可以利用成熟的常微分求解器处理。下面介绍利用半离散的有限体积格式构造 ENO/

WENO 格式。

1. 标量守恒方程的 ENO/WENO 格式

考虑标量守恒方程:

$$\frac{\partial u}{\partial t} + \frac{\partial f}{\partial x} = 0$$

半离散的守恒格式:

$$\frac{\mathrm{d}\bar{u}_i}{\mathrm{d}t} = -\frac{\hat{f}_{i+1/2} - \hat{f}_{i-1/2}}{\Delta x}$$

ENO/WENO 重构的目的是计算左右状态 $u^L_{i+1/2}$、$u^R_{i+1/2}$。通量计算有多种方式:Lax - Friedrichs 通量、Godunov 通量和 Engquist - Osher 通量。其中,Lax - Friedrichs 通量最为常用:

$$\hat{f}_{i+1/2} = \frac{1}{2}(f(u^L_{i+1/2}) + f(u^R_{i+1/2})) - \frac{1}{2}\mid \tilde{a} \mid_{i+1/2}(u^R_{i+1/2} - u^L_{i+1/2}) \tag{6.4.59}$$

式中

$$\tilde{a}_{i+1/2} = \begin{cases} \dfrac{f(u^R_{i+1/2}) - f(u^L_{i+1/2})}{u^R_{i+1/2} - u^L_{i+1/2}}, & u^R_{i+1/2} - u^L_{i+1/2} \neq 0 \\[3mm] \left.\dfrac{\partial f}{\partial u}\right|_{i+1/2}, & u^R_{i+1/2} - u^L_{i+1/2} = 0 \end{cases} \tag{6.4.60}$$

2. 矢量守恒方程的 ENO/WENO 格式

考虑矢量守恒方程:

$$\frac{\partial \boldsymbol{u}}{\partial t} + \frac{\partial \boldsymbol{f}}{\partial x} = 0$$

①半离散格式:

$$\frac{\mathrm{d}\bar{\boldsymbol{u}}_i}{\mathrm{d}t} = -\frac{\hat{\boldsymbol{f}}_{i+1/2} - \hat{\boldsymbol{f}}_{i-1/2}}{\Delta x}$$

②ENO/WENO 重构的目的是计算左右状态 $\boldsymbol{u}^L_{i+1/2}$、$\boldsymbol{u}^R_{i+1/2}$。计算存在的两种方案:对守恒变量的每个分量分别进行 ENO/WENO 重构,方法简单,解存在轻微振荡;对特征变量的各个分量进行 ENO/WENO 重构,计算量大,解的效果好。

③利用近似黎曼求解器(HLL、HLLC、Roe 等)计算数值通量:

$$\hat{\boldsymbol{f}}_{i+1/2} = \boldsymbol{f}(\boldsymbol{u}^L_{i+1/2}, \boldsymbol{u}^R_{i+1/2}) \tag{6.4.61}$$

也可以通过矢通量分裂计算通量:

$$\begin{aligned} \boldsymbol{f}_{i+1/2} &= \boldsymbol{f}^+_{i+1/2} + \boldsymbol{f}^-_{i+1/2} \\ \hat{\boldsymbol{f}}_{i+1/2} &= \boldsymbol{f}^+_{i+1/2}(\boldsymbol{u}^L_{i+1/2}) + \boldsymbol{f}^-_{i+1/2}(\boldsymbol{u}^R_{i+1/2}) \end{aligned} \tag{6.4.62}$$

习　题

比较有限差分法和有限体积法的异同,从多个方面进行比较。

参 考 文 献

［1］ Leveque R. Finite volume methods for hyperbolic problems ［M］. Cambridge University Press，2004.

［2］ Harten A，Engquist B，Osher S. Uniformly High Order Accuracy Essentially Non – oscillatory Schemes Ⅲ ［J］. Journal of Computational Physics，1987（71）：231 – 303.

［3］ Laney C B. Computational Gasdynamics ［M］. Cambridge University Press，1998.

［4］ 阎超. 计算流体力学方法及应用 ［M］. 北京：北京航空航天大学出版社，2006.

［5］ Roe P L. Approximate Riemann Solvers，Parameter Vectors，and Difference Schemes ［J］. Journal of Computation Physics，1981（43）：357 – 372.

［6］ Godunov S K. A difference method for the numerical calculation of discontinuous solutions of hydrodynamic equations ［J］. Mat. Sb.，1959（47）：271 – 306.

［7］ van Leer B. Towards the Ultimate Conservative Difference Scheme Ⅲ. Upstream – Centered Finite Difference Schemes for Ideal Compressible Flow ［J］. Journal of Computation Physics，1977（23）：263 – 275.

［8］ van Leer B. Towards the Ultimate Conservative Difference Scheme Ⅳ. A New Approach to Numerical Convection ［J］. Journal of Computation Physics，1977（23）：276 – 299.

［9］ van Leer B. Towards the Ultimate Conservative Difference Scheme Ⅴ. A Second Order Sequel to Godunov's Method ［J］. Journal of Computation Physics，1979（32）：101 – 136.

［10］ Toro E F. Riemann Solvers and numerical methods for fluid dynamics ［M］. Toro，Eleuterio，1999.

［11］ Colella P，Woodward P R. The Piecewise Parabolic Method（PPM）for Gas Dynamical Simulation ［J］. Journal of Computation Physics，1984（54）：174 – 201.

［12］ Woodward P，Colella P. The Numerical Simulation of Two – Dimensional Fluid Flow with Strong Shocks ［J］. Journal of Computation Physics，1984（54）：115 – 173.

［13］ Harten A L，Peter D，van Leer B. On Upstream Differencing and Godunov – Type Schemes for Hyperbolic Conservation Laws ［J］. SIAM Review，1983，25（1）：35 – 61.

［14］ Toro E F，Spruce M，Speares W. Restoration of the contact surface in the HLL – Riemann solver ［J］. Shock Waves，1994（4）：25 – 34.

［15］ Jameson A，Schmidt W，Turkel E. Numerical solutions of the Euler equations by finite volume methods using Runge – Kutta time – stepping schemes ［J］. AIAA Paper，1981：1243 – 1259.

［16］ Anderson W，Thomas J L，Van L B. Comparison of finite volume flux vector splittings for the Euler equations ［J］. AIAA Journal，1986，24（9）：1453 – 1474.

［17］ Harten A，Osher S. Uniformly High – order accurate Nonoscillatory Scheme ［J］. SIAM Journal on Numerical Analysis，1987（24）：279 – 309.

第 7 章
常微分方程的数值方法

7.1 方程源项的刚性问题

通量形式的二维反应流守恒方程可以写为：

$$\frac{\partial \boldsymbol{u}}{\partial t} + \frac{\partial \boldsymbol{f}}{\partial x} + \frac{\partial \boldsymbol{g}}{\partial y} = \boldsymbol{s} \tag{7.1.1}$$

选择合适的差分格式离散对流项和扩散项，上述偏微分方程可以写成如下形式：

$$\left(\frac{\partial \boldsymbol{u}}{\partial t}\right)_{i,j} = L(\boldsymbol{u}_{i,j}) \tag{7.1.2}$$

此时得到一个时间方向上的常微分方程组，如果采用三阶精度的 TVD 型 Runge – Kutta 格式[1,2]进行积分，得：

$$
\begin{aligned}
\boldsymbol{u}_{i,j}^{(1)} &= \boldsymbol{u}_{i,j}^{n} + \Delta t(L(\boldsymbol{u}_{i,j}^{n})) \\
\boldsymbol{u}_{i,j}^{(2)} &= \frac{3}{4}\boldsymbol{u}_{i,j}^{n} + \frac{1}{4}\boldsymbol{u}_{i,j}^{(1)} + \frac{1}{4}\Delta t(L(\boldsymbol{u}_{i,j}^{(1)})) \\
\boldsymbol{u}_{i,j}^{(n)} &= \frac{1}{3}\boldsymbol{u}_{i,j}^{n} + \frac{2}{3}\boldsymbol{u}_{i,j}^{(2)} + \frac{2}{3}\Delta t(L(\boldsymbol{u}_{i,j}^{(2)}))
\end{aligned}
\tag{7.1.3}
$$

对于反应欧拉方程来说，由于其反应源项存在刚性（存在多个时间尺度）[3]，为了满足稳定性条件，使用显式方法需要在很小的时间步长上进行推进，即便如此，在很多情况下依然不能对反应欧拉方程进行很好的处理。需要指出的是，对于使用简化反应模型的反应欧拉方程，由于反应源项的时间尺度差距不是很大，上述显式的三阶 TVD 型 Runge – Kutta 格式仍然可以使用，并能够保持足够的计算精度和稳定性，但是对于基元反应模型，则存在很多问题，需要对其进行特殊处理。

一些常微分问题具有较高的刚性。一般而言，当问题存在尺度差异时，就会出现刚性。例如，如果常微分方程包含的两个解分量在时间尺度上差异极大，则该方程可能是刚性方程。如果非刚性求解器无法求解某个问题或求解速度极慢，则可以将该问题视为刚性问题。如果观察到非刚性求解器的速度很慢，可以尝试改用时间步长自适应刚性求解器。在使用刚性求解器时，可以通过提供 Jacobian 矩阵来提高可靠性和效率。反应流控制方程的刚性主要是由于对流、输运和化学反应系统各自的时间尺度存在很大的差异造成的。狭义上讲，刚性指的是反应系统各个基元反应的反应速度差异极大，因此相应的时间尺度也有很大差异，很多情况下可以达到几个数量级的差距。通常说的化学反应流方程源项的刚性指的就是反应系统自身的刚性，并不包括对流和输运的刚性。

考虑一个刚性化学反应系统：

$$A \xrightarrow{k_1 = 0.04} B$$

$$2B \xrightarrow{k_2 = 3 \times 10^7} B + C$$

$$B + C \xrightarrow{k_3 = 10^4} A + C$$

组分 A、B 和 C 的质量分数分别为 y_1、y_2 和 y_3，三种组分的生成速率可以表示为常微分方程组：

$$y_1' = -0.04y_1 + 10^4 y_2 y_3$$

$$y_2' = 0.04y_1 - 10^4 y_2 y_3 - 3 \times 10^7 y_2 y_2$$

$$y_3' = 3 \times 10^7 y_2 y_2$$

可以看出，不同组分的生成速率差异很多，方程组存在明显的刚性。一般来说，对守恒方程反应源项进行处理的方法可以分为两类：一类是时间算子分裂算法（Time operator splitting method）[4]，另一类为隐式类算法[3,5,6]。时间算子分裂算法又称分步方法，是在一个独立的时间步中先后离散刚性项和非刚性项。可以使用不同的方法来计算刚性项和非刚性项，算子分裂可以解除稳定性条件对时间步长的限制。时间算子分裂算法方法的缺点是精度通常不高，一般为一阶精度或者两阶精度。时间算子分裂算法将反应欧拉方程：

$$\frac{\partial \boldsymbol{u}}{\partial t} + \frac{\partial \boldsymbol{f}}{\partial x} + \frac{\partial \boldsymbol{g}}{\partial y} = \boldsymbol{s} \tag{7.1.4}$$

分裂为一个无反应源项的偏微分方程组：

$$\frac{\partial \boldsymbol{u}}{\partial t} + \frac{\partial \boldsymbol{f}}{\partial x} + \frac{\partial \boldsymbol{g}}{\partial y} = 0 \tag{7.1.5}$$

和一个只有源项的常微分方程组：

$$\frac{\mathrm{d}\boldsymbol{u}}{\mathrm{d}t} = \boldsymbol{s} \tag{7.1.6}$$

在一个时间步 Δt 上，先后求解上述偏微分方程组和常微分方程组，前者的求解结果作为后者的初始条件。如果前者的结果表示为 $\boldsymbol{h}^{\Delta t}$，后者的求解结果为 $\boldsymbol{s}^{\Delta t}$，则两者的耦合结果可以表示为：

$$\boldsymbol{u}^{n+1} = \boldsymbol{s}^{\Delta t} \boldsymbol{h}^{\Delta t}(\boldsymbol{u}^n) \tag{7.1.7}$$

该方法称为 Godunov 分裂方法，时间精度为一阶。对上述过程进行改进，可得：

$$\boldsymbol{u}^{n+1} = \boldsymbol{h}^{\frac{\Delta t}{2}} \boldsymbol{s}^{\Delta t} \boldsymbol{h}^{\frac{\Delta t}{2}}(\boldsymbol{u}^n) \tag{7.1.8}$$

称为 Strang 分裂方法[7]，为两阶精度。

无反应源项的偏微分方程组（7.1.5）的数值积分可以使用显式常微分求解器格式。而对于反应源项常微分方程组（7.1.6）的求解，则可以使用各种类型的刚性常微分方程求解器[8]，如 GRK4A、SAIM、LSODE、DDEBDF 等。LSODE 和 VODE 是著名的 ODE 求解器，都有 Fortran 语言版本，由 Lawrence Livermore 国家实验室开发。LSODE 最终演变为 ODEPACK，而 VODE 的 C 语言版本为 CVODE，被认为是 C 语言版本下的最佳 ODE 解算器，不过 CVODE 不会自动选择刚性和非刚性求解器。旧版本的 ODEPACK 和 CVODE 可以在 netlib 库中找到。ODEPACK 由 LSODE 及其八个变体组成，LSODA 就是其中之一，它可以在

Adams 方法和 BDF 方法之间自动切换。LSODA 远远优于其他简单的刚性和非刚性求解器。它的 C 语言版本是包含在 sundals 包中的 CVODE。

为了消除显式方法的稳定性限制，可以使用隐式类方法。对于多维反应流动的计算，全局隐式方法很少使用，因为它需要大量的机时和内存来计算全隐式方程。多维反应流计算的实用隐式方法包括分步方法（或时间分裂方法）和附加半隐式方法。另外，附加半隐式方法将普通的微分方程分解为刚性项和非刚性项，刚性项被隐式处理，而非刚性项被显式处理。在反应流计算中，半隐式方法比全隐式方法更有效，因为刚性项可以很容易地与其余项分离。第一个用于刚性常微分方程的附加 Runge – Kutta 方法由 Coope 和 Sayfy[9] 提出，他们推导了附加 Runge – Kutta 方法来求解一个形式为 $x' = J(t)x + g(x,t)$ 的微分方程，其右边的线性项是刚性项。他们的附加方法使用隐式 A 稳定的 Runge – Kutta 方法求解线性刚性项，并同时使用显式 Runge – Kutta 方法求解 $g(x,t)$，该方法最高达到四阶精度。Engquist 和 Sjogreen[10] 提出了计算爆轰波的附加半隐式 Runge – Kutta 方法。他们的三阶格式对刚性项是 A(α) 稳定的，对非刚性项满足显式稳定条件。其他处理刚性常微分方程的方法，在 Hairer 和 Wanner 的书中有详细介绍[11]。

7.2　常微分方程求解的一般方法

7.2.1　常微分方程的分类

本书通常只涉及化学反应系统的常微分方程，这类方程通常为一阶常微分方程，可以写为：

$$y'(t) = f(y(t)), 0 < t < b \tag{7.2.1}$$

式中，t 为独立变量，通常为时间；$y = y(t)$ 为未知变量。微分方程中，自洽系统表示隐含独立变量的常微分方程系统。特别地，当独立变量是时间 t 时，这时的自洽系统称为不含时系统。相对地，非自洽的系统可以写为：

$$y'(t) = f(t, y(t)), 0 < t < b \tag{7.2.2}$$

对于 n 组分化学反应系统，常微分方程通常以方程组的形式存在，即：

$$\begin{cases} y'_1(t) = f_1(p, T, y_1, y_2, \cdots, y_{n-1}, y_n) \\ y'_2(t) = f_2(p, T, y_1, y_2, \cdots, y_{n-1}, y_n) \\ y'_3(t) = f_3(p, T, y_1, y_2, \cdots, y_{n-1}, y_n) \\ \vdots \\ y'_{n-1}(t) = f_{n-1}(p, T, y_1, y_2, \cdots, y_{n-1}, y_n) \\ y'_n(t) = f_n(p, T, y_1, y_2, \cdots, y_{n-1}, y_n) \end{cases} \tag{7.2.3}$$

式中，y_i 为第 i 个组分的质量分数或者体积分数。对于化学反应系统，常微分方程组右端源项函数的变量并不包括时间，而是热力学变量，比如压力、温度或者密度等。

7.2.2　欧拉法

欧拉法是最简单的线性单步法，不需要附加初值，所需的存储量小，改变步长灵活，但线性单步法最高为 2 阶精度。

给定初始值的常微分方程：

$$\begin{cases} y' = f(x,y) \\ y(x_0) = y_0 \end{cases} \tag{7.2.4}$$

称为初值问题。

在区间 $[x_0, x_m]$ 上求解常微分方程。将区间分割为 N 段，则 $x_n = x_0 + nh(n = 0, 1, \cdots, N)$，其中步长 $h = \dfrac{x_m - x_0}{N}$。在每一个节点 x_n 上，我们寻求真实值 $y(x_n)$ 的近似值 y_n。假设已知 y_n，求 y_{n+1}，则：

$$y_{n+1} = y_n + hf(x_n, y_n), n = 0, 1, \cdots, N \tag{7.2.5}$$

称为欧拉法。如果直接对常微分方程 $\mathrm{d}y = f(x, y)\mathrm{d}x$ 进行积分，得：

$$\int_{x_n}^{x_{n+1}} \mathrm{d}y = \int_{x_n}^{x_{n+1}} f(x, y(x))\mathrm{d}x \tag{7.2.6}$$

左边积分，得：

$$y(x_{n+1}) = y(x_n) + \int_{x_n}^{x_{n+1}} f(x, y(x))\mathrm{d}x, n = 0, 1, \cdots, N \tag{7.2.7}$$

利用矩形规则对右边积分进行数值积分：

$$y(x_{n+1}) \approx y(x_n) + hf(x_n, y(x_n)) \tag{7.2.8}$$

这也是前面讲的欧拉法。

矩形规则可以推广为更一般的形式：

$$\int_{x_n}^{x_{n+1}} f(x, y(x))\mathrm{d}x \approx h\big[(1 - \theta)f(x_n, y(x_n)) + \theta f(x_{n+1}, y(x_{n+1}))\big] \tag{7.2.9}$$

式中，$\theta \in [0, 1]$，称为 θ 方法，这代表一簇方法，即：

$$y(x_{n+1}) \approx y(x_n) + h(1 - \theta)f(x_n, y(x_n)) + h\theta f(x_{n+1}, y(x_{n+1})) \tag{7.2.10}$$

写成数值格式的形式：

$$y_{n+1} = y_n + h(1 - \theta)f(x_n, y_n) + h\theta f(x_{n+1}, y_{n+1}) \tag{7.2.11}$$

若 $\theta = 0$，则：

$$y_{n+1} = y_n + hf(x_n, y_n) \tag{7.2.12}$$

这就是前面讲到的欧拉法，或者称为向后欧拉法或者显式欧拉法。

若 $\theta = 1$，则：

$$y_{n+1} = y_n + hf(x_{n+1}, y_{n+1}) \tag{7.2.13}$$

这就是向前欧拉法，或者称为隐式欧拉法。

若 $\theta = 1/2$，则：

$$y_{n+1} = y_n + \frac{1}{2}hf(x_n, y_n) + \frac{1}{2}hf(x_{n+1}, y_{n+1}) \tag{7.2.14}$$

称为中心欧拉法，或者梯形规则欧拉法。但是在使用过程中，该方法使用并不方便，因为计算过程中需要隐式求解 y_{n+1}。该方法的一种改进方法是利用向前欧拉法得出 y_{n+1} 的一个粗糙的估计，即 $y_{n+1} = y_n + hf(x_n, y_n)$，代入梯形规则欧拉法，可得：

$$y_{n+1} = y_n + \frac{1}{2}hf(x_n, y_n) + \frac{1}{2}hf(x_{n+1}, y_n + hf(x_n, y_n)) \tag{7.2.15}$$

该格式是显式格式，称为改进的欧拉法（Improved Euler method）或者一般化的欧拉法（Generalized Euler method）。该方法也可以写成两步的形式：

$$\overline{y}_{n+1} = y_n + hf(x_n, y_n)$$
$$y_{n+1} = y_n + \frac{1}{2}h\left[f(x_n, y_n) + f(x_{n+1}, \overline{y}_{n+1})\right] \tag{7.2.16}$$

这一形式的改进欧拉法也称为 Runge – Kutta 类方法，具体内容将在下一节讲述。

7.3　Runge – Kutta 类方法

上一节中，改进欧拉法利用区间 $[x_n, x_{n+1}]$ 左端点 x_n 处的斜率与右端点 x_{n+1} 处的斜率的算术平均值作为区间平均斜率的近似值。依此类推，如果在区间 $[x_n, x_{n+1}]$ 内多预估几个点上的斜率值，并用它们的加权平均作为 $[x_n, x_{n+1}]$ 内平均斜率的近似值，就能够构造出具有更高精度的格式，误差可以用函数 $f(x, y)$ 在 x_0 处的泰勒展开来估计。

对于 s 步的 Runge – Kutta 方法，$\overline{y}_i$ 是第 i 步的预测值，对应的导数为 $f(\overline{x}_i, \overline{y}_i)$，即：

$$
\begin{array}{ccccc}
\overline{x}_1 & \overline{x}_2 & \overline{x}_3 & \cdots & \overline{x}_s \\
\overline{y}_1 & \overline{y}_2 & \overline{y}_3 & \cdots & \overline{y}_s \\
f(\overline{x}_1, \overline{y}_1) & f(\overline{x}_2, \overline{y}_2) & f(\overline{x}_3, \overline{y}_3) & \cdots & f(\overline{x}_s, \overline{y}_s)
\end{array}
$$

Runge – Kutta 方法的一般形式可以表示为：

$$
\begin{cases}
\overline{x}_i = x_n + hc_i \\
\overline{y}_i = y_n + h\sum_{j=1}^{s} a_{ij}f(\overline{x}_j, \overline{y}_j) \\
y_{n+1} = y_n + h\sum_{i=1}^{s} b_i f(\overline{x}_i, \overline{y}_i)
\end{cases} \tag{7.3.1}
$$

式中，h 为积分步长；$a_{ij}(i, j = 1, 2, \cdots, s)$ 称为 Runge – Kutta 系数矩阵；c_i、$b_i(i = 1, 2, \cdots, s)$ 称为 Runge – Kutta 节点和 Runge – Kutta 权重。在式（7.3.1）中要用到 s 个 $f(\overline{x}_i, \overline{y}_i)$ 的值，故称为 s 步 Runge – Kutta 法。这些系数一般要满足以下条件：

$$c_i = \sum_{j=1}^{s} a_{ij}, b_i \geqslant 0, \sum_{i=1}^{s} b_i = 1 \tag{7.3.2}$$

一般形式的 Runge – Kutta 方法的系数可以用下面的表格表示，称为 Butcher 数[12]表示法：

$$
\begin{array}{c|ccccc}
c_1 & a_{11} & a_{12} & \cdots & a_{1,s-1} & a_{1s} \\
c_2 & a_{21} & a_{22} & \cdots & a_{2,s-1} & a_{2s} \\
\vdots & \vdots & \vdots & \ddots & \vdots & \vdots \\
c_{s-1} & a_{s-1,1} & a_{s-1,2} & \cdots & a_{s-1,s-1} & a_{s-1,s} \\
c_s & a_{s1} & a_{s2} & \cdots & a_{s,s-1} & a_{ss} \\
\hline
 & b_1 & b_2 & \cdots & b_{s-1} & b_s
\end{array}
$$

注意，Runge – Kutta 方法的所有性质（稳定性、精度、收敛性等）完全由 Butcher 表里的系数 a、b、c 确定。Runge – Kutta 方法的步数 s 由 a 的行数确定。步数 s 与能够得到的最高

精度 p 之间的关系如下：

s	1	2	3	4	5	6	7	8	9	10
p	1	2	3	4	4	5	6	6	7	7

在有些教材里，上述一般形式的 Runge – Kutta 方法表示成另外一种形式：

$$k_i = f\left(x_n + hc_i, y_n + h\sum_{j=1}^{s} a_{ij}k_i\right)$$

$$y_{n+1} = y_n + h\sum_{i=1}^{s} b_i k_i \tag{7.3.3}$$

一般形式的 Runge – Kutta 方法是隐式格式，需要解一个 $s \times s$ 阶的非线性方程组才能得到预测值 $\bar{y}_i$，若 a_{ij} 为严格的下三角矩阵，一般形式的 Runge – Kutta 方法可以简化为显式的 Runge – Kutta 方法：

$$
\begin{array}{c|cccccc}
c_1 & & & & & \\
c_2 & a_{21} & & & & \\
\vdots & \vdots & \vdots & & & \\
c_{s-1} & a_{s-11} & a_{s-12} & \cdots & & \\
c_s & a_{s1} & a_{s2} & \cdots & a_{ss-1} & \\
\hline
& b_1 & b_2 & \cdots & b_{s-1} & b_s
\end{array}
$$

若矩阵 a_{ij} 为下三角矩阵，并且对角线上的元素不全为零，这时公式称为对角隐式（半隐式）Runge – Kutta 方法：

$$\bar{y}_i = y_n + h\sum_{j=1}^{i-1} a_{ij}f(\bar{x}_j, \bar{y}_j) + ha_{ii}f(\bar{x}_i, \bar{y}_i) \tag{7.3.4}$$

或者

$$k_i = f\left(x_n + hc_i, y_n + h\sum_{j=1}^{i-1} a_{ij}k_i + ha_{ii}k_i\right) \tag{7.3.5}$$

每一步要解 s 个非线性方程。若矩阵 a_{ij} 为下三角矩阵，并且对角线上的元素相等且不为零，这时公式称为单对角隐式 Runge – Kutta 方法，每步只需求解一个非线性方程式。单对角隐式 Runge – Kutta 方法是对角隐式 Runge – Kutta 方法的一种特殊情况。

举例说明，对于 $s = 3$ 的隐式 Runge – Kutta 方法：

input：x_n, y_n

$$
\begin{cases}
\bar{x}_1 = x_n + hc_1, \bar{x}_2 = x_n + hc_2, \bar{x}_3 = x_n + hc_3 \\
\bar{y}_1 = y_n + ha_{11}f(\bar{x}_1, \bar{y}_1) + ha_{12}f(\bar{x}_2, \bar{y}_2) + ha_{13}f(\bar{x}_3, \bar{y}_3) \\
\bar{y}_2 = y_n + ha_{21}f(\bar{x}_1, \bar{y}_1) + ha_{22}f(\bar{x}_2, \bar{y}_2) + ha_{23}f(\bar{x}_3, \bar{y}_3) \\
\bar{y}_3 = y_n + ha_{31}f(\bar{x}_1, \bar{y}_1) + ha_{32}f(\bar{x}_2, \bar{y}_2) + ha_{33}f(\bar{x}_3, \bar{y}_3)
\end{cases}
$$

output：

$$y_{n+1} = y_n + hb_1 f(\bar{x}_1, \bar{y}_1) + hb_2 f(\bar{x}_2, \bar{y}_2) + hb_3 f(\bar{x}_3, \bar{y}_3)$$

对于 $s = 3$ 的对角隐式 Runge – Kutta 方法：

input$:x_n,y_n$

$$\begin{cases} \bar{x}_1 = x_n + hc_1,\ \bar{x}_2 = x_n + hc_2,\ \bar{x}_3 = x_n + hc_3 \\ \bar{y}_1 = y_n + ha_{11}f(\bar{x}_1,\bar{y}_1) \\ \bar{y}_2 = y_n + ha_{21}f(\bar{x}_1,\bar{y}_1) + ha_{22}f(\bar{x}_2,\bar{y}_2) \\ \bar{y}_3 = y_n + ha_{31}f(\bar{x}_1,\bar{y}_1) + ha_{32}f(\bar{x}_2,\bar{y}_2) + ha_{33}f(\bar{x}_3,\bar{y}_3) \end{cases}$$

output：

$$y_{n+1} = y_n + hb_1f(\bar{x}_1,\bar{y}_1) + hb_2f(\bar{x}_2,\bar{y}_2) + hb_3f(\bar{x}_3,\bar{y}_3)$$

对于 $s=3$ 的显式 Runge – Kutta 方法：

input$:x_n,y_n$

$$\begin{cases} \bar{x}_1 = x_n + hc_1,\ \bar{x}_2 = x_n + hc_2,\ \bar{x}_3 = x_n + hc_3 \\ \bar{y}_1 = y_n \\ \bar{y}_2 = y_n + ha_{21}f(\bar{x}_1,\bar{y}_1) \\ \bar{y}_3 = y_n + ha_{31}f(\bar{x}_1,\bar{y}_1) + ha_{32}f(\bar{x}_2,\bar{y}_2) \end{cases}$$

output：

$$y_{n+1} = y_n + hb_1f(\bar{x}_1,\bar{y}_1) + hb_2f(\bar{x}_2,\bar{y}_2)$$

需要指出的是，很多常微分数值方法并不都能写成 Runge – Kutta 类方法的形式，当然，满足 Runge – Kutta 形式的方法也不一定是好的方法，有些可能完全无用，这取决于 Runge – Kutta 系数的选择和优化。Runge – Kutta 方法是一种在工程上应用广泛的高精度方法。这里直接给出 4 阶以下显式 Runge – Kutta 方法的具体形式。利用 Butcher 表表示两种 2 阶显式 Runge – Kutta 方法：

$$
\begin{array}{c|cc}
0 & & \\
1 & 1 & \\
\hline
 & \dfrac{1}{2} & \dfrac{1}{2}
\end{array}
\qquad
\begin{array}{c|cc}
0 & & \\
\dfrac{1}{2} & \dfrac{1}{2} & \\
\hline
 & 0 & 1
\end{array}
$$

利用 Butcher 表表示三种 3 阶显式 Runge – Kutta 方法：

$$
\begin{array}{c|ccc}
0 & & & \\
\dfrac{1}{2} & \dfrac{1}{2} & & \\
1 & -1 & 2 & \\
\hline
 & \dfrac{1}{6} & \dfrac{2}{3} & \dfrac{1}{6}
\end{array}
\qquad
\begin{array}{c|ccc}
0 & & & \\
\dfrac{2}{3} & \dfrac{2}{3} & & \\
\dfrac{2}{3} & 0 & \dfrac{2}{3} & \\
\hline
 & \dfrac{1}{4} & \dfrac{3}{8} & \dfrac{3}{8}
\end{array}
\qquad
\begin{array}{c|ccc}
0 & & & \\
\dfrac{2}{3} & \dfrac{2}{3} & & \\
0 & -1 & 1 & \\
\hline
 & 0 & \dfrac{3}{4} & \dfrac{1}{4}
\end{array}
$$

利用 Butcher 表表示一种最常用的 4 阶显式 Runge – Kutta 方法：

$$
\begin{array}{c|cccc}
0 & & & & \\
\dfrac{1}{2} & \dfrac{1}{2} & & & \\
\dfrac{1}{2} & 0 & \dfrac{1}{2} & & \\
1 & 0 & 0 & 1 & \\
\hline
 & \dfrac{1}{6} & \dfrac{1}{3} & \dfrac{1}{3} & \dfrac{1}{6}
\end{array}
$$

Runge – Kutta 方法的推导基于泰勒展开，因而它要求解具有较好的光滑性。如果解的光滑性差，那么，使用四阶 Runge – Kutta 方法求得的数值解的精度可能反而不如改进的欧拉方法。在实际计算时，应针对问题的具体特点选择适合的算法。对于光滑性不太好的解，最好采用低阶算法并将步长 h 取小。

7.4 隐式类 Runge – Kutta 方法

7.4.1 完全隐式 Runge – Kutta 方法

Runge – Kutta 方法是求解常微分方程初值问题的一类重要的算法，显式 Runge – Kutta 方法的绝对稳定区域是有限的，不适用于求解刚性方程。1964 年，Butcher[12] 首先提出了隐式的 Runge – Kutta 法，可用于求解刚性方程。如果系数矩阵 A 对角线和上三角区域的元素不全为零，此时的 Runge – Kutta 方法为完全隐式 Runge – Kutta 方法。

完全隐式 Runge – Kutta 方法一般包括以下几类：

Gauss 方法，$p = 2s$，例如：

$$
\begin{array}{c|c}
\frac{1}{2} & \frac{1}{2} \\
\hline
 & 1
\end{array}
\qquad
\begin{array}{c|cc}
\frac{3-\sqrt{3}}{6} & \frac{1}{4} & \frac{3-2\sqrt{3}}{12} \\
\frac{3+\sqrt{3}}{6} & \frac{3+2\sqrt{3}}{12} & \frac{1}{4} \\
\hline
 & \frac{1}{2} & \frac{1}{2}
\end{array}
$$

Radau 方法，$p = 2s - 1$，例如：

$$
\begin{array}{c|c}
1 & 1 \\
\hline
 & 1
\end{array}
\qquad
\begin{array}{c|cc}
\frac{1}{3} & \frac{5}{12} & -\frac{1}{12} \\
1 & \frac{3}{4} & \frac{1}{4} \\
\hline
 & \frac{3}{4} & \frac{1}{4}
\end{array}
$$

Lobatto 方法，$p = 2s - 2$，例如：

$$
\begin{array}{c|cc}
0 & 0 & 0 \\
1 & \frac{1}{2} & \frac{1}{2} \\
\hline
 & \frac{1}{2} & \frac{1}{2}
\end{array}
\qquad
\begin{array}{c|ccc}
0 & 0 & 0 & 0 \\
\frac{1}{2} & \frac{5}{24} & \frac{1}{3} & 0 \\
1 & \frac{1}{6} & \frac{2}{3} & \frac{1}{6} \\
\hline
 & \frac{1}{6} & \frac{2}{3} & \frac{1}{6}
\end{array}
$$

7.4.2 对角隐式 Runge – Kutta 方法

全隐式 Runge – Kutta 方法需要迭代求解一个非线性的 $s \times s$ 方程组，计算量巨大，限制了该方法的广泛应用。避免这种困境的一个方法是使用更为简单的下三角矩阵（$a_{ij} = 0, i < j$），这样，每一步只要解 s 个非线性方程式：

$$\bar{y}_i = y_n + h \sum_{j=1}^{i-1} a_{ij} f(\bar{x}_j, \bar{y}_j) + h a_{ii} f(\bar{x}_i, \bar{y}_i) \tag{7.4.1}$$

或者：

$$\bar{y}_i - ha_{ii}f(\bar{x}_i, \bar{y}_i) = y_n + h\sum_{j=1}^{i-1} a_{ij}f(\bar{x}_j, \bar{y}_j) \tag{7.4.2}$$

上述方程右端为已知量，左端若为线性方程，则可以直接求解；若上述方程为非线性方程或者超越方程，则只能通过数值迭代法求解 $\bar{y}_i$。上述方程可以进一步化简为：

$$(I - ha_{ii}J)\bar{y}_i = y_n + h\sum_{j=1}^{i-1} a_{ij}f(\bar{x}_j, \bar{y}_j) \tag{7.4.3}$$

式中，$J = \dfrac{\partial f}{\partial y}$。

考虑自洽微分方程 $y' = f(y)$，使用对角隐式 Runge – Kutta 方法：

$$\begin{cases} k_i = hf\left(y_n + \sum_{j=1}^{i-1} a_{ij}k_j + a_{ii}k_i\right), i = 1,2,\cdots,s \\ y_{n+1} = y_n + \sum_{i=1}^{s} b_i k_i \end{cases} \tag{7.4.4}$$

对上述方程的右端项进行线性化（泰勒展开）：

$$k_i = hf\left(y_n + \sum_{j=1}^{i-1} a_{ij}k_j\right) + hf'\left(y_n + \sum_{j=1}^{i-1} a_{ij}k_j\right)a_{ii}k_i \tag{7.4.5}$$

如果令 $f'\left(y_n + \sum_{j=1}^{i-1} a_{ij}k_j\right) = f'(y_n) = J$，上述方程进一步简化为：

$$k_i = hf\left(y_n + \sum_{j=1}^{i-1} a_{ij}k_j\right) + hJa_{ii}k_i \tag{7.4.6}$$

这种将非线性的 Runge – Kutta 方程转化成线性方程的方法，称为 Rosenbrock 型 Runge – Kutta 方法，也称为 GRK（Generalized Runge – Kutta method）方法或者 Kaps – Rentrop 方法。具体形式为：

$$\begin{cases} k_i = hf\left(y_n + \sum_{j=1}^{i-1} \alpha_{ij}k_j\right) + hJ\sum_{j=1}^{i} \gamma_{ij}k_j, i = 1,2,\cdots,s \\ y_{n+1} = y_n + \sum_{i=1}^{s} b_i k_i \end{cases} \tag{7.4.7}$$

每一步计算都需要求解一个线性方程组，未知量为 k_i，系数矩阵为 $I - h\gamma_{ii}J$。

7.5　显隐式 Runge – Kutta 方法

在半离散化方法中，偏微分方程中的空间导数首先通过空间离散化方法来近似。空间离散的结果是一阶常微分方程组：

$$\frac{d\boldsymbol{u}}{dt} = \boldsymbol{f}(\boldsymbol{u}) + \boldsymbol{g}(\boldsymbol{u}) \tag{7.5.1}$$

式中，$\boldsymbol{u}$ 是离散化流场变量。上述常微分方程的右端项被分成两个通量项 $\boldsymbol{g}$ 和 $\boldsymbol{f}$，其中 $\boldsymbol{g}$ 是刚性项，而 $\boldsymbol{f}$ 是非刚性项。一般来说，$\boldsymbol{f}$ 和 $\boldsymbol{g}$ 项的分解不是唯一的。显隐式 Runge – Kutta 方法是对非刚性项进行显式处理、对刚性项进行隐式处理或者半隐式处理。这种显隐式的 Runge –

Kutta 方法又称为附加 Runge – Kutta 方法（Additive Runge – Kutta method）。

7.5.1　Zhong 的附加半隐式 Runge – Kutta 方法

Runge – Kutta 方法是包含中间步的一步法，可以实现高阶精度。一般的 s 步精度附加半隐式 Runge – Kutta 方法通过显式地处理 f 和隐式地处理 g 来积分方程（7.5.1）[13]：

$$\begin{cases} k_i = h\left[f\left(u^n + \sum_{j=1}^{i-1} b_{ij}k_j \right) + g\left(u^n + \sum_{j=1}^{i-1} c_{ij}k_j + a_i k_i \right) \right] \\ u^{n+1} = u^n + \sum_{j=1}^{s} \omega_j k_j (i = 1,2,\cdots,s) \end{cases} \qquad (7.5.2)$$

式中，h 是时间步长；a_i、b_{ij}、c_{ij}、ω_j 是由精度和稳定性决定的参数。因为 g 用对角隐式的 Runge – Kutta 方法处理，如果 g 是 u 的非线性函数，第一个方程在隐式计算的每个阶段都是一个非线性方程，因此使用这样的方法相对缺乏效率。

一个更加有效的附加半隐式 Runge – Kutta 方法是 Rosenbrock 型 Runge – Kutta 方法的半隐式改进[12]：

$$\begin{cases} \left[I - ha_i J\left(u^n + \sum_{j=1}^{i-1} d_{ij}k_j \right) \right] k_i = h\left\{ f\left(u^n + \sum_{j=1}^{i-1} b_{ij}k_j \right) + g\left(u^n + \sum_{j=1}^{i-1} c_{ij}k_j + a_i k_i \right) \right\} \\ u^{n+1} = u^n + \sum_{j=1}^{s} \omega_j k_j (i = 1,2,\cdots,s) \end{cases}$$

$$(7.5.3)$$

式中，$J = \dfrac{\partial g}{\partial u}$ 是刚性项 g 的雅可比矩阵；d_{ij} 是一组附加参数。大多数类似于方程式（7.5.3）的 Rosenbrock 型方法使用 $a_i = a$ 和 $d_{ij} = 0$，以便在求解方程（7.5.3）所有中间步中使用单一的 LU 分解。然而，由于 LU 分解方法对计算机存储器容量和 CPU 时间的巨大需求，LU 分解通常不可能用于多维反应流动问题。因此，a_i 在不同的中间步可以不同，这样就可以灵活地寻找符合稳定性和准确性的最优参数。使用 $d_{ij} = 0$ 或 $d_{ij} = c_{ij}$，可以得到两种不同的计算雅可比矩阵的方法。

由方程（7.5.3）给出的 Rosenbrock 型附加半隐式 Runge – Kutta 方法与计算流体动力学中使用的隐式方法类似，并且比方程（7.5.2）给出的对角隐式方法更有效。但是，对于某些强非线性问题，由方程（7.5.2）给出的非线性对角半隐式方法是必要的，因为它比用于非线性问题的 Rosenbrock 型附加半隐式 Runge – Kutta 方法更稳定。下面给出了三种不同的、A 稳定的附加半稳式 Runge – Kutta 方法。

方法 A：全隐型的附加半隐式 Runge – Kutta 方法：

$$\text{ASIRK} - 1\text{A}: \begin{cases} k_1 = h\{ f(u^n) + g(u^n + a_1 k_1) \} \\ u^{n+1} = u^n + \omega_1 k_1 \\ \omega_1 = 1, a_1 = 1 \end{cases}$$

$$\text{ASIRK} - 1\text{B/C}: \begin{cases} [I - ha_1 J(u^n)] k_1 = h\{ f(u^n) + g(u^n) \} \\ u^{n+1} = u^n + \omega_1 k \\ \omega_1 = 1, a_1 = 1 \end{cases}$$

方法 B：Rosenbrock 型附加半隐式 Runge – Kutta 方法，并且 $d_{ij} = 0$：

$$\text{ASIRK} - 2\text{A}: \begin{cases} \boldsymbol{k}_1 = h\{\boldsymbol{f}(\boldsymbol{u}^n) + \boldsymbol{g}(\boldsymbol{u}^n + a_1\boldsymbol{k}_1)\} \\ \boldsymbol{k}_2 = h\{\boldsymbol{f}(\boldsymbol{u}^n + b_{21}\boldsymbol{k}_1) + \boldsymbol{g}(\boldsymbol{u}^n + c_{21}\boldsymbol{k}_1 + a_2\boldsymbol{k}_2)\} \\ \boldsymbol{u}^{n+1} = \boldsymbol{u}^n + \omega_1\boldsymbol{k}_1 + \omega_2\boldsymbol{k}_2 \\ \omega_1 = \dfrac{1}{2}, \omega_2 = \dfrac{1}{2}, a_1 = \dfrac{1}{4}, a_2 = \dfrac{1}{3}, b_{21} = 1, c_{21} = \dfrac{5}{12} \end{cases}$$

$$\text{ASIRK} - 2\text{B}: \begin{cases} [\boldsymbol{I} - ha_1\boldsymbol{J}(\boldsymbol{u}^n)]\boldsymbol{k}_1 = h\{\boldsymbol{f}(\boldsymbol{u}^n) + \boldsymbol{g}(\boldsymbol{u}^n)\} \\ [\boldsymbol{I} - ha_2\boldsymbol{J}(\boldsymbol{u}^n)]\boldsymbol{k}_2 = h\{\boldsymbol{f}(\boldsymbol{u}^n + b_{21}\boldsymbol{k}_1) + \boldsymbol{g}(\boldsymbol{u}^n + c_{21}\boldsymbol{k}_1)\} \\ \boldsymbol{u}^{n+1} = \boldsymbol{u}^n + \omega_1\boldsymbol{k}_1 + \omega_2\boldsymbol{k}_2 \\ \omega_1 = \dfrac{1}{2}, \omega_2 = \dfrac{1}{2}, a_1 = \dfrac{1}{4}, a_2 = \dfrac{1}{3}, b_{21} = 1, c_{21} = \dfrac{5}{12} \end{cases}$$

$$\text{ASIRK} - 2\text{C}: \begin{cases} [\boldsymbol{I} - ha_1\boldsymbol{J}(\boldsymbol{u}^n)]\boldsymbol{k}_1 = h\{\boldsymbol{f}(\boldsymbol{u}^n) + \boldsymbol{g}(\boldsymbol{u}^n)\} \\ [\boldsymbol{I} - ha_2\boldsymbol{J}(\boldsymbol{u}^n + c_{21}\boldsymbol{k}_1)]\boldsymbol{k}_2 = h\{\boldsymbol{f}(\boldsymbol{u}^n + b_{21}\boldsymbol{k}_1) + \boldsymbol{g}(\boldsymbol{u}^n + c_{21}\boldsymbol{k}_1)\} \\ \boldsymbol{u}^{n+1} = \boldsymbol{u}^n + \omega_1\boldsymbol{k}_1 + \omega_2\boldsymbol{k}_2 \\ \omega_1 = \dfrac{1}{2}, \omega_2 = \dfrac{1}{2}, a_1 = \dfrac{1}{4}, a_2 = \dfrac{1}{3}, b_{21} = 1, c_{21} = \dfrac{5}{12} \end{cases}$$

方法 C：Rosenbrock 型附加半隐式 Runge – Kutta 方法，并且 $d_{ij} = c_{ij}$：

$$\text{ASIRK} - 3\text{A}: \begin{cases} \boldsymbol{k}_1 = h\{\boldsymbol{f}(\boldsymbol{u}^n) + \boldsymbol{g}(\boldsymbol{u}^n + a_1\boldsymbol{k}_1)\} \\ \boldsymbol{k}_2 = h\{\boldsymbol{f}(\boldsymbol{u}^n + b_{21}\boldsymbol{k}_1) + \boldsymbol{g}(\boldsymbol{u}^n + c_{21}\boldsymbol{k}_1 + a_2\boldsymbol{k}_2)\} \\ \boldsymbol{k}_3 = h\{\boldsymbol{f}(\boldsymbol{u}^n + b_{31}\boldsymbol{k}_1 + b_{32}\boldsymbol{k}_2) + \boldsymbol{g}(\boldsymbol{u}^n + c_{31}\boldsymbol{k}_1 + c_{32}\boldsymbol{k}_2 + a_3\boldsymbol{k}_3)\} \\ \boldsymbol{u}^{n+1} = \boldsymbol{u}^n + \omega_1\boldsymbol{k}_1 + \omega_2\boldsymbol{k}_2 + \omega_3\boldsymbol{k}_3 \\ \omega_1 = \dfrac{1}{8}, \omega_2 = \dfrac{1}{8}, \omega_2 = \dfrac{3}{4} \\ a_1 = 0.485\,56, a_2 = 0.951\,13, a_3 = 0.189\,20 \\ b_{21} = \dfrac{8}{7}, b_{31} = \dfrac{71}{252}, b_{32} = \dfrac{7}{36} \\ c_{21} = 0.306\,727, c_{31} = 0.45, c_{32} = -0.263\,111 \end{cases}$$

$$\text{ASIRK} - 3\text{B}: \begin{cases} [\boldsymbol{I} - ha_1\boldsymbol{J}(\boldsymbol{u}^n)]\boldsymbol{k}_1 = h\{\boldsymbol{f}(\boldsymbol{u}^n) + \boldsymbol{g}(\boldsymbol{u}^n)\} \\ [\boldsymbol{I} - ha_2\boldsymbol{J}(\boldsymbol{u}^n)]\boldsymbol{k}_2 = h\{\boldsymbol{f}(\boldsymbol{u}^n + b_{21}\boldsymbol{k}_1) + \boldsymbol{g}(\boldsymbol{u}^n + c_{21}\boldsymbol{k}_1)\} \\ [\boldsymbol{I} - ha_3\boldsymbol{J}(\boldsymbol{u}^n)]\boldsymbol{k}_3 = h\{\boldsymbol{f}(\boldsymbol{u}^n + b_{31}\boldsymbol{k}_1 + b_{32}\boldsymbol{k}_2) + \boldsymbol{g}(\boldsymbol{u}^n + c_{31}\boldsymbol{k}_1 + c_{32}\boldsymbol{k}_2)\} \\ \boldsymbol{u}^{n+1} = \boldsymbol{u}^n + \omega_1\boldsymbol{k}_1 + \omega_2\boldsymbol{k}_2 + \omega_3\boldsymbol{k}_3 \\ \omega_1 = \dfrac{1}{8}, \omega_2 = \dfrac{1}{8}, \omega_2 = \dfrac{3}{4} \\ a_1 = 1.403\,16, a_2 = 0.322\,295, a_3 = 0.315\,342 \\ b_{21} = \dfrac{8}{7}, b_{31} = \dfrac{71}{252}, b_{32} = \dfrac{7}{36} \\ c_{21} = 1.560\,56, c_{31} = 0.5, c_{32} = -0.696\,345 \end{cases}$$

$$\text{ASIRK} - 3\text{C}: \begin{cases} [\boldsymbol{I} - ha_1 \boldsymbol{J}(\boldsymbol{u}^n)]\boldsymbol{k}_1 = h\{\boldsymbol{f}(\boldsymbol{u}^n) + \boldsymbol{g}(\boldsymbol{u}^n)\} \\ [\boldsymbol{I} - ha_2 \boldsymbol{J}(\boldsymbol{u}^n + c_{21}\boldsymbol{k}_1)]\boldsymbol{k}_2 = h\{\boldsymbol{f}(\boldsymbol{u}^n + b_{21}\boldsymbol{k}_1) + \boldsymbol{g}(\boldsymbol{u}^n + c_{21}\boldsymbol{k}_1)\} \\ [\boldsymbol{I} - ha_2 \boldsymbol{J}(\boldsymbol{u}^n + c_{31}\boldsymbol{k}_1 + c_{32}\boldsymbol{k}_2)]\boldsymbol{k}_3 = h\{\boldsymbol{f}(\boldsymbol{u}^n + b_{31}\boldsymbol{k}_1 + b_{32}\boldsymbol{k}_2) + \\ \quad \boldsymbol{g}(\boldsymbol{u}^n + c_{31}\boldsymbol{k}_1 + c_{32}\boldsymbol{k}_2)\} \\ \boldsymbol{u}^{n+1} = \boldsymbol{u}^n + \omega_1 \boldsymbol{k}_1 + \omega_2 \boldsymbol{k}_2 + \omega_3 \boldsymbol{k}_3 \\ \omega_1 = \dfrac{1}{8}, \omega_2 = \dfrac{1}{8}, \omega_2 = \dfrac{3}{4} \\ a_1 = 0.797\,097, a_2 = 0.591\,381, a_3 = 0.134\,705 \\ b_{21} = \dfrac{8}{7}, b_{31} = \dfrac{71}{252}, b_{32} = \dfrac{7}{36} \\ c_{21} = 1.058\,93, c_{31} = 0.5, c_{32} = -0.375\,939 \end{cases}$$

7.5.2 Kennedy 和 Carpenter 附加 Runge – Kutta 方法

不同于时间算子分裂算法，使用隐式类算法可以直接求解反应欧拉方程。隐式类算法包括全隐式算法、半隐式算法、点隐式算法、显隐式算法等[12]。附加显隐式 Runge – Kutta 算法（ARK）[14-18]是一种显隐式算法，它将常微分方程的源项分为分解成若干项，可以包括刚性项和非刚性项：

$$\frac{\mathrm{d}\boldsymbol{u}}{\mathrm{d}t} = \boldsymbol{F}(\boldsymbol{u}) = \sum_{\nu=1}^{N} \boldsymbol{F}^{[\nu]}(\boldsymbol{u}) \tag{7.5.4}$$

式中，N 为刚性项和非刚性项的总数量。

在每一个时间步，ARK 方法可以表示为：

$$\boldsymbol{u}^{(i)} = \boldsymbol{u}_n + (\Delta t) \sum_{\nu=1}^{N} \sum_{j=1}^{s} a_{ij}^{[\nu]} \boldsymbol{F}^{[\nu]}(\boldsymbol{u}^{(j)})$$

$$\boldsymbol{u}_{n+1} = \boldsymbol{u}_n + (\Delta t) \sum_{\nu=1}^{N} \sum_{j=1}^{s} b_i^{[\nu]} \boldsymbol{F}^{[\nu]}(\boldsymbol{u}^{(j)}) \tag{7.5.5}$$

式中，$\boldsymbol{u}^{(i)} = \boldsymbol{u}(t_n + hc_i)$；$a_{ij}^{[\nu]}$ 和 $b_i^{[\nu]}$，$\nu = 1,2,3,\cdots,N$，为 Butcher 系数。显式 Runge – Kutta 方法（ERK）用于积分非刚性项，刚性对角显隐式 Runge – Kutta 方法（Explicit Singly Diagonally Implicit Runge – Kutta（ESDIRK））用于对刚性源项进行积分。ESDIRK 方法具有 L – 稳定性，二阶精度，与传统的对角显隐式 Runge – Kutta 方法不同，它的第一步是显式的，即 $\hat{a}_{11} = 0$。

ERK 的系数表：

0	0	0	0	0	$\cdots$	0
2γ	2γ	0	0	0	$\cdots$	0
c_3	a_{31}	a_{32}	0	0	$\ddots$	$\vdots$
$\vdots$	$\vdots$	$\vdots$	$\ddots$	$\ddots$	$\ddots$	0
c_{s-1}	$a_{s-1,1}$	$a_{s-1,2}$	$a_{s-1,3}$	$\ddots$	0	0
1	b_{s1}	b_{s2}	b_{s3}	$\cdots$	$b_{s,s-1}$	0
	b_1	b_2	b_3	$\cdots$	b_{s-1}	γ

ESDIRK 的系数表：

0	0	0	0	0	$\cdots$	0
2γ	γ	γ	0	0	$\cdots$	0
c_3	$\hat{a}_{31}$	$\hat{a}_{32}$	γ	0	$\ddots$	$\vdots$
$\vdots$	$\vdots$	$\vdots$	$\ddots$	$\ddots$	$\ddots$	0
c_{s-1}	$\hat{a}_{s-1,1}$	$\hat{a}_{s-1,2}$	$\hat{a}_{s-1,3}$	$\ddots$	γ	0
1	b_1	b_2	b_3	$\cdots$	b_{s-1}	γ
	b_1	b_2	b_3	$\cdots$	b_{s-1}	γ

对于半离散形式的反应流控制方程：

$$\frac{\mathrm{d}\boldsymbol{u}}{\mathrm{d}t} = \boldsymbol{L}(\boldsymbol{u}) + \boldsymbol{S}(\boldsymbol{u}) \tag{7.5.6}$$

式中，$\boldsymbol{L}(\boldsymbol{u})$ 表示对流项，为非刚性项；$\boldsymbol{S}(\boldsymbol{u})$ 为刚性反应源项。

下面以 Kennedy 和 Carpenter 的 ARK4（3）6L[2] ARK 方法[3] 为例，给定 $\boldsymbol{u}^n$，计算 $\boldsymbol{u}^{n+1}$。该方法为 6 步 Runge-Kutta 方法，ERK 的精度为 4 阶，ESDIRK 的精度为 2 阶。

$$
\begin{cases}
\boldsymbol{u}^{(1)} = \boldsymbol{u}^n \\
\boldsymbol{u}^{(2)} = \boldsymbol{u}^n + h(a_{22}\boldsymbol{L}(\boldsymbol{u}^{(2)})) + h(a_{21}\boldsymbol{L}(\boldsymbol{u}^{(1)})) + h(\hat{a}_{21}\boldsymbol{S}(\boldsymbol{u}^{(1)})) \\
\boldsymbol{u}^{(3)} = \boldsymbol{u}^n + h(a_{33}\boldsymbol{L}(\boldsymbol{u}^{(3)})) + h(a_{31}\boldsymbol{L}(\boldsymbol{u}^{(1)}) + a_{32}\boldsymbol{L}(\boldsymbol{u}^{(2)})) + h(\hat{a}_{31}\boldsymbol{S}(\boldsymbol{u}^{(1)}) + \\
\qquad \hat{a}_{32}\boldsymbol{S}(\boldsymbol{u}^{(2)})) \\
\vdots \\
\boldsymbol{u}^{(6)} = \boldsymbol{u}^n + h(a_{66}\boldsymbol{L}(\boldsymbol{u}^{(6)})) + h(a_{61}\boldsymbol{L}(\boldsymbol{u}^{(1)}) + a_{62}\boldsymbol{L}(\boldsymbol{u}^{(2)}) + \cdots + a_{63}\boldsymbol{L}(\boldsymbol{u}^{(5)})) + \\
\qquad h(\hat{a}_{61}\boldsymbol{S}(\boldsymbol{u}^{(1)}) + \hat{a}_{62}\boldsymbol{S}(\boldsymbol{u}^{(2)}) + \cdots + \hat{a}_{65}\boldsymbol{S}(\boldsymbol{u}^{(5)})) \\
\boldsymbol{u}^{n+1} = \boldsymbol{u}^n + h\sum_{j=1}^{6} b_j \boldsymbol{L}(\boldsymbol{u}^{(j)}) + h\sum_{j=1}^{6} \hat{b}_j \boldsymbol{S}(\boldsymbol{u}^{(j)})
\end{cases}
$$

$$\tag{7.5.7}$$

在每一个 i 步，源项 $\boldsymbol{S}$ 是 $\boldsymbol{u}$ 的隐式函数，$\boldsymbol{u}^{(i)}$ 可以简单地使用牛顿方法迭代求解。上述方程组可以另写为：

$$(\boldsymbol{I} - \Delta t \hat{a}_{ii}\boldsymbol{J})\boldsymbol{u}^{(i)} = \boldsymbol{u}^n + \Delta t \sum_{j=1}^{i-1} a_{ij}\boldsymbol{L}(\boldsymbol{u}^{(j)}) + \Delta t \sum_{j=1}^{i-1} \hat{a}_{ij}\boldsymbol{S}(\boldsymbol{u}^{(j)}) \tag{7.5.8}$$

式中，$\boldsymbol{I}$ 为单位矩阵；$\boldsymbol{J}$ 为 Jacobian 矩阵，并且 $\boldsymbol{J} = \partial \boldsymbol{S}(\boldsymbol{u})/\partial \boldsymbol{u}$。

7.5.3　反应 N-S 方程的附加 Runge-Kutta 方法

下面以 N-S 方程为例[19-21]，介绍如何使用附加 Runge-Kutta 方法求解该方程。

$$
\begin{cases}
\dfrac{\partial \rho}{\partial t} + \dfrac{\partial \rho u_i}{\partial x_i} = 0 \\[2mm]
\dfrac{\partial \rho Y_k}{\partial t} + \dfrac{\partial \rho u_i Y_k}{\partial x_i} = \dfrac{\partial}{\partial x_i}\left(\rho D_k \dfrac{\partial Y_k}{\partial x_i}\right) + \dot{\omega}_k \\[2mm]
\dfrac{\partial \rho u_j}{\partial t} + \dfrac{\partial \rho u_i u_j}{\partial x_i} = -\dfrac{\partial p}{\partial x_i} + \dfrac{\partial \tau_{ij}}{\partial x_i} \\[2mm]
\dfrac{\partial E}{\partial t} + \dfrac{\partial u_i E}{\partial x_i} = \dfrac{\partial}{\partial x_i}\left(\lambda \dfrac{\partial T}{\partial x_i} + \rho \sum_{k=1}^{N} h_k D_k \dfrac{\partial Y_k}{\partial x_i}\right) + \dfrac{\partial u_j \sigma_{ij}}{\partial x_i}
\end{cases}
$$

首先将对流项和扩散项认为是非刚性项，将反应项认为是刚性项，使用空间离散格式离散非刚性项，可以得到下面的常微分方程：

$$\frac{\mathrm{d}\boldsymbol{U}}{\mathrm{d}t} = \boldsymbol{F}(\boldsymbol{U}) + \boldsymbol{S}(\boldsymbol{U}) \tag{7.5.9}$$

其次定义矩阵 $\boldsymbol{M} = \boldsymbol{I} - \Delta t \hat{a}_{ii} \dfrac{\partial \boldsymbol{S}(\boldsymbol{U})}{\partial \boldsymbol{U}}$，得到：

$$\boldsymbol{M} = \begin{bmatrix} 1 & 0 & 0 & 0 & 0 & 0 & 0 & \cdots & 0 \\ 0 & 1 & 0 & 0 & 0 & 0 & 0 & \cdots & 0 \\ 0 & 0 & 1 & 0 & 0 & 0 & 0 & \cdots & 0 \\ 0 & 0 & 0 & 1 & 0 & 0 & 0 & \cdots & 0 \\ 0 & 0 & 0 & 0 & 1 & 0 & 0 & \cdots & 0 \\ -\Delta t\gamma\frac{\partial\omega_1}{\partial\rho} & -\Delta t\gamma\frac{\partial\omega_1}{\partial\rho u} & -\Delta t\gamma\frac{\partial\omega_1}{\partial\rho v} & -\Delta t\gamma\frac{\partial\omega_1}{\partial\rho w} & 1-\Delta t\gamma\frac{\partial\omega_1}{\partial\rho e} & 1-\Delta t\gamma\frac{\partial\omega_1}{\partial\rho Y_1} & 1-\Delta t\gamma\frac{\partial\omega_1}{\partial\rho Y_2} & \cdots & 1-\Delta t\gamma\frac{\partial\omega_1}{\partial\rho Y_N} \\ -\Delta t\gamma\frac{\partial\omega_2}{\partial\rho} & -\Delta t\gamma\frac{\partial\omega_2}{\partial\rho u} & -\Delta t\gamma\frac{\partial\omega_2}{\partial\rho v} & -\Delta t\gamma\frac{\partial\omega_2}{\partial\rho w} & 1-\Delta t\gamma\frac{\partial\omega_2}{\partial\rho e} & 1-\Delta t\gamma\frac{\partial\omega_2}{\partial\rho Y_1} & 1-\Delta t\gamma\frac{\partial\omega_2}{\partial\rho Y_2} & \cdots & 1-\Delta t\gamma\frac{\partial\omega_2}{\partial\rho Y_N} \\ \vdots & \vdots & \vdots & \vdots & \vdots & \vdots & \vdots & \ddots & \vdots \\ -\Delta t\gamma\frac{\partial\omega_N}{\partial\rho} & -\Delta t\gamma\frac{\partial\omega_N}{\partial\rho u} & -\Delta t\gamma\frac{\partial\omega_N}{\partial\rho v} & -\Delta t\gamma\frac{\partial\omega_N}{\partial\rho w} & 1-\Delta t\gamma\frac{\partial\omega_N}{\partial\rho e} & 1-\Delta t\gamma\frac{\partial\omega_N}{\partial\rho Y_1} & 1-\Delta t\gamma\frac{\partial\omega_N}{\partial\rho Y_2} & \cdots & 1-\Delta t\gamma\frac{\partial\omega_N}{\partial\rho Y_N} \end{bmatrix} \tag{7.5.10}$$

对矩阵 $\boldsymbol{M}$ 进行元素变换，可得：

$$\boldsymbol{M} = \begin{bmatrix} 1 & 0 & 0 & 0 & 0 & 0 & 0 & \cdots & 0 \\ 0 & 1 & 0 & 0 & 0 & 0 & 0 & \cdots & 0 \\ 0 & 0 & 1 & 0 & 0 & 0 & 0 & \cdots & 0 \\ 0 & 0 & 0 & 1 & 0 & 0 & 0 & \cdots & 0 \\ 0 & 0 & 0 & 0 & 1 & 0 & 0 & \cdots & 0 \\ 0 & 0 & 0 & 0 & 0 & 1-\Delta t\gamma\frac{\partial\omega_1}{\partial\rho Y_1} & -\Delta t\gamma\frac{\partial\omega_1}{\partial\rho Y_2} & \cdots & -\Delta t\gamma\frac{\partial\omega_1}{\partial\rho Y_N} \\ 0 & 0 & 0 & 0 & 0 & -\Delta t\gamma\frac{\partial\omega_2}{\partial\rho Y_1} & 1-\Delta t\gamma\frac{\partial\omega_2}{\partial\rho Y_2} & \cdots & -\Delta t\gamma\frac{\partial\omega_2}{\partial\rho Y_N} \\ \vdots & \vdots & \vdots & \vdots & \vdots & \vdots & \vdots & \ddots & \vdots \\ 0 & 0 & 0 & 0 & 0 & -\Delta t\gamma\frac{\partial\omega_N}{\partial\rho Y_1} & -\Delta t\gamma\frac{\partial\omega_N}{\partial\rho Y_2} & \cdots & 1-\Delta t\gamma\frac{\partial\omega_N}{\partial\rho Y_N} \end{bmatrix} \tag{7.5.11}$$

式中，ω_i 是第 i 种组分的质量生成率，其是温度、密度和组分浓度的函数。在方程（7.5.11）中，偏微分 $\partial\omega_i/\partial\rho Y_j$ 可以通过数值方法求解，即：

$$\frac{\partial\omega_1}{\partial Y_2} = \frac{\partial\omega_1}{\partial\rho Y_2}\frac{\partial\rho Y_2}{\partial Y_2} = \rho\frac{\partial\omega_1}{\partial\rho Y_2} \Rightarrow \frac{\partial\omega_1}{\partial\rho Y_2} = \frac{1}{\rho}\frac{\partial\omega_1}{\partial Y_2} \tag{7.5.12}$$

因为偏微分 $\partial\omega_i/\partial Y_j$ 不存在解析解，因此可以用有限差分得到数值解：

$$\frac{\partial\omega_i}{\partial Y_j} = \frac{\omega_i(T,\rho,Y_1,Y_2,\cdots,Y_j+\varepsilon Y_j,\cdots,Y_N) - \omega_i(T,\rho,Y_1,Y_2,\cdots,Y_j+\varepsilon Y_j,\cdots,Y_N)}{\varepsilon}$$

$$\tag{7.5.13}$$

式中，$\varepsilon = \sqrt{\alpha \times \max\{\beta, Y_2\}}$；$\alpha = 1.0 \times 10^{-16}$；$\beta = 1.0 \times 10^{-5}$。微分方程（7.5.9）可以通过 Newton – Raphson 方法求解。

7.6　线性多步法

将积分区间扩大到两个网格单元，并利用 Simpson 公式，即

$$y(x_{n+1}) = y(x_{n-1}) + \int_{x_{n-1}}^{x_{n+1}} f(x, y(x)) \, \mathrm{d}x$$

$$\approx y(x_{n-1}) + \frac{1}{3}h\left[f(x_{n-1}, y(x_{n-1})) + 4f(x_n, y(x_n)) + f(x_{n+1}, y(x_{n+1})) \right]$$

$$(7.6.1)$$

则格式写为：

$$y_{n+1} = y_{n-1} + \frac{1}{3}h\left[f(x_{n-1}, y_{n-1}) + 4f(x_n, y_n) + f(x_{n+1}, y_{n+1}) \right] \qquad (7.6.2)$$

此格式为线性多步法。

线性多步法的一般形式为：

$$\sum_{j=0}^{k} \alpha_j y_{n+j} = h \sum_{j=0}^{k} \beta_j f(x_{n+j}, y_{n+j}) \qquad (7.6.3)$$

隐式欧拉法，一步形式的线性多步法：

$$y_{n+1} = y_n + hf(x_{n+1}, y_{n+1}) \qquad (7.6.4)$$

梯形欧拉法，一步形式的线性多步法：

$$y_{n+1} = y_n + \frac{1}{2}h(f_n + f_{n+1}) \qquad (7.6.5)$$

显式的线性 4 步法 Adams – Bashforth 方法：

$$y_{n+4} = y_{n+3} + \frac{1}{24}h(55f_{n+3} - 59f_{n+2} + 37f_{n+1} - 9f_n) \qquad (7.6.6)$$

隐式的线性 4 步法 Adams – Moulton 方法：

$$y_{n+4} = y_{n+3} + \frac{1}{24}h(9f_{n+4} + 19f_{n+3} - 5f_{n+2} - 9f_{n+1}) \qquad (7.6.7)$$

习　　题

1. 利用向前欧拉法求方程

$$u(x) = \int_0^x \mathrm{e}^{-x^2} \mathrm{d}x$$

在点 $x = 0.5$、1.0、1.5、2.0 处的近似值。提示：先求导，再使用向前欧拉法。

2. 利用向前欧拉法和下面的 Runge – Kutta 方法：

0	0	0	0	0
$\frac{1}{2}$	$\frac{1}{2}$	0	0	0
$\frac{1}{2}$	0	$\frac{1}{2}$	0	0
1	0	0	1	0
	$\frac{1}{6}$	$\frac{1}{3}$	$\frac{1}{3}$	$\frac{1}{6}$

求解初值问题 $y'(x) = \frac{1}{2}(-y + x^2 + 4x - 1)$，$y(0) = 0$，$x \in [0, 0, 5]$，并与解析解进行对比。

3. 考虑下面的常微分方程：

$$\frac{\mathrm{d}u}{\mathrm{d}t} = t - u$$

式中，初始条件 $u(0) = 1.0$，试用向前欧拉法、改进的欧拉法和 Runge - Kutta 方法估算 $u(2)$，时间步长分别选择 $\Delta t = 0.4$ 和 $\Delta t = 0.1$。

4. 考虑下面的常微分方程：

$$\frac{\mathrm{d}u}{\mathrm{d}t} = -10^3(u - \mathrm{e}^{-t}) - \mathrm{e}^{-t}$$
$$u(0) = 0$$

该方程精确解为：$u(t) = \mathrm{e}^{-t} - \mathrm{e}^{-10^3 t}$，试用 4 阶显式 Runge - Kutta 方法求解方程，并与精确解进行对比。时间步长分别选择 $\Delta t = 0.1、0.01、0.001$。

5. 针对对流 - 反应方程为：

$$u_t + u_x = \varepsilon u, 0 \leqslant x \leqslant 1, u(x, 0) = \sin 2\pi x, 周期性边界$$

式中，εu 为刚性源项；ε 为刚性系数，表征着刚性的大小。结合有限差分法离散 ux，利用 ARK 方法求解初边值问题。上述方程的精确解为 $u(t, x) = \mathrm{e}^{\varepsilon t}\sin[2\pi(x - t)]$。

参 考 文 献

[1] Shu C W, Osher S. Efficient implementation of essentially non - oscillatory shock capturing schemes [J]. Journal of Computational Physics, 1988 (77): 439 - 471.

[2] Shu C W, Osher S. Efficient implementation of essentially non - oscillatory shock capturing schemes Ⅱ [J]. Journal of Computational Physics, 1989 (83): 32 - 78.

[3] Kennedy C A, Carpenter M H. Additive Runge - Kutta schemes for convection diffusion reaction equations [J]. Applied Numerical Mathematics, 2003, 44 (1): 139 - 181.

[4] Yanenko N N. The Method of Fractional Steps [M]. New York: Springer - Verlag, 1971.

[5] Shampine L F, Watts H A. DEPAC - Design of a user oriented package of ODE solvers [R]. Sandia National Labs., Albuquerque, NM (USA), 1980.

[6] Wanner G, Hairer E. Solving ordinary differential equations Ⅱ [M]. Berlin: Springer - Verlag, 1991.

[7] Strang G. On the construction and comparison of difference schemes [J]. SIAM Journal on Numerical Analysis, 1968, 5 (3): 506 – 517.

[8] Byrne G D, Hindmarsh A C. Stiff ODE solvers: A review of current and coming attractions [J]. Journal of Computational Physics, 1987, 70 (1): 1 – 62.

[9] Cooper G J, Sayfy A. Semiexplicit A – stable Runge – Kutta methods [J]. Mathematics of Computation, 1979, 33 (146): 541.

[10] Enquist B, Sjogreen B. Robust difference approximations of stiff inviscid detonation waves [R]. Report 91 – 03, CAM, Department of Mathmatics, University of California, 1991.

[11] Hairer E, Wanner G. Solving Ordinary Differential Equations II, Stiff and Differential – Algebraic Problems, 2nd Edition [M]. Berlin: Springer – Verlag, 1996.

[12] Butcher J. Numerical Methods for Ordinary Differential Equations [M]. Wiley, 2003.

[13] Zhong X L. Additive semi – implicit Runge – Kutta methods for computing high – speed no equilibrium reactive flows [J]. Journal of Computational Physics, 1996, 128 (1): 19 – 31.

[14] Ruuth S J, Spiteri R J. Two barriers on strong – stability – preserving time discretization methods [J]. Journal of Scientific Computing, 2002, 17 (1 – 4): 211 – 220.

[15] Araújo A L, Murua A, Sanz – Serna J M. Symplectic methods based on decompositions [J]. SIAM Journal of Numerical Analysis, 1997, 34 (5): 1926 – 1947.

[16] Alexander R, Coyle J J. Runge – Kutta methods and differential – algebraic systems [J]. SIAM Journal of Numerical Analysis, 1990, 27 (3): 736 – 752.

[17] Hosea M E, Shampine L F. Analysis and implementation of TR – BDF2 [J]. Applied Numerical Mathematics, 1996, 20 (1): 21 – 37.

[18] Alexander R. Diagonally implicit Runge – Kutta methods for stiff ODEs [J]. SIAM Journal on Numerical Analysis, 1977, 14 (6): 1006 – 1021.

[19] 赵慧, 李健, 宁建国. 基于半隐式算法的反应欧拉方程数值计算 [J]. 高压物理学报, 2014, 28 (5): 539 – 544.

[20] 李健, 郝莉, 宁建国. 基于附加 Runge – Kutta 方法的高精度气相爆轰数值模拟 [J]. 高压物理学报, 2013, 27 (2): 230 – 238.

[21] Li J, Ren H, Ning J. Additive Runge Kutta methods for $H_2/O_2/Ar$ detonation with a detailed elementary chemical reaction model [J]. Chinese Science Bulletin, 2013, 58 (11): 1216 – 1227.

第 8 章
MPI 并行程序设计基础

并行计算[1]指的是多个指令得以同时执行的计算模式。并行计算技术是一种特别适合大规模数值计算的技术，广泛应用于航空航天、海洋、天体以及高能物理等领域[2-5]。这种大规模计算技术充分利用现代计算机（群）多处理器、多核心、联网的特点，分工协作共同完成任务，可以大大提高计算的效率[6]。

本章主要介绍基于 MPI 平台进行信息传递的并行设计模式。使用 MPI 的库函数[7]，只需对原有串行程序做较小的改动即可形成并行程序。MPI（信息传递接口）是由全世界科研、工业及政府部门联合制定的一个消息传递编程标准，第一个版本发布于 1994 年 5 月。制定该标准的目的是为基于消息传递的并行程序设计提供一个高效、统一及可扩展的编程环境。MPI 吸取了众多消息传递系统的优点，它是分布式并行系统的主要编程环境之一，也是目前最为通用的并行编程方式。MPI 标准中定义了一系列函数接口来完成进程间的消息传递。MPI 不是一门语言，而只是一个子函数库。C、C++、Fortran77 和 Fortran90 调用 MPI 的库函数，与调用一般的函数或子程序并没有什么区别，都要遵守所有对库函数或子程序的调用规则。

8.1　并行计算简介

1. 串行计算

串行计算是将一个问题分解为一系列不连续的指令，然后指令依次在单个处理器上执行，如图 8.1 所示。

2. 并行计算

并行计算可以划分成时间并行和空间并行。时间并行就是流水线技术，空间并行使用多个处理器执行并发计算。目前的研究以空间并行为主。从空间并行的角度来说，并行计算是同时使用多个计算资源来解决计算任务，即一个任务被分解成可以同时执行的独立子任务，每个子任务进一步分解为一系列指令，每个子任务的指令在不同的处理器上同时执行。并行计算中各个子任务之间是有很大联系的，每个子任务都是必要的，其结果相互影响，采用总体控制和协调机制，如图 8.1 所示。

因此，要想进行并行计算，任务应该能够分解成可以同时进行计算的离散部分，以便随时执行多个程序指令。与单个计算资源相比，使用多个计算资源可以在较短的时间内完成较大规模的任务。计算资源通常是具有多个处理器/内核的单台计算机，或者通过网络连接的任意数量的单个计算机。

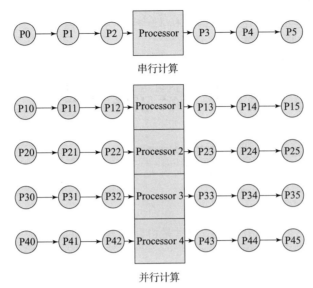

图 8.1　串行和并行计算逻辑框架示意图

3. 并行计算机

并行计算机是指利用多个功能部件或多个处理器同时工作来提高性能或可靠性的计算机。从硬件的角度来看，今天几乎所有的独立计算机都是并行的，存在多个功能单元（L1 缓存、L2 缓存、分支、预取、解码、浮点、图形处理（GPU）），存在多个执行单元或者计算核心，存在多个硬件线程。并且可以通过网络连接多个独立计算机（节点）成更大规模的并行计算机集群，如图 8.2 所示。

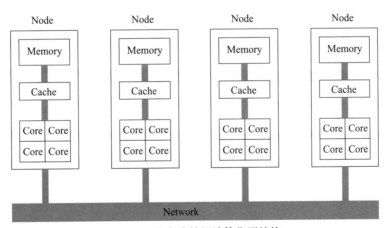

图 8.2　分布式并行计算集群结构

8.2　基本概念和术语

1. 高性能计算（High Performance Computing，HPC）

使用大型、快速的超级计算机或者计算集群解决大规模计算问题。

2. 节点（Node）

一个独立的计算单元，通常由多个 CPU/处理器/内核、内存、网络接口等组成。节点联网在一起可以构成一台超级计算机。

3. CPU/处理器/核心（CPU/Processor/Core）

CPU（中央处理器）是计算机的独特执行组件，多个 CPU 可以被合并到一个节点中。各个 CPU 可以细分为多个"核心"，每个核心都是唯一的计算单元。CPU 通常具有多个内核，可以构成一个包含多个 CPU 的节点。

4. 对称多处理器（Symmetric Multi－Processing，SMP）

对称多处理器，是指在一个计算机上汇集了一组处理器（多 CPU），各 CPU 之间共享内存以及总线结构。

5. 任务（Task）

逻辑上离散的计算工作部分。任务通常是由处理器执行的程序或类似程序的指令集。

6. 共享内存（Shared Memory）

从严格的硬件角度来看，共享内存描述了一种计算机体系结构，其中所有处理器都直接（通常是基于总线的）访问物理内存。从编程意义上讲，它描述了一种模型，其中并行任务都具有相同的内存"图像"，并且可以直接寻址和访问相同的逻辑内存位置，并不考虑物理内存的实际位置。

7. 分布式内存（Distributed Memory）

在硬件中，分布式内存指的是基于网络访问的物理内存。作为一种编程模型，某个进程只能在逻辑上"查看"本地内存，并且必须使用通信来访问其他进程上的内存。

8. 通信（Communications）

并行任务通常需要交换数据，一般通过共享存储器总线或通过网络实现，实际的数据交换事件通常称为通信。

9. 同步（Synchronization）

同步操作实时协调并行任务，通常与通信相关联。同步操作通过在应用中建立同步点来实现，其中某些任务可能不会继续执行，直到所有任务达到同步点。同步操作通常意味不同进程间任务的等待，因此可能会导致并行程序执行时间的增加。

10. 粒度（Granularity）

在并行计算中，粒度是指描述计算与通信比率的定性度量。粗粒度是指在通信事件之间完成相当大量的计算工作；细粒度指的是在通信事件之间完成相对少量的计算工作。

11. 并行开销

协调并行任务所需的时间。并行开销包括以下因素：任务启动时间、同步时间、数据通信时间、并行语言/库/操作系统等引起的软件开销以及任务终止时间。

12. 尴尬并行

同时解决许多相似、相互独立的任务，但是很少或根本不需要进行各个任务之间的通信。

13. 可扩展性

可扩展性是指并行机或并行算法有效利用多处理器增加计算能力的一个度量。随着处理器的增加，如果效率曲线基本保持不变，或略有下降，则认为该算法在所用的并行机上扩展性能好；否则，其可扩展性差。影响一个并行算法可扩展性的因素较多，评判的准则也不尽相同。

14. Amdahl 定律

Amdahl 定律是一个计算机科学界的经验法则。Amdahl 定律指出，潜在的程序加速比是由整个代码中可以并行化部分的比例定义的，即：

$$\text{speedup} = \frac{1}{1 - P}$$

如果没有任何代码可以并行化，则 $P = 0$，speedup $= 1$，意味着不加速；如果所有的代码都是并行的，此时 $P = 1$，则理论上加速是无限的；如果 50% 的代码可以并行化，则最大 speedup $= 2$，这意味着代码运行速度会快两倍。考虑执行并行任务的处理器数量，加速比公式可以写为：

$$\text{speedup} = \frac{1}{P/N + S}$$

式中，P 为并行份额；N 为处理器数量；S 为串行份额。如图 8.3 所示，可以观察到，加速比受限制于串行工作部分的比例，当 95% 的代码都可以进行并行优化时，理论的最大加速比会更高，但最高不会超过 20 倍。

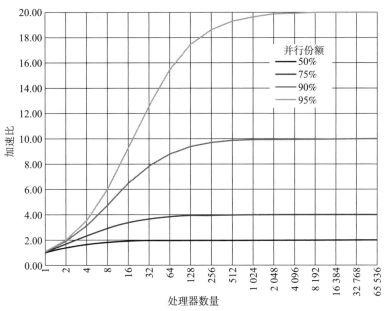

图 8.3 不同并行份额下的加速比

8.3 并行计算构架

8.3.1 共享内存

共享内存（shared memory）指的是存在多处理器的计算机系统中，可以被不同处理器访问的大容量内存。共享内存并行计算机差别很大，但通常所有处理器都能够以全局地址空间访问所有内存。多个处理器可以独立运行，但共享相同的一块内存资源。若某个处理器造成数据内存位置的变化，在其他所有处理器上都可以看到这个变化。历史上，共享内存机器根据内存访问时间被分类为统一内存访问 UMA（图 8.4）和非一致内存访问 NUMA（图 8.5）。

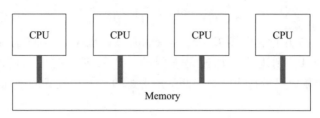

Shared Memory(UMA)

图 8.4　共享式内存——统一内存访问

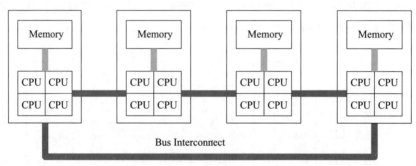

Shared Memory(NUMA)

图 8.5　共享内存架构——非一致内存访问

统一内存访问（UMA）是一种内存访问结构，所有处理器都能平等地使用内存进行存储和处理数据，每个处理器被授予与系统中其他处理器相同的访问权限。如果一个处理器更新共享内存中数据的位置，则所有其他处理器都知道该更新，高速缓存一致性在硬件级完成。

传统的 SMP 系统中，所有处理器都共享系统总线，因此，当处理器的数目增大时，系统总线的竞争冲突加大，系统总线将成为瓶颈。NUMA 系统的节点通常是由一组 CPU 和本地内存组成的，由于每个节点都有自己的本地内存，因此全系统的内存在物理上是分散的，每个节点访问本地内存和访问其他节点内存的延迟时间是不同的。这意味着 NUMA 系统通常通过物理连接多个 SMP 构成，一个 SMP 可以直接访问另一个 SMP 的内存，但是跨 SMP（节点）的内存访问速度较慢。

共享内存系统的优点是全局地址空间为内存提供了一种用户友好的编程视角。由于内存接近 CPU，任务之间的数据共享既快速又统一。缺点是内存和 CPU 之间缺乏可扩展性，增加 CPU 的同时也会增加内存到 CPU 路径上的流量。

8.3.2　分布式内存

像共享内存系统一样，分布式内存系统（图 8.6）的差异也很大，但都有一个共同特征，即分布式内存系统允许所有处理器通过通信网络访问所有非本地物理内存。每个处理器拥有自己的本地内存，该内存地址不映射到另一个处理器，所以在所有处理器中都没有全局地址空间的概念。由于每个处理器都有自己的本地内存，因此它可以独立运行。处理器对本地内存的改变对其他处理器的内存没有影响。当处理器需要访问另一个处理器中的数据时，程序员的任务是明确定义数据传输的方式和时间，任务之间的同步同样需要程序员定义。

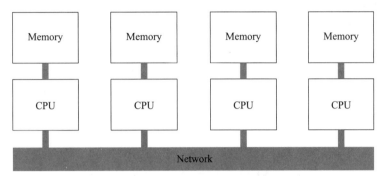

图 8.6　分布式内存架构

分布式内存的优点是内存可随着处理器的数量进行扩展，并且内存容量可以随着处理器数量的增加而成比例地增长。每个处理器都可以快速访问自己的内存而不会受到干扰，并且不会因尝试维护全局缓存一致性而产生额外开销。缺点是程序员需要处理许多与处理器之间数据通信相关的细节。非统一的内存访问分布式内存具有非统一的内存访问时间，也就是说访问驻留在远程节点上的数据比访问节点本地数据需要更长的时间。

8.3.3　混合分布式共享内存

当今世界上规模最大、速度最快的计算机采用共享和分布式内存混合在一起的内存架构（图 8.7）。共享内存可以是共享内存机器和/或图形处理单元（GPU）。分布式内存是多个共享内存/GPU 机器的网络，这些机器之间只知道自己的内存，而不知道另一台机器上的内存。因此，需要通过网络通信将数据从一台机器转移到另一台机器上。目前的趋势表明，在可预见的未来，这种类型的内存架构将继续占据主导地位。混合分布式共享内存容易提高并行的可扩展性，但是也增加了程序员并行编程的复杂性。

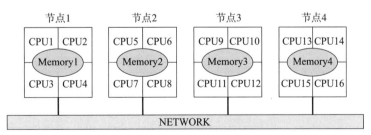

图 8.7　混合分布式共享内存架构

8.3.4　并行机分类

并行机的分类是随并行机体系的发展而发展的。从不同的角度，并行机有不同的分类。

如果按经典的指令与数据流进行分类，则并行机可以分为三类：

①单指令多数据流（SIMD）：使用同一条指令，并行机的各个不同的功能部件同时对不同的数据进行不同的处理，例如，传统的向量机、20世纪80年代初期的阵列机 CM-2。目前这类并行机已经退出历史舞台。

②多指令多数据流（MIMD）：不同的处理器可同时对不同的数据执行不同的指令，目前所有并行机均属于这一类。

③多指令单数据流（MISD）：至今没出现。

按内存访问模型、微处理器和互联网络的不同，当前流行的并行机可分为五类，即对称多处理共享存储并行机（Symmetric Multi-Processing，SMP），与8.3.1节中的结构类似；分布共享存储并行机（Distributed Shared Memory，DSM），与8.3.2节中的结构类似；机群（cluster）；星群（constellation）和大规模并行机（Massively Parallel Processing，MPP），与8.3.3节中的结构类似。

8.4 MPI 数据类型和基础函数

8.4.1 MPI 数据类型

MPI 系统中消息的发送与接收操作都必须指定数据类型。MPI 通过引入消息数据类型来解决消息传递过程中的异构性问题以及数据连续性问题。数据类型可以是 MPI 系统预定义的，称为原始数据类型，也可以是用户在原始数据类型的基础上自己定义的数据类型，称为派生数据类型。MPI 系统的原始数据类型只适用于收发一组在内存中连续存放的数据。MPI 系统的派生数据类型可以用于收发在内存中不连续存储的不同类型的数据，应用更为广泛。Fortran 77 语言的 MPI 原始数据类型中的基本数据类型见表8.1。

表8.1 MPI 预定义数据类型

MPI 数据类型	Fortran 77 数据类型
MPI_REAL	对应于 REAL
MPI_INTEGER	对应于 INTEGER
MPI_LOGICAL	对应于 LOGICAL
MPI_DOUBLE_PRECISION	对应于 DOUBLE PRECISION
MPI_COMPLEX	对应于 COMPLEX
MPI_DOUBLE_COMPLEX	对应于 COMPLEX * 16 或 COMPLEX * 32
MPI_CHARACTER	对应于 CHARACTER * 1

当要收发的消息在内存中不连续存储，或由不同数据类型构成时，常用的办法是将数据打包或者构造自定义的数据类型。数据类型是 MPI 的一个重要特征，它的使用可有效地减少消息传递的次数，增大通信粒度，提高通信效率。与数据打包相比，在收/发消息时，可以避免或减少数据在内存中的复制和拷贝在计算机语言中，严格意义上两者不同，复制是

212

Duplicate，拷贝是 Copy。自定义数据类型可以用类型图来描述，这是一种通用的类型描述方法，它是一系列二元组 < 基类型，偏移 > 的集合，可以表示成如下格式：

< 基类型 0，偏移 0 >	< 基类型 1，偏移 1 >	…	< 基类型 $n-1$，偏移 $n-1$ >

例：设新数据类型 newtype 的数据类型图为：

< MPI_REAL,4 >	< MPI_REAL,12 >	< MPI_REAL,0 >

例如下面的代码：

```
Real A(100)
...
call MPI_send(A,1,mytype,...)
```

则发送的数据为：A(2)，A(4)，A(1)。

在自定义数据类型中，基类型可以是任何 MPI 预定义的数据类型，也可以是其他的自定义数据类型，即自定义数据类型支持数据类型的嵌套定义。假设数据缓冲区的起始地址为buff，则由上述类型图所定义的数据类型包含 n 块数据，第 i 块数据的地址为 buff + 偏移 i。在 MPI – 2 中，MPI 数据类型除用于通信外，还用于文件的 I/O 操作。

MPI 提供了全面而强大的构造函数来构造自定义数据类型。部分构造函数名称与简要说明见表 8.2。

表 8.2　MPI 自定义数据类型

函数名	含义
MPI_Type_contiguous	定义由相同数据类型的元素组成的类型
MPI_Type_vector	定义由成块的元素组成的类型，块之间具有相同的间隔。每个数据块的数据类型相同
MPI_Type_indexed	定义由成块的元素组成的类型，块的长度和偏移由参数指定
MPI_Type_struct	与 MPI_Type_indexed 类似，区别在于每个数据块的数据类型可以不同
MPI_Type_commit	提交一个派生的数据类型
MPI_Type_free	释放一个派生数据类型

MPI 还提供了另外两个构造函数（MPI_Pack 和 MPI_Unpack）用于数据打包和解包。打包（Pack）和解包（Unpack）操作是为了发送不连续的数据。在发送前显式地把数据包装到一个连续的缓冲区，在接收之后，从连续的缓冲区中解包。一般不推荐使用数据打包函数，因为它可能增加内存中的数据拷贝，从而降低通信性能。

8.4.2　MPI 基本函数

这里先给出一个简单的 Hello_world 的 Fortran 并行程序，在此基础上介绍 MPI 的 4 个最常用的函数：MPI_INIT、MPI_COMM_RANK、MPI_COMM_SIZE 和 MPI_FINALIZE。

```
1   program main
2   include 'mpif.h'
3   integer ierr,rank,size
4   call MPI_INIT(ierr)
5   call MPI_COMM_RANK(MPI_COMM_WORLD,rank,ierr)
6   call MPI_COMM_SIZE(MPI_COMM_WORLD,size,ierr)
7   print* ,'I am ',rank,' of ',size
8   call MPI_FINALIZE(ierr)
9   end
```

1. MPI 初始化函数

```
CALL MPI_INIT(ierr)
```

MPI_INIT 用来初始化 MPI 执行环境，它包括在指定的计算结点上启动构成并行程序的所有进程以及构建初始的 MPI 通信环境和通信器 MPI_COMM_WORLD、MPI_COMM_SELF，为后续通信做准备。

输出：ierr 为整型，返回值非 0 表示出错。

2. MPI 结束函数

```
CALL MPI_FINALIZE(ierr)
```

MPI_FINALIZE 用于结束 MPI 的执行环境。调用 MPI_FINALIZE 之后，不能再调用任何 MPI 函数。

3. MPI 进程标识获取函数

```
CALL MPI_COMM_RANK(MPI_COMM_WORLD,my_id,ierr)
```

MPI_COMM_RANK 用来标识各个 MPI 进程。

输入：MPI_COMM_WORLD，整型 -> 句柄，为进程所在的通信域。

输出：my_id，整型，为进程的标识号或 ID 号。

4. MPI 通信包含的进程总数获取函数

```
CALL MPI_COMM_SIZE(MPI_COMM_WORLD,num_procs,ierr)
```

MPI_COMM_SIZE 用来标识相应通信域（进程组）中有多少个进程。

输入：MPI_COMM_WORLD，整型 -> 句柄，MPI 预定义的通信器也可换成自定义的通信域 COMM。

输出：num_procs，整型，为进程总数。

（1）MPI 通信器

每个 MPI 通信操作都涉及"通信器"。通信器识别通信操作涉及的一组进程和/或它发生的上下文。在 MPI_SEND 和 MPI_RECV 等点对点通信中指定的源和目标进程必须是指定通信器的成员，并且这两个调用必须引用相同的通信器。聚合操作仅包括调用中指定的通信器所标识的那些进程。进程组是一组进程的有序集合，它定义了一个通信器中进程的集合及进程号。在一个具体的并行程序中，可以只定义一个通信器，里面包含所有的进程；也可以定义多个通信器，每个通信器包含一定数量的进程。通信器之间可以是从属关系，也可以是并列关系。这些操作的目的都是方便进程间的消息传递。

默认情况下，调用 MPI_INIT 进行初始化会生成一个预定义的通信域 MPI_COMM_WORLD，包括了初始化时可得的全部进程，进程由它们在 MPI_COMM_WORLD 中的进程号所标识。对于简单的应用程序，通常只使用默认的 MPI_COMM_WORLD 进行通信操作，但是对于复杂的应用程序，使用多个子通讯器更便于进行通信操作。MPI_COMM_SPLIT 通过拆分进程组构造新的子通信器。MPI_COMM_DUP 对已有的通信器进行复制而得到一个新的通信器。

（2）一个简单的并行 Helloworld 程序

在 Linux 系统下，使用 mpif77 编译 hello. f 得到名为 hello 的可执行文件；使用 mpirun 命令执行该文件。

```
$ mpif77 - o hello hello. f
$ mpirun - np 4. /hello
  Hello world
  Hello world
  Hello world
  Hello world
$
```

图 8.8 显示了代码在不同进程中的执行过程。程序启动时，只存在一个"根"进程。当 MPI_INIT 在"根"进程内执行时，它会导致创建 3 个额外的进程（以达到在 mpirun 命令行上指定的进程数 4），有时称为"子"进程。然后，每个进程继续执行 hello word 程序。程序中的下一个语句是 print 语句，每个进程按照指示打印"Hello world"。由于每个程序的终端输出将被定向到同一个终端，我们看到四行"Hello world"。

（3）识别单独的进程

在上面的例子中，无法分辨哪个"Hello world"行是由哪个进程输出的。为了识别进程，需要某种进程 ID。MPI 为每个进程分配一个整数，从 0 开始（0 为根进程），并在每次创建新进程时递增。进程 ID 也称为"rank"。MPI 还提供功能，让进程确定其进程 ID 以及已创建的进程总数。

以下是 Hello world 程序的改进版本，用于标识每行输出的进程 ID：

```
1  program hello_world
2  include 'mpif. h'
3  integer ierr,num_procs,my_id
4
5  call MPI_INIT( ierr )
6  call MPI_COMM_RANK( MPI_COMM_WORLD,my_id,ierr )
7  call MPI_COMM_SIZE( MPI_COMM_WORLD,num_procs,ierr )
8
9  print* ,"Hello world! I'm process ",my_id," out of ",
```

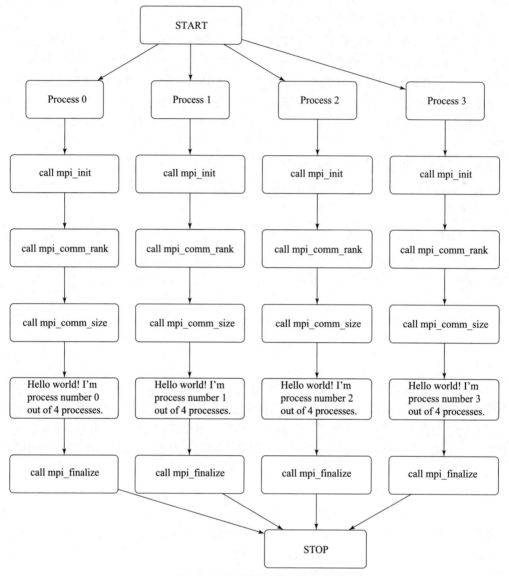

图 8.8　并行计算中代码的传递

```
10 & num_procs," processes. "
11
12 call MPI_FINALIZE(ierr)
13 end
```

Linux 运行结果如下：

```
$ mpirun - np 4 hello
    Hello world! I'm process number 0 out of 4 processes.
    Hello world! I'm process number 2 out of 4 processes.
```

```
        Hello world! I'm process number 1 out of 4 processes.
        Hello world! I'm process number 3 out of 4 processes.
    $
```

请注意，进程编号并不是按照顺序打印的。这是因为每个进程都独立执行，并且 MPI 不以任何方式控制执行顺序。程序可以在每次运行时以不同的顺序打印结果。

5. MPI 消息传递函数 MPI_SEND 和 MPI_RECV

在分布式内存的情况下，进程之间不共享内存变量。每个进程似乎都使用相同的变量，但它们实际上使用的是程序中定义的变量的一份拷贝。结果是，这些程序不能通过在存储器中交换变量信息来彼此通信。因此，它们需要调用两个 MPI 通信函数进行通信。这两个基本函数是：MPI_SEND，向其他进程发送消息；MPI_RECV，接收来自其他进程的消息。

MPI_SEND(data_to_send,send_count,send_type,dest,tag,comm,ierr)

data_to_send：发送缓冲区的起始地址，数据类型对应下面的 send_type。

send_count：要发送的数据数量（非负整数），以 datatype 为单位，必须连续。

send_type：要发送的数据的数据类型（MPI 数据类型）。

dest：目标进程 ID（整数）。

tag：消息标记（整数），用于区别不同的消息。

comm：通信器（句柄）。

ierr：错误标识符（整数），如果成功，返回 0。

MPI 消息包括内容和信封。内容描述为 < 起始地址，数据数量，数据类型 >；信封描述为 < 源/目标，消息标签，通信域 >。MPI_SEND 将缓冲区中 send_count 个数据类型为 send_type 的数据发送到名为 dest 的目标进程，本次发送的消息标志是 tag，用于区分本次发送的消息和以后各次发送的消息。send_count 个类型为 send_type 的数据在缓冲区连续分布，起始地址为 data_to_send。其中，send_type 数据类型可以是 MPI 的预定义类型，也可以是用户自定义的类型。

MPI_RECV(recv_data,recv_count,recv_type,sender_ID,tag,comm,status,ierr)

recv_data：数据接收地址，数据类型对应下面的 recv_type。

recv_count：期望接收的数据数量（非负整数）。

recv_type：要接收的数据的数据类型（MPI 数据类型）。

sender_ID：发送进程的进程号（整数）。

tag：消息标记（整数）。

comm：通信域（句柄）。

status：状态对象（状态类型）。

ierr：错误标识符（整数）。

MPI_RECV 将接收来自 sender_ID 进程的 recv_count 个数据类型为 recv_type 的数据并存放到起始地址为 recv_data 的缓冲区内。接收消息的长度必须小于等于接收缓冲区的长度，这是因为如果接收到的数据过大，那么缓冲区会发生溢出错误，因此要保证接收缓冲区的长度不小于发送数据的长度。如果一个短于接收缓冲区的消息到达，则只有对应于这个消息的那些地址空间被修改。因此，MPI 接收要匹配发送，数据类型、源地址、标签要一致，否则不接收。

任意源地址：MPI_ANY_SOURCE；任意标签：MPI_ANY_TAG。MPI 预定义的常量可匹配任意源、任意标签，表示无论哪个进程来的消息都接收。integer status（MPI_STATUS_SIZE）包含返回状态和调试信息。status（MPI_SOURCE）：消息的源地址；status（MPI_TAT）：消息的标签；status（MPI_ERROR）：错误码。

消息的收发必须匹配，如图 8.9 所示，这样消息才能传递成功。如果发送者只有发送而没有接收，接收者只有接收而没有发送，如图 8.10 所示，则消息无法成功传递。

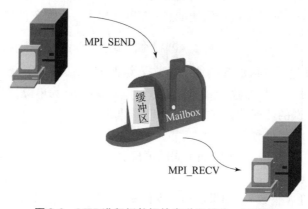

图 8.9　MPI 进程间数据的发送和接收，不死锁

（1）MPI 的消息发送机制

MPI 提供两大类型的点对点通信函数。第一类型称为阻塞型（blocking），第二类型称为非阻塞型（non blocking）。阻塞型函数需要等待指定操作的实际完成，或至少所涉及的数据已被 MPI 系统安全地备份后才返回。如 MPI_SEND 和 MPI_RECV 都是阻塞型的函数。MPI_SEND 和 MPI_RECV 配合使用，MPI_SEND 先将消息发送到内存中的缓冲区（信箱），然后 MPI_RECV 将消息接收到自己名下的内存里。MPI_SEND 和 MPI_RECV 属于阻塞式发送/接收，发送和接收是两个独立过程，发送成功或者接收成功，相应的子程序就可以返回。SEND 与 RECV 一定要配合好，否则消息传递时可能会发生死锁。采用发/收两步机制，避免直接读写对方内存，能够保证数据的安全性。

非阻塞型函数调用总是立即返回，而实际操作则由 MPI 系统在后台进行。非阻塞型函数名 MPI_前缀之后的第一个字母为"I"，最常用的非阻塞型点对点通信函数包括 MPI_ISEND 和 MPI_IRECV。在调用了一个非阻塞型通信函数后，用户随后必须调用特定函数，如 MPI_WAIT 或 MPI_TEST 等，来等待操作完成或查询操作的完成情况。在操作完成之前，对相关数据区进行操作是不安全的，因为这随时可能与正在后台进行的通信发生冲突。

此外，对于点对点消息发送，MPI 提供四种发送模式：标准模式、缓冲模式、同步模式、就绪模式。上面介绍的几个收发函数均为标准模式。这四种发送模式的相应函数具有一样的调用参数，但它们发送消息的方式和对接收方的状态要求不同。具体内容可以参考相关的手册。

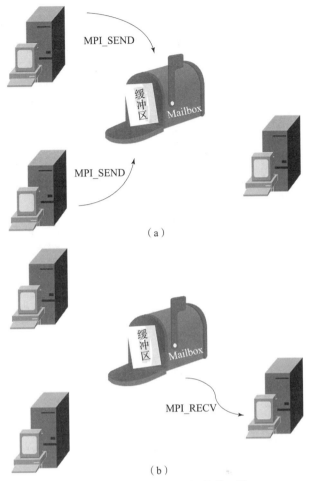

（a）

（b）

图 8.10　MPI 进程间数据传递死锁

（a）只发送，不接收；（b）只接收，不发送

（2）收发消息实例

①不会发生死锁的例子（图 8.11）：进程 0 发送变量 A 给进程 1；进程 1 发送变量 B 给进程 0。

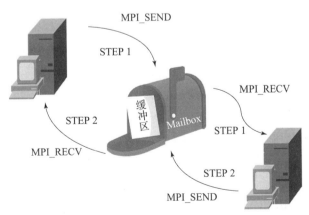

图 8.11　MPI 进程间数据的发送和接收，不死锁

```
if(myid.eq.0)then
    call MPI_SEND(A,1,MPI_real,1,99,MPI_Comm_World,ierr)
    call MPI_RECV(B,1,MPI_real,1,99,MPI_Comm_World,ierr)
Else if(myid.eq.1)then
    call MPI_RECV(A,1,MPI_real,0,99,MPI_Comm_World,ierr)
    call MPI_SEND(B,1,MPI_real,0,99,MPI_Comm_World,ierr)
endif
```

②死锁的例子（图8.12）：收发不匹配。

```
if(myid.eq.0)then
    call MPI_RECV(B,1,MPI_real,1,99,MPI_Comm_World,ierr)
    call MPI_SEND(A,1,MPI_real,1,99,MPI_Comm_World,ierr)
Else if(myid.eq.1)then
    call MPI_RECV(A,1,MPI_real,0,99,MPI_Comm_World,ierr)
    call MPI_SEND(B,1,MPI_real,0,99,MPI_Comm_World,ierr)
endif
```

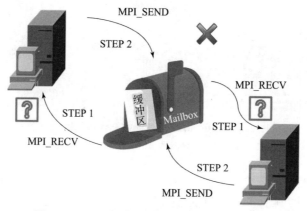

图 8.12　MPI 进程间数据的发送和接收，死锁

③有可能死锁的例子（图8.13）。

```
if(myid.eq.0)then
    call MPI_SEND(A,1,MPI_real,1,99,MPI_Comm_World,ierr)
    call MPI_RECV(B,1,MPI_real,1,99,MPI_Comm_World,ierr)
Else if(myid.eq.1)then
    call MPI_SEND(B,1,MPI_real,0,99,MPI_Comm_World,ierr)
    call MPI_RECV(A,1,MPI_real,0,99,MPI_Comm_World,ierr)
endif
```

可以使用 MPI_SENDRECV( ) 函数来避免死锁，次序由系统决定。

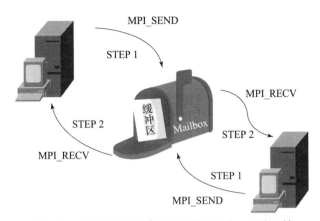

图 8.13　MPI 进程间数据的发送和接收，可能死锁

MPI_SENDRECV(send_data,send_count,send_type,dest,send_tag,recv_
data,recv_count,recv_type,source,recv_tag,comm,ierr)

send_data：要发送的数据元素的地址，对应 send_type。

send_count：要发送的数据个数（整型）。

send_type：要发送的数据的类型（MPI_DATATYPE）。

dest：目标进程 ID（整数）。

send_tag：消息标记（整数）。

recv_data：要接受的数据，对应于下面的 MPI 类型的 receive_type。

recv_count：要接收的数据个数（整数）。

recv_type：要接收的元素的数据类型（MPI_DATATYPE）。

recv_tag：消息标记（整数）。

source：源进程 ID（整数）。

comm：通信域（句柄）。

ierr：错误标识符（整数）。

MPI_Sendrecv 操作把点对点发送和接收消息合并到一个调用中，源进程和目的进程可以是同一个地方。一个 MPI_SENDRECV 操作对穿过一个进程链的切换操作非常有用。如果阻塞的发送和接收被用于这种切换，则需要正确排列发送和接收的顺序（例如，偶数进程先发送，然后接收，奇数进程先接收，然后发送），以避免收发匹配不好而导致死锁。MPI_SENDRECV 通常可以避免这些问题。

8.4.3　MPI 聚合通信函数

MPI_SEND 和 MPI_RECV 是"点对点"通信函数。也就是说，它们只涉及一个发送者和一个接收者。MPI 包括大量用于执行"聚合"操作的函数。聚合操作由 MPI 例程执行，这些例程由通信器中的每个进程调用。聚合通信函数可以指定一对多、多对一或多对多进行消息传递。MPI 支持三类聚合操作：同步、数据移动和规约计算。在一对多或者多对一操作中，有一个扮演特殊角色的进程，为根进程，进程号一般为 0。

1. 同步

```
MPI_BARRIER
```

函数用于同步一组进程。要同步一组进程，每个进程都需要调用 MPI_BARRIER，一旦一个进程调用了 MPI_BARRIER，该进程将被阻塞，直到该组中的其他所有进程也都调用了该函数才返回。

2. 数据移动

广播：MPI_BCAST。

数据收集：MPI_GATHER，MPI_GATHERV。

数据分发：MPI_SCATTER，MPI_SCATTERV。

全收集：MPI_ALLGATHER，MPI_ALLGATHERV。

全互换：MPI_ALLTOALL，MPI_ALLTOALLV。

"ALL"表明向所有参与的进程分发数据，为多对多通信；"V"表明移动的数组片段可以有不同的长度，不加"V"表明移动的数组片段都有相同的长度。

（1）广播 MPI_BCAST

```
MPI_BCAST(sent_data,send_count,send_type,root,comm,ierr)
```

send_data：要发送/接收的数据元素的地址，对应于下面的 MPI 类型 send_type。

send_count：要发送/接收的数据个数（整型）。

send_type：要发送/接收的数据的类型（MPI_DATATYPE）。

root：发送/接收消息的根进程 ID（整型），一般 rank = 0。

comm：通信器。

如图 8.14 所示，MPI_BCAST 将 send_data 从一个分配的根进程发送到通信器中的所有进程（包括根进程自己）。当根进程准备好与其他进程共享信息时，所有进程都必须执行对 MPI_BCAST 的调用。当根进程调用 MPI_BCAST 函数时，send_data 会被发送到其他的进程上。当其他的进程调用 MPI_BCAST 的时候，send_data 会被赋值成从根进程接受到的数据。

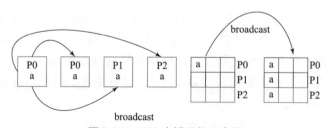

图 8.14　MPI 广播函数示意图

MPI_BCAST 特别适合前面介绍的程序 sumvector_mpi。当然，这样做会导致过多的数据移动。更好的解决方案是使用 MPI_SCATTER 或 MPI_SCATTERV。子程序 MPI_SCATTER 和 MPI_SCATTERV 采用输入向量或数组，将输入数据分成单独的部分，并将一部分发送到通信组中的每个进程。

（2）数据分发/收集 MPI_SCATTER、MPI_GATHER

```
MPI_SCATTER(send_data,send_count,send_type,recv_data,recv_count,
recv_type,root,comm,ierr)
    MPI_GATHER(send_data,send_count,send_type,recv_data,recv_count,
recv_type,root,comm,ierr)
```

send_data：要发送的数据元素的地址，对应于下面的 MPI 类型 send_type。

send_count：要发送的数据个数（整型）。

send_type：要发送的数据的类型（MPI_Datatype）。

recv_data：要接受的数据，Fortran 类型的变量，对应下面的 MPI 类型 receive_type。

recv_count：要接收的数据个数（整型）。

recv_type：要接收的元素的数据类型（MPI_Datatype）。

root：发送/接收消息的进程 ID（整型），一般 rank = 0。

comm：通信器。

如图 8.15 所示，MPI_SCATTER 将一段消息均分成若干片段，然后按照顺序由根进程分发到通信器的其他进程中。如果 send_count = 1 且 send_type 为 MPI_INT，则进程 0 获取数组 send_data 的第一个整数，进程 1 获取第二个整数，依此类推。如果 send_count = 2，则进程 0 获取第一个整数和第二个整数，进程 1 获取第三个整数和第四个整数，依此类推。实际上，send_count 通常等于数组 send_data 中元素的数量除以进程数。MPI_GATHER（图 8.16）是 MPI_SCATTER 的逆操作，每个进程（包括根进程）将其发送缓冲区中的内容发送到根进程，根进程根据发送这些数据的进程的序列号将它们依次存放到自己的消息缓冲区中。

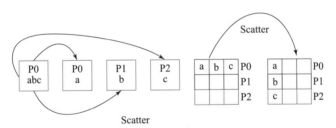

图 8.15　MPI 收集函数示意图

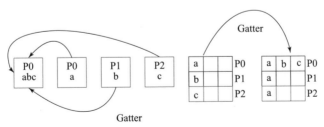

图 8.16　MPI 数据分发函数示意图

（3）数据分发/收集 MPI_SCATTERV、MPI_GATHERV

```
MPI_SCATTERV(send_data,send_count,send_start,send_type,recev_data,
recv_count,recv_type,root,comm,ierr)
```

```
MPI_GATHERV(send_data,send_count,send_start,send_type,recev_data,
recv_count,recv_type,root,comm,ierr)
```

send_data：要发送的数据地址，Fortran 类型的变量，对应于下面的 MPI 类型 send_type。

send_count：整数数组（长度为进程组大小），发送数据的个数，可以给不同的进程发送不同数量的数据。

send_start：整数数组（长度为进程组的大小），该数组每个位置 i 处存放着要发送给进程 i 的数据相对于 send_data 的偏移量。

send_type：要发送的数据的类型（MPI_DATATYPE）。

recv_data：要接收的数据地址，Fortran 类型的变量，对应于下面的 MPI 类型 receive_type。

recv_count：要接收的数据个数（INTEGER）。

recv_type：要接收的数据的数据类型（MPI_DATATYPE）。

root：发送（接收）消息的根进程 ID（INTEGER）。

comm：通信器。

MPI_SCATTERV 是 MPI_SCATTER 的扩展，它允许根进程向各个进程 i 发送个数不等的数据，数据的个数存放在数组 sendcount[i] 中；而且这些数据在根进程中可以灵活存放，它们的位置由存储在 send_start 数组中的偏移量决定。根进程中 sendcount[i] 和 sendtype 的类型必须和进程 i 的 recv_count 及 recv_type 的类型相同，这就意味着在根进程和各个进程之间发送和接收的数据量必须相等。MPI_GATHERV 是 MPI_SCATTERV 的逆操作。

（4）全收集 MPI_ALLGATHER、MPI_ALLGATHERV

```
MPI_ALLGATHER(send_data,send_count,send_type,recev_data,recv_
count,recv_type,comm,ierr)
MPI_ALLGATHERV(send_data,send_count,send_type,recev_data,recv_
count,send_start,recv_type,comm,ierr)
```

send_data：要发送的数据，Fortran 类型的变量，对应下面的 MPI 类型 send_type。

send_count：要发送的数据个数（INTEGER）。

send_start：整数数组（长度为组的大小），每个入口 i 存放着相对于 send_data 的位移，此位移处存放着从进程 i 中接收的输入数据（INTEGER）。

send_type：要发送的数据的类型（MPI_DATATYPE）。

recv_data：要接收的数据，Fortran 类型的变量，对应于下面的 MPI 类型 receive_type。

recv_count：要接收的数据个数（INTEGER）。

recv_type：要接收的元素的数据类型（MPI_DATATYPE）。

comm：通信器。

到目前为止，已经介绍了两对执行多对一或一对多通信模式的 MPI 函数，这意味着数据从多个进程发送/接收到一个进程。除此之外，将多个数据发送到多个进程（即多对多通信模式）也非常有用，MPI_Allgather 可以实现这个目的。给定一组分布在所有进程中的数据，MPI_Allgather 在每个进程上都将收集所有进程的所有数据。从本质上来讲，MPI_Allgather 是先执行 MPI_Gather，后执行 MPI_Bcast。就像 MPI_Gather 一样，各个进程的数据按其排序进行收集，只是 MPI_Allgather 将这些数据收集到所有进程。MPI_Allgather 的函数声明与 MPI_Gather 几乎完全相同，不同之处在于 MPI_Allgather 中不需要设置根进程。

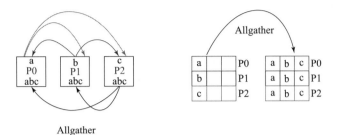

图 8.17　MPI 数据全收集发函数示意图

也可以这样去理解，MPI_Gather 是将各个进程的数据收集到根进程，而 MPI_Allgather 相当于每一个进程都作为 根进程执行了一次 MPI_Gather 操作，即每一个进程都收集到了所有进程的数据。MPI_ALLGATHERV 是 MPI_ALLGATHER 的扩展，可以灵活处理数据的个数和存放位置，它的参数与 MPI_GATHERV 类似，这里不再赘述。

（5）全互换 MPI_ALLTOALL、MPI_ALLTOALLV

有时每个节点都需要向其他所有或者一部分节点发送数据，而不仅仅是根节点往其他节点发送数据，这时就要用到全局通信。这里主要介绍两个函数：MPI_ALLTOALL 和 MPI_ALLTOALLV，工作模式如图 8.18 所示。MPI_ALLTOALL 是组内进程之间完全的消息交换。其中每一个进程都向其他所有的进程发送消息。MPI_AllGATHER 每个进程发送一个相同的数据给所有的进程，而 MPI_AllTOALL 发送不同的数据给不同的进程。

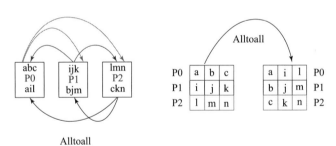

图 8.18　MPI 数据全收集全分发函数示意图

```
MPI_ALLTOALL(send_data,send_count,send_type,recev_data,recv_count,
recv_type,comm,ierr)
MPI_ALLTOALLV(send_data,send_count,send_start,send_type,recev_
data,recv_count,recv_start,recv_type,comm,ierr)
```

send_data：要发送的数据，Fortran 类型的变量，对应于下面的 MPI 类型 send_type。

send_count：要发送的数据个数（INTEGER）。

send_start：向每个进程发送的数据的位移偏量（INTEGER）。

send_type：要发送的数据的类型（MPI_DATATYPE）。

recv_data：要接受的数据，Fortran 类型的变量，对应于下面的 MPI 类型 receive_type。

recv_count：要接收的数据个数（INTEGER）。

recv_start：从每个进程接收的数据在接收缓冲区的位移偏量（INTEGER）。

recv_type：要接收的元素的数据类型（MPI_DATATYPE）。

comm：通信器。

3. 聚合计算

聚合计算类似于聚合数据移动，其附加特征是数据可以在移动时进行修改：

①归约：MPI_REDUCE。

②全进程全规约：MPI_ALLREDUCE。

③归约分发：MPI_REDUCE_SCATTER。

④前缀归约：MPI_SCAN。

上述四种规约函数的示意图如图 8.19 所示。

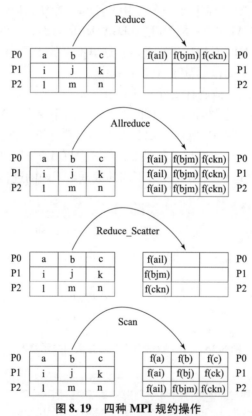

图 8.19　四种 MPI 规约操作

（1）MPI 预定义的其他归约操作

许多 MPI 集合计算例程都采用内置和用户定义的组合函数：

MPI_MAX，最大值函数。

MPI_MIN，最小值函数。

MPI_PROD，乘积函数。

MPI_SUM，求和函数。

MPI_LAN，逻辑与函数。

MPI_LOR，逻辑或函数。

MPI_LXOR，逻辑异或函数。

MPI_BAND，按位与函数。

MPI_BOR，按位或函数。

MPI_BXOR，按位异或函数。

MPI_MAXLOC，最大值和位置函数。

MPI_MINLOC，最小值和位置函数。

（2）聚合操作举例

以下程序在 $0 \sim 2\pi$ 的范围内积分函数 $\sin(x)$。首先给出一个串行版本，然后改为并行版本。

```
1   program integrate
2   parameter(pi =3.141592654)
3   double precision rect_width,area,sum,x_middle
4   print* ,"please enter the number of intervals to interpolate:"
5   read* ,num_intervals
6
7   rect_width =pi/num_intervals
8   sum =0.0
9   do i =1,num_intervals
10  x_middle =(i -0.5)* rect_width
11  area =dsin(x_middle)* rect_width
12  sum =sum +area
13  end do
14
15  print* ,"The total area is:",sum
16  end
```

下一个程序是上述程序的 MPI 版本。它使用 MPI_BCAST 和 MPI_REDUCE 实现聚合操作，以获得每个参与进程的计算结果。

```
1   program integrate_mpi
2   include 'mpif.h'
3   parameter(pi =3.141592654)
4   integer my_id,root_process,num_procs,ierr
5   double precision rect_width,area,sum,x_middle,partial_sum
6   integer status(MPI_STATUS_SIZE)
7
8   root_process =0
9   call MPI_INIT(ierr)
10  call MPI_COMM_RANK(MPI_COMM_WORLD,my_id,ierr)
```

气相爆轰数值模拟教程

```
11 call MPI_COMM_SIZE(MPI_COMM_WORLD,num_procs,ierr)
12
13 if(my_id.eq.root_process)then
14 print* ,"please enter the number of intervals to interpolate:"
15 read* ,num_intervals
16 end i f
17
18 call MPI_BCAST(num_intervals,1,MPI_INTEGER,root_process,
19 & MPI_COMM_WORLD,ierr)
20
21 rect_width =pi/num_intervals
22 partial_sum =0.0
23 do i =(my_id +1),num_intervals,num_procs
24 c Find the middle of the interval on the X-axis.
25 x_middle =(i -0.5)* rect_width
26 area =dsin(x_middle)* rect_width
27 partial_sum =partial_sum +area
28 end do
29 print* ,"proc",my_id,"computes:",partial_sum
30 call MPI_REDUCE(partial_sum,sum,1,MPI_DOUBLE_PRECISION,
31 & MPI_SUM,root_process,MPI_COMM_WORLD,ierr)
32 if(my_id.eq.root_process)print* ,'The integral is ',sum
33 call MPI_FINALIZE(ierr)
34 end
```

8.5 并行程序设计

8.5.1 并行环境选择

当前比较流行的并行编程环境可以分为三类：消息传递、共享存储和数据并行[6,8,9]，它们的典型代表、可移植性、并行粒度、并行操作方式、数据存储模式、数据分配方式、编程难度、可扩展性等方面的比较在表8.3中给出。

表8.3 三种并行编程环境主要特征一览表

特征	消息传递	共享存储	数据并行
典型代表	MPI	OpenMP	HPF
可移植性	所有流行并行机	SMP、DSM	SMP、DSM、MPP
并行粒度	进程级大粒度	线程级细粒度	进程级细粒度

续表

特征	消息传递	共享存储	数据并行
并行操作方式	异步	异步	松散同步
数据存储模式	分布式存储	共享存储	共享存储
数据分配方式	显式	隐式	半隐式
编程难度	较难	容易	偏易
可扩展性	好	较差	一般

1. OpenMP 方式

OpenMP 是一种用于共享内存并行系统的多线程程序设计工具，特别适用于多核 CPU 上的并行程序开发设计。它支持的语言包括 C 语言、C++ 、Fortran；现如今的大多数编译器都支持 OpenMP，例如 Sun Compiler、GNU Compiler、Intel Compiler、Visual Studio 等。程序员在编程时，只需要在特定的源代码片段前面加入 OpenMP 专用的#pargma omp 预编译指令，就可以 "通知" 编译器将该段程序自动进行并行化处理，并且在必要的时候加入线程同步及通信机制。当编译器选择忽略#pargma omp 预处理指令时，或者编译器不支持 OpenMP 时，程序又退化为一般的通用串行程序，此时，代码依然可以正常执行，只是不能利用多线程和多核 CPU 来加速程序而已。

OpenMP 使得程序员可以把更多的精力投入并行算法本身，而非其具体实现细节。对基于数据分集的多线程程序设计，它是一个很好的选择。同时，使用 OpenMP 也提供了更强的灵活性，可以较容易地适应不同的并行系统配置。线程粒度和负载平衡等是传统多线程程序设计中的难题，然而，在 OpenMP 中，OpenMP 库从程序员手中接管了部分这两方面的工作，从而使得程序员可以更加专注于具体的算法本身，而非如何编程使得代码在 CPU 负载平衡和线程粒度方面做出平衡。但是，作为高层抽象，OpenMP 并不适用于需要复杂的线程间同步和互斥的场合。OpenMP 的另一个缺点是不能在非共享内存系统（如计算机集群）上使用。在这样的系统上，更适合使用 MPI。

2. MPI 方式

MPI（Message Passing Interface，是一个标准，有不同的具体实现，比如 MPICH 等）是多主机联网协作进行并行计算的工具。它能协调多台主机间的并行计算，因此并行规模上的可扩展性很强。缺点是 MPI 使用进程间通信的方式协调并行计算，这导致并行效率较低、内存开销大、不直观、编程复杂。OpenMP 是针对单主机上多核/多 CPU 并行计算而设计的工具，换句话说，OpenMP 更适合单台计算机共享内存结构上的并行计算。由于使用线程间共享内存的方式协调并行计算，它在多核/多 CPU 结构上的效率很高、内存开销小、编程语句简洁直观，因此编程容易，编译器实现也容易（现在最新版的 C、C++ 、Fortran 编译器基本上都内置 OpenMP 支持）。不过 OpenMP 最大的缺点是只能在单台主机上工作，不能用于多台主机间的并行计算。

3. HPF 方式

HPF（High Performance Fortran）源自 Fortran 90，是为了服务并行计算专门开发的编程语言。它使用一种单指令多数据（Single Instruction Multiple Data，SIMD）的模型，使计算任

务能够被拆分，并派发到运算阵列中的各个处理器上，以达到高效能运算。HPF 有一种"forall 语法"，可以同时更新并行计算中的整组阵列，除此之外，forall 语法也提供提示功能，建议在并行计算系统中如何协同处理器之间的工作。

本书的主要目的是全面介绍消息传递并行编程环境 MPI，因此，在以后的篇幅中，将不再讨论共享存储和数据并行编程环境，有兴趣者请参考相关文献。

传统上，并行程序的直接编写或者将原有的串行程序改造为并行程序一个手动的过程，是一个耗时、复杂、易于出错的过程，非常依赖程序员的经验。为了提高并行程序编制的效率和准确性，近年来，很多自动化工具被开发出来，用于协助程序员将串行程序转化为并行程序。并行编译器通常以两种方式工作：完全自动并行和程序员指令并行。完全自动并行是由编译器分析源代码并且识别可以并行化的部分，这里的分析包括识别出哪些部分满足并行化的条件，以及权衡并行化是否真的可以提高性能。程序员指令并行是通过采用"编译器指令"或者编译器标识，程序员明确地告诉编译器如何并行化代码，而这种方式也可以和某些自动化的并行过程结合起来使用。最常见的由编译器生成的并行化程序是通过使用节点内部的共享内存和线程实现的（例如 OpenMP）。

如果已经有了串行的程序，并且有时间和预算方面的限制，那么自动并行化也许是一个好的选择。但是自动并行存在几个需要注意的事项：①可能会产生错误的结果；②性能实际上可能会降低；③可能不如手动并行那么灵活；④只局限于代码的某个子集（通常是循环）；⑤可能实际上无法真正并行化。若编译器发现代码里存在数据依赖或者代码过于复杂，则自动并行并不会带来整体性能的显著提升，这也限制了自动并行技术的广泛应用。因此，下面的内容只介绍手动开发的并行程序。

8.5.2 分析问题

毫无疑问，开发并行程序的第一步就是理解将要通过并行化来解决的问题。如果是从一个已有的串行程序开始的，那么需要首先理解这个串行程序。在开始尝试开发并行程序之前，需要确定该问题是否真正可以被并行化，即，①程序的热点；②程序中并行性的抑制因素；③热点是否可以并行化。

函数 $f(x)$ 的积分问题 $\int_0^1 f(x)\,\mathrm{d}x = \sum_{i=1}^N \omega_i f(x_i)$ 容易被并行化，因为每个 $f(x_i)$ 都是独立且确定的。一个不太可能被并行化的问题如：斐波那契数列：$F(n) = F(n-1) + F(n-2)$。$F(n)$ 同时依赖于 $F(n-1)$ 和 $F(n-2)$，而后者需要提前被计算出来。这三项不能独立进行计算，因此不能并行化。

识别程序的关键点：了解哪个部分完成了程序的大多数工作。在多数的科学计算程序中，大部分的计算工作是在某些小片段代码中完成的。可以使用剖析器或者性能分析工具找出程序中的关键点，忽略那些占用少量 CPU 时间的部分。

识别程序中的"瓶颈"：有没有导致程序不成比例地变慢的，或者导致并行程序停止或者延迟的部分？例如，频繁的输入/输出操作会导致并行程序变慢。这时可以通过重构程序，或者采用不同的算法来降低或者消除这些执行很慢的区域。

8.5.3 任务分割

设计并行程序的第一步就是将任务分解成不同的"块"。这被称为任务的分解

（decomposition）或者分区（partitioning）。通常有两种基本方法可以将并行任务进行分解：域分解和功能分解[9-11]。

域分解：与问题相关的数据被分割成若干部分，每个并行进程负责处理一部分数据。分割数据的方法有很多，例如使用 4 个并行进程，可以有两种简单的数据分区方法，如图 8.20 所示。图 8.21 给出了一种简单、常用的 3×3 数据分区。如果一个进程需要别的进程中的数据，则会产生进程间的数据通信。

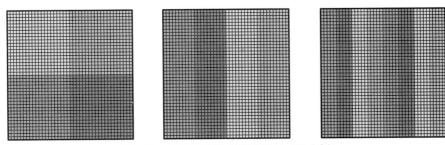

图 8.20　三种不同形式的域分割（见彩插）

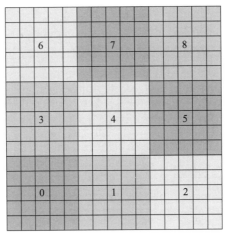

图 8.21　一种 3×3 域分割（见彩插）

程序分割需要确定表 8.4 所列参数。

表 8.4　程序分割需要确定的参数

npx0，npy0	x、y 方向进程数目
npx0 * npy0	总的进程数目
nx_global，ny_global	x、y 方向总的网格单元数目
nx，ny	单个进程中 x、y 方向的网格单元数目
my_id	进程号
npx，npy	进程行号，进程列号
xl_rank，xh_rank，yl_rank，yh_rank	某一进程左、右、下、上侧的进程号

下面介绍一个程序分割程序实例：

```
1
2  nx = nx_global/npx0
3  ny = ny_global/npy0
4  npx = mod(my_id,npx0)
5  npy = my_id/npx0
6
7  npx1 = my_mod(npx - 1,npx0)
8  npx2 = my_mod(npx + 1,npx0)
9  xl_rank = npy* npx0 + npx1
10 xh_rank = npy* npx0 + npx2
11 if(npx. eq. 0)xl_rank = MPI_PROC_NULL
12 if(npx. eq. npx0 - 1)xh_rank = MPI_PROC_NULL
13
14 npy1 = my_mod(npy - 1,npy0)
15 npy2 = my_mod(npy + 1,npy0)
16 yl_rank = npy1* npx0 + npx
17 yh_rank = npy2* npx0 + npx
18 if(npy. eq. 0)yl_rank = MPI_PROC_NULL
19 if(npy. eq. npy0 - 1)yh_rank = MPI_PROC_NULL
20
21 FUNCTION my_mod(i,n)
22 implicit none
23 integer my_mod,i,n
24
25 if(i. lt. 0)then
26 my_mod = i + n
27 else if(i. gt. n - 1)then
28 my_mod = i - n
29 else
30 my_mod = i
31 endif
32 END FUNCTION
```

功能分解：这种方法的对象是计算任务本身，而不是计算任务所处理的数据。根据要做的计算任务把问题进行分割，每个进程执行一部分计算任务。功能分解是一种更深层次的分解。在编程实践中，可以把域分解和功能分解结合在一起使用。

8.5.4　通信设计

并行计算中各进程之间的通信需求取决于问题本身。不需要通信的情况：一些程序可以被分解成并发执行的任务，而这些任务之间不需要共享数据。这类问题往往被称为"尴尬并行"，即任务之间不需要数据通信。例如，如果将数组矩阵 A、B、C 以同样的方式分解到不同的处理器，那么数组的加法 $C_{ij} = A_{ij} + B_{ij}$ 是一种"尴尬并行"，不需要进行处理器之间的通信。但是大多数并行程序并不像上一问题这么简单，任务之间确实需要传递数据。例如，热扩散问题需要一个进程知道其相邻进程的计算结果才能实现扩散。

在设计进程之间的通信时，有很多因素需要考虑。进程之间的通信总是意味着时间上的额外开销，本来可以用于计算的机器周期和计算资源转而用于打包和传输数据。通信通常需要各个进程之间的同步，这也会导致某些进程只能等待而无法继续进行计算。通信数据流量之间的竞争也可能造成网络拥堵，造成并行性能的下降[12]。

延迟是从 A 点到 B 点发送最小值信息所需的时间，通常为微秒量级。带宽是每单位时间传达的数据量，通常表示为 MB/s。发送许多小消息可能会导致延迟，会主导通信开销。将大量小消息打包成一条大信息，能够更有效地进行信息传递。同步通信需要在共享数据的任务之间进行某种类型的"握手"。同步通信通常被称为阻塞通信，因为其他任务必须等待直至通信完成。异步通信允许任务彼此独立地传输数据。例如，进程 1 可以准备并向进程 2 发送消息，然后立即执行其他工作，进程 2 什么时候接收到数据则无关紧要。异步通信通常被称为非阻塞通信，因为在进行通信时可以完成其他工作。交互式交织计算是使用异步通信的好处。在并行代码的设计阶段，了解哪些进程必须相互通信是至关重要的。点对点通信涉及两个进程，一个进程充当数据的发送者/生成者，另一个充当接收者。聚合通信则涉及所有进程（或作为指定组成员的若干进程之间）的数据共享。点对点通信和聚集通信可以同步或异步实现。进程间通信几乎总是意味着开销，本来用于计算的机器周期以及资源会转而用于对数据的封装和传输。频繁地通信也需要进程之间的同步，这可能导致进程的等待而无法继续进行计算。任务间竞争通信流量会导致可用网络带宽的饱和，从而进一步降低并行性能。

1. 时间步长的计算和通信

通过 CFL 条件可以得到时间步长，在各个进程中，时间步长 Δt 通常不相等，通常取最小的一个时间步长作为各个进程统一的时间步长 Δt。在实践中，通常采用归约和广播函数来实现这个目的，如下面的代码所示。

```
1   CALL DELTA_TIME(dt0)! CFL CONDITION
2   CALL MPI_Reduce(dt0,dt,1,mpi_double_precision,MPI_MIN,0,MPI_
COMM_WORLD,ierr)
3   CALL MPI_Bcast(dt,1,mpi_double_precision,0,MPI_COMM_WORLD,ierr)
```

图 8.22 给出了一种 3×3 的域分解和进程间的通信示意图。为了实现相邻进程间的数据通信，要在各进程需要通信的边界外设置数据缓冲区（buffer），用于接收相邻进程传递的数据。以进程 4 为例，进程 4 在四条边界外各设置一个缓冲区，用于接收进程 1、3、5、7 中加号标记网格的数据。同理，进程 3 右边界也要设置一个缓冲区接收来自进程 4 圆圈标记网格的数据，从而实现数据交换。缓冲区的宽度取决于数值格式所用模板的宽度。

2. 进程间边界数据通信

进程间数据传递的代码实例如下：

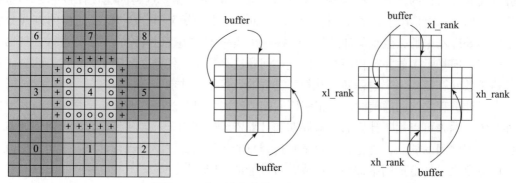

图8.22 分区信息传递示意图（见彩插）

```
1 c     x-direction data transfer
2       do j=1,ny
3       do i=1,LAP
4       k=(j-1)*LAP+i
5       xl_send(k)=u(i,j)
6       xh_send(k)=u(nx-LAP+i,j)
7       enddo
8       enddo
9 c
10      call MPI_Sendrecv(xl_send,LAP*ny,MPI_DOUBLE_PRECISION,xl_
        rank,
        & 9000,xh_recv,LAP*ny,MPI_DOUBLE_PRECISION,xh_rank,9000,
        & MPI_COMM_WORLD,Status,ierr)
11      call MPI_Sendrecv(xh_send,LAP*ny,MPI_DOUBLE_PRECISION,xh_
        rank,
        & 8000,xl_recv,LAP*ny,MPI_DOUBLE_PRECISION,xl_rank,8000,
        & MPI_COMM_WORLD,Status,ierr)
12 c
13      if(xl_rank.ne.MPI_PROC_NULL)then
14      do j=1,ny
15      do i=1,LAP
16      k=(j-1)*LAP+i
17      u(i-LAP,j)=xl_recv(k)
18      enddo
19      enddo
20      endif
21 c
```

```
22    i f(xh_rank. ne. MPI_PROC_NULL)then
23    do j =1,ny
24    do i =1,LAP
25    k =(j -1)* LAP +i
26    fu(nx +i,j) =xh_recv(k)
27    enddo
28    enddo
29    endif
30 c   y - direction data transfer
31    do j =1,LAP
32    do i =1,nx
33      k =(j -1)* nx +i
34      yl_send(k) =u(i,j)
35      yh_send(k) =u(i,ny +j -LAP)
36    enddo
37    enddo
38 c
39    call MPI_Sendrecv(yl_send,LAP* nx,MPI_DOUBLE_PRECISION,yl_
      rank,
      &  9000,yh_recv,LAP* nx,MPI_DOUBLE_PRECISION,yr_rank,9000,
      &  MPI_COMM_WORLD,Status,ierr)
40    call MPI_Sendrecv(yh_send,LAP* nx,MPI_DOUBLE_PRECISION,yr_
      rank,
      &  8000,yl_recv,LAP* nx,MPI_DOUBLE_PRECISION,yl_rank,8000,
      &  MPI_COMM_WORLD,Status,ierr)
41 c
42    if(yl_rank. ne. MPI_PROC_NULL)then
43    do j =1,LAP
44    do i =1,nx
45      k1 =(j -1)* nx +i
46      fu(i,j - LAP) =yl_recv(k)
47    enddo
48    enddo
49    endif
50 c
51    if(yh_rank. ne. MPI_PROC_NULL)then
52    do j =1,LAP
53    do i =1,nx
```

```
54        k = (j - 1)* nx + i
55        u(i, ny + j) = yh_recv(k)
56      enddo
57    enddo
58    endif
```

在二维爆轰波数值模拟中，化学反应各组分的密度通常存储在一个数组中，即 $u(m, i, j)$，在各个进程的数据交换中，交换缓冲区的 $u(m, i, j)$ 在内存中不是连续存储的，因此，为了数据通信的方便，将交换区不连续的数据重新存储到一段连续的内存中，然后使用通信函数进行通信，见下面的代码：

```
1c      x - direction data transfer
2       do j = 1, ny
3       do i = 1, LAP
4       do m = 1, meqn
5         k1 = (j - 1)* lap* meqn + (i - 1)* meqn + m
6         xl_send(k1) = f(m, i, j)
7         xh_send(k1) = f(m, nx - LAP + i, j)
8       enddo
9       enddo
10      enddo
11c
12      call MPI_Sendrecv(xl_send, meqn* LAP* ny, MPI_DOUBLE_PRECISION, xl_rank,
13 &     9000, xh_recv, meqn * LAP * ny, MPI_DOUBLE_PRECISION, xh_rank, 9000,
14 &     MPI_COMM_WORLD, Status, ierr)
15      call MPI_Sendrecv(xh_send, meqn* LAP* ny, MPI_DOUBLE_PRECISION, xh_rank,
16 &     8000, xl_recv, meqn * LAP * ny, MPI_DOUBLE_PRECISION, xl_rank, 8000,
17 &     MPI_COMM_WORLD, Status, ierr)
18c
19      if(xl_rank. ne. MPI_PROC_NULL) then
20      do j = 1, ny
21      do i = 1, LAP
22      do m = 1, meqn
23        k1 = (j - 1)* lap* meqn + (i - 1)* meqn + m
24        f(m, i - LAP, j) = xl_recv(k1)
```

```
25      enddo
26      enddo
27      enddo
28      endif
29c
30      if(xh_rank. ne. MPI_PROC_NULL)then
31      do j =1,ny
32      do i =1,LAP
33    do m =1,meqn
34      k1 =(j -1)* lap* meqn +(i -1)* meqn +m
35      f(m,nx +i,j) =xh_recv(k1)
36      enddo
37      enddo
38      endif
39c y - direction data transfer
40    do j =1,LAP
41    do i =1,nx
42    do m =1,meqn
43      k1 =(j -1)* nx* meqn +(i -1)* meqn +m
44      yl_send(k1) =f(m,i,j)
45      yh_send(k1) =f(m,i,ny +j -LAP)
46    enddo
47    enddo
48    enddo
49c
50    call MPI_Sendrecv(yl_send,LAP* nx* meqn,MPI_DOUBLE_PRECISION,yl_rank,
51  & 9000,yh_recv,LAP* nx* meqn,MPI_DOUBLE_PRECISION,yr_rank,9000,
52  & MPI_COMM_WORLD,Status,ierr)
53    call MPI_Sendrecv(yh_send,LAP* nx* meqn,MPI_DOUBLE_PRECISION,yr_rank,
54  & 8000,yl_recv,LAP* nx* meqn,MPI_DOUBLE_PRECISION,yl_rank,8000,
55  & MPI_COMM_WORLD,Status,ierr)
56c
57      if(yl_rank. ne. MPI_PROC_NULL)then
58      do j =1,LAP
59      do i =1,nx
60      do m =1,meqn
```

```
61      k1 =(j -1)* nx* meqn +(i -1)* meqn +m
62      f(m,i,j -LAP) = yl_recv(k1)
63    enddo
64    enddo
65    enddo
66    endif
67c
68    if(yh_rank. ne. MPI_PROC_NULL)then
69    do j =1,LAP
70    do i =1,nx
71    do m =1,meqn
72      k1 =(j -1)* nx* meqn +(i -1)* nx +m
73      f(m,i,ny +j) = yh_recv(k1)
74    enddo
75    enddo
76    enddo
77    endif
```

8.5.5　同步设计

对于并行程序设计，管理不同的进程以及进程中任务执行的顺序很关键，直接影响并行性能，因此需要对某些程序代码进行一定程度的"串行化"，也就是进行同步。实现同步功能主要有三种方式：通过障碍进行同步；通过锁信号进行同步；通过通信操作进行同步。

通过障碍进行同步：通常涉及所有任务。每个进程独立执行其工作，直至遇到"障碍"（MPI_BARRIER），然后该进程停止或者阻塞。当最后一个进程到达"障碍"时，所有进程实现同步。同步之后可以进行特定的任务，比如通信，或者各个进程返回（释放），继续各自的任务。

通过锁信号进行同步：可以涉及任意数量的任务。通常用于序列化（保护）对全局数据或代码段的访问。一个时刻只有一个任务可以拥有锁信号。获取锁的第一个任务是"设置"它。然后此任务可以安全地（串行地）访问受保护的数据或代码。其他任务可以尝试获取锁，但必须等到拥有锁的任务释放它。

通过通信操作进行同步：仅涉及执行通信操作的那些进程。当进程执行通信操作时，与参与通信的其他进程需要某种形式的协调。在进程可以执行发送操作之前，在某个进程执行信息发送之前，它必须获得目标进程的确认才能执行发送操作。

8.5.6　负载平衡设计

负载均衡是在各进程之间分配大约相等工作量的做法，目的是所有进程在一段时间内尽可能保持繁忙的工作，从而最小化进程的空闲时间。出于提高并行性能的考虑，负载均衡对于并行程序设计非常重要。例如，如果所有进程收到障碍同步点的影响，那么最慢的一个进程决定整体上的并行性能[12-13]。

实现负载均衡一般有两种思路：平均分配任务量和动态分配任务量。对于数组/矩阵处理而言，如果每个进程都执行相同或者类似的工作，那么可以在进程之间平均分配数据集；对于循环迭代而言，如果每个迭代完成的工作量大小类似，则在每个进程中分配相同或者类似的迭代次数；如果硬件架构是由具有不同性能特征的机器异构组合而成的，那么需确保使用某种性能分析工具来检查负载不平衡，并相应调整工作量。

即使数据在进程之间被平均分配，某些特定类型的问题也会导致负载不平衡。以圆形冲击波的传播为例，假如进程是根据计算域均匀分区的，那么在计算域中心附近的进程计算量大，而冲击波之外未扰动区的进程只需要很少的计算量，这时均匀分区各个进程的计算量存在很大的差距，这就造成了负载的不平衡，影响了计算的效率。这时可以采用动态任务分配的方法实现，即动态调整各个进程分区的大小，但是这种方法相对于平均分配任务量，程序设计要复杂很多。

8.5.7　粒度设计

在并行计算中，特别是分布式内存的并行模式中，通信时间是制约并行效率的重要因素，因此需要重点分析通信的问题。在并行计算中，用粒度这一概念定性度量计算与通信的比例。计算周期通常通过同步函数与通信周期分离。

如图 8.23 所示，细粒度并行化（Fine-grain Parallelism）是指在通信事件之间进行相对较少的计算工作，计算/通信比较低，但是负载均衡，意味着较高的通信开销以及较少的性能提升机会。如果粒度过细，任务之间的通信和同步的开销可能需要比计算更长的时间。粗粒度并行化（Coarsegrain Parallelism）是指在通信/同步事件之间进行较大量的计算工作，这样具有较高的计算/通信比，意味着较大的性能提升机会，但是一般难以进行较好的负载均衡。最有效的粒度取决于具体算法及其所运行的硬件环境。在大多数情况下，与执行速度相比，通信/同步占用的开销更大，因此具有粗粒度的并行更有效。而从另外一方面来讲，细粒度可以减少由负载不均衡所造成的开销。

8.5.8　输入/输出（I/O）设计

一般来说，I/O 操作是并行化的抑制因素，这是因为 I/O 操作只在硬盘上进行，通常比内存操作多出几个数量级的时间。而且在所有进程均可以看到相同文件空间的环境中，写操作可能导致文件被覆盖，读操作可能受到文件服务器同时处理多个读取请求的能力的影响。必须通过网络进行的 I/O 操作可能导致严重的性能"瓶颈"，甚至导致文件服务器崩溃。MPI-1 采用的是串行 I/O 的读写方式，一般情况下是用一个主进程打开文件和读取数据，然后分发给其他进程来处理，这种串行 I/O 数据的通信量很大，效率较低。MPI-2 实现了并行 I/O，允许多个进程同时对文件进行操作，从而避免了文件数据在不同进程间的传送，提高了读写的效率。

因此，在并行程序设计时，尽可能地减少整体的 I/O 操作。在大块数据上执行少量写操作往往比在小块数据上进行大量写操作有更明显的效率提升。使用较少的大文件比使用较多小文件更有利于 I/O 操作。或者将 I/O 操作限制在作业的特定串行部分，然后使用并行通信将数据分发到并行任务中。例如，任务 1 可以读输入文件，然后将所需数据传送到其他任务。同样，任务 2 可以在从所有其他任务收到所需数据之后执行写入操作。最后，尽量使用跨任务的聚合操作，而不是让很多任务都去执行 I/O 操作。

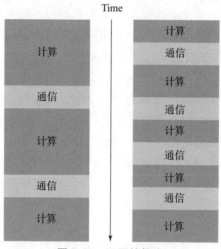

图 8.23　不同的粒度

MPI − 2 调用函数 MPI_File_open 来打开或创建文件并得到用于文件访问的句柄，然后调用函数 MPI_File_set_view 来设定文件视窗，调用函数 MPI_File_ * read * 或 MPI_File_ * write * 对文件进行读或写操作。所有操作完成后，调用函数 MPI_File_close 来关闭文件。与普通操作系统不同的是，MPI − 2 打开、关闭文件时，必须是一个通信器中的所有进程同时打开和关闭同一个文件。此外，普通操作系统只有一个文件指针，而 MPI − 2 有两个文件指针，即独立文件指针和共享文件指针。

8.5.9　并行程序基本结构

用 Fortran 语言编写的 MPI 程序框架如图 8.24 所示，程序源文件必须包含 MPI 的头文件 mpi. f，以便得到 MPI 子程序的原型说明及 MPI 预定义的常量和类型。MPI_INIT 子程序用于初始化 MPI 系统，必须先调用该子程序才能调用其他 MPI 子程序。在许多 MPI 系统中，根进程通过 MPI_INIT 来启动其他进程。注意，要将命令行参数的地址（指针）传递给 MPI_INIT，因为 MPI 程序启动时，一些初始参数是通过命令行传递给进程的，这些参数被添加在命令行参数表中，MPI_INIT 通过它们得到 MPI 程序运行的相关信息，如需要启动的进程数、使用哪些进程及进程间的通信端口等。返回时，会将这些附加参数从参数表中去掉。函数 MPI_Comm_size 与 MPI_Comm_rank 分别返回指定通信器（这里是 MPI_COMM_WORLD，它包含了所有

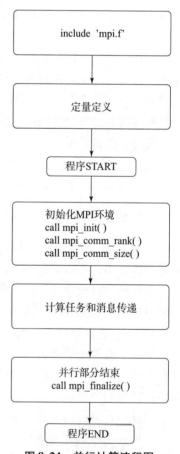

图 8.24　并行计算流程图

进程）中进程的数目以及本进程的进程号。MPI_Finalize 函数用于退出 MPI 系统。调用 MPI_Finalize 之后，不能再调用任何其他 MPI 函数。

MPI 并行程序从程序结构上可以分成三种编程模式，包括主从模式（Master – slave）、单程序多数据模式（Single Program Multiple Data，SPMD）和多程序多数据模式（Multiple ProgramsMultiple Data，MPMD）。这些编程模式既可以根据源代码的组织形式来划分，也可以根据实际程序所执行的代码来划分，它们之间并没有非常明确的界线。

如果从源代码的组织形式来划分，master/slave 模式的 MPI 程序包含两套源代码，主进程运行其中一套代码，而从进程运行另一套代码，主进程起到控制和协调功能，从进程主要完成计算功能。主从模式便于处理某些动态负载平衡的问题，特别是在异构并行中各处理器的容量和速度不同时的负载平衡问题。但在大规模并行程序中，主进程需要管理大量从进程，容易成为性能“瓶颈”，影响并行可扩展性。SPMD 模式的 MPI 程序中只有一套源代码，所有进程运行的都是该代码，没有明显的主从关系。但是实际过程中总是需要有一个进程承担一定的控制任务。这种模式由于没有明显的性能“瓶颈”并且便于有效利用 MPI 的聚合通信函数，往往能够达到理想的并行可扩展性，非常适用于大规模并行。MPMD 模式则包含多套源代码，不同进程分别执行其中的一套代码，实际上，这种模式在并行程序中并不常见。

如果根据实际程序所执行的代码来划分，一个并行程序属于哪种编程模式，取决于程序中各进程实际执行的代码是否相同，以及是否具有 client/server 的特征。如果各进程执行的代码大体是一样的，则可以看作 SPMD 模式；如果具有 client/server 特征，则被认为是 master/slave 模式；否则，为 MPMD 模式。在这种编程模式划分中，master/slave 和 MPMD 模式也可以只用一套源码，不同进程执行的代码通过在程序中对进程号的条件判断来实现。实际编程时，相对于使用多套不同的源码而言，使用一套源码更便于代码的维护，并且 MPI 并行程序的启动也更方便，因为不需要特意指定哪个进程运行哪个可执行文件。

习　题

1. 设 Fortran 中 REAL 的长度为 4，数据类型 TYPE 的结构图为

```
{(REAL,4),(REAL,12),(REAL,24)}
```

则下面的语句：

```
REAL A(100)
...
CALL MPI_SEND(A,1,TYPE,...)
```

将发送哪些数据？

2. 设 Fortran 中 REAL 的长度为 4，数据类型 TYPE 的结构为

```
{(REAL,-4),(REAL,0),(REAL,4)}
```

则下面的语句：

```
REAL A(3)
...
CALL MPI_SEND(A(2),1,TYPE,...)
```

将发送哪些数据?

3. 定义 $u(x,t)$ 为时间和空间的温度场。一维热传导方程可以写成:

$$\frac{\partial u}{\partial t} - k\frac{\partial^2 u}{\partial x^2} = f(x,t)$$

初始条件:

$$u(x,0) = g(x)$$

边界条件:

$$u(0,t) = h_1(t), u(1,t) = h_2(t)$$

离散格式:

$$\frac{u^{n+1} - u^n}{\Delta t} = k\frac{u_{j+1}^n - 2u_j^n + u_{j-1}^n}{\Delta x^2} + f_j^n$$

进行并行程序编制,首先需要明确几个问题:

(1) 这个问题能够并行吗?

(2) 这个问题如何分割?

(3) 通信是否需要?

(4) 有没有数据依赖关系?

(5) 有同步需求吗?

(6) 负载平衡是一个问题吗?

在明确这些问题之后,再进行并行程序的编制。可以先编制串行程序,再改写成并行程序,或者直接编制并行程序。并行程序的基本框架上面已经介绍。并行解决方案的核心涉及通信和同步。整个计算域通过域分解成若干子区域并分配给所有进程。考虑负载均衡,每个进程处理的数据量(子区域大小)相同,也就是计算域均匀分区。通信只在数据边界上进行,分区越小,通信量越小。若使用 SPMD 模式,主进程向从进程发送初始信息,然后等待收集所有从进程的计算结果,根据需要,相邻从进程之间要进行通信。近似解定义在网格节点上。为简单起见,这里假设进程数 p = NPX,NPX 是沿 x 方向的进程个数,网格单元个数 IM 能被 NPX 整除,子区域的网格规模为 IML,其中,IML = IM/NPX,进程按自然序排列。

参考文献

[1] 宁建国,马天宝. 计算爆炸力学基础 [M]. 北京:国防工业出版社,2015.

[2] 许香照,马天宝,宁建国. 三维复杂爆炸流场的大规模并行计算 [J]. 固体力学学报,2012 (33):166–170.

[3] Fei G L, Ma T B, Hao L. Parallel Computing of the Multi Mate rial Eulerian Numerical Method and Hydrocode [J]. International Journal of Nonlinear Sciences & Numerical

Simulation，2010（11）：189 – 193.

［4］ Fei G L，Ning J G，Ma T B. Study on the Numerical Simulation of Explosion and Impact Processes Using PC Cluster System ［J］. Advanced Materials Research，2012（440）：2892 – 2898.

［5］ 马天宝. 高速多物质动力学计算、软件 EXPLOSION – 2D 的开发及应用 ［D］. 北京：北京理工大学，2007.

［6］ 费广磊. 三维爆炸与冲击问题的大规模计算 ［D］. 北京：北京理工大学，2012.

［7］ 马天宝，任会兰，李健，宁建国. 爆炸与冲击问题的大规模高精度计算 ［J］. 力学学报，2016，48（3）：599 – 608.

［8］ 陈国良. 并行计算 ［M］. 北京：高等教育出版社，2011.

［9］ Ananth Grama. 并行计算导论 ［M］. 北京：机械工业出版社，2005.

［10］ 刘巍. 计算空气动力学并行编程基础 ［M］. 北京：国防工业出版社，2013.

［11］ 陈国良. 并行算法的设计与分析 ［M］. 北京：高等教育出版社，2009.

［12］ 张林波. 并行计算导论 ［M］. 北京：清华大学出版社，2006.

［13］ Kirk D B，Hwu W W. Programming Massively Parallel Processors：A Hands – On Approach ［M］. Morgan Kaufmann，2013.

［14］ Gropp W. MPICH2：A new start for MPI implementations ［M］. Recent Advances in Parallel Virtual Machine and Message Passing Interface，2002.

第 9 章

网格生成和网格自适应技术

在一个计算域上通过有限差分法或者有限体积法求解偏微分方程的一个重要因素是网格，它以离散形式表示计算域，本质上是一种欧拉描述。在有限元方法中，网格是对介质本身的直接离散，而不是对空间的离散，属于拉格朗日描述。本书并不介绍有限元方法，因此这里姑且认为网格只是空间的一种离散形式。网格生成是一种预处理工具，连续的物理量通过网格进行离散，微分方程通过数值方法离散成代数方程，然后通过计算机代码对其进行数值求解。对于复杂的问题，网格技术还具有改变网格单元的空间分布来提高计算效率的能力。在计算力学中，按照一定规律分布于流场中的离散点的集合叫作网格（grid），分布这些网格节点的过程叫作网格生成（grid generation）。网格生成是连接几何模型和数值计算的纽带，几何模型只有被划分成一定标准的网格才能对其进行数值求解，所以网格生成对计算力学至关重要，直接关系到数值计算结果的好坏[1,2]。现在网格生成技术已经发展成为 CFD 的一个重要分支，它也是计算力学近 20 年来进展迅速的领域。本章重点讲解有关网格生成的概念和基本框架，并概述主要的网格生成技术。关于网格生成的更多内容，可以参考专门的文献。

9.1   网格生成技术基础

9.1.1   网格单元的基本概念

单元（cell）是构成网格（grid）的基本元素。如图 9.1 所示，在结构网格中，常用的 2D 网格单元是四边形单元，3D 网格单元是六面体单元。而在非结构网格中，常用的 2D 网格单元还有三角形单元，3D 网格单元还有四面体单元和五面体单元，其中五面体单元还可分为棱锥形（楔形）和金字塔形单元等。网格单元一般选用较为规则和简单的几何体，在这样的网格单元上构造数值格式相对简单。

对于 n 维域中的单元，通常使用简单、标准形状的 n 维体积。如图 9.2 所示，在一个维度上，单元是一条闭合线或线段，其边界由称为单元"节点"（node）的两个点组成。一般的二维单元是一个二维的简单联通域，其边界被划分为有限数量的一维单元，称为二维单元的"边"（edge）。通常，二维域的单元以三角形或四边形的形式构造。三角形单元的边界由三段组成，而四边形的边界由四段表示。这些段均为一维网格单元。一般的三维单元是指简单连接的三维多面体，其边界被划分为有限数量的二维单元，称为"面"（face）。在实际应用中，三维单元通常具有四面体或六面体的形状。四面体单元的边界由四个三角形单元组

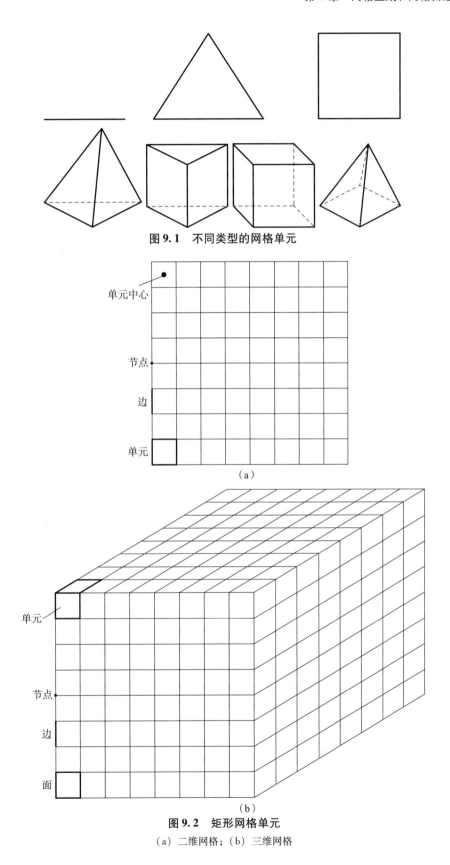

图 9.1　不同类型的网格单元

（a）

（b）

图 9.2　矩形网格单元

（a）二维网格；（b）三维网格

成，而六面体由六个四边形组成。因此，六面体单元具有六个面、十二个边和八个顶点。一些应用程序还使用棱柱形式的体积作为三维单元。棱柱具有两个三角形和三个四边形面、九个边和六个顶点。通常，三维单元的边和面是线性的，即直线或者平面。

六面体单元的主要优点是它的面（或边）可以与坐标面对齐。相反，四面体单元没有这个特点。但是，严格的六面体网格在带有尖角的边界附近可能无法适用。棱柱形单元通常放置在先前已被三角剖分的边界表面附近。棱柱形单元对于处理边界层是有效的，因为它可以进行高纵横比构造，以便更好地分辨边界层。但是，就像四面体单元一样，棱柱形单元也不好处理存在尖角的边界。三角形单元是最简单的二维单元，可以从四边形单元派生。类似地，四面体单元是最简单的三维单元，可以从六面体或者棱柱派生。三角形和四面体单元的优势在于它们实际上适用于任何形状的计算域。缺点是，与四边形和六面体单元相比，三角形和四面体单元上离散控制方程要复杂很多。

9.1.2　网格生成的一般性要求

网格的好坏直接影响数值计算的效果，因此，网格生成需要满足以下的几点要求[2]：

（1）网格大小和单元大小

网格大小由网格点的总数量表示，而单元的大小表示为其所有边长度的最大值。网格生成需要具有增加网格节点数量和单元边长度的能力。小的单元有利于分辨小尺度上的物理现象，但是过小的网格单元也会大大增加迭代的步数和总的计算时间。

（2）网格的组织结构

网格应该具有某种形式的节点和单元组织结构，这可以方便代数方程的公式化和求解过程。网格的组织结构应能识别相邻的点和单元，这对于有限差分方法尤为重要，因为在获得代数方程的过程中需要用差分代替微分。有限体积方法与不规则网格存在内在兼容性，因此并不是特别需要特定网格组织形式。

（3）单元和网格变形

单元变形特性可以表示为一些偏离标准的单元形状。从简化和标准化构造微分方程的角度出发，应该优选低变形的单元。网格变形还应考虑连续单元几何特征的变化率，即相邻单元不会突然改变，这样的网格称为平滑网格。单元的变形会影响计算的精度，甚至导致计算的失败。网格变形一般发生在使用动网格的问题中。

（4）网格与几何形状的一致性

偏微分方程的数值解和离散函数插值的精度在很大程度上受网格与物理域几何形状兼容程度的影响。首先，网格节点必须充分逼近原始几何形状。其次，需要有足够数量的网格节点可以视为边界节点，只有在这种情况下，才能准确地施加边界条件。

9.1.3　网格的分类

在多维区域边值问题的数值计算中，有两种流行的基本网格类型：结构化和非结构化网格。如图9.3所示，这两类网格的区别主要在于局部网格点的组织方式。一般来讲，这意味着如果网格点的局部组织和网格单元的形式不取决于其位置，而是由一般性的规则定义，则该网格被视为结构化网格。当相邻网格节点的连接关系逐点变化时，该网格称为非结构化网格。在结构化网格情况下，隐式地考虑了网格的连接特性，而非结构化网格的连接特性必须通过适当的数据结构来显式地描述。网格的这两个基本类别产生了网格类型的三个额外的细分类型：块结构网格、重叠网格和混合网格。这些网格在某种程度上具有结构或和非结构化网格的特征。

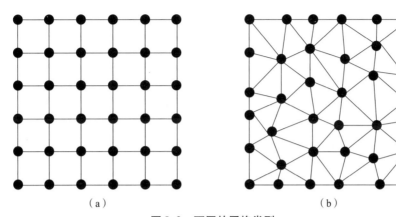

图 9.3 不同的网格类型

（a）结构网格；（b）非结构网格

结构化网格和非结构化网格的选择取决于具体问题。非结构化网格更容易适应复杂的几何形状，并且通过较少的单元就能定义确定质量的网格方案。但某些基本信息（如给定单元的邻居的存储位置）的存储和访问则需要额外的开销。此外，对于运动区域的动态计算，非结构化网格几乎每个时间步都需要更新网格信息。在纯笛卡尔坐标系上，非结构化网格的困难在于边界与网格相交，往往产生需要进行特殊处理的不规则形状（可能非常小）的网格单元。

9.2　结构化网格

结构网格是正交的、排列有序的规则网格，网格节点可以被标识，并且每个相邻的点都可以被简单计算出来，而不需要特意进行寻找。例如，（i，j）这个点可以通过（i+1，j）和（i-1，j）计算得到。采用结构网格方法的优势在于它很容易地实现区域的边界拟合；网格生成的速度快、质量好、数据结构简单；易于生成物面附近的边界层网格，有许多成熟的计算方法和比较好的湍流计算模型。因此，它仍然是目前复杂外形飞行器气动力数值模拟的主要方法，计算技术最成熟。但是结构网格需要较长的物面离散时间、单块网格边界条件的确定以及网格块之间各种相关信息的传递，从而增加了快速计算分析的难度。而且对于不同的复杂外形，必须构造不同的网格拓扑结构，因而无法实现网格的"自动"生成，网格生成费时费力。结构网格比较突出的缺点是适用的范围比较窄，只适用于形状规则的计算域。

在对物理问题进行分析时，最理想的坐标系是各坐标轴与所计算区域的边界一一贴合的坐标系，称该坐标系是所计算区域的贴体坐标系。比如直角坐标系是矩形区域的贴体坐标系，极坐标是环扇形区域的贴体坐标系。如图9.4（a）所示，可以在翼型附近生成平行和垂直翼型表面的网格线，在这样的网格下很容易处理边界层问题。但是，在物理平面（笛卡尔

坐标系 xOy），贴体网格形状复杂，不容易构造数值格式，因此需要将物理平面内的不规则贴体网格转换为计算平面内的规则矩形网格（图9.4（b）），用 $\xi O\eta$ 曲线坐标系表示，便于构造数值格式。贴体坐标又称适体坐标、附体坐标。从数值计算的观点看，对生成的贴体坐标有以下几个要求：

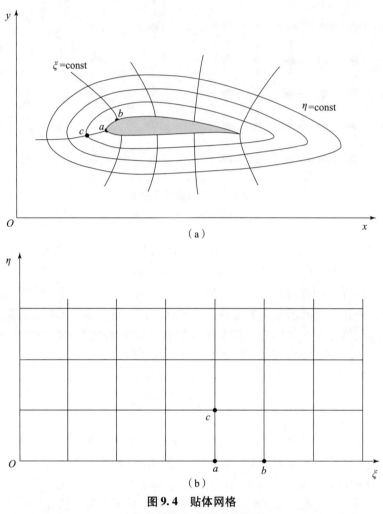

图9.4 贴体网格

（a）物理平面；（b）计算平面

①物理平面上的节点应与计算平面上的节点一一对应，同一簇中的曲线不能相交，不同簇中的两条曲线仅能相交一次。

②贴体坐标系中每一个节点应当是一系列曲线坐标轴的交点，而不是一群三角形元素的顶点或一个无序的点群，以便设计有效、经济的算法及程序。要做到这一点，只要在计算平面中采用矩形网格即可，所以贴体坐标系生成的是结构网格。

③物理平面求解区域内部的网格疏密程度要易于控制。

④在贴体坐标的边界上，网格线最好与边界线正交或接近正交，以便于边界条件的离散。生成贴体坐标的过程可以看成是一种变换，即把物理平面上的不规则区域变换成计算平面上规则区域，主要方法有微分方程法、代数生成法、保角变换法三种。

9.2.1　代数生成法

代数生成法实际上是一种插值方法。它主要是利用一些线性和非线性的、一维或多维的插值公式来生成网格。其优点是应用简单、直观、耗时少、计算量少，能比较直观地控制网格的形状和密度；缺点是对复杂的几何外形难以生成高质量的网格。代数生成法包括边界规范化方法、双边界法和无线插值法。

1. 边界规范化方法

所谓边界规范化方法（Boundary Normalization），就是指通过一些简单的变换把物理平面计算区域中不规则部分的边界转换成计算平面上的规则边界的方法，这些变换关系式因具体问题而异。下面通过一些例子来说明。

二维不规则通道的变换：图 9.5 为一个二维渐扩通道的上半部，不规则的上边界的函数形式为 $y = x^2, 1 \leqslant x \leqslant 2$，则可采用下列变换公式把上边界规范化：

$$\begin{cases} \xi = x \\ \eta = y/y_{\max} \\ y_{\max} = x_t^2 \end{cases} \tag{9.2.1}$$

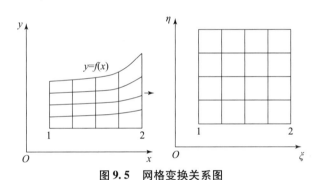

图 9.5　网格变换关系图

这里 x_t 为上边界节点的 x 值。对于一条边界为不规则的二维通道，只要规定了不规则边界上 y 与 x 之间的关系式，就可以用这种方法来进行变换。

梯形区域的变换：如图 9.6 所示，一个梯形区域可以通过以下公式变换成计算平面上边长可以调节的矩形：

$$\begin{cases} \xi = ax \\ \eta = b\dfrac{y - f_1(x)}{f_2(x) - f_1(x)} \end{cases} \tag{9.2.2}$$

式中，$f_2(x)$ 和 $f_1(x)$ 分别为梯形上、下边的 y 与 x 的关系式；a 与 b 为调节系数（放大或缩小）。$f_2(x)$ 和 $f_1(x)$ 不必为直线，曲线也可以（但与垂直于 x 轴的直线只能有一个交点）。

2. 双边界法

对于在物理平面上由四条曲线边界所构成的不规则区域，可以采用一种具有通用意义的方法来生成网格，这就是"双边界法"（Two-Boundary Method）。设在物理平面上有一个不规则区域 $abcd$，其中，ab、cd 为两个不直接连接的边界。首先选定这两条边界上的 η 值，设分别为 η_b 和 η_t，于是该两边界上的 x、y 仅随 ξ 而异。这些因变关系应该预先给定，设为：

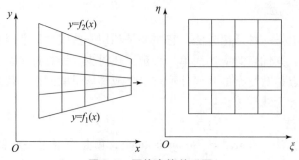

图9.6 网格变换关系图

$$\begin{cases} x_b = x_b(\xi), & y_b = y_b(\xi) \\ x_t = x_t(\xi), & y_t = y_t(\xi) \end{cases} \tag{9.2.3}$$

下标 b 与 t 分别表示底边与顶边。

为简便起见，计算平面上的 ξ、η 取值在 $0 \sim 1$ 之间，这里暂取 $\eta_1 = 0, \eta_2 = 1$，则以上式子可写成：

$$\begin{cases} x_b = x_b(\xi, 0), & y_b = y_b(\xi, 0) \\ x_t = x_t(\xi, 1), & y_t = y_t(\xi, 1) \end{cases} \tag{9.2.4}$$

为了确定在区域 $abcd$ 内各点的 ξ、η 值，一种最简单的方法是取为上、下边界函数关于 η 的线性组合，即

$$\begin{cases} x(\xi, \eta) = x_b(\xi)f_1(\eta) + x_t(\xi)f_2(\eta) \\ y(\xi, \eta) = y_b(\xi)f_1(\eta) + y_t(\xi)f_2(\eta) \end{cases} \tag{9.2.5}$$

式中，$f_1(\eta) = 1 - \eta, f_2(\eta) = \eta$，这样，在物理平面的边界上，生成的网格的网格线与边界是不垂直的，为了生成与边界正交的网格，$f_1(\eta)$、$f_2(\eta)$ 需要取为三次多项式，并且在式 (9.2.4) 中要增加两条边界上 x_b、y_b、x_t 及 y_t 对 ξ 的导数项。图9.6所示的梯形如果用双边界法转换，可取：

$$\begin{cases} x_b = x_1(\xi) = \xi, & x_t = \xi \\ y_b = y_1(\xi) = 0, & y_t = y_2(\xi) = 1 + \xi \end{cases} \tag{9.2.6}$$

则按式 (9.2.5) 得：

$$\begin{cases} x = x_1(\xi)(1 - \eta) + x_2(\xi)\eta = \xi(1 - \eta) + \xi\eta = \xi \\ y = y_1(\xi)(1 - \eta) + y_2(\xi)\eta = 0 \times (1 - \eta) + 1 + \xi\eta = (1 + \xi)\eta \end{cases} \tag{9.2.7}$$

这就相当于把 y 方向的长度规范化。这一变换所得出的物理平面上的网格线显然不与 $x = 0$ 及 $x = 1$ 两条直线正交。

3. 无限插值法

双边界法还可以看成是构造了一种插值的方式，即把上、下边界上规定好的 $x_t(\xi)$，$y_t(\xi)$ 及 $x_b(\xi)$，$y_b(\xi)$ 通过插值得出内部节点的 (x, y) 与 (ξ, η) 间的关系。如图9.7所示，如果同时在四条不规则的边界上各自规定了 (x, y) 与 (ξ, η) 的关系，这种关系式是可以解析的，那么也可以给出离散的对应关系。设分别为 $x_b(\xi)$、$y_b(\xi)$、$x_t(\xi)$、$y_t(\xi)$、$x_l(\eta)$、$y_l(\eta)$ 及 $x_r(\eta)$、$y_r(\eta)$，其中，下标 l, r 分别表示左、右，则可以采用下列变换（插值）得到物理

平面上计算区域内任一点 (x,y) 与 (ξ,η) 的关系：

$$
\begin{cases}
x(\xi,\eta) = x_b(\xi)(1-\eta) + x_t(\xi)\eta + (1-\xi)x_l(\eta) + \xi x_r(\eta) - \\
\qquad [\xi\eta x_t(1) + \xi(1-\eta)x_b(1) + \eta(1-\xi)x_l(0) + \xi(1-\eta)x_b(0) \\
y(\xi,\eta) = y_b(\xi)(1-\eta) + y_t(\xi)\eta + (1-\xi)y_l(\eta) + \xi y_r(\eta) - \\
\qquad [\xi\eta y_t(1) + \xi(1-\eta)y_b(1) + \eta(1-\xi)y_l(0) + \xi(1-\eta)y_b(0)
\end{cases}
\tag{9.2.8}
$$

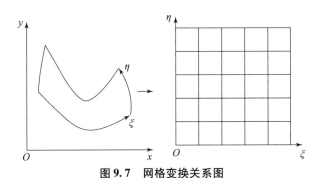

图 9.7　网格变换关系图

式（9.2.8）所规定的插值可以把四条边界上规定的对应关系连续地插入区域内部，插值的点数是无限的，因而称为无限插值（Transfinite Interpolation，TFI）。可以这样理解：如果把 $\xi = (0,1)$，$\eta = (0,1)$ 分别代入式（9.2.8），则可以得出四条边界的 (x,y) 与 (ξ,η) 的关系式，因而在 $0 \le \xi \le 1$，$0 \le \eta \le 1$ 范围内，式（9.2.8）给出了根据四条边界给定的关系进行插值，进而求解出内部节点位置的方法。

采用 TFI 方法生成网格的大致步骤如下：

①首先，根据需要（如采用等间距还是渐疏/渐密等策略）手工或编程生成二维物理空间求解区域的 t、b、l、r（即上下左右）4 条边界上的节点位置 (x,y)。

②其次，根据物理空间的网格划分需求，确定节点划分策略（如矩形网格形式），手工或编程生成计算空间的各个节点位置 (ξ,η)。

③采用上节给出的计算公式，注意节点对应关系，求出物理空间上内部区域的各个网格节点位置 $x(\xi,\eta)$、$y(\xi,\eta)$。

④把物理空间的网格节点信息存储为需要的格式，进行显示验证或供物理求解调用。

9.2.2　微分方程生成法

微分方程生成法是 20 世纪 70 年代发展起来的一种方法，基本思想是定义计算域坐标与物理域坐标之间关系的一组偏微分方程，通过求解这组方程将计算域的网格转化到物理域。其优点是通用性好，能处理任意复杂的几何形状，并且生成的网格光滑、均匀，还可以调整网格疏密，对不规则边界有良好的适应性，在边界附近可以保持网格的正交性，在区域内部整个网格都比较光顺；缺点是计算工作量大。该方法是目前应用最广的一种结构化网格的生成方法，主要有椭圆型方程法、双曲型方程法和抛物型方程法。

通过求解椭圆型偏微分方程组生成贴体网格的思想最早是由 Winslow[2] 于 1967 年提出的。1974 年，Thompson 等[1] 系统而全面地完成了这方面的研究工作，为贴体坐标技术在 CFD 中广泛应用奠定了基础。用椭圆型方程生成的贴体网格质量很高，而且计算时间增加不多，不仅能处理二维、三维问题，还能处理定常和非定常问题。

用椭圆型方程生成网格时的已知条件是：

①计算平面上 ξ、η 方向的节点总数及节点位置。在计算平面上、网格总是划分均匀的，一般取（$\Delta\xi=1$，$\Delta\eta=1$）。

②物理平面边界上的节点设置。节点设置方式反映出对网格疏密布置的要求。例如，在变量变化剧烈的地方网格要密一些，变化平缓的地方则应稀疏一些。

需要解决的问题是：找出计算平面上求解域中的一点（ξ，η）与物理平面上的一点（x，y）之间的对应关系：

$$\begin{cases}\xi=\xi(x,y)\\\eta=\eta(x,y)\end{cases}$$

这种对应关系包括边界点和边界点之间的对应关系以及内点和内点之间的关系。通常给定边界点的对应关系（代数方法），通过求解方程获得内点的对应关系。这种方法对应一种边值问题，而椭圆型方程是一种典型的边值问题，因此可以通过求解椭圆型方程得到物理平面内网格节点的分布。

常用的椭圆型方程包括拉普拉斯方程：

$$\frac{\partial^2\xi}{\partial x^2}+\frac{\partial^2\xi}{\partial y^2}=0$$

$$\frac{\partial^2\eta}{\partial x^2}+\frac{\partial^2\eta}{\partial y^2}=0$$

(9.2.9)

或者 Poison 方程：

$$\frac{\partial^2\xi}{\partial x^2}+\frac{\partial^2\xi}{\partial y^2}=P(x,y)$$

$$\frac{\partial^2\eta}{\partial x^2}+\frac{\partial^2\eta}{\partial y^2}=Q(x,y)$$

(9.2.10)

1. 椭圆型方程求解过程

假定物理平面为（x，y），计算平面为（ξ，η），物理平面和计算平面之间的雅可比行列式为：

$$J=\left|\frac{\partial(x,y)}{\partial(x,\eta)}\right|=x_\xi y_\eta-x_\eta y_\xi$$

为了满足两平面之间一一对应的关系，雅可比行列式应该是非平凡的。

利用微分计算的链式法则：

$$\frac{\partial}{\partial x}=\frac{\partial}{\partial\xi}\xi_x+\frac{\partial}{\partial\eta}\eta_x$$

$$\frac{\partial}{\partial y}=\frac{\partial}{\partial\xi}\xi_y+\frac{\partial}{\partial\eta}\eta_y$$

可以得到：

$$\xi_{xx}=(-y_\eta^3 x_{\xi\xi}+2y_\eta^2 y_\xi x_{\xi\eta}-y_\xi^2 y_\eta x_{\eta\eta}+x_\eta y_\eta^2 y_{\xi\xi}-2y_\xi y_\eta x_\eta y_{\xi\eta}+x_\eta y_\xi^2 y_{\eta\eta})/J^3$$

$$\xi_{yy}=(x_\xi^3 y_{\xi\xi}-2x_\xi x_\eta^2 y_{\xi\eta}+x_\xi^2 x_\eta y_{\eta\eta}-x_\eta^2 y_\eta x_{\xi\xi}+2x_\xi x_\eta y_\eta x_{\xi\eta}-x_\xi^2 y_\eta x_{\eta\eta})/J^3$$

$$\eta_{xx}=(y_\xi^2 y_\xi x_{\xi\xi}-2y_\xi^2 y_\eta x_{\xi\eta}+y_\xi^3 x_{\eta\eta}-y_\xi^2 x_\xi y_{\xi\xi}+2x_\xi y_\xi 6y_\eta y_{\xi\eta}-x_\eta y_\xi^2 y_{\eta\eta})/J^3$$

$$\eta_{yy}=(-x_\xi x_\xi^2 y_{\xi\xi}+2x_\xi^2 x_\eta y_{\xi\eta}-x_\xi^3 y_{\eta\eta}+x_\eta^2 y_\xi x_{\xi\xi}-2x_\xi x_\eta y_\eta x_{\xi\eta}+x_\xi^2 y_\xi x_{\eta\eta})/J^3$$

将其代入拉普拉斯方程（9.2.9），可得：

$$\nabla^2 \xi = \frac{\partial^2 \xi}{\partial x^2} + \frac{\partial^2 \xi}{\partial y^2} = 0$$

$$\nabla^2 \eta = \frac{\partial^2 \eta}{\partial x^2} + \frac{\partial^2 \eta}{\partial y^2} = 0 \tag{9.2.11}$$

做 $x_\xi \nabla^2 \xi - x_\eta \nabla^2 \eta$ 和 $y_\xi \nabla^2 \xi - y_\eta \nabla^2 \eta$ 运算，容易得到如下逆变换方程：

$$\alpha x_{\xi\xi} - 2\beta x_{\xi\eta} + \gamma x_{\eta\eta} = 0$$

$$\alpha y_{\xi\xi} - 2\beta y_{\xi\eta} + \gamma y_{\eta\eta} = 0 \tag{9.2.12}$$

式中

$$\alpha = x_\eta^2 + y_\eta^2$$

$$\beta = x_\xi x_\eta + y_\xi y_\eta$$

$$\gamma = x_\xi^2 + y_\xi^2 \tag{9.2.13}$$

此为非线性椭圆型方程。根据有限差分知识，对于椭圆型方程，其离散方法宜采用中心型差分格式，因此差分方程是隐式的，即：

$$(x_{\xi\xi})_{i,j} = (x_{i+1,j} - 2x_{i,j} + x_{i-1,j})/(\Delta\xi)^2$$

$$(x_{\eta\eta})_{i,j} = (x_{i,j+1} - 2x_{i,j} + x_{i,j-1})/(\Delta\eta)^2$$

$$(x_{\xi\eta})_{i,j} = [(x_\xi)_{i,j}]_\eta = [(x_{i+1,j} - x_{i-1,j})_\eta]/(2\Delta\xi)$$

$$= (x_{i+1,j+1} - x_{i+1,j-1} + x_{i-1,j-1} - x_{i-1,j+1})/(4\Delta\xi\Delta\eta) \tag{9.2.14}$$

$$(y_{\xi\xi})_{i,j} = (y_{i+1,j} - 2y_{i,j} + y_{i-1,j})/(\Delta\xi)^2$$

$$(y_{\eta\eta})_{i,j} = (y_{i,j+1} - 2y_{i,j} + y_{i,j-1})/(\Delta\eta)^2 \tag{9.2.15}$$

$$(y_{\xi\eta})_{i,j} = (y_{i+1,j+1} - y_{i+1,j-1} + y_{i-1,j-1} - y_{i-1,j+1})/(4\Delta\xi\Delta\eta)$$

$$(x_\xi)_{i,j} = (x_{i+1,j} - x_{i-1,j})/(2\Delta\xi)$$

$$(x_\eta)_{i,j} = (x_{i,j+1} - x_{i,j-1})/(2\Delta\eta)$$

$$(y_\xi)_{i,j} = (y_{i+1,j} - y_{i-1,j})/(2\Delta\xi) \tag{9.2.16}$$

$$(y_\eta)_{i,j} = (y_{i,j+1} - y_{i,j-1})/(2\Delta\eta)$$

将差分格式（9.2.14）~（9.2.16）代入逆变换方程的系数方程（9.2.13）中，可得：

$$\alpha_{i,j} = (x_\eta^2 + y_\eta^2)_{i,j} = [(x_{i,j+1} - x_{i,j-1})^2 + (y_{i,j+1} - y_{i,j-1})^2]/[4(\Delta\eta)^2]$$

$$\gamma_{i,j} = (x_\xi^2 + y_\xi^2)_{i,j} = [(x_{i+1,j} - x_{i-1,j})^2 + (y_{i+1,j} - y_{i-1,j})^2]/[4(\Delta\xi)^2]$$

$$\beta_{i,j} = (x_\xi x_\eta + y_\xi y_\eta)_{i,j} = [(x_{i+1,j} - x_{i-1,j})(x_{i,j+1} - x_{i,j-1}) +$$

$$(y_{i+1,j} - y_{i-1,j})(y_{i,j+1} - y_{i,j-1})]/(4\Delta\xi\Delta\eta)$$

代入逆变换方程（9.2.12）中，并令 $\Delta\xi = \Delta\eta$，得逆变换方程的差分方程，即：

$$x_{i,j} = \left[\alpha_{i,j}(x_{i+1,j} + x_{i-1,j}) - \frac{1}{2}\beta_{i,j}(x_{i+1,j+1} - x_{i+1,j-1} + x_{i-1,j-1} - x_{i-1,j+1}) + \right.$$

$$\left. \gamma_{i,j}(x_{i,j+1} + x_{i,j-1}) \right] \Big/ [2(\alpha_{i,j} + \gamma_{i,j})]$$

$$y_{i,j} = \left[\alpha_{i,j}(y_{i+1,j} + y_{i-1,j}) - \frac{1}{2}\beta_{i,j}(y_{i+1,j+1} - y_{i+1,j-1} + y_{i-1,j-1} - y_{i-1,j+1}) + \right.$$

$$\left. \gamma_{i,j}(y_{i,j+1} + y_{i,j-1}) \right] \Big/ [2(\alpha_{i,j} + \gamma_{i,j})]$$

该方程组需要进行迭代求解。

2. 椭圆网格拓扑关系

由于拓扑的对应性，物理空间必须是单联通域，如果是多联通的，可通过切割形成单联通域。根据切割形式的不同，可以分为 H 型、C 型和 O 型网格，如图 9.8 ~ 图 9.10 所示。

如图 9.8 所示，在 H 型网格中，计算区域是具有内部切口的正方形，该内部切口通过构造坐标变换而打开并映射到物理区域的内部边界上。正方形的外部边界映射到物理区域的外部。内部边界有两个具有奇异点的点 5 和 6，其中一条线 5 – 6 分裂。

如图 9.9 所示，C 型网格的计算区域也是实心正方形，但是到物理平面的映射涉及识别其一侧的线段 5 – 6，然后使其变形。在 C 型网格中，一簇的坐标线离开外部边界 1 – 2，环绕内部边界，然后再次返回到外部边界 3 – 4。内部边界上有一个点具有与 H 型网格相同的奇点类型。C 型网格通常用于具有孔和长突起的区域。

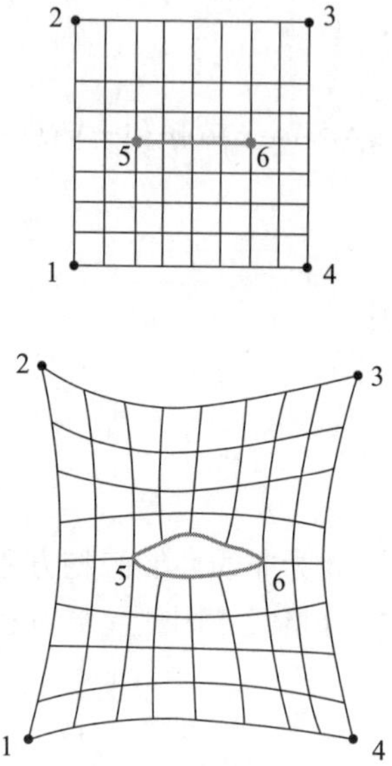

图 9.8 H 型网格

如图 9.10 所示，在 O 型网格中，计算区域也为实心正方形。在这种情况下，可通过弯曲正方形将两个相对的边 1 – 2 和 3 – 4 粘在一起然后变形来获得坐标系。粘住的两个边确定块中的切口，称为虚拟边界。O 型网格的一个特例是极坐标系的节点和单元。当区域的边界是平滑的时，可以不使用奇异点来构造 O 型网格。在计算通过大型飞机部件（机身、吊船等）的流动时，会使用此类网格，并且与 H 型网格结合使用时，可用于构造多层块结构网格。

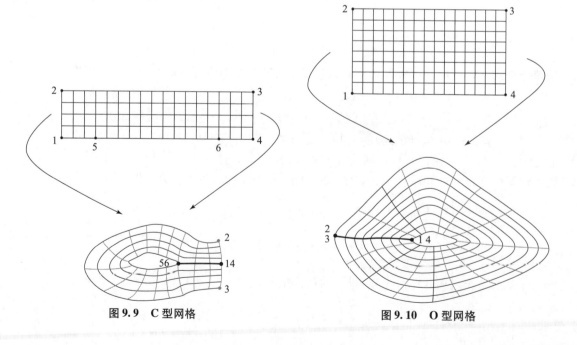

图 9.9 C 型网格

图 9.10 O 型网格

9.3　分块结构化网格

贴体网格方法的提出大大促进了有限差分法处理不规则区域问题的能力。但由于实际问题的复杂性，仍然有不少不规则区域中的问题难以用贴体坐标方法解决。本节介绍另外一种有效处理不规则计算区域的方法——分块结构网格（Block – Structured Grid）。

分块结构化网格又称组合网格（Composite Grid），是求解不规则区域中力学问题的一种重要的网格划分方法。从数值方法的角度，分块结构化网格又称为区域分解法（Domain Decomposition Method）。采用这种方法时，首先根据问题的几何条件把整个求解区域划分成几个子区域，每一子区域都用常规的结构化网格来离散，通常各区域中的离散方程都各自分别求解，块与块之间的耦合通过交界区域中信息的传递来实现。于是，采用这种方法的关键在于不同块的交界处流动变量的信息如何高效、准确地传递。采用分块结构化网格的优点是：①可以大大降低网格生成的难度，因为在每一块中都可以方便地生成相对简单的结构网格；②可以在不同的区域选取不同的网格密度，从而有效地照顾到不同计算区域需要处理不同空间尺度的情况，块与块之间不要求网格完全贯穿，便于网格加密；③便于采用并行算法来求解各块中的代数方程组。

分块结构化网格可分为拼接式网格（Patched Grid）与重叠式网格（Overlapping Grid），前者在块与块的交界处无重叠区域，通过一个界面相接（图 9.11（a））；后者则有部分区域重叠（图 9.11（b）），这种网格又称杂交网格（Chimera Grid）。

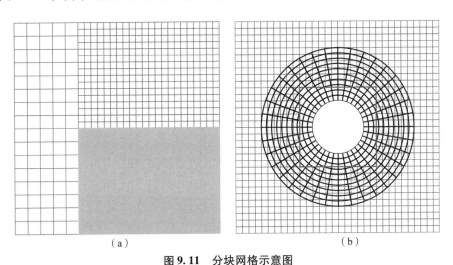

（a）　　　　　　　　　　　　　　　　　　　　（b）

图 9.11　分块网格示意图

（a）拼接式网格；（b）重叠式网格

在块与块的交界处，网格信息传递的常用方法有 D – D 型（Dirichlet – Dirichlet，即第一类边界条件传递）和 D – N 型（Dirichlet – Neumann）两种。在 D – D 型传递中，在重叠区内，一种网格系统边界节点的值，可以利用与之相邻的另一网格系统中的四个节点的值按插值原则得出。在 D – N 传递中，一个块在交界处给出第一类边界条件，而另一块则在交界处给出第二类边界条件，通常通过插值实现信息的传递。

9.4 非结构化网格

同结构化网格的定义相对应，非结构化网格是指网格区域内的内部点不具有相同的毗邻单元。非结构化网格技术主要弥补了结构化网格不能解决任意形状和任意连通区域网格剖分的缺陷。因此，非结构化网格中节点和单元的分布可控性好，能够较好地处理边界，适用于复杂结构模型网格的生成。非结构化网格生成方法在其生成过程中采用一定的准则进行优化判断，因而能生成高质量的网格，容易控制网格大小和节点密度，它采用的随机数据结构有利于进行网格自适应，提高计算精度。从定义上可以看出，结构化网格和非结构化网格有相互重叠的部分，即非结构化网格中可能会包含结构化网格。

非结构化网格技术从20世纪60年代开始出现，到90年代时，非结构化网格的研究达到了高峰。非结构化网格的生成技术比较复杂，随着求解区域复杂性的不断提高，对非结构化网格生成技术的要求越来越高。从现在的文献调查来看，非结构化网格生成技术中只有平面三角形的自动生成技术比较成熟，平面四边形网格的生成技术正在走向成熟。而任意三维曲面的三角形、四边形网格生成，以及三维任意形状实体的四面体和六面体网格生成技术还远未成熟，需要解决的问题还非常多。主要的困难是从二维到三维以后，待剖分网格的空间结构更加复杂，除四面体单元以外，很难生成同一种类型的网格，需要各种不同类型的网格进行过渡，如金字塔形、五面体形等。

非结构化网格技术的分类，可以根据应用的领域分为应用于有限差分法和有限体积法的网格生成技术和应用于有限元方法的网格生成技术。前者除了要满足区域的几何形状要求以外，还要满足某些特殊的性质（如垂直正交、与流线平行正交等），因而从技术实现上来说就更困难一些。后者相对非常自由，生成的网格只要满足一些形状上的要求就可以了。一般来说，非结构网格生成方法主要包括阵面推进法、Delaunay三角网格和四叉树/八叉树方法，下面分别介绍这三种方法。

9.4.1 阵面推进法

阵面推进法的基本思想是首先将待离散区域的边界按需要的网格尺度分布划分成小阵元（二维是线段，三维是三角形面片），构成封闭的初始阵面，然后从某一阵元开始，在其面向流场的一侧插入新点或在现有阵面上找到一个合适点与该阵元连成三角形单元，就形成了新的阵元。将新阵元加入阵面中，同时，删除被掩盖了的旧阵元，依此类推，直到阵面中不存在阵元时推进过程结束。其优点是初始阵面即为物面（边界），能够严格保证边界的完整性；计算截断误差小，网格易生成；引入新点后，易于控制网格步长分布且在流场的大部分区域也能得到高质量的网格。缺点是每推进一步，仅生成一个单元，因此效率较低。如图9.12所示，阵面推进法的一般流程为：①离散边界，包括外边界和内边界。②从某一点A开始沿着逆时针方向选取下一点B，然后依托这两点在内部选择一点C构造成等边三角形单元。③B变成A，继续沿逆时针选取下一点B，并根据等边三角形原则在内部选择一点C，然后判断点C的圆形搜索范围内是否存在比A和B更近的离散点D，若不存在，则构造以A、B、C为顶点的等边三角形单元；若存在，则将D变成C，并与AB构成非等边三角形单元。④不断重复上述过程，直到生成所有的三角形单元。

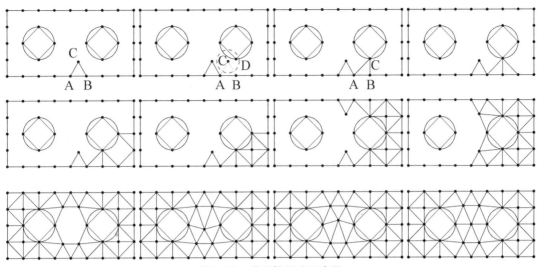

图 9.12　阵面推进法示意图

　　在生成初始阵面和新的三角形单元时，需要知道局部网格空间尺度参数，这可以由背景网格提供，对背景网格的要求是，它能完全覆盖整个计算区域。早期的阵面推进法采用非结构化背景网格，背景网格的几何形状与拓扑结构及其空间尺度参数人为给定，这种方法的缺点是人为干预成分多，不易被使用者掌握，生成的非结构化网格光滑性难以保证，进行空间尺度参数插值运算时，需要进行大量的搜索运算，降低了网格的生成效率。

9.4.2　Delaunay 三角网格

　　Delaunay 三角网格方法[1,2]是在 Voronoi 图的基础上发展而来的，是目前应用最广泛的三角网格生成方法之一。Voronoi 图又叫泰森多边形或 Dirichlet 图，它是由一组由相邻两点连线的垂直平分线组成的连续多边形，如图 9.13（a）所示，而 Delaunay 三角网格就是 Voronoi 图的对偶，如图 9.13（b）所示。

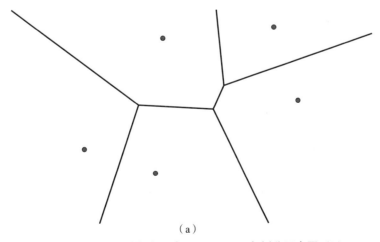

（a）

图 9.13　Voronoi 图（a）与 Delaunay 三角划分示意图（b）

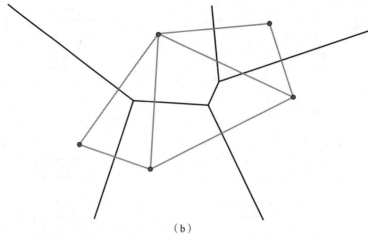

（b）

图 9.13　Voronoi 图（a）与 Delaunay 三角划分示意图（b）（续）

Delaunay 三角形划分的步骤是：将平面上一组给定点中的若干个点连接成 Delaunay 三角形，即每个三角形的顶点都不包含在其他所有点构成的三角形的外接圆内，如图 9.14 所示，若出现这种情况，即 D 点在三角形 ABC 的外接圆内，则连接点 D 和这个三角形的顶点（D–A，D–B，D–C），组成新的 Delaunay 三角形网格，直至所有的点全部被连接起

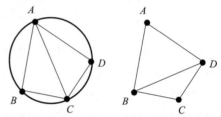

图 9.14　Delaunay 三角剖分的空圆特性

来。其实很容易看出来，如果点在三角形的外接圆的内部，就很容易造成比较尖锐的角，这样的三角形在线性插值的时候效果不太好，所以一般要避免。因此，要满足 Delaunay 三角剖分的定义，必须符合两个重要的准则：①空圆特性：Delaunay 三角网格是唯一的（任意四点不能共圆），在 Delaunay 三角形网格中，任一三角形的外接圆范围内不会有其他节点存在；②最大化最小角特性：在散点集可能形成的三角剖分中，Delaunay 三角剖分所形成的三角形的最小角最大。从这个意义上讲，Delaunay 三角网是"最接近规则化"的三角网格，具体来说，是指两个相邻三角形构成的凸四边形的两条对角线，在相互交换后，六个内角中最小的那个角不再增大。Delaunay 三角剖分其实并不是一种算法，它只是给出了一个"好的"三角网格的定义，它的优秀特性是空圆特性和最大化最小角特性，这两个特性避免了狭长三角形的产生，也使得 Delaunay 三角剖分得到了广泛的应用。

Delaunay 剖分是一种三角剖分的标准，实现它有多种算法，其中，Bowyer – Watson 算法[2]是最经典的算法。逐点插入的 Bowyer – Watson 算法是 1977 年提出的，该算法思路简单，易于编程实现。Bowyer – Watson 算法的主要步骤如下：①构造一个超级三角形，包含所有散点，放入三角形链表。②在已进行 Delaunay 三角化的网格中加入一点 P，只需要删除所有外接圆包含此点的三角形，并连接 P 与所有可见的点（即连接后不会与其他边相交），则形成的网格仍然满足 Delaunay 三角剖分的条件，从而完成一个点在 Delaunay 三角形链表中的插入。图 9.15 给出了插入新点的一般化步骤。③根据优化准则对局部新形成的三角形进行优化，并将形成的三角形放入 Delaunay 三角形链表。④循环执行上述第②步，直到所有散点插入完毕。

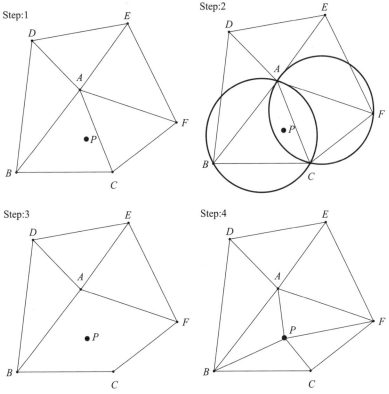

图 9.15　Bowyer – Watson 插入新点的步骤

Delaunay 三角划分的优点是具有良好的数学支持，生成效率高，不易引起网格空间穿透，数据结构相对简单，而且速度快，网格的尺寸比较容易控制。缺点是为了要保证边界的一致性和物面的完整性，需要在物面处进行布点控制，以避免物面穿透。

9.4.3　四叉树/八叉树方法

Yerry 和 Shephard[3] 于 1983 年首次将四叉树/八叉树法的空间分解法引入网格划分领域，形成了著名的四叉树/八叉树方法。四叉树/八叉树方法生成非结构网格的基本做法是：先用一个较粗的矩形（二维）/立方体（三维）网格覆盖包含物体的整个计算域，然后按照网格尺度的要求不断细分矩形（立方体），使符合预先设置的疏密要求的矩形/立方体覆盖整个流场，最后将矩形/立方体切割成三角形/四面体单元（可选），如图 9.16 所示。四叉树细分网格的树状数据结构如图 9.17 所示。

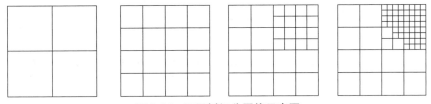

图 9.16　四叉树细分网格示意图

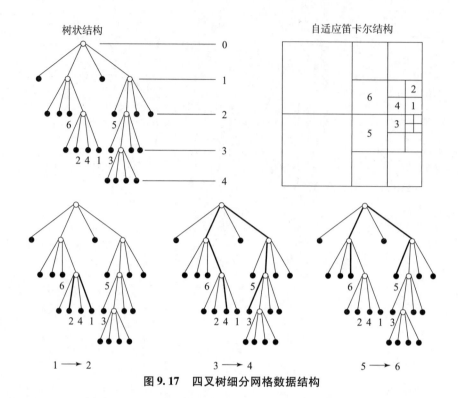

图 9.17　四叉树细分网格数据结构

如图 9.18 所示，四叉树划分网格的步骤：

①定义初始的矩形网格，即四叉树的根节点。

②每个根网格递归分成 4 个叶节点，以重新解析几何结构。

③找到叶节点网格与几何边界的交点。

④使用角、边节点和与边界的相交点对每个叶节点进行网格划分。

⑤删除边界之外的部分，保留边界内部的网格。

⑥如果任何两个相邻节点的步长相差大于 1，则四叉树需要进行平衡化处理。

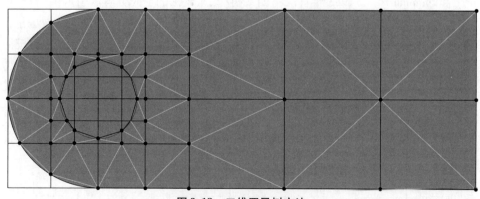

图 9.18　二维四叉树方法

四叉树/八叉树方法的优点是基本算法很简单，而且树形的数据结构对于很多拓扑的和几何的操作都很有效。通过细化一个叶节点或删除一个子树，可以很容易地把自适应网格细分合成进来。该方法的缺点是，由于其基本思想是基于"逼近边界"，但是实际情况下复杂边界的逼近效果不甚理想，所以生成网格质量较差。

9.5　自适应网格技术

多维爆轰波的数值计算通常具有多尺度的问题，需要很高的网格分辨率，这导致使用传统的规则网格需要大量的计算时间和存储空间。而网格自适应技术可以很好地解决这个问题，即在关心的位置（压力、密度或者化学反应变化剧烈的地方）使用很细的网格，而在其他位置使用较粗的网格，如图 9.19 所示，这可以节省大量的计算时间和存储空间。相较于并行计算技术，网格自适应方法不仅可以节省计算时间，还可以节省网格数量，因此更有效率。自适应网格技术针对预先划分好的网格，按照用户定义的误差准则，自动进行误差估计，并进行网格疏密程度的调整。自适应网格的最大优点是它能够与物理问题的解相适应，网格的疏密随物理量梯度的变化而自动调节。

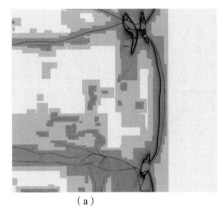 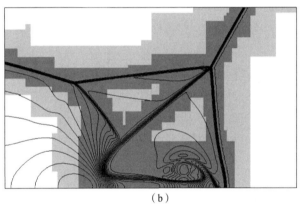

|　　　　（a）　　　　　　　　　　　　　（b）|

图 9.19　网格自适应实例

（a）爆轰波波阵面；（b）激波马赫反射

网格自适应主要包括两种方法[4,5]：第一种是 H 方法[6]，该方法通过改变网格总数，在保持计算方法格式精度的情况下，根据局部物理量或参数误差的变化情况，加密或稀疏网格来实现自适应。该方法首先在相对粗糙的网格上计算，然后根据解分布情况结合误差分析来判断计算区域的误差情况，在误差较大处对网格进行加密，最后在加密的网格上重新求解，重复判断和加密的过程，进而得到满意的结果。第二种是 R 方法[7]，这类方法是在网格节点总数固定且相邻点排列顺序不变的情况下，通过改变网格节点的位置来实现网格自适应加密。伪弧长算法[8]是 R 方法的一种典型方法。

9.5.1　H 自适应方法

H 方法也有很多种，包括非结构网格自适应、结构网格自适应和分块结构网格自适应。图 9.20 显示了三种不同的网格自适应技术的区别。双曲偏微分方程的结构网格自适应方法（AMR 或者 SAMR）最早由 Berger 等[9,10]提出，并对其使用策略进行了不断的改进。他们的

AMR 方法利用基于块体的网格自适应加密策略。首先，在规则的粗网格上进行计算，然后根据网格细分规则标记梯度过大的区域，再将需要进行网格细分的区域根据一定的规则分为不同大小的矩形块体（块体由多个网格单元组成）。接下来对这些选定的矩形块体里面的粗网格单元全部进行细分。这种网格细分过程不断重复，直至设定的最大细分等级。这个过程中会产生属于不同等级的块体。每一个块体本身都是一个规则的矩形网格区域，因此很容易使用有限差分或者有限体积方法在每一个矩形块体上单独进行计算。在细网格上得到的精确的解要同步到上一级的粗网格上。每一个时间步都要经历上述网格的动态自适应细分过程。网格自适应的几个关键问题：①基网格；②求解器；③误差检测器；④网格操作；⑤插值；⑥负载平衡。

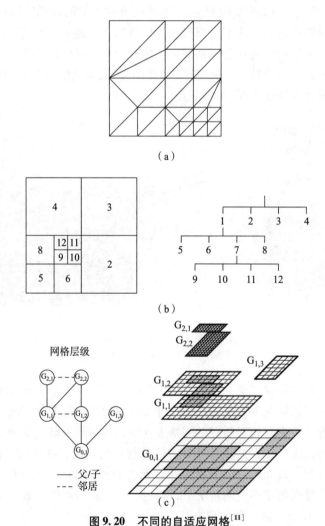

图 9.20　不同的自适应网格[11]

（a）非结构网格自适应；（b）结构网格自适应；（c）分块结构网格自适应

1. 非结构化三角剖分

非结构化三角剖分具有非常好的几何适应性。网格所有顶点的坐标必须显式地存储，并且基本的离散单元是不均匀的。因此，现有的数值方法可以相对容易地用动态自适应来实现。标记为要细化的网格单元可以很简单地替换为更细的单元，并且数值方法可以同时在整个计算网格推进。同时，也需要一个网格的粗化步骤，用于组合多个细网格。对于时间显式的有限体积方法，这种简单的策略可能效率不高。这是因为，根据 CFL 条件，全局的时间步长取决于最小尺寸的网格单元，因而在粗网格上也需要使用本不必要的过小的时间步长，影响了计算效率。进一步地，非结构化三角剖分通常使用显式存储所有单元邻域关系的数据结构。计算期间的内存访问非常不规则，因此，在矢量或超标量计算机上的性能很差。要在具有分布式内存的并行计算机上实现网格自适应，必须解决复杂的动态负载平衡问题。

2. 结构化网格自适应

结构化网格细分的策略是用包含 r^d 个单元的矩形块替换或覆盖单个粗网格单元，r 是细分因子，d 是维度。例如，一个二维矩形单元细分为 4 个新的单元，则 $r=2$，$d=2$。为简单起见，细化因子 r 通常是固定的，并且可以通过使用常规数据树有效地访问所有连续生成的细分块（图 9.20（b））。树状数据结构将每个细分等级上的网格单元定义为类似于树上面的节点，当生成下一等级上的细化网格时，就相当于在树上长出了新的节点，也就是说，基网格上的节点生成相应的细化网格，这种粗网格生成细化网格的关系可以定义为父子关系；相同等级的细化网格可以定义为兄弟关系，这样基网格相当于树的主干，生成的细网格就相当于树的树权，逐级生成节点的关联关系，由同一节点生成的细化网格定义为亲兄弟；由相邻节点生成，但位于同一等级上的网格定义为堂兄弟。

结构化网格细化的一个缺点是：在粗细网格界面处，悬挂节点是不可避免的。这时应用多点进行插值就会产生困难。尽管结构化方法比非结构化技术更好地使用了计算机内存，但是 r^d 个单元的连续存储块通常不满足现代超级计算机向量流水线的要求。此外，大量的小型细分网格单元需要进行的数据同步以及边界设置的时间开销也是巨大的。数值方法在边界附近用到虚网格单元，由于相邻虚网格单元的重叠造成的浪费是无法避免的（详细讨论参见文献［11］）。特别地，高分辨率数值方法需要在边界外设置至少两个虚网格单元，因此，边界信息的存储需求就超过细化区域的存储需求。

3. 分块结构网格自适应

Berger 和 Oliger[9] 提出了用于双曲型偏微分方程的分块结构化自适应网格细化技术，后来 Berger 和 Collela[10] 对其进行了改进，允许细化矩形块体与粗网格对齐，使得改进的 AMR 在矢量计算机上有很高的效率。该方法不是简单地用更精细的单元替换单个粗网格单元，而是遵循基于块结构的优化策略，将需要细分的网格单元进行标记，然后通过特殊算法将这些单元聚合到适合大小的矩形块中，形成一个完整的矩形细分网格块（有关详细信息参见［11］）。从较粗的网格递归推导出细分的网格，从而构造了依次嵌入的网格块的整个层次结构，如图 9.20（c）所示。在层次结构的每个 i 级别上，可以使用单独的细化因子 r_i，通常为 2 或者 4。分块结构化自适应网格最大的优势，是可以在矩形网格块上容易地调用特定的数值格式，而不是像传统的结构化网格一样需要考虑目标单元附近的网格细分情况。此外，分块结构化自适应网格细化技术使用守恒的插值函数在细化的子网格块及其父网格（粗网格块）之间适当地传递单元值。

需要注意的是，在特定网格层上的数值计算是独立进行的。细化子网格覆盖的粗网格单元值随后将被细化网格的平均值覆盖。与细网格的计算成本相比，粗网格上的工作量通常可以忽略不计。与传统结构化网格自适应技术中仅允许一个细分网格存在一个父单元，分块结构化自适应网格方法需要一个一般化的数据树，因为需要考虑任意的父关系和子关系。在图 9.20（c）中，这种一般性可由网格块 $G_{2,2}$ 表示，该网格块覆盖了两个父级网格块 $G_{1,1}$ 和 $G_{1,2}$。分块结构自适应网格采用局部矩形块进行网格细化，主要有以下三个方面的优势：①算法适用性好：在规则四边形网格块上，容易结合有限差分法和有限体积法离散网格节点上物理量的空间导数，使得基网格和细分网格块上可以使用相同的偏微分方程求解器，便于进行编程计算。②细分网格边界插值效果好：生成的块状细化网格呈块状分布，确保了块状细化网格和基网格的交界面位于基网格数值比较平滑的区域上，因此，通过基网格上的数值解插值得到的细化网格边界上数值解的计算误差降到最低。③结构化网格计算快：自适应网格细化算法采用规则四边形结构化网格，计算速度要比采用非结构网格要快。

4. 自适应网格的细化准则和标记（flagging）

自适应网格细化（AMR）的实现必须基于某种细化准则，用于标记哪些网格单元需要进行细化。理想情况下，细化准则基于某种误差估计。对于椭圆型问题，存在完善的误差估计理论，但对于双曲型问题，却没有这样的理论。双曲型问题主要的困难在于，误差沿着特征线传播。因此，误差会出现在它们被创建处之外的地方。具体实践中，大多数网格细化算法采用对流动的经验型测量，而不是尝试估计误差。这涉及对相邻单元的检查并估算变量的梯度。

在数学上，有很多方法可以判断方程数值解的梯度变化，最简单的方法就是估计相邻单元之间物理量的梯度变化率，然后判断该梯度变化率与预设参数 ε_w 的大小关系，若满足：

$$|w_{j+1,k} - w_{j,k}| > \varepsilon_w, |w_{j,k+1} - w_{j,k}| > \varepsilon_w, |w_{j+1,k+1} - w_{j,k}| > \varepsilon_w$$

则标记该网格单元进行细分。预设参数 ε_w 值越小，则需要细分的网格单元越多。如果采用这种方式，意味着每一等级的网格都要做一次比较，无形中加大了计算量，也会占用大量计算内存。通过 Richardson 外插法计算截断误差，可以同时获得两个细分等级上的误差，这样可以大大提高误差估计的效率。

5. 标记网格的聚类成块（clustering）

利用网格细化准则标记需要细化的网格单元之后，需要按照一定的流程将标记过的网格单元聚合成矩形网格块。下面介绍基于签名和边缘检测进行聚合的方法[12]。如图 9.21 所示，计算整个域中每一行和每一列中标记单元的数量 γ，称为签名；如果签名包含零值，那么显然可以将整个矩形按适当的方向分割为两个单独的矩形块；如果不包含零值，则可以通过在签名 γ 的二阶导数 Δ 中寻找穿越零值的点来找到边缘。

如果这样的零值点不止一个，则用最大的零值点确定矩形块划分的位置。如果两个零值点的强度相等，将使用最接近旧矩形中心的零值点，以防止形成矢量化效果较差的长而细的矩形块。如果生成的矩形块不满足网格效率指标（grid efficiency，矩形块网格中被标记的单元占总单元的比例），则也可以递归应用此过程。例外的是，如果找不到更好的分区并且网格效率至少为 50%，则接受该矩形块；否则，将它在长方向上一分为二，作为最后的选择。

6. 虚网格和数据交换

对于一个完整的矩形块网格，可以很容易地调用典型的数值格式，同时也需要在边界外设置虚网格来辅助计算。如图 9.22 所示，一个矩形块网格外设置了两层虚网格（根据格式的需要设置），由三部分组成，十字标记的虚网格为真实的物理边界，根据边界条件设置物理量；方框标记的虚网格为占据的相邻同等级自适应矩形块网格内部的单元，其物理量通过

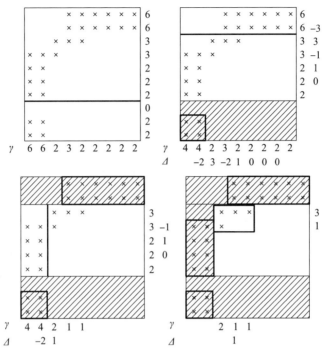

图 9.21　标记单元聚类成矩形块的过程示意图[11]

γ 为每行/列标记的网格单元；

Δ 为 γ 的二阶导数，即 $\Delta = \gamma_{j+1} - 2\gamma_j + \gamma_{j-1}$

与相邻块网格的数据同步获得；黑点标记的部分为占据的相邻的粗网格单元的空间，物理量通过插值获得。

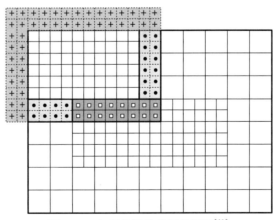

图 9.22　矩形块网格虚网格设置[11]

7. 网格自适应流程

自适应网格细化方法求解方程的计算流程如图 9.23 所示。

第一步：对整个求解区域进行均匀网格剖分，然后使用数值方法对方程进行求解，得到基网格上的数值解。

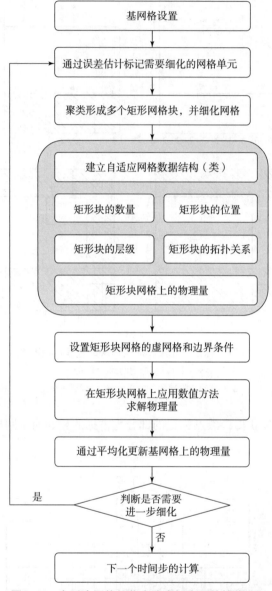

图 9.23　自适应网格细化方法求解方程的简化流程

第二步：对基网格上的数值解进行误差估计，根据预先设定的细化准则判断需要进行网格细化的单元，并进行标记。

第三步：将标记过的网格单元根据网格效率指标聚合成多个矩形网格块，并在矩形块网格上根据细化因子（2 或 4）对网格单元进行细化。

第四步：建立自适应网格的数据结构，通常以数据类的形式存在，包括矩形网格块的等级、数量、位置、大小和拓扑关系，以及依附在网格单元上的物理量。

第五步：设置矩形块网格上的边界条件和虚网格单元。

第六步：在矩形块网格上应用数值方法求解物理量。

第七步：用细化网格上的数值解的平均值对相应基网格上的数值解进行更新。

第八步：判断该网格等级上的数值解是否需要进一步网格细化，如果不需要网格细化，则进入下一时刻计算；否则，对数值解进行截断误差估计，继续进行网格细化，直到该网格等级数值解满足截断误差要求为止；在实际计算中，根据计算问题决定网格细化的等级数量。

9.5.2　R 自适应方法

R 自适应方法是在网格点总个数固定且相邻点排列顺序不变的情况下，通过调整网格节点的位置来实现网格自适应加密。图 9.24 中使用了 R 自适应方法对地面附近冲击波进行了加密。R 自适应方法概念清楚、网格细化技术简单、编程容易。但是在流动剧烈变化处，网格会出现大的畸变，处理起来很麻烦。最常见的一类 R 自适应方法是伪弧长方法。双曲型问题通常伴随着激波间断而导致解出现强间断奇异性。数值求解这类奇异间断性问题的核心在于对间断处的精确捕捉与计算。伪弧长数值算法通过引入伪弧长参数，对原有控制方程增加弧长变换约束方程，将原有物理空间问题变换到新的计算空间中进行求解。将计算结果映射回物理空间则表现为空间网格的自适应重构。

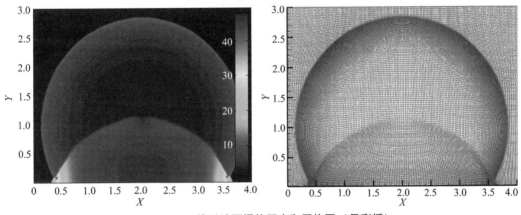

图 9.24　二维近地面爆炸压力和网格图（见彩插）

1. 计算动力学中的伪弧长算法

定常对流 – 扩散问题广泛存在于化学工程、热传导、大气和水质污染等领域中。其模型通常采用常微分方程描绘，在数值计算中常常会出现伪振荡、非物理的负浓度解、激波层或边界层被拉宽等奇异性现象。采用伪弧长算法求解此类问题，可以有效地避免或降低常微分方程的奇异性问题。定常对流 – 扩散方程的一维量纲为 1 的形式为：

$$\frac{\partial}{\partial X}(uc) = \frac{1}{Pe}\frac{\partial^2 c}{\partial X^2} + q, a < x < b \tag{9.5.1}$$

式中，u 为对流速度；q 为源汇项；c 为污染物的浓度；Pe 称为 Peclet 数，定义为：

$$Pe = \frac{U \cdot L}{\alpha} \tag{9.5.2}$$

式中，U 为特征对流速度；L 为特征长度；α 为扩散系数。在大 Peclet 数情况下，即 $Pe \gg 1$，可令：

$$\delta = \frac{1}{Pe} \ll 1 \tag{9.5.3}$$

方程（9.5.1）可以写成奇摄动型的二阶常微分方程式：

$$\delta y'' + fy' + gy = h \tag{9.5.4}$$

$$y(a) = \alpha, y(b) = \beta \tag{9.5.5}$$

式中，$y = c$、f、g、h 均是 x 和 $y(c)$ 的函数；α、β 为常数。进一步地，引入解曲线的弧长参数 s，则有：

$$ds = \sqrt{1 + (dy/dx)^2}\,dx \tag{9.5.6}$$

令 $v = dy/dx$，则式（9.5.4）可化为如下一阶常微分方程组：

$$\begin{cases} \dfrac{dx}{ds} = \dfrac{1}{\sqrt{1+v^2}} \\[2mm] \dfrac{dy}{ds} = \dfrac{v}{\sqrt{1+v^2}} \\[2mm] \dfrac{dv}{ds} = \dfrac{h - f \cdot v - gy}{\delta\sqrt{1+v^2}} \end{cases} \tag{9.5.7}$$

设 $x = a$ 端的弧长为零，$x = b$ 端的弧长为 S_{max}，于是式（9.5.5）化为如下的边界条件：

$$x(0) = a, x(S_{max}) = b$$
$$y(0) = \alpha, y(S_{max}) = \beta \tag{9.5.8}$$

因此，奇摄动两点边值问题（9.5.4）、（9.5.5）就转化为一阶常微分方程的边值问题（9.5.7）、（9.5.8）。对于方程组（9.5.7），可采用 Rosenbrock 格式求解；对于边值问题（9.5.8），可采用打靶法进行求解。

2. 计算动力学中的伪弧长算法——非定常对流问题

非定常对流问题通常采用双曲型偏微分方程来描述，这类问题通常伴随着激波间断性而导致解出现强间断奇异性。数值求解这类奇异间断性问题的核心在于对间断处的精确捕捉与计算。伪弧长数值算法通过引入伪弧长参数，对原有控制方程增加弧长变换约束方程，将原有物理空间问题变换到新的计算空间中进行求解。将计算结果映射回物理空间则表现为空间网格的自适应重构。如图 9.25 所示，原始物理空间中存在强间断处 (a, b)，通过伪弧长参数变换，将原始物理空间中的强间断问题变换到弧长计算空间中，将原有问题的间断奇异性进行降低，并且此时的物理空间中网格点的分布具有了自适应性。

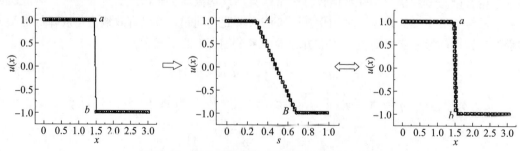

图 9.25 双曲型偏微分方程伪弧长算法示意图

3. 局部伪弧长算法

考虑一维双曲守恒系统：

$$\frac{\partial U}{\partial t} + \frac{\partial F(U)}{\partial x} = 0 \tag{9.5.9}$$

$$U(x,0) = U_0(x) \tag{9.5.10}$$

守恒型方程可以转换为如下形式：

$$\frac{\partial U}{\partial t} + A(U)\frac{\partial U}{\partial x} = 0 \tag{9.5.11}$$

引入伪弧长参量 ξ，其满足关系式：

$$(\mathrm{d}\xi)^2 = (\mathrm{d}x)^2 + (\mathrm{d}u)^2 \tag{9.5.12}$$

式中，u 是 U 的分量形式，进而由上式可得：

$$x = \sqrt{1 - \left(\frac{\partial u}{\partial \xi}\right)^2}\,\mathrm{d}\xi \tag{9.5.13}$$

进而联立控制方程（9.5.11）与伪弧长限制方程（9.5.13），可以得到：

$$\frac{\mathrm{d}U}{\mathrm{d}t} = -A\frac{\partial U}{\partial \xi}\frac{1}{\sqrt{1 - \left(\frac{\partial u}{\partial \xi}\right)^2}} \tag{9.5.14}$$

上式中含有因子 $\Psi = 1/\sqrt{1 - (\partial u/\partial \xi)^2}$，当 $\sqrt{1 - (\partial u/\partial \xi)^2}$ 趋于 0 时，Ψ 趋于无穷大，在实际计算中，将采用下式：

$$\Psi = \begin{cases} \Psi, & 1 - (\partial u/\partial \xi)^2 > \varepsilon \\ 1/\varepsilon, & 1 - (\partial u/\partial \xi)^2 < \varepsilon \end{cases} \tag{9.5.15}$$

式中，ε 是一个小的正数。进而对式（9.5.14）进行空间离散，得：

$$\frac{\partial u_i}{\partial t} = -\left(u_i + \frac{\Delta x_i}{\Delta t}\right)\frac{u_{i+1} - u_{i-1}}{2\Delta \xi}\frac{1}{\sqrt{1 - ((u_{i+1} - u_{i-1})/2\Delta \xi)^2}} \tag{9.5.16}$$

式中，$u_i = u(\xi_i,t)$，在计算空间中可采用均匀网格，计算空间网格步长为 $\Delta \xi = \xi_{i+1} - \xi_i$，物理空间网格变化量 $\Delta x_i = x(\xi_i,\tau + \Delta \tau) - x(\xi_i,\tau)$，$\tau$ 为网格变换的伪时间，局部伪弧长法简化计算时，τ 可取为 t。进一步可对式（9.5.16）利用 Runge-Kutta 进行时间离散求解。为提高上述过程计算效率，令参数：

$$\Phi = 1 - \Delta u^2/(\Delta u^2 + \Delta x^2) \tag{9.5.17}$$

式中，$\Delta u = u(x_{i+1},t) - u(x_i,t)$；$\Delta x$ 为物理空间网格步长，在求解过程中，对于每个离散单元，检验 Φ 值，当 $\Phi \leqslant \Phi_0$（这里 Φ_0 为一个小的正数）时，采用引入弧长变量 ξ 的方程，而其他的单元仍采用原有的方程。

9.5.3　网格自适应的讨论

正确使用网格自适应方法需要注意以下事项：①物面网格必须足够精确，以分辨重要的几何特征。②初始网格应该有足够多的网格单元来捕获流场的关键特征。③在进行网格自适应前，数值计算应该得到一个合理、收敛的结果。如果针对一个不收敛的结果进行网格自适应，那么自适应增加的网格就会加在错误的区域。④必须选择恰当的变量来构造网格细分的准则。比如，激波附近网格细分时，选择压力梯度是一个好的标准。但是，对于大多数不可压缩流体，压力梯度就不重要了，更合适的参数可能是平均速度梯度。对于反应流，反应物质的温度和浓度（摩尔分数）也可以是网格细分的合适变量。

9.6　动网格技术

在工程实际问题中，经常会遇到计算域随着时间变化的情况，如流体机械中的流固耦合问题、战斗机的投弹问题等。动网格模型可以用来模拟流场形状由于边界运动而随时间改变的问题。边界的运动形式可以是预定义的运动，也可以是预先未做定义的运动，即边界的运动要由前一步的计算结果决定。网格的更新过程由求解器根据每个迭代步中边界的变化情况自动完成。在使用动网格模型时，必须首先定义初始网格、边界运动的方式，并指定参与运动的区域。可以用边界型函数定义边界的运动方式。国内外学者提出了许多动网格生成技术[13,14]，现在较为成熟的动网格方法有弹簧近似光滑模型、局部网格重分、动态分层三种[16]。

1. 弹簧近似光滑模型

在弹簧近似光滑模型中，网格单元的边被理想化为节点间相互连接的弹簧。移动前的网格单元间距相当于边界移动前由弹簧组成的系统处于平衡状态。在网格边界节点发生位移后，会产生与位移成比例的力，力量的大小根据胡克定律计算。边界节点位移形成的力虽然破坏了弹簧系统原有的平衡，但是在外力作用下，弹簧系统经过调整，将达到新的平衡。从网格划分的角度说，从边界节点的位移出发，采用胡克定律，经过迭代计算，最终可以得到使各节点上的合力等于零的、新的网格节点位置。弹簧常数大小在 0～1 之间，默认值为 1；较小的弹簧常数导致一个比较"软"的网格，网格变形影响范围大；较大的弹簧常数导致一个比较"硬"的网格，网格变形影响范围小，仅导致边界附近的网格发生变形。增加迭代次数设置可能得到更好、更光滑的网格，也花费更多时间。

2. 局部网格重分

在使用非结构网格的区域上，采用弹簧光顺模型进行动网格划分可满足一般的运动条件。如果运动边界的位移远远大于网格尺寸，采用弹簧光顺模型可能导致网格畸变，甚至出现负体积网格。为了解决这一问题，可以在计算过程中将畸变率过大或尺寸变化过于剧烈的网格单元集中在一起进行局部网格的重新划分。重新划分网格单元的识别判据主要有两个：一个是网格畸变率，一个是网格尺寸，其中，网格尺寸又分最大尺寸和最小尺寸。在计算过程中，如果一个网格的尺寸大于最大尺寸，或者小于最小尺寸，或者网格畸变率大于系统畸变率标准，则这个网格就被标志为需要重新划分的网格。

3. 动态分层

动态层模型根据紧邻运动边界网格层高度的变化，添加或者减少动态层。在边界发生运动时，如果紧邻边界的网格层高度增大到一定程度，就将其划分为两个网格层；如果网格层高度降低到一定程度，就将紧邻边界的两个网格层合并为一个层。分割网格层可以用常值高度法或常值比例法。在使用常值高度法时，单元分割的结果是产生相同高度的网格。在采用常值比例法时，网格单元的尺寸取决于分割因子。

综上，使用弹簧近似光滑法时，网格拓扑关系始终不变，无须插值，保证了计算精度。但弹簧近似光滑法不适用于大变形情况，当计算区域变形较大时，变形后的网格会产生较大的变形，从而使网格质量变差，严重影响计算精度。动态分层法在生成网格方面具有快速的优势，同时它的应用也受到了一些限制。它要求运动边界附近的网格为六面体或楔形，这不适合处理具有复杂外形的流程区域。使用局部网格重划法要求网格为三角形（二维）或四面体（三维），这对于适应复杂外形是有好处的。局部网格重划法只会对运动边界附近区域的网格起作用。这里给出一个实例，图9.26是使用动网格计算战斗机外挂物分离过程中的气动变化。

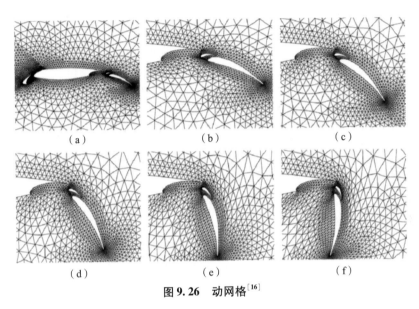

（a）　　　　　　　　（b）　　　　　　　　（c）

（d）　　　　　　　　（e）　　　　　　　　（f）

图 9.26　动网格[16]

9.7　总　　结

　　网格节点的分布和网格单元的形式应取决于数值解的特性，例如，最好在边界层中生成六面体或棱柱形的单元。此外，解的不均匀分布要求在高梯度区域中对网格点进行汇聚，从而使这些区域具有更高的分辨率。通常，需要高分辨率的位置不是事先知道的，而是在计算过程中找到的。因此，网格应该具备随着解的发展可以对其进行跟踪的能力。除了在特定的区域进行网格的汇聚，还可以添加新的更细的网格单元来提高分辨率。这两种方式也是网格自适应的两个主要发展思路。

　　网格应该与数值方法有好的兼容性，即局部细化区域的位置也取决于求解物理方程的数值方法。但是误差估计是通过解的导数和网格单元的大小来实现的。因此，最终将根据解的导数定义网格点的位置。通常，求解偏微分方程的数值方法可分为两类：基于微分方程导数的直接逼近的方法和通过试函数的线性组合近似微分方程解的方法。有限差分属于第一类，有限元属于第二类，有限体积法是两者的组合。方法上的这种差异直接影响网格的构造。对于有限差分方法，最好在物理域中沿恒定坐标的方向设置网格节点，以便计算导数的近似值。另外，第二类中的解近似为试函数的组合，这不会对网格施加额外的限制，因为近似导数是通过对近似值求导获得的。

习　题

1. 通过解椭圆型方程生成 NACA 0012 翼型的网格。采用图 9.27 所示的 C 型网格，网格点数量不限；外边界的位置自定；可求解无源项的拉普拉斯方程或有源项的 Poisson 方程；绘制出网格，并给出具体计算说明及公式。NACA 0012 翼型（对称翼型）的拟合曲线为

$$y = 0.178\,1\sqrt{x} - 0.075\,6x - 0.212\,2x^2 + 0.170\,5x^3 - 0.060\,9x^4, x \in [0,1]$$

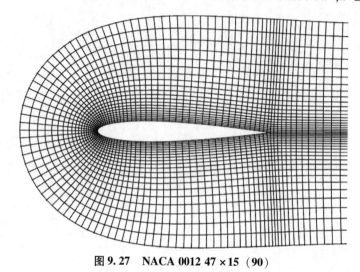

图 9.27　NACA 0012 47×15（90）

2. 考虑边界层效应生成代数网格，其中，计算域为 4×4，边界层厚度为 0.5，上下边界均存在边界层。

3. 考虑如图 9.28 所示的几何形状，外边界为等边三角形，边长为 5，内边界为圆，半径为 1，圆心处在三角形中心上，使用阵面推进法生成三角网格，网格边长控制为 0.5 左右。

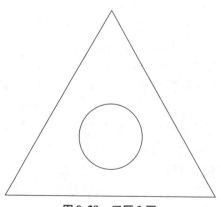

图 9.28　习题 3 图

4. 结合实例讨论结构化网格和非结构化网格在数值计算中的优劣。

5. 思考：网格划分是否给计算带来误差？如果是，那么通过哪种形式带来误差？

6. 如何评估生成网格的质量？

7. 讨论多块网格方法和单块网格方法的优劣。

参 考 文 献

［1］　Thompson J F, Warsi Z U A, Mastin C W. Numerical Grid Generation: Foundations and Applications ［M］. North – Holland, 1985.

［2］　Thompson J F. Numerical Grid Generation ［M］. Elsevier, Amsterdam, 1982.

［3］　Yerry M A, Shephard M S. Automatic three – dimensional mesh generation by the modified octree technique ［J］. International Journal for Numerical Methods in Engineering, 1984 (20): 1965 – 1990.

［4］　Ning J, Yuan X, Ma T, Li J. Parallel Pseudo Arc Length Moving Mesh Schemes for Multidimensional Detonation ［J］. Scientific Programming, 2017 (7): 1 – 17.

［5］　宁建国, 马天宝. 计算爆炸力学基础 ［M］. 北京: 国防工业出版社, 2015.

［6］　Brandt A. Multi – level adaptive solutions to boundary – value problems ［J］. Mathematics of Computation, 1977, 31 (138): 333 – 390.

［7］　Brackbill J U. An adaptive grid with directional control ［J］. Journal of Computational Physics, 1993, 108 (1): 38 – 50.

［8］　宁建国, 原新鹏, 马天宝, 李健. 计算动力学中的伪弧长方法研究 ［J］. 力学学报, 2017 (79): 547.

［9］　Berger M J, Oliger J. Adaptive Mesh Refinement for Hyperbolic Partial Differential Equations ［J］. Journal of Computational Physics, 1984 (53): 484 – 512.

［10］　Berger M J, Colella P. Local Adaptive Mesh Refinement for Shock Hydrodynamics ［J］. Journal of Computational Physics, 1989 (82): 64 – 84.

［11］　Deiterding R. A parallel adaptive method for simulating shock – induced combustion with detailed chemical kinetics in complex domains ［J］. Computers & Structures, 2009 (87): 769 – 783.

［12］　Bell J, Berger M, Saltzman J, Welcome M. Three – dimensional adaptive mesh refinement for hyperbolic conservation laws ［J］. SIAM Journal on Scientific Computation, 1994, 15 (1): 127 – 138.

［13］　Huang W, Ren Y, Russell R D. Moving mesh methods based on moving mesh partial differential equations ［J］. Journal of Computational Physics, 1994, 113 (2): 279 – 290.

［14］　Huang W, Russell R D. Adaptive moving mesh methods ［M］. Springer Science & Business Media, 2010.

［15］　Hirt C W, Amsden A A, Cook J L. An arbitrary Lagrangian – Eulerian computing method for all flow speeds ［J］. Journal of computational physics, 1974, 14 (3): 227 – 253.

［16］　Qin N, Liu X, Xia H. An efficient moving grid algorithm for large deformation ［J］. Modern Physics Letters B, 2005 (19): 28 – 29.

第三部分　气相爆轰数值模拟实践

第 10 章
气相爆轰数值模拟的编程实现

反应流特别是气相爆轰的数值模拟编程实现与传统的计算流体力学（CFD）类似。唯一的不同在于 CFD 一般不需要处理复杂的化学反应导致的时间多尺度和刚性问题[1-3]。所有与 CFD 有关的一些编程框架和数值模拟的技巧在反应流和气相爆轰问题中同样适用。本章主要介绍反应流和气相爆轰数值模拟的编程框架，特别是基于 MPI 并行的编程框架。除此之外，也将探讨气相爆轰数值模拟有关的一些基本问题，比如网格分辨率、稳定性、收敛性、反应模型选择、数值方法选择等问题。

10.1　串行编程逻辑框架

首先介绍反应流特别是气相爆轰数值模拟的串行编程逻辑框架。图 10.1 给出了算法实现的流程，可以帮助读者形成一个清晰明了的思路，进而指导程序的编制。程序框架一般包含以下几个模块：

1. 参数的初始化模块

包括一些控制性的参数，比如计算的时长、数据输出的频率、数据格式和文件名等。除此之外，还包括网格参数和化学反应模型参数。对于简单的笛卡尔网格，通常只需要给出网格的数量 nx、ny 和步长 dx、dy；对于复杂的网格，特别是非结构化网格，需要给出具体的网格节点坐标和连接关系。简化的化学反应模型参数主要有活化能、反应热和指前因子等，对于基元反应模型，需要提供反应机理文件 chem. bin 和热力学数据库文件 thermo. dat。

2. 初边界条件模块

定解问题必须给定完整的初始条件和边界条件。初始条件一方面可以通过子程序计算出来；另一方面，也可以载入提前计算好的数据文件作为初始条件。这在胞格爆轰波的数值模拟中特别有用，因为胞格爆轰波无法直接通过守恒方程计算得到，只能通过稳态 ZND 爆轰波演化发展而来。所以，提前计

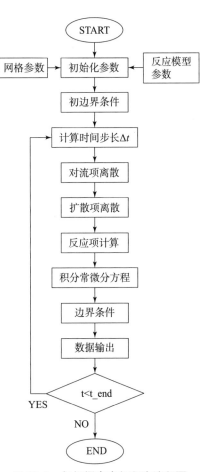

图 10.1　气相爆轰串行程序流程图

277

算好胞格爆轰波的数据文件，然后载入新的算例中可以大大减少计算时间。边界条件的子程序在计算过程中会不断地被调用，用于封闭计算域。如果边界比较复杂，需要利用 level – set 方法计算符号距离函数，因此，调用边界条件的子程序会消耗大量的计算时间。而且边界如果处理不好，格式通常会降低精度，计算稳定性也会降低，极端情况下密度和温度等非负物理量会出现负值，导致计算中止。

3. 时间步长计算模块

时间步长通常利用 CFL 条件计算得到。但是如果控制方程包含扩散项，为了捕捉更小的扩散尺度，时间步长需要相应减小。对于化学反应，如果使用简化反应模型，化学反应的时间尺度一般可以与对流/扩散的时间尺度相当，不需要再改变时间步长。但是对于基元反应模型，时间步长的选择比较复杂，如果使用算子分裂，化学反应可以在流动尺度内积分获得平均值；如果不使用算子分裂，直接积分对流、扩散和反应项，需要选择更小的时间步长，或者自适应的时间步长，除非使用隐式类格式。

4. 对流、扩散项的离散模块

对流、扩散项的处理取决于使用有限体积法还是有限差分法，使用前者进行数值积分，使用后者进行数值微分。如果使用基元化学反应模型，还需要调用 TRANSPORT 库计算多组分气体的各种扩散系数。本书第 5~6 章介绍的各种数值方法均可以使用。本质上是将积分或者微分转化成离散的代数方程。这一部分通常来说是消耗计算时间最多的部分，因此，在编程过程中需要注意对这部分进行优化。

5. 化学反应项的积分模块

化学反应项的处理主要是计算不同组分的质量生成率。对于简化的反应模型，质量生成率的计算很简单，可以通过简单的阿伦尼乌斯反应率得到；但是对于基元化学反应模型，需要通过 CHEMKIN 库调用相关的子程序进行计算，过程非常复杂，会消耗大量的计算时间。需要注意的是，CHEMKIN 库里使用的量纲单位不是国际单位，需要特别注意单位的转换问题。

6. 常微分方程的积分模块

不管是否使用算子分裂方法，对流、扩散和反应项经过离散和计算后，控制方程变为半离散形式的常微分方程，需要使用合适的积分方法进行数值积分，进而得到下一时间步的物理量。如图 10.2 所示，使用算子分裂，需要在一个时间步内分别积分对流扩散项组成的常微分方程和反应源项构成的常微分方程，积分器需要使用多次。如果使用 3 步 TVD Runge – Kutta 方法积分，如图 10.3 所示，则需要对编程框架做重大修改，将对流、扩散和反应项的处理嵌入 Runge – Kutta 方法的三步计算中。如果使用隐式类的 Runge – Kutta 方法积分，还要求解大型常微分方程组，非常复杂。

7. 数据输入/输出模块

数据一般不需要在每一个计算步都输出，通常是间隔一段时间输出，输出的频率可以控制。输入/输出在数值计算中是必需的，但也是非常消耗机时的部分，因此，需要合理选择输出的频率和文件的大小。一般二进制文件比 ASCII 格式的文件要小，在计算过程中可以优先选择。

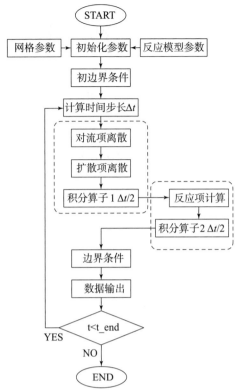

图 10.2　使用算子分裂方法的气相爆轰串行程序流程图

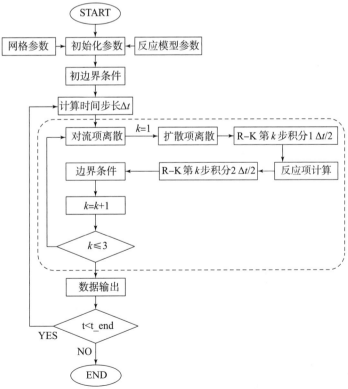

图 10.3　使用三步 Runge – Kutta 方法的气相爆轰串行程序流程图

10.2　并行编程逻辑框架

并行程序通常是在串行程序的基础上改造实现的。基于 MPI 改造串行程序本身并不复杂，最重要的步骤是如何高效地实现各个分区之间的数据通信。在大规模分布式共享内存的并行计算中，数据通信是制约计算效率的关键因素。图 10.4 给出了并行版本的气相爆轰程序编程框架。与串行程序相比，只需要添加相关的 MPI 子程序即可。分区之间的数据通信一般发生在某个时间步结束之后，下一个时间步开始之前。注意，时间步的计算也需要通

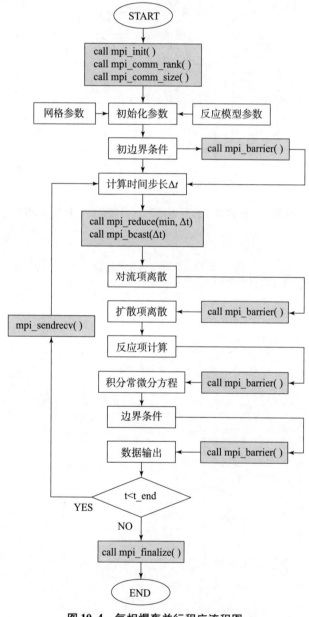

图 10.4　气相爆轰并行程序流程图

信，因为时间步长应该是整个计算域中计算出的最小 Δt。在具体计算中，在每一个分区都会计算出一个 Δt，这就需要在主节点用 MPI 规约子程序 MPI_REDUCE 比较出所有分区里最小的那个 Δt，然后利用 MPI 广播子程序 MPI_BCAST 把这个最小的 Δt 分发到所有分区使用。

另外一个需要说明的问题是，不同分区的计算量通常是不一样的，有的快，有的慢，这就需要快的分区等待慢的分区，直到所有分区都完成一个 Δt 内的计算，才能进入下一个 Δt 的计算。这时就需要利用 MPI 等待函数 MPI_Barrier，用于同步不同分区的计算。如果进行这样的操作，不同分区计算的时间线会发生混乱，导致计算出错。但是使用等待函数会造成计算资源的浪费，更合理的方式是使用动态并行技术，使得每个分区的工作量尽量相同，当然，这也会带来编程的困难。

10.3　计算方法和模型的选取

1. 低阶格式 vs 高阶格式

在数值模拟中，一个典型的问题是使用低阶精度（一阶、两阶）还是高阶精度（两阶以上）的格式。从绝对的意义上讲，在满足收敛性的条件下，高阶格式具有更高的分辨率。但是高精度格式的编程复杂，计算时间长，而且在边界处相比低阶格式需要更多的虚网格点，使得很难处理复杂的边界。低阶格式在满足计算要求的前提下依然是最优的选择。

2. 显式格式 vs 隐式格式

显式格式容易编程实现，不需要求解大型线性方程组，效率高。但是对时间步长的要求很高，如果问题存在刚性，这时时间步长会变得很小，计算的效率会变得很低。隐式格式需要求解大型线性方程组，对时间步长的要求不高，但是编程复杂。具体使用哪一种格式需要结合具体问题分析两者计算效率的高低和编程实现的难易程度。

3. 反应欧拉方程 vs 反应 N – S 方程

使用反应欧拉方程还是反应 N – S 方程取决于问题是否对输运效应足够敏感。一般来说，输运效应的速度要远低于 C – J 爆轰波的速度，而与火焰的传播速度在一个量级上。因此，如果模拟 C – J 爆轰波，反应欧拉方程足以描述大多数的细节，反应 N – S 方程并不是必需的。如果模拟的是火焰或者燃烧转爆轰过程，反应 N – S 方程应该是更好的选择。如果还需要考虑边界层效应，必然需要考虑使用反应 N – S 方程。

需要注意的是，反应 N – S 方程需要使用很高的网格分辨率才能捕捉足够小的尺度，分辨不同尺度的湍流结构，计算的时间也因此大大增加。反应欧拉方程只需要捕捉间断结构，不需要那么高的网格分辨率，计算效率更高。当然，是使用反应欧拉方程还是使用反应 N – S 方程，需要根据具体问题来决定。

4. 简化反应模型 vs 基元反应模型

在气相爆轰数值模拟中，最常碰到的一个问题是：是选择简化反应模型还是基元反应模型。简化模型通常有一步、两步、三步等，基元反应模型的机理通常都在 10 步以上，而且即使对于相同的反应混合物，其反应机理也不尽相同，反应的步数差距很大。一般来说，简化反应模型只能定性地描述爆轰波在特定参数下的动力学特性，基元反应模型基本可以定量地描述爆轰波的爆轰参数和动力学参数。简化反应模型计算量少，对计算方法和网格分辨率的要求低，基元反应模型计算量大，存在多尺度问题，对计算方法和网格分辨率的要求很高。简化反应模型的参数，包括活化能、反应热、比热比和指前反应速率因子，彼此之间独立，即可以变化一个参数而固定其他参数，进而独立地研究这个参数对爆轰波动力学的影响[4-6]。基元反应模型的活化能、反应热、比热比和指前反应速率因子相互耦合，不能分离，因此很难进行精细的参数研究。

在一些特殊的情况下，比如研究爆轰波的熄爆的重新起爆过程，某些简化反应模型下的爆轰波可能表现出与实际情况不同的行为，需要特别注意。模型本身并没有好坏之分，根据具体研究问题的不同选择合适的模型才是正确的思路。

5. 一维计算 vs 多维计算

一维计算通常只能观察到一个维度上爆轰波的脉动振荡效应；多维计算可以观察到多个维度上脉动效应的耦合作用，也就是胞格结构。先研究一维问题再研究二维和三维问题，可以更好地理解物理本质。

10.4　数值模拟的稳定性、收敛性和准确性

在数值模拟过程中，必然会碰到稳定性、收敛性和准确性的问题。具体来说，收敛性与网格分辨率有关，即某个计算指标在网格步长不断减小的情况下是否收敛[7-9]。这是数值模拟前必须要做的一个步骤。这里存在一个问题：不同的物理量的收敛速度不一样，比如爆轰波的传播速度很容易收敛，不需要很高的网格分辨率；胞格尺寸的收敛速度则要慢很多，需要较高的网格分别率；如果要分辨波阵面三波点的精细结构，就需要非常高的网格分辨率。因此，很难说在某一个网格分辨率下是否所有的物理量指标都会收敛。所以，需要对具体问题关心的指标做网格收敛性测试，进而选择合适的网格分辨率。数值模拟的结果理应指的是在满足网格收敛性测试情况下的计算结果。

准确性指的是数值模拟的结果与理论解或者实验结果的接近程度。如果不容易与理论解或者实验结果对比，与公认的文献中的数值解进行对比也是可以的。只有在满足网格收敛性测试的前提下才能说数值模拟结果准确性的问题。因此，讨论不满足网格收敛性测试的数值模拟结果与理论解或者实验结果的接近程度是没有意义的。

稳定性指的是数值模拟是否在特定情况下崩溃，无法继续计算下去，或者计算结果出现了很大的错误。稳定性的问题通常伴随着某个物理量出现了非物理解，如密度、温度为负值，或者根号里面数值为负值。这往往是计算格式或边界处理不好导致的。基元化学反应的积分以及温度的迭代求解也有可能导致上述问题。网格分辨率的不足也可能会导致稳定性的问题。

参 考 文 献

[1] 李健. 气相爆轰波的反射和衍射现象研究 [D]. 北京：北京理工大学，2015.

[2] Li J, Ren H, Ning J. Additive Runge – Kutta methods for H₂/O₂/Ar detonation with a detailed elementary chemical reaction model [J]. Chinese Science Bulletin, 2013, 58 (11)：1216 – 1227.

[3] Li J, Ren H, Ning J. Numerical application of additive Runge Kutta methods on detonation

interaction with pipe bends ［J］. International Journal of Hydrogen Energy，2013，38（21）：9016 - 9027.

［4］ Li J，Ning J，Lee J. Mach reflection of a ZND detonation wave ［J］. Shock Waves，2015，25（3）：293 - 304.

［5］ Li J，Lee J. Numerical simulation of Mach reflection of cellular detonations ［J］. Shock Waves，2016，26（5）：673 - 682.

［6］ Li J，Ning J. Experimental and numerical studies on detonation reflections over cylindrical convex surfaces ［J］. Combustion and Flame，2018（198）：130 - 145.

［7］ 马天宝，任会兰，李健，宁建国. 爆炸与冲击问题的大规模高精度计算 ［J］. 力学学报，2016，48（3）：599 - 608.

［8］ 宁建国，马天宝. 计算爆炸力学 ［M］. 北京：国防工业出版社，2015.

［9］ 宁建国，王成，马天宝. 爆炸与冲击动力学 ［M］. 北京：国防工业出版社，2010.

第 11 章

一维气相爆轰波的数值模拟

11.1　一维气相爆轰波的传播

11.1.1　一步反应模型

为了解释爆轰波的不稳定性以及它如何受到化学动力学的影响，本节使用简化的化学反应模型模拟了一维爆轰波传播的动力学过程。尽管现在计算方法和计算工具的进步允许直接模拟多维胞格爆轰波的结构，但是一维非定常爆轰过程依然保留了多维非定常爆轰的一些必要的物理特征，可以揭示多维爆轰波许多特定的性质。在一维爆轰波中，动态结构通过纵向脉动表现出来。自 Fickett 和 Wood 的开创性工作[1]以来，研究人员通过数值计算对一维脉动爆轰进行了广泛的研究。这些数值研究主要使用单步阿伦尼乌斯定律进行反应速率的研究，并且能够证明不稳定一维爆轰的演化取决于化学动力学和气体动力学参数（例如活化能、过驱程度、反应热、比热比等）。并且发现计算得到的不稳定边界和振荡频率与线性稳定性分析所预测的结果非常吻合[2-3]。

在本小节中，使用单步阿伦尼乌斯化学动力学模型对一维爆轰波的脉动爆轰过程进行长距离、长时间的数值模拟。利用经典的非线性动力学理论，提出并研究由全局活化能的变化引起的各种不稳定性爆轰动力学。通过绘制与非线性振荡动力学的相似性来分析脉动结构，可提供有关化学动力学影响的深入理解[2,3]。

使用二阶精度的 MUSCL – Hancock 格式求解具有单步阿伦尼乌斯动力学模型的反应欧拉方程，模拟一维爆轰波的非稳态传播过程。通过 ZND 爆轰波的稳定解来初始化计算。在本模拟中，网格分辨率设置为：在稳态 ZND 爆轰波的半反应区长度内包含 128 个网格点，以确保正确捕捉脉动爆轰波波阵面的详细特征。固定反应热 $Q = 50$ kJ，比热比 $\gamma = 1.2$，过驱程度 $f = 1.0$，同时，通过改变活化能 E_a 作为控制参数。一般来说，增加活化能 E_a 能够增加爆轰波的不稳定性。

数值模拟获得的爆轰波早期的瞬态发展波形如图 11.1 所示。针对不同的活化能 E_a 绘制了正在发展的一维爆轰波波阵面的压力变化曲线。对于较低的活化能（$E_a < 25.26$ kJ），由于最初的扰动而引起的振荡会随着时间的流逝而衰减，并且在长期演化之后，爆轰波的传播是稳定的。从图中也可以发现稳定性极限（在该边界之上，前导激波压力振荡的幅度随时间逐渐增加）约为 $E_a = 25.26 \sim 25.3$ kJ。因此，超过该极限的一维爆轰波是不稳定的，如图 11.1（e）~（f）所示。

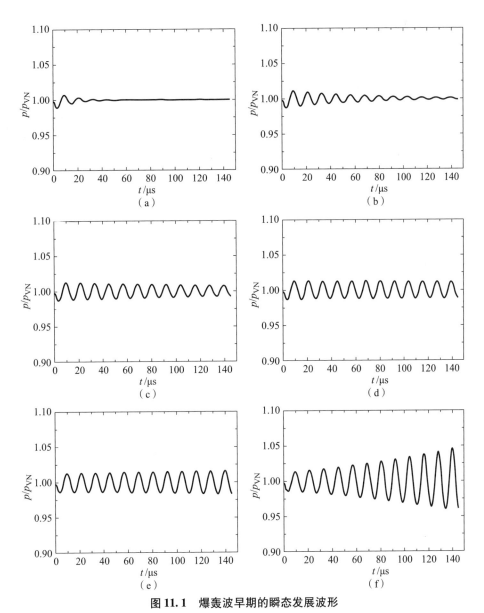

图 11.1　爆轰波早期的瞬态发展波形

（a）$E_a = 24$ kJ；（b）$E_a = 25$ kJ；（c）$E_a = 25.24$ kJ；（d）$E_a = 25.28$ kJ；（e）$E_a = 25.3$ kJ；（f）$E_a = 25.5$ kJ

　　图 11.2 给出了爆轰波前沿压力历史图和相位图，显示了在经过瞬态变化之后脉动爆轰波长期的非线性演变。需要注意的是，计算时间要达到要数千个半反应时间，才能保证爆轰传播稳定到正确的非线性行为。对于接近稳定极限的例子，振荡表现出具有恒定周期和规则的行为（图 11.2（a）（b））。随着活化能的不断增加，开始出现不同的振荡模式（图 11.2（c）~（e））。注意，此处使用峰值幅度来定义振荡模式或周期。例如，周期为 2 的振荡应具有两个不同的峰值幅度值。在本算例中，可以从计算结果中识别出直到周期为 8 的振荡。在很高的激活能（$E_a = 28.2$ kJ）下，振荡变得非常不规则，如图 11.2（f）所示。

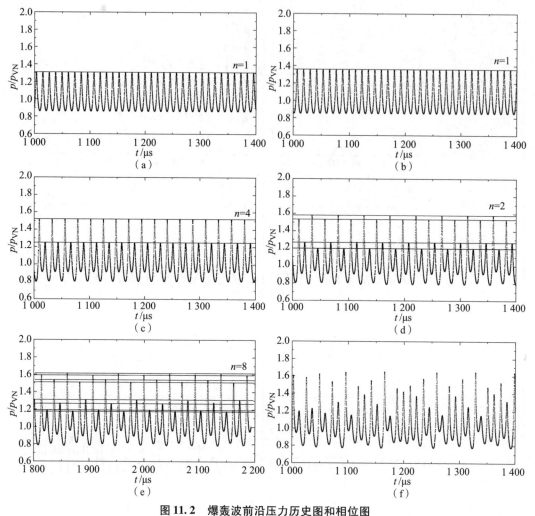

图 11.2 爆轰波前沿压力历史图和相位图
(a) $E_a = 27$ kJ；(b) $E_a = 27.4$ kJ；(c) $E_a = 27.8$ kJ；(d) $E_a = 28$ kJ；(e) $E_a = 28.08$ kJ；(f) $E_a = 28.2$ kJ

11.1.2 基元反应模型

预混气体为符合化学当量比的 H_2 和 O_2，并用 70% 的 Ar 稀释，初始压力和温度分别为 6 670 Pa 和 298 K。在左侧封闭端设置有一段高温高压区域，迅速引爆混合气体，最终达到稳定爆轰并以稳定的爆速传播。点火区压力为初始压力的 5 倍，温度为初始温度的 10 倍。图 11.3 给出了在上述条件下，稳定爆轰波形成过程的压力分布图，每条曲线间隔时间相同。从图中可以看出，初始条件产生一个冲击波和波后的高温高压区，高温高压区迅速点燃混合气体，形成更高的压力，克服壁面稀疏作用，并逐渐形成稳定爆轰波[4-6]。

为了研究网格尺寸对数值模拟结果的影响，分别计算了网格尺寸为 2 mm、1 mm、0.5 mm、0.2 mm、0.1 mm、0.05 mm 六种情况下的直接起爆过程，结果见表 11.1。可以看出一些爆轰特征参数，包括爆速、C-J 压力和壁面压力，都对网格尺寸不很敏感，当网格小于 2 mm 时，基本稳定在某一数值。但是 V-N 压力、反应区宽度、诱导区宽度随网格尺

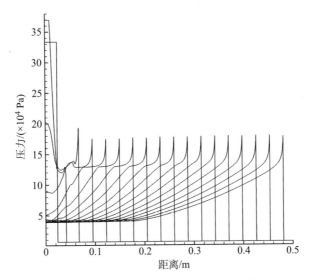

图 11.3 稳态爆轰波形成过程的压力分布图

寸变化很明显，最终反应区宽度稳定在 10 mm，诱导区宽度稳定在 1.2 mm。根据表 11.1 中的数据，拟合得到了压力比 $p/p_{C\text{-}J}$，反应区宽度 L_{rea} 随网格尺寸的变化曲线。

$$p/p_{C\text{-}J} = 0.591\,58\mathrm{e}^{\frac{-x}{1.732\,6}} + 1.254\,63,\; L_{rea} = 282.632\mathrm{e}^{\frac{-x}{32.115\,9}} - 272.603$$

当 $x \to 0$ 时，$p/p_{C\text{-}J}$ 和反应区宽度 L_{rea} 分别收敛于 1.85 mm 和 10 mm。

表 11.1 不同网格尺寸下的爆轰参数计算结果

网格尺寸 /mm	爆速 /(m·s⁻¹)	C-J 压力 /Pa	壁面压力 /Pa	V-N 压力 /Pa	反应区宽度 /mm	诱导区宽度 /mm
2	1 620	93 600	35 830	135 000	28	—
1	1 620	93 600	35 830	149 000	18	—
0.5	1 620	93 600	35 830	159 000	15	—
0.2	1 620	93 600	35 830	166 000	12	1.6
0.1	1 620	93 600	35 830	169 000	10	1.1
0.05	1 620	93 600	3 583	178 000	10	1.0

图 11.4 给出了三种不同的气体（$2H_2 + O_2 + 40\% Ar$，$2H_2 + O_2 + 25\% Ar$，$C_2H_2 + 2.5O_2 + 85\% Ar$）在相同初始条件下爆轰波波阵面压力历史曲线。从图中可以看出，气体 $2H_2 + O_2 + 40\% Ar$ 的爆轰波波阵面历史曲线有收敛的趋势，震荡不断减小。可以预见，随着时间的增长，震荡会消失，可见此气体的爆轰波非常稳定。$2H_2 + O_2 + 25\% Ar$ 的爆轰压力有着规则的震荡曲线，模态为 1，仍然可以将此气体的爆轰波视为稳定的。$C_2H_2 + 2.5O_2 + 85\% Ar$ 的爆轰波存在更多的模态，但是震荡的范围并不大，可将此气体的爆轰波视为弱不稳定。

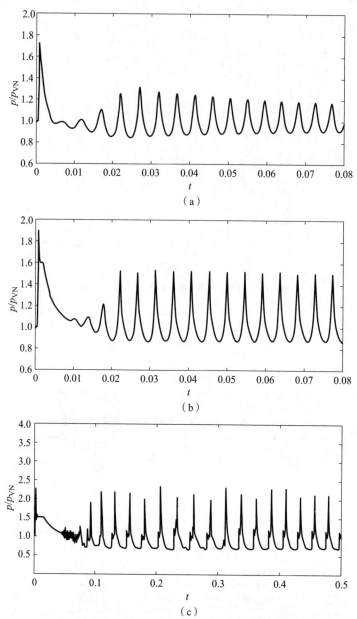

图 11.4 爆轰波波阵面压力历史（初始条件 $T_0 = 298$ K，$p_0 = 0.2$ atm）
（a）$2H_2 + O_2 + 40\% Ar$；（b）$2H_2 + O_2 + 25\% Ar$；（c）$C_2H_2 + 2.5O_2 + 85\% Ar$

11.2 一维气相爆轰波的直接起爆

通常来说，爆轰起爆可以分为两大类：直接起爆和非直接起爆。非直接起爆对应于反应物被一个弱能量源点燃，紧随其后的是一个爆燃转爆轰的过程（DDT）。直接起爆是通过在可燃混合物中快速释放大量的能量，从而在很短时间内形成爆轰波的起爆方式[7]。

本算例使用算子分裂算法解耦对流项和化学反应源项。通过显式二阶 Godunov 框架结合 hybrid Roe – solver – based 方法离散对流项，使用 GRK4A 方法积分反应常微分方程。如图 11.5 所示，左边界为高温高压起爆区，温度设定为 T_s，压力设定为 p_s。初始温度为 T_0 = 298 K，初始压力为 p_0 =6 670 kPa。预混气体及比例为 $H_2 : O_2 : Ar = 2 : 1 : 7$。在本算例中，如未特别说明，则左边界为固壁边界，右边界为出流边界。本算例可以认为是一个存在化学反应的黎曼问题，无反应黎曼问题的精确解可以拿来作为参考。

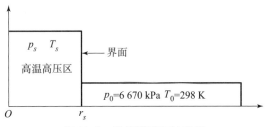

图 11.5　数值模拟初始设置

本算例模拟了起爆区固定长度为 10 cm 时一维爆轰波的起爆过程。起爆区温度设定为 1 800 K，改变起爆区压力，从而得到不同的起爆强度。在数值模拟实验中，可以观测到三种不同的起爆模式，分别为亚临界状态（图 11.6（a））、临界状态（图 11.6（b））以及超临界状态（图 11.6（c））。计算得到临界压力约为 122 kPa。对于亚临界状态，如图 11.6（a）所示，由于热爆炸，起爆区的压力瞬间从 50 kPa 增长到 76 kPa，但由于热爆炸产生的能量不足以形成 C – J 爆轰，最终前导冲击波被稀疏波稀疏为声波。如图 11.6（c）所示，如果起爆区压力增加到 300 kPa，由于高于临界压力 122 kPa，同样由于热爆炸的作用，一个过驱爆轰波瞬间形成，而后在稀疏波的作用下逐渐衰减为一个自持的 C – J 爆轰，此为超临界状态。对于临界状态，如图 11.6（b）所示，热爆炸后，反应波波阵面经历了从一个固定速度（$0.68v_{\text{C–J}}$）和压力（$0.5p_{\text{V–N}}$）的状态再次加速到过驱反应面的过程，最终过驱反应面追上前导激波面，随时间逐渐衰减为一个自持的 C – J 爆轰。

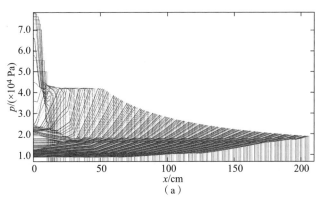

图 11.6　爆轰波不同起爆状态（r_s =10 cm，T_s =1 800 K）

（a）亚临界状态 p_s =50 kPa

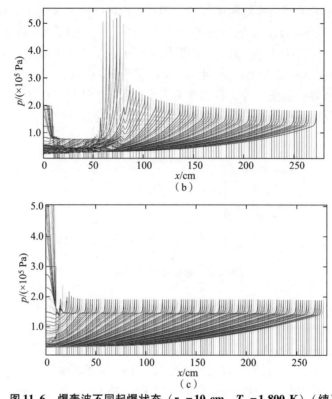

图 11.6　爆轰波不同起爆状态（$r_s = 10$ cm，$T_s = 1\,800$ K）（续）

（b）临界状态 $p_s = 122$ kPa；（c）超临界状态 $p_s = 300$ kPa

　　图 11.6 中算例的初始条件中，高温高压区中存在的是反应物，因此黎曼问题和等容爆炸是同时开始的。这个算例的一个极限是，高温高压区内的反应物瞬间完成反应，即瞬间达到等容爆炸的平衡态，图 11.7 给出了这种极限情况下的起爆过程，称为平衡黎曼问题起爆。由于缺少了等容热爆炸过程，所以界面后的流体状态保持不变。这个算例本质上是一个冲击波起爆过程，前期为准稳态，压力基本保持不变，之后在 60 cm 左右稀疏波追赶上前导激波，导致其衰减。与此同时，在距离衰减的前导激波有很长距离的地方，由于温度梯度，产生一个局部热点。最终在反应界面和前导激波之间产生一个压力波，此压力波随着时间延长，形成了一个压力峰点。反应界面也追赶上前导激波，形成了一个过驱的爆轰波，随后衰减为一个 C–J 爆轰波。

　　若起爆区的初始温度设定为 500 K，由于该温度远低于预混气体的点火温度，所以起爆区不会发生化学反应，起爆区的压力增高至 1 457 kPa 才能在待起爆区形成爆轰波。如图 11.8 所示，这个例子可以视为一个纯冲击波起爆的黎曼问题，与图 11.7 中平衡黎曼问题起爆的过程类似。这两个算例唯一的不同之处在于，此算例界面后的温度远低于平衡黎曼问题起爆的算例，从而造成稀疏波花费了更长的时间才追赶上前导激波。

　　如图 11.9 所示，当起爆区的长度很短时（$r_s = 0.25$ cm，$p_s = 589$ kPa，$T_s = 1\,800$ K），反应黎曼问题的起爆过程如同经典的冲击波直接起爆过程。可以很清楚地从图 11.9 中观测到，由于稀疏波从固壁边界反射，迅速形成一个冲击波。但随着冲击波向前传播，其压力逐渐降低，波阵面和反应面之间的距离随之增加，说明这是一个解耦过程。而后有一段时间的准稳

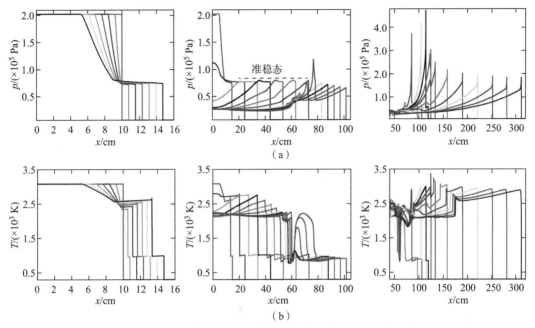

图 11.7 平衡黎曼问题起爆的（a）压力和（b）温度曲线

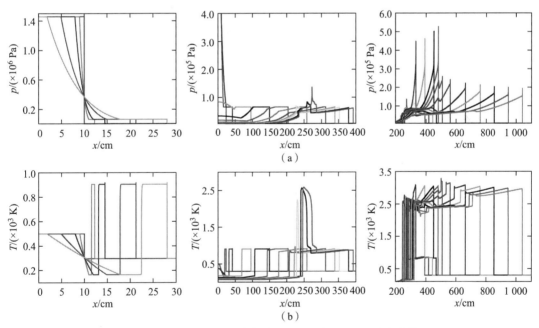

图 11.8 冻结黎曼问题起爆的（a）压力和（b）温度曲线
（$r_s = 10$ cm, $p_s = 1\ 457$ kPa, $T_s = 500$ K）

态，随着压力脉冲强度的增加，前导激波和反应面最终耦合在一起，形成过驱爆轰，最后衰减为 C－J 爆轰波。这个算例与 blast 起爆临界状态十分相似。起爆过程可以用 Lee 和 Moen 提出的 SWACER 机理[2]进行解释。

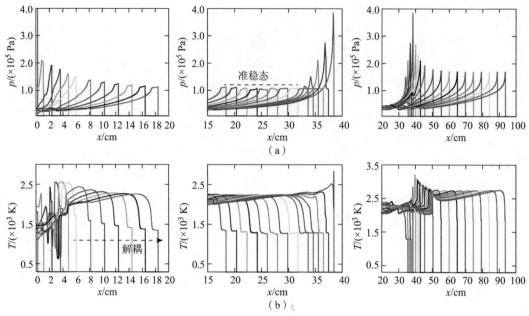

图 11.9　冲击波起爆的（a）压力和（b）温度曲线
（$r_s = 0.25$ cm，$p_s = 589$ kPa，$T_s = 1\ 800$ K）

参 考 文 献

[1] Fickett W，Wood W W. Flow calculations for pulsating one – dimensional detonations［J］. Physics of Fluids. 1966（9）：903 – 916.

[2] Lee J H S. The Detonation Phenomenon［M］. Cambridge：Cambridge University Press，2008.

[3] Ng H D，Radulescu M I，Higgins A J，Nikiforakis N，Lee J H S. Numerical investigation of the instability for one – dimensional Chapman – Jouguet detonations with chain – branching kinetics［J］. Combustion Theory and Modelling，2005，9（3）：385 – 401.

[4] 李健. 气相爆轰波的反射和衍射现象研究［D］. 北京：北京理工大学，2015.

[5] Li J，Ren H，Ning J. Additive Runge – Kutta methods for $H_2/O_2/Ar$ detonation with a detailed elementary chemical reaction model［J］. Chinese Science Bulletin，2013，58（11）：1216 – 1227.

[6] 宁建国，李健，王成，赵慧. 基于基元反应模型的 $H_2 - O_2 - N_2$ 爆轰数值模拟［J］. 高压物理学报，2011，25（5）：395 – 400.

[7] Ning Jianguo，Da Chen，Li Hao，Li Jian. Numerical study of direct Initiation for one – dimensional Chapman – Jouguet detonations by reactive Riemann problems［J］. Shock Waves，2022（32）：25 – 53.

第 12 章
二维爆轰波的数值模拟

12.1 数值胞格

在实验中，烟膜通常用来记录爆轰波波阵面三波结构产生的痕迹，即胞格结构。在数值计算中，同样可以实现类似的功能，产生数值胞格。在具体实践中，需要追踪三波点路径[1]，通常有两种方法：

一种是记录每一个网格点上最大的压力历史，$\max\{p_{i,j}, t \in [0, t_n]\}$。

伪代码：

```
1  define maxp(i,j)
2  maxp(i,j) = 0
3  for j from 0 to ny - 1, do
4  for i from 0 to nx - 1, do
5  calculate p(i,j)
6  if p(i,j) > maxp(i,j), maxp(i,j) = p(i,j)
7  enddo
```

另外一种是记录每一个网格点上最大的涡量，即：

$$\max\left\{ \left| \frac{\partial u}{\partial y} - \frac{\partial v}{\partial x} \right|_{i,j}, t \in [0, t_n] \right\}$$

式中，偏微分项可以用简单的有限差分格式计算，例如用中心差分格式：

$$\left| \frac{\partial u}{\partial y} - \frac{\partial v}{\partial x} \right|_{i,j} = \left| \frac{u_{i,j+1} - u_{i,j-1}}{2\Delta y} - \frac{v_{i+1,j} - v_{i-1,j}}{2\Delta x} \right|$$

伪代码：

```
1  define maxv(i,j)
2  maxv(i,j) = 0
3  for j from 0 to ny - 1, do
4  for i from 0 to nx - 1, do
5  calculate vorticity(i,j)
6  if vorticity(i,j) > maxv(i,j), maxv(i,j) = vorticity(i,j)
7  enddo
```

12.2　二维平面爆轰波（两步反应模型）

气相爆轰波本质上是多维的，波阵面上存在复杂的三波结构，在烟膜上可以留下鱼鳞状的胞格结构。但是，在数值模拟中，却不能直接获得多维的胞格爆轰波，只能通过一维稳态解获得爆轰波的 ZND 结构。因此，需要通过人为干预的方式，通过求解时变控制方程，获得爆轰波的多维胞格结构[1,2]。

获得多维胞格爆轰波可以通过在 ZND 爆轰波附近施加人工扰动，诱导波阵面发生扭曲产生横向的梯度，进而产生横波，形成三波结构。通常需要较长的时间才能够消除初始扰动的影响，获得充分发展的多维胞格爆轰波。扰动可以添加在波前，也可以在波后，通常是高温高压气团的形式，可以是未反应气团，也可以是产物气团，气团的形状可以任意。人工扰动的强度会影响形成稳定胞格爆轰波的时间，太强了可能需要过长的时间去消弭初始的过驱程度，太弱了可能形成不了自维持的多维的胞格爆轰波。同时，这一过程也与爆轰波自身的不稳定性有关，过于稳定的爆轰波和过于不稳定的爆轰波（容易熄爆）都不易诱发横波的产生。

此外，不添加人工扰动，而只是通过数值误差，也可以让 ZND 爆轰波自发地向胞格爆轰波演化，这一过程的时间长度与数值格式、精度、反应模型及是否使用网格自适应和并行计算都有关系，因为所有这些过程都可能引入数值误差。但是对于很不稳定的 ZND 爆轰波，在横波没有充分发展之前，就有可能因为一维脉动爆轰的震荡而彻底熄爆。

上面的方法都是从 ZND 爆轰波出发去诱发横波进而产生多维胞格爆轰波的，也可以像上一节的一维爆轰波一样，通过一个初始的高温高压区或者激波或者某一种间断去诱发爆轰波，进而形成稳定的多维的爆轰波。下面主要介绍两种常用的方法，即使用 ZND 爆轰波，分别利用人工扰动和数值误差生成二维胞格爆轰波。

1. 利用人工扰动生成二维胞格爆轰波

本算例使用两步化学反应模型和并行网格自适应技术进行数值计算。爆轰波的比热比 $\gamma = 1.44$，初始 C–J 爆轰波的马赫数为 5.6，量纲为 1 的诱导区和反应区活化能分别为 $\varepsilon_I = 4.8$，$\varepsilon_R = 1.0$。其他相关参数详见表 12.1。本算例中，诱导区宽度 $\Delta_I = 1$。在整个计算区域使用粗网格；在流场剧烈变化的区域使用细网格，使之具有更高的网格分辨率。在本算例中，网格分辨率为 32 pts/Δ_I，采用 5 级网格自适应（2，2，2，4）。

表 12.1　爆轰参数

参数	值	单位
R	218.79	J/(kg·K)
p_0	50	kPa
T_0	295	K
c_0	304.86	m/s
ρ_0	0.775	kg/m^3
$Q/(RT_0)$	19.7	

续表

参数	值	单位
γ	1.44	
Ma_{C-J}	5.6	
ε_I	4.8	
ε_R	1.0	
k_I/c_0	1.387 5	
k_R/c_0	2.0	

如图 12.1 所示，在平面爆轰波后设置一个高压区域，压力为初始压力的 10 倍，温度与初始温度相同，为未反应区。为了提高计算的效率，算例使用了伽利略变换，即将坐标系建立在波阵面上，这样来流从右边界进入，出流从左边界离开，来流的速度等于 C – J 爆速，这在直管道的数值模拟中是常用的一种方法。胞格的数量通常与管道的宽度有关，在下面的算例

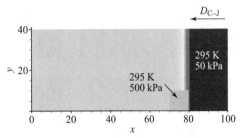

图 12.1　人工扰动设置示意图

中，宽度分别为 20、30、40 和 50 倍的诱导区宽度。图 12.2 为不同管道宽度下的胞格演化结构，可以看到，在较窄的管道中，胞格尺寸会适应管道的宽度，这样得到的胞格尺寸并不是通常意义上的爆轰波的特征胞格尺寸。只有在较宽的管道内得到的稳定 C – J 爆轰波的平均胞格尺寸，才无限接近爆轰波的特征胞格尺寸。图 12.3 所示为跨度为 40 个诱导区宽度管道内波阵面的演化过程，可以清晰地看到在扰动的影响下波阵面的扭曲以及横波的形成过程。

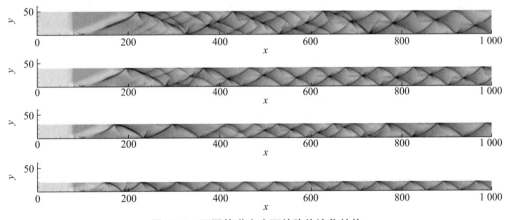

图 12.2　不同管道宽度下的胞格演化结构

2. 利用数值误差生成二维胞格爆轰波

本算例的参数与上一算例的相同。阿伦尼乌斯定律的指前因子 k_I、k_R 可以用于控制爆轰波的诱导区和反应区宽度。在本算例中，k_I 保持不变，因此诱导区宽度不变，为 $\Delta_I = 1$。k_R 取值为 2、3、4，可以得到三个不同的爆轰波，反应区宽度减小，不稳定性增加。

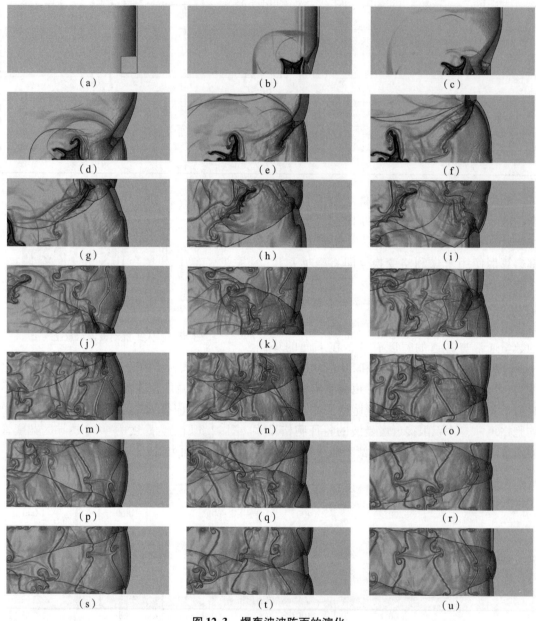

图 12.3　爆轰波波阵面的演化

　　如果使用二维 ZND 爆轰波作为初始条件，波阵面的 ZND 结构只能够保持一段距离，然后在数值扰动的影响下产生扭曲，并形成横向的扰动。这种波阵面上弱的扰动快速放大，伴随着横波强度的不断增大。最终爆轰波自身的不稳定性使得扰动的增长达到平衡，这时横波的强度也趋于稳定，ZND 爆轰波转变为二维胞格爆轰波，横波的间距即为胞格的尺寸。如图 12.4 和图 12.5 所示，当 $k_R = 2$ 时，扰动开始出现时，爆轰波传播了大约 $200\Delta_I$，而达到平衡时，大约经历了 $700\Delta_I$；当 $k_R = 3$ 时，扰动开始出现时，爆轰波传播了大约 $100\Delta_I$，而达到平衡时，大约经历了 $500\Delta_I$；当 $k_R = 4$ 时，扰动开始出现时，爆轰波传播了大约 $80\Delta_I$，

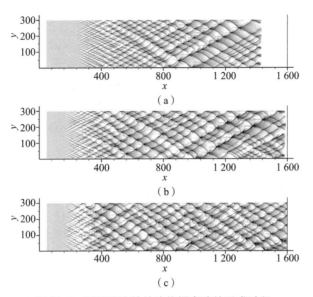

图 12.4　不同稳定性的胞格爆轰波的形成过程

（a）$k_R = 2$；（b）$k_R = 3$；（c）$k_R = 4$

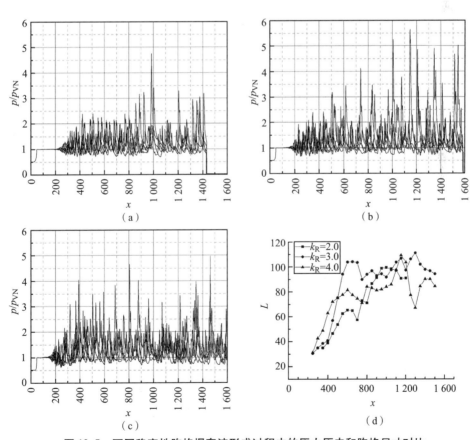

图 12.5　不同稳定性胞格爆轰波形成过程中的压力历史和胞格尺寸对比

（a）$k_R = 2$；（b）$k_R = 3$；（c）$k_R = 4$；（d）胞格长度

而达到平衡时，大约经历了 $400\Delta_I$。由此可见，随着 k_R 的增大，扰动出现的距离和达到平衡的距离均大大减小。在活化能和 k_I 不变的情况下，k_R 的增大会使爆轰波波阵面的不稳定性参数 χ 增大，不稳定性的增加使化学反应对温度扰动更加敏感，扰动的放大速率也相应增大，这一连串的变化使得对不稳定的爆轰波而言，扰动出现的距离和达到平衡的距离均大大减小。值得注意的是，随着 k_R 的增大，平衡状态时，爆轰波的胞格尺寸差距并不大，这主要是因为在这一系列的算例中，由于 k_I 不变，波阵面诱导区的长度保持不变，而胞格尺寸主要与诱导长度呈线性关系，所以胞格尺寸基本保持不变[2,3]。

12.3 二维平面爆轰波（基元反应模型）

预混气体为 $2H_2 + O_2$，并用 70% 的 Ar 稀释，初始压力和温度分别为 6 670 Pa 和 298 K。在左侧封闭端设置有一段高温高压区域，迅速引爆混合气体，最终达到稳定爆轰，并以稳定的爆速传播[4,5]。点火区密度为初压的 5 倍，温度为 10 倍。上、下边界和左边界均为固壁条件，右边界为出流条件。数值方法采用附加显隐式的 Runge – Kutta 格式，对流项作为非刚性项，采用 5 阶精度的 WENO 有限差分格式离散，非刚性项的积分采用 4 阶精度的 ERK 格式；化学反应源项作为刚性项，采用对角隐式的 2 阶精度的 ESDIRK。对于计算过程中的网格分辨率，诱导区至少有 20 个网格。

爆轰波波阵面附近的复杂的三波点波系结构如图 12.6 ~ 图 12.8 所示。一个典型的三波点波系结构包括马赫杆、入射激波和横波，三者交汇于一点，即三波点。三波点附近出现压力和密度峰值，入射激波要比马赫杆平整得多，然而强度却低于马赫杆，其后的密度梯度和温度梯度也要比马赫杆后的小很多，这种情况说明入射激波后的化学反应要比马赫杆后的延迟，相应的反应阵面滞后。同时，根据马赫杆阵面的压力分布可以发现，马赫杆中心的压力最低，两侧方向的压力逐渐升高，并在三波点附近达到峰值，相对而言，入射激波阵面的压力分布要均匀很多。一个典型的三波结构本质上属于马赫反射的范畴，

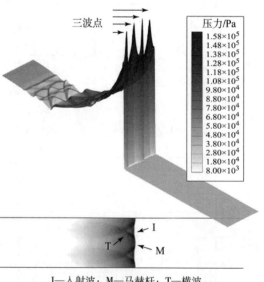

I—入射波；M—马赫杆；T—横波。

图 12.6 二维爆轰波波阵面（见彩插）

运用马赫反射的经典理论，有助于理解爆轰波的三波结构。马赫反射中，马赫杆后的压力和密度均要高于入射激波后的压力和密度；马赫杆后的压力是连续的，但是存在接触间断，即密度存在间断；马赫反射中，随着不同种类的马赫反射，如单马赫反射和双马赫反射，横波在强度和形状上也不同，在双马赫反射中，横波与三波点接触段强度很高，曲率小，越往后发展，横波强度越低，曲率越大。上述马赫反射的现象与爆轰波三波结构的分析是吻合的，从图 12.6 也可以看出马赫杆后的密度间断（滑移线）。滑移线附近存在复杂的涡系结构，但是需要在网格尺寸足够小的情况下才能够准确捕捉到。

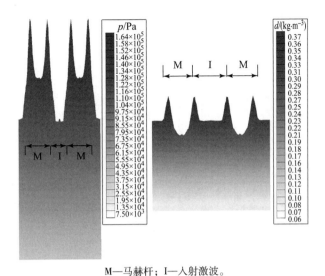

M—马赫杆；I—入射激波。

图 12.7　二维爆轰波波阵面压力、密度分布（见彩插）

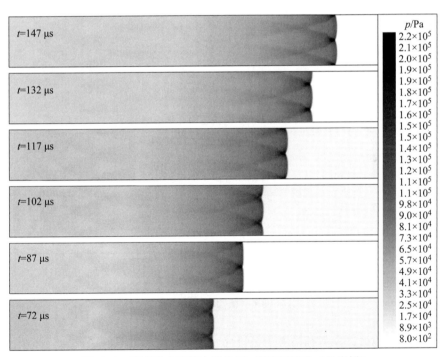

图 12.8　爆轰波在直管内的传播（不同时刻）（见彩插）

　　烟膜技术广泛应用于记录爆轰波的胞格结构。通过烟熏玻璃板或者金属板，做成烟熏片，使得片上均匀覆盖一层烟迹，然后将烟熏片放入管道内壁，用于记录爆轰波在管道中三波点的运动轨迹，所得到的运动轨迹呈鱼鳞状，即爆轰胞格。在数值计算中，通过记录整个计算时间内爆轰波的最大压力历史，从而得到数值胞格。计算得到的规则的胞格结构如图12.9 所示，这一结果表明，本章计算的爆轰波以规则的胞格结构传播，与实验得到的胞格

图 12.10 结构相比，数值胞格的结构和尺寸都与之接近。图 12.11 给出了胞格结构的若干特征参数的几何关系，包括出射角 β、胞格宽长比 λ/l、入射角 α 和横波轨迹角 ω。将计算得到的胞格结构的几何参数与前人的实验结果[7,8]进行了比较，见表 12.2，结构吻合得比较好。

图 12.9　计算得到的爆轰波胞格[6]

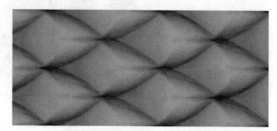

图 12.10　实验得到的爆轰胞格

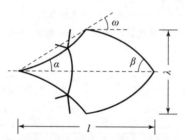

图 12.11　规则胞格结构几何参数

表 12.2　规则胞格结构几何参数

胞格结构参数	计算值	实验值
λ/l	0.6	0.5 ~ 0.6
$\alpha/(°)$	10	5 ~ 10
$\beta/(°)$	35 ~ 42	32 ~ 40
$\omega/(°)$	32	30

参 考 文 献

[1] 李健. 气相爆轰波的反射和衍射现象研究 [D]. 北京：北京理工大学，2015.

[2] 陈达，宁建国，李健. 周期性非均匀介质中气相爆轰波演变模式研究 [J]. 力学学报，2021，53 (10)：2865 - 2879.

[3] Ning Jianguo, Chen Da, Li Jian. Numerical Studies on Propagation Mechanisms of Gaseous Detonations in the Inhomogeneous Medium [J]. Applied Sciences, 2020, 10 (13)：4585.

[4] Li J, Ren H, Ning J. Additive Runge - Kutta methods for $H_2/O_2/Ar$ detonation with a detailed elementary chemical reaction model [J]. Chinese Science Bulletin, 2013, 58 (11)：1216 - 1227.

［5］ Li J，Ren H，Ning J. Numerical application of additive Runge – Kutta methods on detonation interaction with pipe bends ［J］. International Journal of Hydrogen Energy，2013，38（21）：9016 – 9027.

［6］ Shepherd J E. Detonation in gases ［J］. Proceedings of the Combustion Institute，2009，32（1）：83 – 98.

［7］ Hu X，Khoo B C，Zhang D，et al. The cellular structure of a two – dimensional $H_2/O_2/Ar$ detonation wave ［J］. Combustion Theory and Modelling，2004，8（2）：339 – 359.

［8］ Qu Q，Khoo B C，Dou H S，et al. The evolution of a detonation wave in a variable cross – sectional chamber ［J］. Shock Waves，2008，18（3）：213 – 233.

第 13 章
气相爆轰波的传播数值模拟

爆轰波在复杂的管道中的传播过程极易受到边界条件的影响，可能得到加强，也可能受到削弱，处于一种不稳定的传播状态。在一些极端的情况下，爆轰波可能会熄爆或者重新起爆。爆轰波在复杂的管道中的传播过程可以归纳为三个基本的物理问题：爆轰波的反射、衍射和两者的组合[1-5]。为了更好地分析和理解爆轰波在复杂的管道中的传播规律，需要对上述三个基本问题进行分析。这三个问题都涉及波与固壁的相互作用，因此，能否处理好边界条件，将直接影响数值模拟结果的正确性。

13.1　ZND 爆轰波的马赫反射

首先对 ZND 爆轰波在楔面上的马赫反射过程进行数值模拟[6]。虽然爆轰波波阵面结构本质上是多维的，存在很多三波结构，但是为了研究问题的方便，通常可以首先研究 ZND 爆轰波的行为，然后再研究胞格爆轰波的行为，这样可以分别考虑反应区宽度和胞格尺寸两个不同的空间尺度对马赫反射过程的影响。

13.1.1　数值方法和计算设置

ZND 爆轰波楔面反射数值模拟的控制方程为二维反应欧拉方程，空间项上采用五阶精度的 WENO 有限差分格式离散，时间项上使用三阶精度的 TVD Runge – Kutta 方法进行求解。同时，为了提高计算的效率，使用了并行化的方法。楔面边界为滑移固壁条件，采用浸入式边界方法进行处理。计算区域的上、下边界也均为滑移固壁条件，左侧边界为入口条件，右侧边界为出口条件。

化学反应模型采用两阶段反应模型，量纲为 1 的诱导区宽度 $\Delta_I = 1$。因为本算例研究稳定 ZND 爆轰波的马赫反射，为了实现这个目的，二阶段反应模型使用了很小的活化能（$\varepsilon_I = 0.1$，$\varepsilon_R = 1.0$），这样可以抑制爆轰波的胞格不稳性。初始条件为布置具有不同反应区厚度（从 $1.5\Delta_I$ 到 $20\Delta_I$）的二维 ZND 爆轰波于楔面上游，使之向右传播并在楔面上发生反射。在本算例中，比热比 $\gamma = 1.44$，入射 C – J 爆轰波的马赫数 $Ma = 5.6$。楔面的长度根据算例的不同而有所区别，最长可以达到 $400\Delta_I$。为了得到一个无反应的爆轰波（激波），在二阶段反应模型框架内，一个最简单的办法就是，使用一个很小的反应区速率参数 k_R，从而得到一个非常长的诱导区。由于诱导区不存在化学反应，这种情况下的 ZND 爆轰波本质上就是一个激波。因此，激波和 ZND 爆轰波存在相同的比热比和马赫数，这样处理的好处是可以对两者的楔面反射过程进行精确的比较。

13.1.2　激波的楔面反射

首先考虑激波的马赫反射过程，这可以为研究爆轰波马赫反射提供一个参考，同时，这也可以验证当前的数值格式的准确性。图 13.1 显示了 4 个不同位置下激波的马赫反射波系密度梯度以及楔面压力（$\theta_w = 30°$，$Ma = 5.6$）。从图中可以看出，马赫杆不是直的，而是微凸的，这是由于"壁面射流"的活塞效应造成的。同时，也可以发现，马赫反射三波点轨迹线是一条直线，这也说明激波的马赫反射是自相似的，这也与理论分析的结果相符，也说明数值模拟的结果是可信的。

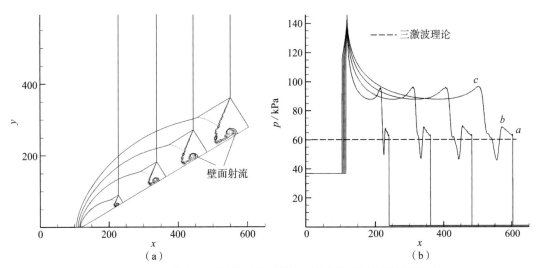

图 13.1　不同位置下激波的马赫反射波系密度梯度以及马赫杆压力

（$\boldsymbol{\theta_w = 30°}$，$\boldsymbol{Ma = 5.6}$）

（a）密度梯度；（b）楔面压力

激波在 30° 楔面上马赫反射的三波点轨迹角 $\chi = 9.8°$，这个值比通过三激波理论得出的结果大 2°。这是由于在三激波理论中，假设马赫杆是直的，并且垂直于楔面，但是真实的数值模拟结果和实验结果均显示马赫杆是微凸的。Ben – Dor[7] 分析了马赫杆的曲率对三波点轨迹角的影响，发现三激波理论预测的结果比凸的马赫杆（强激波）要小 1°～3°，比凹的马赫杆（弱激波）要大一些。图 13.1（b）显示了不同时刻马赫杆后沿着楔面的压力分布。从图中可以看出，沿着楔面，压力从点 a 到点 b 逐渐增大。在"壁面射流"的涡结构里，压力下降，密度增大（从点 b 到点 c）。在"壁面射流"后面的点 c，存在一个压力的峰值。如果继续观察复杂的涡结构后面的流场，可以发现压力逐渐增加，并在楔面顶点处达到局部峰值。

13.1.3　ZND 爆轰波楔面反射

1. 反应的马赫杆

图 13.2 中显示了平面 ZND 爆轰波（$\Delta = \Delta_I + \Delta_R = 7.96$）在 30° 楔面上的马赫反射。与相同强度激波马赫反射的马赫杆结构相比，可以看出，反应的马赫杆（ZND 爆轰波马赫反

射）是凹的，而无反应的马赫杆（激波马赫反射）是凸的。除此之外，在 ZND 爆轰波马赫反射中，滑移线并不像在激波马赫反射中弯向马赫杆，而是向远离马赫杆的方向延伸。因此，在 ZND 爆轰波的马赫反射中不存在"壁面射流"。但是，在 ZND 爆轰波早期的马赫反射形态中（楔面顶点附近），滑移线是弯向马赫杆并存在"壁面射流"的，这与激波马赫反射类似。图 13.3 显示了反应马赫杆的精细结构。这说明 ZND 爆轰波的马赫反射是一个不断发展的非稳态过程，是不存在自相似性的，与自相似的、拟稳态的激波马赫反射截然不同。

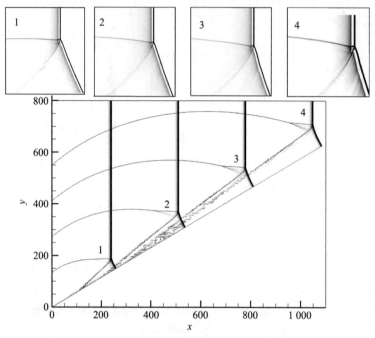

图 13.2　ZND 爆轰波的马赫反射不同位置的结构

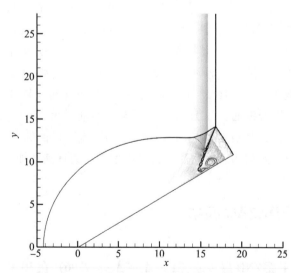

图 13.3　ZND 爆轰波的马赫反射过程近场的纹影结构

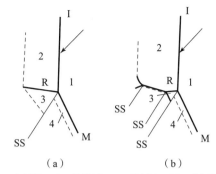

图 13.2 显示了沿着楔面在不同位置处的
ZND 爆轰波马赫反射的三波结构（由马赫杆、入
射激波和反射激波构成）。可以看出，这些三波
结构并没有本质上的变化。如图 13.4 所示，存
在两种不同的爆轰波马赫杆结构，即一种强的马
赫杆结构和一种弱的马赫杆结构。这两种爆轰波
马赫杆结构的区别在于：对于弱的马赫杆结构而
言，反射波在诱导区是直的，无反应的激波；对
于强的马赫杆结构而言，反射波在诱导区是弯曲
的，存在一个节点并形成第二个三波点。通常而
言，弱的马赫杆结构存在于稳定的爆轰波中（弱

I—入射波；M—马赫杆；R—反射波；SS—剪切层。

图 13.4　两种不同的反应马赫杆结构

（a）弱三波结构；（b）强三波结构

横波），而强的马赫杆结构存在于不稳定的爆轰波中（强横波）。在本算例中，研究对象是
极其稳定的 ZND 爆轰波，因此，只有弱的马赫杆结构出现在马赫反射过程中。

2. 马赫反射三波点轨迹线

图 13.5 显示了 ZND 爆轰波马赫反射的三波点轨迹线。由于马赫杆本身是弯曲的，它的
高度被定义为从三波点到楔面的垂直距离。马赫杆的行程定义为从楔面顶点沿着楔面到马赫
杆的直线距离。为了进行相互比较，相同强度的激波马赫反射三波点的轨迹线也出现在图
13.5 中。可以看出，ZND 爆轰波马赫反射三波点的轨迹线整体上不是一条直线，而是弯曲
的。这与自相似的激波马赫反射不同，这说明 ZND 爆轰波马赫反射是非自相似的过程。但
是在楔面顶点附近，其早期的三波点轨迹线看起来与激波马赫反射三波点的轨迹线相重合，
这是由于在早期，爆轰波的诱导区（无反应）起到主导性的作用，而这使得爆轰波趋向于
一个无反应的激波。但是，当 ZND 爆轰波远离楔面顶点，继续沿着楔面向前传播时，化学
反应区开始发挥作用，这使得三波点的轨迹线背离原先的轨迹，开始向楔面方向弯曲。随后

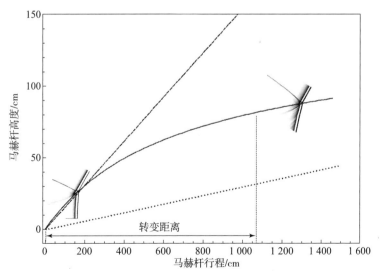

图 13.5　马赫反射的三波点轨迹线

（短画线为激波马赫反射的三波点轨迹线；虚线为爆轰间断马赫反射的三波点轨迹线；
实线为 ZND 爆轰波的三波点轨迹线）

三波点的轨迹线渐近地趋向于一条直线，而这条直线的斜率对应于反应三激波理论（爆轰间断，或者 C–J 模型）的理论解。这说明当马赫杆的行程 L 远大于爆轰波的厚度 Δ，即 $L \gg \Delta$ 时，ZND 爆轰波马赫反射重新获得了自相似性，即渐近自相似性。在初始的自相似性和最终的渐近自相似性之间是一个非自相似性的区域，而这个非自相似性区域的长度取决于爆轰波波阵面的厚度 Δ。

图 13.6 显示了在不同的时刻，爆轰波马赫反射马赫杆的压力曲线。可以看出，马赫杆的强度随着爆轰波沿着楔面的向前传播而不断衰减，但是最终会缓慢地衰减至一个稳定的压力值，这一点也与激波马赫反射的马赫杆强度随时间不变不同。同时，也可以发现，最终的、渐近的稳定马赫杆强度（ZND 爆轰波马赫反射）仍然大于入射 C–J 爆轰波的 V–N 压力，这意味着最终稳定的马赫杆仍然是过驱动的，只不过相比早期的马赫杆过驱度要弱一些。

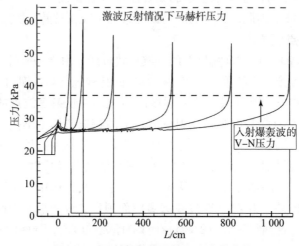

图 13.6　马赫杆沿楔面的压力变化曲线

这里反应马赫杆的过驱度定义为 $f = Ma_s / Ma_i$，其中，Ma_s 和 Ma_i 分别表示爆轰波马赫反射入射爆轰波和马赫杆的马赫数（速度）。反应的三激波理论预测马赫杆的过驱度为 $f = 1.2$（$\gamma = 1.44, Ma = 5.6, \theta_w = 30°$），无反应的三激波理论预测马赫杆的过驱度为 $f = 1.28$（$\gamma = 1.44, Ma = 5.6, \theta_w = 30°$）。在本章的数值计算中，反应马赫杆的强度可以表述为：在近场，$f = 1.3$，在远场的渐近状态时，$f = 1.19$。这说明数值模拟的结果非常接近反应和无反应的三激波理论，这可以认为是两个极限状态，即"冻结极限"（frozen limit）和"平衡极限"（equilibrium limit）。

13.2　胞格爆轰波的马赫反射

一般来说，自维持胞格爆轰波自身是不稳定的，存在三维的、非稳态的波阵面多波结构。这个非稳态的波阵面由一系列的三波结构（入射波、马赫杆和横波）构成。由于真实的胞格爆轰波存在上述这种复杂的波阵面结构，其马赫反射过程与平面 ZND 爆轰波的马赫反射过程有很大的区别。如果胞格爆轰波胞格的尺寸很小并且横波很弱，其马赫反射过程将近似于 ZND 爆轰波的马赫反射过程。

在这种情况下，横波的作用可以认为是作用在 ZND 爆轰波马赫反射上的小挠动。这种小挠动对马赫反射整体的行为影响有限，可以忽略。但是如果胞格爆轰波胞格的尺寸与马赫杆相比很大，并且横波很强，其马赫反射过程将变得极其复杂。这时楔面的存在可以认为是作用在爆轰波的特征强不稳定性上的一种扰动[8]。在上述两种极限情况之间，胞格爆轰波的马赫反射过程存在与上述现象不同的行为模式。本节将对胞格爆轰波的马赫反射现象进行数值研究，力图阐明爆轰波的稳定性对马赫反射过程的影响、远场的渐近相似性对反应区宽度的依赖性、胞格结构对马赫反射三波点轨迹线的影响以及马赫反射的马赫杆在楔面顶点近场的初期发展模式。

13.2.1　数值模拟设置

为了分辨胞格爆轰波马赫反射的精细结构，特别是具有更窄反应区宽度的马赫杆，爆轰波马赫反射的数值模拟需要比在一般直管道中更高的网格分辨率。为了达到这个目的，本算例使用两步化学反应模型和并行网格自适应技术对这个现象进行数值计算，活化能 $\varepsilon_I = 4.8$，$\varepsilon_R = 1.0$。诱导区宽度 $\Delta_I = 1$ mm，初始条件为布置具有不同稳定性的胞格爆轰波于楔面前，使之向右传播并在楔面上发生反射。比热比 $\gamma = 1.44$，初始 C - J 爆轰波的马赫数 $Ma = 5.6$。在整个计算区域使用粗网格；在流场剧烈变化的区域使用细网格，使之具有更高的网格分辨率。在本算例中，对于楔面角度小于 30° 的算例，网格分辨率为 32 pts/Δ_I，采用 5 级网格自适应（2，2，2，4）；对于楔面角度大于 30° 的算例，为了分辨强过驱的马赫杆精细结构，网格分辨率则为 64 pts/Δ_I，采用 6 级网格自适应（2，2，2，2，4）。计算区域的边界条件设置为：左侧边界为入流条件，右侧边界为出流条件，上、下壁面和楔面均为固壁条件。

13.2.2　计算结果和讨论

在上一算例中，对 ZND 爆轰波的楔面反射进行了研究。为了便于解释胞格爆轰波的楔面反射现象并且与上一算例的研究内容进行比较，首先在楔面上游布置了平面 ZND 爆轰波而不是胞格爆轰波。由于爆轰波自身的不稳定性，ZND 爆轰波在向下游传播的过程中不能够长时间维持一维 ZND 结构，胞格结构或者横波会在 ZND 爆轰波的波阵面上出现并逐渐生长发展，最终 ZND 爆轰波会完全转变成二维胞格爆轰波。在这种情况下，在楔面上的马赫反射模式会从开始的 ZND 爆轰波的马赫反射逐渐转变为完全胞格爆轰波的马赫反射，如图 13.7 所示。这种设计可以使 ZND 爆轰波和胞格爆轰波马赫反射的研究统一起来，同时，也可以观察不同强度胞格结构（或者说横波）对 ZND 爆轰波马赫反射三波点轨迹线的影响，便于研究和解释。

在图 13.7（a）中可以观察到，胞格结构的出现和发展发生在爆轰波向下游传播一定距离后，也就是说，初始的马赫反射是 ZND 爆轰波的马赫反射，而不是胞格爆轰波的马赫反射。值得注意的是，胞格结构加于 ZND 爆轰波马赫反射三波点的轨迹之上只是造成了其轻微的振荡，总的趋势并没有大的变化。在图 13.7（b）中，胞格结构出现的位置比在图 13.7（a）中要提前，位于楔面顶点的前方。在这个算例中（图 13.7（a）），在近场，早期的马赫反射对应于具有弱横波结构的胞格爆轰波。再一次表明，相比于图 13.7（a）中的 ZND

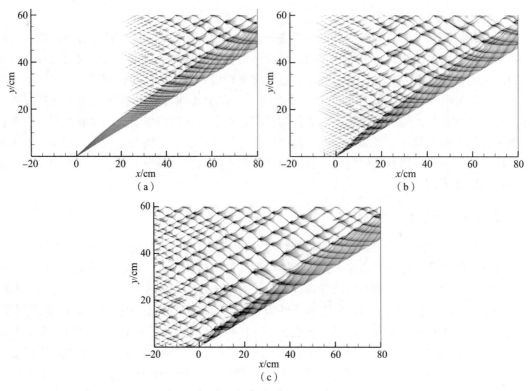

图13.7　不同起始位置胞格爆轰波马赫反射胞格模式（$\Delta = 15$ mm）

爆轰波马赫反射三波点的轨迹线，图13.7（b）中的三波点的轨迹线并没有很大的差别，只是振荡发生的位置有所提前（从楔面顶点开始）。这同时也说明，马赫反射在楔面顶点处的初始过程对下游远场处的马赫反射过程并没有显著的影响。在图13.7（c）中，ZND爆轰波已经在与楔面碰撞之前充分发展为稳态的胞格爆轰波。在这个算例中，马赫反射对应于一个完全的胞格爆轰波的马赫反射过程。与图13.7（a）（b）相比，图13.7（c）中的三波点轨迹线，除了由胞格结构造成的振荡出现的位置有所不同外，发展趋势是一致的。

　　图13.8中对上述三条马赫反射三波点轨迹线进行了比较。可以看出，上述三个例子中的马赫反射三波点轨迹线几乎重叠在一起。这说明规则胞格爆轰波的马赫反射本质上与ZND爆轰波的马赫反射是一致的。胞格不稳定性只是造成了马赫反射三波点轨迹线的局部振荡，但是平均的三波点轨迹线与ZND爆轰波马赫反射的三波点轨迹线本质上没有太大的区别。同时也可以看出，较强的横波造成三波点轨迹线较大的振荡，较弱的横波造成三波点轨迹线轻微的振荡。在图13.8中也说明了胞格爆轰波早期的行为对应于自相似的平面激波的马赫反射过程，并且其三波点的轨迹线可以用无反应的三激波理论来描述。这种现象是由于，在早期，胞格爆轰波马赫反射的马赫杆是强过驱的，而强过驱的爆轰波具有更小的反应区宽度、更弱的胞格结构，本质上接近无反应的激波。

　　图13.9给出了沿楔面马赫杆的强度变化。初始在楔面顶点附近，马赫杆是强过驱动的（$f = 1.3$）。随着马赫杆向下游传播，其强度缓慢衰减。当马赫杆的行程达到约30 cm时，马赫杆衰减为弱过驱动的爆轰波（$f = 1.13$）。由于近场初始马赫杆是强过驱动的，这时的爆轰波的马赫反射本质上与激波的自相似的马赫反射类似。在远场，爆轰波马赫反射三波点轨迹

线渐近地趋向于一条直线，这说明马赫反射过程重新获得了自相似性，即渐近相似性。渐近自相似性是在楔面的远场，即当马赫杆的行程远大于爆轰波波阵面自身的厚度时才实现的。

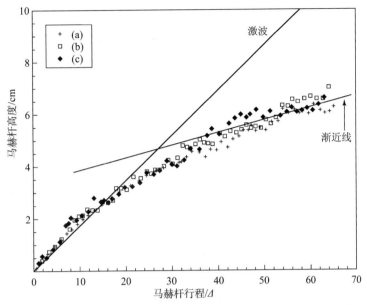

图 13.8　不同起始位置胞格爆轰波马赫反射三波点轨迹线（$\Delta = 15$ mm，对应于图 13.7）

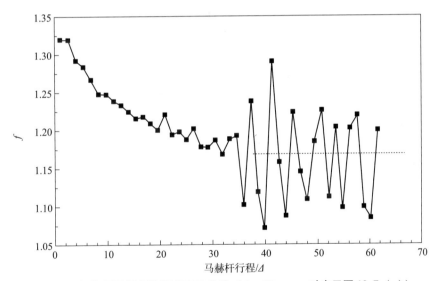

图 13.9　沿楔面马赫杆的强度变化曲线（$\Delta = 15$ mm，对应于图 13.7（a））

　　图 13.10 描述了爆轰波马赫反射三波点轨迹线在不同的楔角下的变化情况。在楔面顶点附近，可以观察到，在不同的楔角下，三波点轨迹线大体上均是直线，这意味着马赫反射过程是自相似的，并且对应于激波的马赫反射的三波点轨迹线。在远场，所有的爆轰波马赫反射的三波点轨迹线均渐近地趋向于直线，这说明它们在远场都获得了渐近自相似性。通过测量这些渐近三波点轨迹线的斜率，可以得到它们与楔面的夹角，即渐近三波点轨迹线夹角。

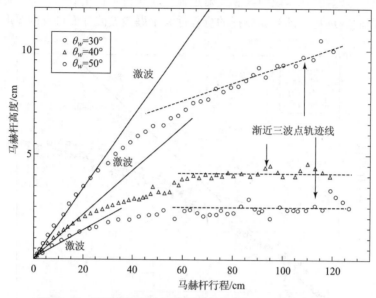

图 13.10 不同楔面角度下的爆轰波马赫反射三波点轨迹线

图 13.11 中显示了具有不同稳定性的爆轰波的马赫反射三波点轨迹线[9]。通过观察可以发现，对于不稳定的爆轰波而言，横波很强，其马赫反射的三波点轨迹线有很强的振荡性，几乎不能确认其发展趋势；对于稳定的爆轰波而言，横波的强度较弱，其马赫反射的三波点轨迹线只有很小的振荡性，其发展趋势很清晰，接近于 ZND 爆轰波的马赫反射三波点轨迹线。图 13.12 和图 13.13 中显示了图 13.11 中对应的不稳定算例–1、不稳定算例–2 和强不稳定算例三个例子。同样，对于稳定的爆轰波来说，其马赫反射的胞格结构很规则，可以很容易地分辨马赫反射区域和入射爆轰波区域。但是对于很不稳定的爆轰波而言，马赫反射区域和入射爆轰波区域的分界线并不是很清晰，这是强的胞格结构与马赫反射三波点之间不规律的相互作用造成的，这种作用模糊了两个区域的边界线，即马赫反射三波点轨迹线。

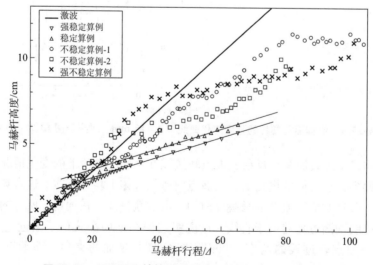

图 13.11 不同稳定性的爆轰波的马赫反射三波点轨迹线

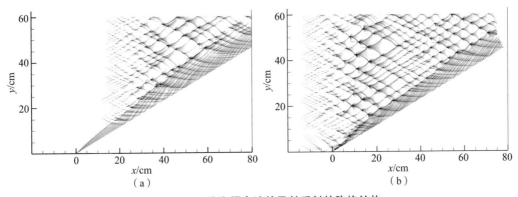

图 13. 12　不稳定爆轰波的马赫反射的胞格结构

（a）不稳定算例－1；（b）不稳定算例－2

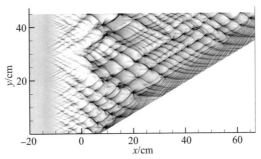

图 13. 13　强不稳定爆轰波的马赫反射的胞格结构（强不稳定算例）

为了阐述爆轰波马赫反射三波点轨迹线在足够长的马赫杆行程上的行为模式，上面的模拟中使用了足够长的楔面。同样，也可以在较小的楔面尺度上放大马赫反射在楔面顶点处的初始行为。在一个胞格尺寸量级的范围内，爆轰波前导激波的曲率和强度根据位置的不同而变化。在图 13. 14 所示的算例中，首先出现在楔面上的反射类型是马赫反射，然后可以看到马赫杆在楔面上持续地发展。而在图 13. 15 中，首先出现在楔面上的是规则反射，其在楔面

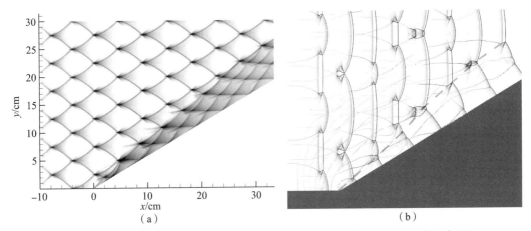

图 13. 14　胞格爆轰波初始的楔面反射（马赫反射发生在前，规则反射发生在后）

（a）胞格结构；（b）波阵面演化过程

上传播一定的距离后，规则反射转变为马赫反射，这种转变几乎是在一个胞格的尺度上完成的。如果胞格结构的横波的强度相对于马赫反射的反射波是较弱的，胞格爆轰波马赫反射三波点的轨迹线本质上是一种受到胞格不稳定性小挠动影响的 ZND 爆轰波马赫反射三波点的轨迹线。但是，如果胞格结构横波的强度在马赫反射反射波的量级上，胞格爆轰波马赫反射三波点轨迹线将会受到显著的、强烈的挠动，并且在极限的情况下，它在本质上将变成无楔面直管道胞格爆轰波的三波点轨迹线。

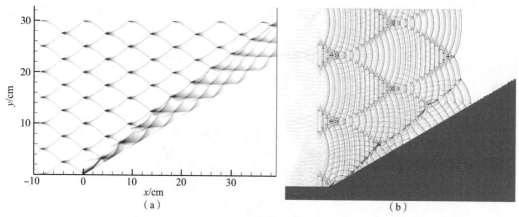

（a）　　　　　　　　　　　　　　　（b）

图 13.15　胞格爆轰波初始的楔面反射（规则反射发生在前，马赫反射发生在后）
（a）胞格结构；（b）波阵面演化过程

13.3　爆轰波的衍射

对于稳定爆轰波来说，其二维条件下临界管径 w_c 大约是三维下临界管径 d_c 的 1/2，而对于不稳定爆轰波来讲，并不存在这个关系，这也说明了对于稳定爆轰波和不稳定爆轰波来说，其传播机理有所不同。因此，为了研究爆轰波衍射的熄爆和重新起爆的机理，需要同时研究二维爆轰波和三维爆轰波的衍射过程。但是三维爆轰波的数值模拟需要很大的计算量，计算时间很长，当前三维爆轰波的数值模拟也只是研究简单的直管传播问题，大规模的三维数值模拟还不现实。考虑到我们所研究的问题可以近似为一个圆柱坐标下的三维轴对称问题，通过忽略某些不重要的项，可以用带几何源项的二维欧拉方程来近似三维轴对称问题[10]。激波衍射稀疏波扰动几何结构如图 13.16 所示。凝聚相爆轰的衍射可以参考文献 [11]。

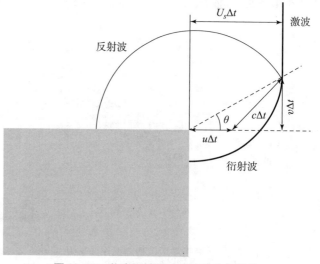

图 13.16　激波衍射稀疏波扰动几何结构

13.3.1　数值模拟设置

与上一节中的算例类似，本算例同样使用并行自适应网格方法对二维胞格爆轰波和三维胞格爆轰波的衍射现象进行了数值计算。化学反应模型采用两阶段反应模型，活化能 $\varepsilon_\mathrm{I} = 4.8$，$\varepsilon_\mathrm{R} = 1.0$。初始条件：分别布置稳定的和不稳定的胞格爆轰波于不同管径的管道内，使之向右传播进入自由空间，并在拐角处发生衍射。在本章的研究中，固定比热比 $\gamma = 1.44$，入射 C–J 爆轰波的马赫数 $Ma = 6.5$。网格采用 4 级自适应（2，2，2，4），网格分辨率为 32 pts/Δ_I。这个分辨率足以很好地分辨稳定胞格爆轰波的精细结构。对于不稳定的胞格爆轰波，网格分辨率为 64 pts/Δ_I。

计算区域的边界条件设置为：左侧边界为入流条件，右侧为出流条件，上壁面为轴对称边界，下壁面为出流条件。需要指出的是，对于三维轴对称反应欧拉方程的计算，由于存在几何源项，在 $r=0$ 附近方程是奇异的，会导致计算的失败。因此，为了数值计算的稳定性，计算区域的起始位置选择在 $r > r_c$，在本研究中，选择 $r_c \approx \lambda$。

13.3.2　稳定爆轰波的衍射

稳定爆轰波（$k_\mathrm{R} = 0.9$）在二维管道中的数值模拟结果同时用数值胞格模式和纹影图来表示。数值胞格通过最大压力云图进行时间积分得到，显示了胞格结构三波点的轨迹。在此研究中，二维管道的宽度 w_c 有所不同，目的是研究管道的空间尺度对爆轰波绕射过程的影响。需要重点指出的是，在数值模拟中，只考虑了一半的管道区域（上边界采用二维轴对称边界条件），因此，图中整个管道中的胞格模式是通过镜面对称得到的。

在图 13.17 中，胞格模式显示这是一个爆轰波在自由空间衍射并失效的算例，即二维管道的宽度 w_c 小于临界管径。在爆轰波发生绕射之前的管道内，爆轰胞格模式很规律，尺寸统一，这也显示了这是一个稳定爆轰波。在这个算例 $\left(\dfrac{w_c}{\lambda}=8\right)$ 中，爆轰波的波阵面在自由空间里没有能够自维持而熄爆，转变成爆燃波。在图 13.18 中，可以看到前导激波和反应区完全解耦合，反应区远远落后于前导激波。爆轰波的失效是由于拐角产生的稀疏挠动沿着爆轰波波阵面向中心线传播，受稀疏挠动作用的爆轰波波阵面衰减，速度降低，波阵面变得弯曲，最终导致了爆轰波反应区与发散的前导激波的解耦和失效。图 13.19 中显示的也是一个爆轰波在衍射过程中熄爆的例子，

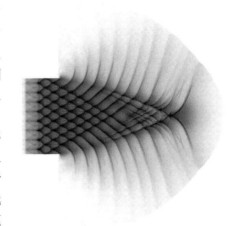

图 13.17　稳定爆轰波衍射胞格模式$\left(\dfrac{w_c}{\lambda}=8\right)$
（a）纹影；（b）温度

其中，$\dfrac{w_c}{\lambda}=12$。与图 13.17 中不同的是，受到稀疏挠动作用后的爆轰波波阵面沿着中心线有重新起爆的迹象，可以看到新生成的弱的三波线和胞格，但是最终波阵面还是熄爆并衰减成爆燃波。

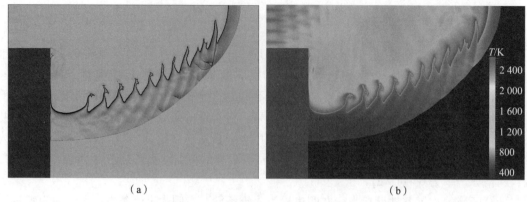

（a）　　　　　　　　　　　　　　　　　　（b）

图 13.18　爆轰波波阵面$\left(\dfrac{w_c}{\lambda}=8\right)$（见彩插）

（a）纹影；（b）温度

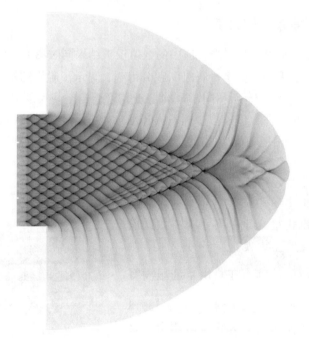

图 13.19　稳定爆轰波衍射胞格模式$\left(\dfrac{w_c}{\lambda}=12\right)$

图 13.20（a）显示了在四个不同时刻下胞格爆轰波的波阵面纹影图，相应的温度云图如图 13.20（b）所示。从图中可以观察到，胞格爆轰波在进入自由空间的过程中，受拐角稀疏作用影响的波阵面区域变成弯曲的，其速度下降，前导激波与反应阵面之间的距离逐渐增大，最终解耦。这也就导致了这部分爆轰波的熄爆，衰减为爆燃波。同时也发现，靠近拐角处的波阵面受到的稀疏作用最强，表现为前导激波与反应阵面之间的距离最大，这也说明此处的压力、速度衰减得最厉害。而沿着波阵面到管道中心线，前导激波与反应阵面之间的距离逐渐减小，这说明解耦程度逐渐减弱。这种变化是由于波阵面在膨胀过程中各处的面积增长率是不同的，在拐角附近面积膨胀率最大，而在中心线附近面积膨胀率最小，这也导致

了波阵面曲率的相应变化。在该算例 $\left(\dfrac{w_c}{\lambda} = 12\right)$ 中，在中线附近，可以观察到爆轰波的波阵面有自维持的趋势，表现为在波阵面曲率不是很大的情况下波阵面以及其后反应阵面的弯曲、褶皱以及发展。在图中的胞格模式中，也可以观察到在中线附近弱的新胞格的生成，但是没有发展起来。爆轰波波阵面最终没有能够克服稀疏作用的影响而熄爆，衰减为爆燃波。

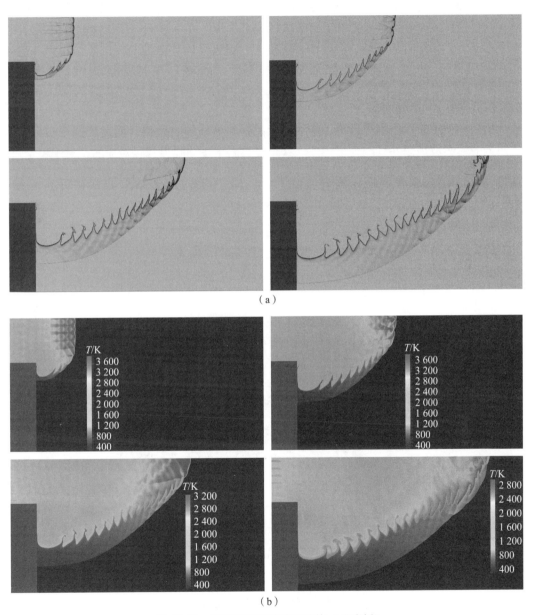

图 13.20　衍射爆轰波波阵面结构（见彩插）

(a) 纹影；(b) 温度

在图 13.21 中，爆轰波在进入自由空间后，最终没有失效而是能够自维持传播。这个算例中，二维管道的宽度$\dfrac{w_c}{\lambda}=14$。观察胞格模式可以发现，稀疏波首先会导致受影响区域的爆轰胞格尺寸增大。尽管如此，在其更下游的区域，当波阵面的曲率效应不是很强烈的时候，胞格结构在爆轰波波阵面上重新生成，这意味着爆轰波最终成功地由平面爆轰波转变为圆柱爆轰波而没有熄爆。同时，爆轰波的纹影图和温度云图也显示，在中心线附近，发散状的前导激波重新与反应区耦合，在整个爆轰波波阵面上连续地产生新的胞格结构，而不是由于"热点"效应和不稳定性而产生局部爆炸，如图 13.22 所示；而在两侧的位置，前导激波已经与反应区完全解耦，意味着爆轰波的局部熄爆。在本算例中，从纹影和温度云图也可以观察到，拐角附近的区域，波阵面斜率很大，爆轰波前导激波与反应阵面解耦并熄爆，而在中心线附近的爆轰波，波阵面的斜率不大，能够自维持为爆轰波。上一算例$\left(\dfrac{w_c}{\lambda}=12\right)$中，中心线附近的波阵面斜率比本算例中的要大，不能够自维持。这说明存在一个临界的斜率，小于这个临界斜率，中线附近的爆轰波能够自维持，而大于这个临界斜率，中线附近的爆轰波熄爆并衰减为爆燃波。这个临界斜率是与临界管径对应的，对于稳定爆轰波而言，数值计算结果表明，临界管径$\dfrac{w_c}{\lambda}=12\sim14$。这一结果非常接近实验结果$\left(\dfrac{w_c}{\lambda}\approx12\right)$。

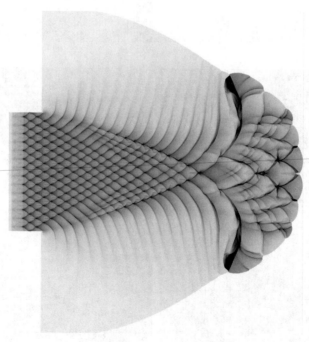

图 13.21　稳定爆轰波衍射胞格模式$\left(\dfrac{w_c}{\lambda}=14\right)$

图 13.23 显示了在三维轴对称坐标系下的爆轰波衍射过程，可以看到，胞格的变化与在二维管道中的类似。在图 13.23（a）中，$\dfrac{d_c}{\lambda}=24$，爆轰波没有能够转变成自维持的圆柱爆

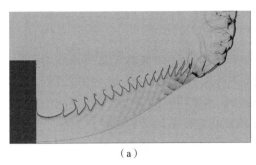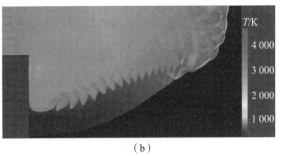

图 13.22　爆轰波波阵面$\left(\dfrac{w_c}{\lambda}=14\right)$（见彩插）

(a) 密度梯度；(b) 温度

轰波，而是最终熄爆并衰减为爆燃波。而在图 13.23 (b) 中，$\dfrac{d_c}{\lambda}=26$，爆轰波在这个算例中能够成功转化为自维持的圆柱爆轰波，中心线附近的爆轰波波阵面存在新生成的横波，这是由于这个区域波阵面的曲率效应不是很强烈，爆轰波新的横波的生成速率能够匹配由于波阵面弯曲所带来的表面面积的增加。因此，三维轴对称坐标系下的爆轰波衍射过程中，爆轰波能够转变为自维持圆柱爆轰波的临界管径是$\dfrac{w_c}{\lambda}\approx 24\sim 26$。与二维管道的爆轰波的衍射过程相比，三维情况下的临界管径增加了很多，大约是二维临界管径的 2 倍。这个结论与实验中得到的结论一致，这也从另外一个方面验证了 Lee 的模型[12]，即对于稳定爆轰波，其失效或者重起爆的机理是由于整体性的爆轰波波阵面曲率效应导致的，波阵面曲率大的地方，胞格生成的速率赶不上表面面积增大的速率，因此熄爆；波阵面曲率小的地方，胞格生成的速率匹配表面面积增大的速率，爆轰波的波阵面能够自维持，可以成功地转变为发散的圆柱爆轰波。

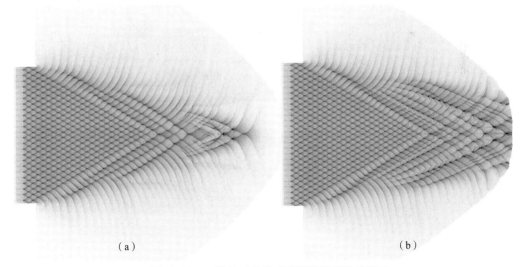

图 13.23　三维轴对称稳定爆轰波衍射胞格模式

(a) $\dfrac{d_c}{\lambda}=24$；(b) $\dfrac{d_c}{\lambda}=26$

13.3.3 不稳定爆轰波的拐角衍射

由于不稳定爆轰波自身波阵面的胞格结构的不稳定特性，这个问题不能简单地简化三维圆柱坐标系下的轴对称问题，这一点与稳定爆轰波的问题有所不同。因此，本章没有对三维不稳定爆轰波的衍射问题进行数值模拟，其临界管径依然采用根据实验结果得出的经典公式 $d = 13\lambda$。需要指出的是，由于不稳定爆轰波的不稳定特性，其特征的胞格尺寸并不像稳定爆轰波一样存在一个准确的数值。通常来说，不稳定爆轰波的特征胞格尺寸存在一个大的范围，难以用一个具体的数值来表示。因此，$d_\lambda = 13\lambda$ 这个经典公式有其局限性，并不是一个非常合理和精确的结论。

对于不稳定爆轰波，二维情况下的临界管径为 $4\lambda \sim 5\lambda$，如图 13.24（a）所示。从中可以观察到，不稳定爆轰波的熄爆不是由曲率的变化引起的，因为其临界管径不存在 2 倍的关系。通过观察胞格模式，可以发现不稳定爆轰波成功自维持是由于局部上的波阵面不稳定性而产生局部爆炸（图 13.24（b）），进而产生足够多数目的新胞格，使得爆轰波最终成功转变而不熄爆。

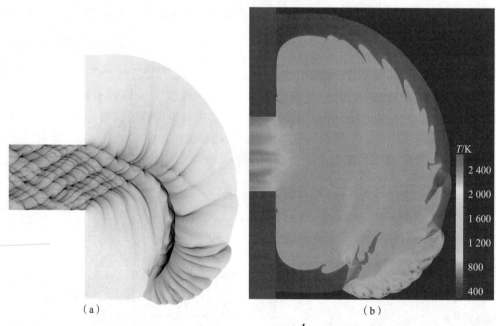

（a）   （b）

图 13.24 二维不对称稳定爆轰波衍射 $\left(\dfrac{d_c}{\lambda} = 4 \sim 5\right)$（见彩插）

（a）胞格；（b）温度

参 考 文 献

［1］李健．气相爆轰波的反射和衍射现象研究［D］．北京：北京理工大学，2015．

［2］Li J，Ning J，Zhao H，et al. Numerical Investigation on the Propagation Mechanism of Steady Cellular Detonations in Curved Channels［J］．中国物理快报：英文版，2015，32（4）：

144 - 147.

[3] Li J, Ren H, Ning J. Numerical application of additive Runge – Kutta methods on detonation interaction with pipe bends [J]. International Journal of Hydrogen Energy, 2013, 38 (21): 9016 - 9027.

[4] Yang Tianwei, Ning Jianguo, Li Jian. Propagation mechanism of gaseous detonations in annular channels with spiral for acetylene – oxygen mixtures [J], Fuel, 2021 (290): 119763.

[5] Tianwei Yang, Qinghua He, Jianguo Ning, Jian Li. Experimental and numerical studies on detonation failure and re – initiation behind a half – cylinder [J]. International Journal of Hydrogen Energy, 2022, 47 (25): 12711 - 12725.

[6] Li J, Ning J, Lee J. Mach reflection of a ZND detonation wave [J]. Shock Waves, 2015, 25 (3): 293 - 304.

[7] Ben – Dor G. Shock wave reflection phenomena [M]. New York: Springer, 2007.

[8] Li J, Lee J. Numerical simulation of Mach reflection of cellular detonations [J]. Shock Waves, 2016, 26 (5): 673 - 682.

[9] 宁建国, 李健. 不稳定性对爆轰波楔面马赫反射的影响规律研究 [J]. 计算力学学报, 2016, 33 (4): 576 - 581.

[10] Li J, Ning J, Kiyanda C B, et al. Numerical simulations of cellular detonation diffraction in a stable gaseous mixture [J]. Propulsion and Power Research, 2016, 5 (3): 177 - 183.

[11] 马天宝, 马凡杰, 李平, 李健. 爆轰波绕射问题的高精度数值模拟研究 [J]. 中国科学 (技术科学), 2021, 51 (3): 281 - 292.

彩　　插

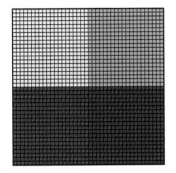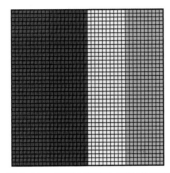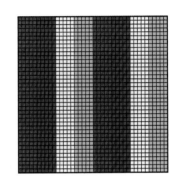

图 8.20　三种不同形式的域分割

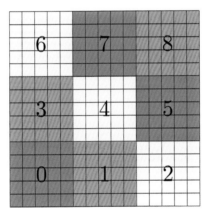

图 8.21　一种 3×3 域分割

1

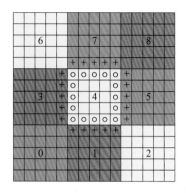 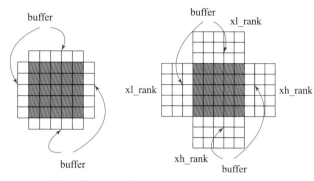

图 8.22　分区信息传递示意图

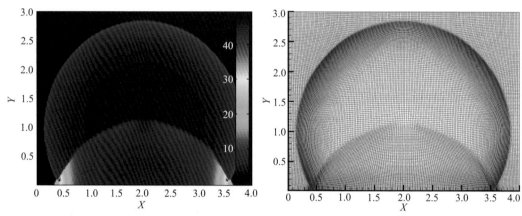

图 9.24　二维近地面爆炸压力和网格图

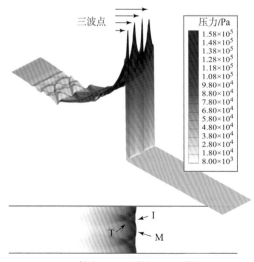

I—入射波；M—马赫杆；T—横波。

图 12.6　二维爆轰波波阵面

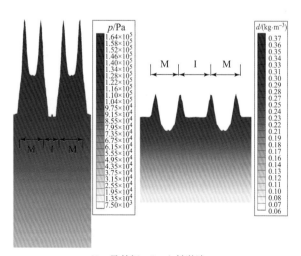

M—马赫杆；I—入射激波。

图 12.7　二维爆轰波波阵面压力、密度分布

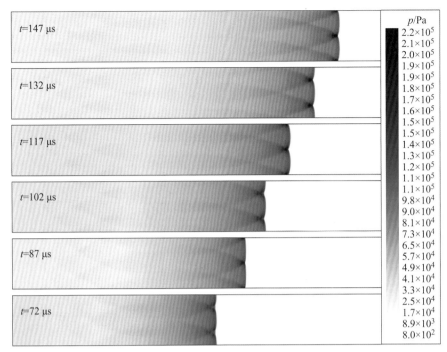

图 12.8 爆轰波在直管内的传播（不同时刻）

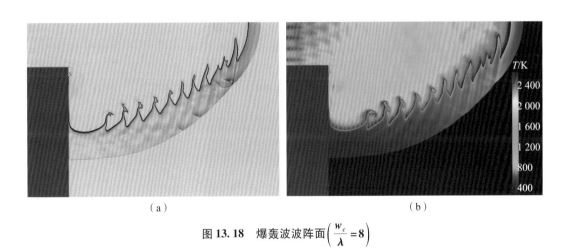

（a） （b）

图 13.18 爆轰波波阵面 $\left(\dfrac{w_c}{\lambda}=8\right)$

（a）纹影；（b）温度

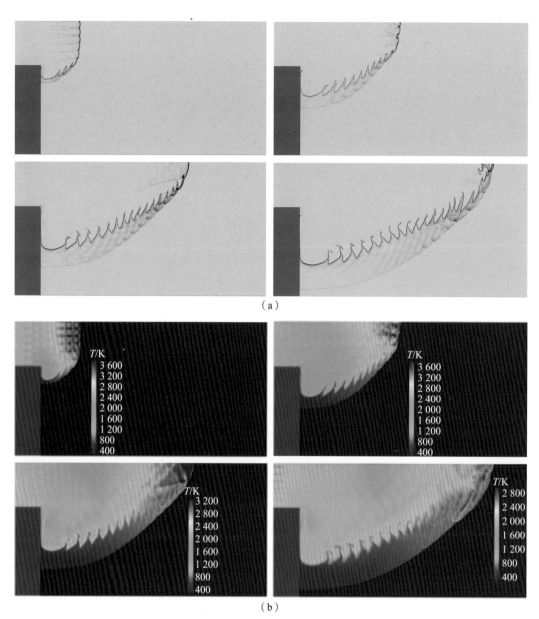

图 13.20 衍射爆轰波波阵面结构

（a）纹影；（b）温度

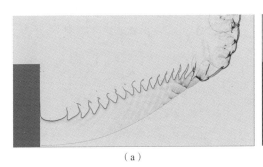 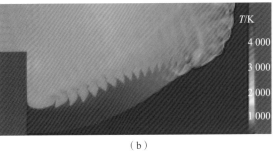

（a）

（b）

图 13.22　爆轰波波阵面 $\left(\dfrac{w_c}{\lambda}=14\right)$

（a）密度梯度；（b）温度

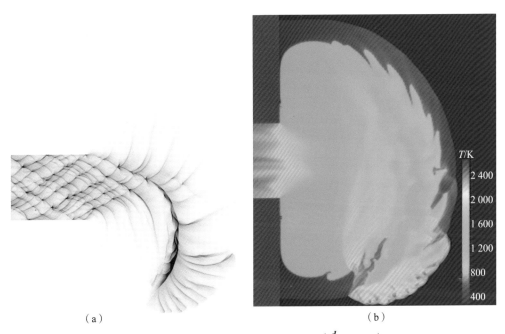

（a）

（b）

图 13.24　二维不对称稳定爆轰波衍射 $\left(\dfrac{d_c}{\lambda}=4\sim5\right)$

（a）胞格；（b）温度